普通高等教育"十四五"规划教材

机 械 设 计

张　珂　郭长建

主　编

上海科学技术出版社

内 容 提 要

本书依据教育部高等学校机械基础课程教学指导委员会编写的《高等学校机械设计课程基本要求》和《机械设计课程教学改革建议》的精神,结合多年教学经验,同时考虑应用型高校教学特点,引入高水平企业专家共同编写而成。

编者以"实用、新用、适用"为基本原则,以"工程应用"为核心思想,意在培养学生工程实践意识和机械创新能力。全书共14章,包括绪论、机械设计概论、机械零件的强度、带传动设计、链传动设计、齿轮传动设计、蜗杆传动设计、螺纹连接设计、键销连接设计、滚动轴承、滑动轴承、联轴器与离合器、轴的设计、导轨副。书中尽可能增加一些由浅入深的典型例题和详细的解题步骤,并在章末给出学习要点,为师生及广大读者提供便利。

本书可作为应用型高等学校机械类专业机械设计课程的教材,建议授课课时为64课时,也可供有关专业师生及工程技术人员参考。

图书在版编目(C I P)数据

机械设计 / 张珂, 郭长建主编. -- 上海 : 上海科学技术出版社, 2022.1
  普通高等教育"十四五"规划教材
  ISBN 978-7-5478-5426-6

Ⅰ. ①机… Ⅱ. ①张… ②郭… Ⅲ. ①机械设计-高等学校-教材 Ⅳ. ①TH122

中国版本图书馆CIP数据核字(2021)第191850号

机械设计

张 珂 郭长建 主编

上海世纪出版(集团)有限公司
上海科学技术出版社 出版、发行
(上海市闵行区号景路159弄A座9F-10F)
邮政编码 201101   www.sstp.cn
上海锦佳印刷有限公司印刷
开本 787×1092 1/16 印张 19.75
字数 460千字
2022年1月第1版 2022年1月第1次印刷
ISBN 978-7-5478-5426-6/TH·93
定价: 68.00元

本书如有缺页、错装或坏损等严重质量问题,请向工厂联系调换

本书编委会

主　编

张　珂　郭长建

副主编

吴　斌　刘　莹

主　审

马晓建

前言 Preface

　　机械设计是理工科院校机械及机械相近专业开设的一门培养专业基本素养的课程。它主要介绍机械通用零部件的基本结构、工作原理、设计理论、计算方法，旨在培养学生设计通用零部件与机械系统的创新思维和创新能力。编者从机械设计的总体要求和培养学生机械设计基本素养、能力着手，在机械设计传统内容的基础上，增加了结构优化设计相关内容，在内容上取舍有度，在取材上考虑实用，在思维上考虑创新，基本概念清晰，基本理论深刻，基本方法由浅入深。本书图形形象明了，采用零件工程图、实物或三维图片，有利于帮助学生认知和理解相关内容。

　　本书的主要特点有如下几点：

　　（1）全书突出机械零部件的材料选择、失效形式、设计准则、结构设计及工程计算等最基本的内容，保持基本理论与设计方法的均衡，简化乃至略去对部分基本理论及有关公式的论证与推导，着重于基本概念的理解和基本方法在设计中的应用。全书强调"学生实践设计"，突出训练学生对工程问题的观察能力、分析能力，突出训练学生对通用零部件的独立设计能力，并注意培养学生的应用型创新能力。

　　（2）在突出重点和保证主要内容的同时，增加知识点，扩大知识面，提高学生整体认知。例如其他带传动简介、其他齿轮传动简介、其他形式滑动轴承简介及其他类型弹簧简介等。适度增加了新颖零部件等方面内容的介绍，以扩大学生认知范围。

　　（3）全书力求概念把握准确，叙述深入浅出，主次分明、详略得当、层次清晰、文句流畅，力求体现较好的"易教性"和"易学性"。书中尽可能增加一些典型例题和较详细的解题步骤，各章后的学习要点亦便于学生把握主要内容，思考与练习题便于学生自我检查和巩固所学知识，最大限度地为教师教学和学生自学提供方便。

　　（4）全书采用国家标准规定的名词术语和符号，引用较新的标准、规范和资料。

　　（5）本书中标题加 * 的内容为课程了解性内容，不要求掌握。

　　本书分为 14 章。参加本书编写的有上海应用技术大学刘莹（第 0～3 章）、上海应用技术大学吴斌（第 4～6 章）、上海人本集团有限公司郭长建（第 9、10 章）、上海应用技术大学张珂（第 7、11～13 章）。全书由张珂担任主编，负责全书的统稿，郭长建担任第二主编，吴斌、刘莹担任副主编。本书由东华大学马晓建担任主审，为本书提出很多宝贵意见。2019 级硕士研究生李青松、沈宇、苏凯伦、魏洪涛等也为本书的编写发挥了重要的作用，在此一并表示感谢。

在本书的编写过程中参考了众多文献和资料，编者谨向各有关作者和编写人员表示衷心的感谢。

本书的出版得到了上海科学技术出版社的全力支持和帮助，编者谨向此书相关工作人员表示衷心的感谢。

由于编者水平所限，纰漏、不足之处在所难免，恳请从事机械设计相关教学的教师、专家和广大读者提出宝贵意见，以便更好地服务教学和读者。

编　者

2021 年 6 月

目录 Contents

第 0 章

绪　论

0.1　课程研究对象

"机械设计"课程的研究对象是机器及组成机器的机械零部件。

机器是执行机械运动的装置,可用来变换或传递能量、物料和信息。在人类的生产和生活中,使用机器可以代替或减轻人的体力劳动和辅助人的脑力劳动,极大地提高了劳动生产效率和改善劳动条件,显著提高了产品质量和生活质量。在人们难以从事或无法从事的复杂、艰难、危险的某些场合,机器更是一种不可缺少的重要工具。大量设计制造和广泛使用各种先进机器既是促进国民经济发展的重要内容,又体现了一个国家的技术水平、综合国力及现代化程度。

机器的种类极多,其构造、性能及用途的差异显著,但从机械设计的角度来看,它们都具有许多共同的特点。

例如常见的一些机器(汽车、车床、洗衣机等),它们都装有一个(或几个)原动机(电动机、内燃机等),并通过机器中的一系列传动,把原动机的动作转变为完成机器功能的执行动作(汽车的前进、倒退,机床主轴的旋转等),用以克服工作阻力,输出机械功。所以,一台完整机器的核心组成主要是原动部分、传动部分和工作执行部分。尽管在现代化机器的正常工作中还需要一些辅助系统,如电气系统、液压系统、气动系统、润滑系统、冷却系统、控制系统、监测系统等,但机器的主体部分仍然是其中的机械系统。

从制造装配的角度来看,任何机器的机械系统都是由独立加工、独立装配的基本单元体所组成的。此基本单元称为机械零件,简称零件,如单个的螺钉、齿轮、轴等。所以,机器的基本组成要素是机械零件。此外,为了实现某一功能,并便于机器的设计、制造、装配和维修,通常把由一组协同工作的零件组合起来形成一个相对独立的装配单元,这一独立的装配单元称为部件,如联轴器、滚动轴承、减速器等。机械零件与部件常合称为机械零部件。

机械零部件可分为两大类:一类是在各种机器中普遍使用的零部件,称为通用零部件,如螺钉、齿轮、带轮、直轴、弹簧等零件,联轴器、离合器、减速器、滚动轴承等部件;另一类是专用零部件,专用零部件只在特定类型的机器中使用,如直升机的螺旋桨、水泵的叶轮、内燃机的曲轴和活塞、纺织机中的织梭和纺锭、离心分离机中的转鼓等。

应注意,本课程主要研究的是在普通条件下工作的、具有一般尺寸与参数的通用零部件,并不包括专用零部件、巨型的和微型的通用零部件,以及在高温、高压等特殊条件下工作的通用零部件,对机器的原动部分和工作执行部分也不进行专门研究。

机械设计是指根据对机械产品的使用要求,经过调查研究,应用当代先进技术成果,并通过设计人员的创造性思维,做出分析和决策,最终将输入的物料(毛坯及各种物体)、能量(机械能、电能、光能等)或信号(测量值、控制信号等)转化为技术先进、性能优良、经济性好、造型优美、满足用户需要的技术装置或机械的过程,或者是在现有机器的基础上,进行创新或局部改革而推出新一代产品的过程。

机械设计是创新或改造机械产品的第一步,也是决定机械产品性能、质量、成本等的最主要、最重要的环节。据统计,机械产品的生产成本中约有 70% 由设计阶段决定。这是因为包括选择零件材料,选用标准通用零部件,对零部件、整机的结构设计与优化,设计工艺流程及估算成本等工作,均已在设计阶段基本确定。因此,机械工程类专业的学生学习本课程,无疑是十分必要和非常重要的。

0.2 课程内容、性质和任务

本课程的主要内容是介绍机器机械部分设计的基本知识、基本理论和基本方法,包括以下三个方面:

(1) 机械设计的一般知识、理论、原则和方法(第 0~2 章)。

(2) 机械零部件的设计(第 3~12 章)。具体内容包括:

① 传动部分:带传动、链传动、齿轮传动、蜗杆传动及螺旋传动。

② 连接部分:螺纹连接、键销连接。

③ 轴系部分:滚动轴承、滑动轴承、轴、联轴器、离合器。

④ 移动部分:导轨副。

(3) 机器的总体设计。结合课程设计进行。

由上可知,"机械设计"课程是一门介绍一般通用零部件设计方法的技术基础课程,其学习内容将涉及并综合应用各先修课程(高等数学、机械制图、互换性与技术测量、理论力学、材料力学、金属工艺学和机械原理等)的基础理论知识和方法,也与工程生产有着密切的联系;同时又将对后续专业课程的学习起到基础和先导作用。因此,本课程在学生的整个学习过程中起着重要的承上启下的作用。

本课程的主要任务是通过理论教学和实践环节的训练,培养学生以下能力:

(1) 树立理论联系实际的正确设计思想,初步开发学生的创新思维和提高创新设计的能力。

(2) 掌握通用机械零部件的设计原理、设计方法和机械设计的一般规律,具有设计通用机械传动装置和简单机械的能力。

(3) 具有运用机械设计手册、图册、标准和规范,以及查阅有关技术资料的能力,掌握典型机械零件的试验方法,具有基本的实验技能。

(4) 了解国家的有关技术经济政策和调整变化情况,并对机械设计的新发展及现代设计方法有所了解。

学习本课程将使学生树立工程实际观念,提高观察问题、分析问题和解决问题的能力,增强对机械技术工作的适应性,初步建立进行机械产品开发创新设计的意识,为专业课程的学习和培养机械类高级应用型工程技术人才打下重要的基础。

0.3　课程特点和学习方法

　　本课程是机械类专业的一门设计性主干技术基础课程,起到从理论性课程过渡到设计性课程、从基础课程过渡到专业课程的作用。因此,本课程有着既不同于一般公共基础课程,又区别于后续专业课程的显著特点。了解和掌握本课程的特点,在学习中着重于基本概念的理解和设计方法的掌握,强调对设计能力的训练,并注意开发培养创造性思维能力,是学好本课程的重要条件。现结合本课程特点,对学习中应注意的几个问题提出建议和指导,供学习者参考。

　　(1) 本课程的内容涉及多门先修课程和同修课程的知识,如机械制图(理解和表达机械零部件的结构)、理论力学(机械零部件在工作中的受力分析)、材料力学(基本的强度计算方法)、金属工艺学(金属材料的性能、热处理、选用)、机械原理、互换性与技术测量(机械零件的精度设计)、机械制造基础等(零件的结构、加工)。所以,本课程是一门知识面宽、综合性强的课程,学习中要随时复习和巩固有关先修课程,学好有关同修课程,并注意训练和提高综合应用各门课程知识的能力。

　　(2) 本课程以培养学生机械零部件及简单机械的设计能力为根本目标,是一门实践性很强的课程。学习中一定要抓住"设计"这一环节,在学好设计基本知识、基本理论的同时,重视设计的实际训练,尤其是要重视本课程的课程设计环节。通过实际的设计训练,培养和提高机械设计能力,尤其是要重视提高机械零部件结构设计能力和熟练查阅、使用设计手册及各种技术资料的技能,真正实现"能设计"的学习目标。

　　(3) 影响机械零部件工作能力的因素很多且错综复杂,因而本课程中许多机械零部件的设计原理和设计公式是带有条件的,不少机械零部件的设计公式中涉及多个参数与系数,使设计表现出某种不确定性,设计结果也往往不是唯一的。学习时一要注意原理与公式的适用条件,弄清实际情况是否与适用条件相同;二要准确把握设计公式中各参数间的关系和系数的意义与取值;三要正确对待设计结果,尤其是要正确对待理论计算的结果。通常,理论计算结果要服从结构设计和加工工艺的要求。此外,不少零部件的尺寸并不是由理论计算一次确定的,而是先由结构设计或凭经验初定尺寸,再经过校核、修改(若校核不满足)后确定的;有些零部件设计公式中的参数或系数在开始设计时是不能确定的,同样需要经过"先初选,再校核,最后确定"的设计过程。这种设计方法是机械零部件设计中常用的方法,学习中要逐步适应和很好地掌握。

　　(4) 本课程的主要内容是关于通用零部件的设计问题,涉及的零部件较多,学习时既要注意区分不同零部件在功效、应用、载荷、应力、材料、失效形式、设计准则、计算公式、结构等方面的差别,又要把握不同机械零部件的设计所遵循的一些共同规律。一般来说,在机械零部件的参数设计中,分析问题的大致思路及设计步骤如图 0-1 所示。

图 0-1　机械设计的思路及步骤

(5) 本课程介绍的机械设计方法主要是理论设计方法,但工程实际中的许多现象目前还难以用理论解释清楚,有些问题还难以进行精确的定量计算,有些数据还不能完全由理论分析及计算获得。所以,实际设计工作中往往要借助类比、试验等经验性的设计手段,或者使用经验公式和由试验提供的设计数据,更需要借助设计人员长期积累的设计经验。这就要求设计技术人员既要认真学习和掌握机械理论设计的方法,又要重视对经验设计方法的了解和学习,切不可轻视经验设计。经验设计虽无详细的理论分析,但有实践基础和依据,有一定的实用价值。

机械零部件是机器的基本组成部分。在不同的机器中,同样的零部件在受力情况、设计要求及设计特点等许多方面将会有所不同。所以,机械零部件的设计总是和具体机械或机电产品的开发设计联系在一起的。要真正学好本课程,真正掌握机械零部件设计,必须注意培养和建立整机设计的观念,从产品开发设计的高度来对待机械零部件设计问题。要结合产品的制造与装配工艺、市场前景及产品的经济性来考虑机械零部件设计问题。此外,在市场竞争日趋激烈的今天,产品的开发设计离不开改进、改革与创新,学生应努力增强创新意识,培养创新设计能力,以积极创新的精神对待本课程的学习,对待机械零部件设计问题,还要增强市场意识、工程意识和创新意识,从市场与工程的角度来考虑机械零部件设计问题。

 本章学习要点

了解本课程的研究对象,了解零件和部件的概念,了解通用零件和专用零件的概念,了解机械设计的概念,了解本课程的内容、性质和任务,了解本课程的特点和学习方法。

 思考与练习题

1. 问答题

0-1　本课程的研究对象是什么?

0-2　机器的机械主体由几大部分组成?

0-3　什么叫零件? 什么叫部件?

0-4　简述本课程的主要内容。

0-5　本课程的性质是什么?

0-6　简述机械零部件设计中分析问题的一般思路及步骤。

2. 填空题

0-7　机械设计课程的研究对象是_____。

0-8　在以下的机械零件中,_____是专用零件而不是通用零件:发动机的进排气阀弹簧、汽轮机的汽轮叶片、起重机的吊钩、车床变速箱中的齿轮、船舶的螺旋桨、自行车的链条。

0-9　在以下的机械零部件中,_____是通用零件而不是专用零件:减速器中的轴、纺织机的织梭、电动机中的滚动轴承、螺旋千斤顶中的螺杆、洗衣机中的 V 带、柴油机中的曲轴。

3. 选择题

0‑10 "机械设计"课程研究的主要对象是( )。

    A. 各类常用机构   B. 专用零件和部件

    C. 通用零件和部件   D. 各种机器

第 1 章

机械设计概论

　　机械是机器和机构的总称,零件是组成机器的最基本单元,因此机械设计包括机器和机构设计两大部分内容。本课程只讨论机器的设计,即在本课程中,机械设计与机器设计同义,并重点介绍机械零部件设计。

　　机械设计是指设计开发新的机器设备或改进现有机器设备,是一项具有创造性要求的工作。学好本课程,掌握机械设计的基本知识、基本理论和基本方法,必须先对机器的基本要求、设计程序和内容、设计方法等有一定的了解和掌握。

1.1　机器应满足的主要要求

　　机器的种类虽然很多,但设计时的主要要求往往是共同的。根据对现有机器的分析,现代机器的设计一般应满足以下几个方面的要求。

　　1) 预定功能要求

　　机器必须具有预定的使用功能,以达到预期的使用目的。这主要靠正确选择机器的工作原理,正确设计或选用原动机、传动机构和执行机构,以及合理配置辅助系统来保证。

　　2) 经济性要求

　　机器的经济性体现在机器设计、制造和使用的全过程中,包括设计制造经济性和使用经济性。设计制造经济性表现为机器的成本低,使用经济性表现为高生产率、高效率、较低的能源与原材料消耗,以及低的管理和维护费用等。设计机器时应最大限度地考虑其经济性。

　　提高设计制造经济性的主要途径有: ① 尽量采用先进的现代设计理论和方法,力求参数最优化,应用 CAD 技术,加快设计进度,降低设计成本;② 合理组织设计和制造过程;③ 最大限度地采用标准化、系列化及通用化的零部件;④ 合理选用材料,改善零件的结构工艺性,尽可能地采用新材料、新结构、新工艺和新技术,使其用料少、质量小、加工费用低、易于装配;⑤ 尽力改善机器的造型设计,扩大销售量。

　　提高机器使用经济性的主要途径有: ① 提高机器的机械化、自动化水平,以提高机器的生产率和生产产品的质量;② 选用高效率的传动系统和支承装置,从而降低能源消耗和生产成本;③ 注意采用适当的防护、润滑和密封装置,以延长机器的使用寿命,并避免环境污染。

　　3) 劳动保护要求和环境保护要求

　　设计机器时应满足劳动保护要求和环境保护要求,一般可从以下两个方面着手:

（1）保护操作者的人身安全，减轻操作时的劳动强度。具体措施：对外露的运动件加设防护罩；设置完善的能消除和避免不正确操作等引起危害的安全保险装置和报警信号装置；减少操作动作单元，缩短动作距离；操纵应简便省力，简单而重复的劳动要利用机械本身的机构来完成，做到"设计以人为本"。

（2）改善操作者及机器的环境。具体措施：降低机器工作时的振动与噪声；防止有毒、有害介质渗漏；进行废水、废气和废液的治理；美化机器的外形及外部色彩。

总之，应使所设计的机器符合国家劳动保护法规的要求和环境保护的要求。

4）可靠性要求

机器在预定工作期限内必须具有一定的可靠性。机器可靠性的高低常用可靠度 R 来表示。机器的可靠度是指机器在规定的工作期限内和规定的工作条件下，无故障地完成规定功能的概率。机器在规定的工作期限和条件下丧失规定功能，不能正常工作称为失效。

提高机器可靠度的关键是提高其组成零部件的可靠度。此外，从机器设计的角度考虑，确定适当的可靠性水平、力求结构简单、减少零件数目、尽可能选用标准件及可靠零件、合理设计机器的组件和部件、必要时选取较大的安全系数、采用备用系统等，对提高机器可靠度也是十分有效的。

5）其他特殊要求

对不同的机器还有一些该机器所特有的要求。例如，对食品机械有保持清洁与不能污染产品的要求；对机床有长期保持精度的要求；对飞机有质量小与飞行阻力小等要求。设计此类机器时，不仅要满足前述共同的基本要求，还应满足其特殊要求。

此外，要指出的是，随着社会的不断进步和经济的高速增长，在许多国家和地区，机器的广泛使用使自然资源被大量地消耗和浪费，自然环境也遭到严重破坏。这一切使人类自身的生存和发展受到了严重威胁，人们对此已有了较为深刻的认识，并提出了可持续发展的观念和战略，即人类的进步必须建立在经济增长与环境保护相协调的基础之上。因此，设计机器时除了满足以上基本要求和某些特殊要求外，还应该考虑满足可持续发展战略的要求，采取必要的措施，尽量减少机器对环境和资源的不良影响。具体措施：① 使用清洁的能源，如太阳能、水力、风力及现有燃料的清洁燃烧；② 采用清洁的材料，即采用低污染、无毒、易分解、可回收的材料；③ 采用清洁的制造过程，不消耗对环境产生污染的资源，无废气、废水、废物排放；④ 使用清洁的产品，即在使用机器过程中不污染环境，机器报废后易回收。

1.2　机器设计的一般程序及主要内容

机械设计的本质是功能到结构的映射过程，是技术人员根据需求进行构思、计划，并把设想变为现实的技术实践活动。设计是为了创造性能好、成本低，即价廉物美的产品的技术系统。设计在产品的整个生命周期内占据着极其关键的位置，从根本上决定了产品的品质和成本。机械设计具有个性化、抽象性、多解性的基本特征。

机器的质量基本上是由设计质量所决定的，而制造过程主要是实现设计时所规定的质量。机器设计是一项复杂的工作，必须按照科学的程序来进行。机器设计的一般程序及主要内容可概括如下。

1.2.1　计划阶段

这是机器设计整个过程中的准备阶段。在计划阶段要进行所设计机器的需求分析和市场预测,在此基础上确定所设计机器的具体功能和性能参数,并根据现有的技术、资料及研究成果分析其实现的可能性,明确设计中的关键问题,拟订设计任务书。设计任务书大体上应包括机器的功能、技术经济指标及环保要求估计(应与国内外的指标及要求进行对比)、主要参考资料和样机、关键制造技术、特殊材料、必要的试验项目、完成设计任务的预期期限、其他特殊要求等。只有在充分调查研究和仔细分析的基础上,才能形成合适、可行的设计任务书。

1.2.2　方案设计阶段

方案设计的成败直接关系到整个机器设计的成败。按照设计任务书的要求,方案设计阶段的主要工作有以下几个部分。

1)拟订执行机构方案

(1)选择机器的工作原理。设计一台机器,首先要根据预期的机器功能选择机器的工作原理,再进行工艺动作分析,定出其运动形式,从而拟订所需执行构件的数目和运动。选择不同的机器工作原理,所设计出的机器就会根本不同。同一种工作原理,也可能有多种不同的结构方案。在多方案的情况下,应对其中可行的不同方案从技术、经济及环境保护等方面进行综合评价,从中选定一个综合性能最佳的方案。

(2)拟订原动机方案。该项工作包括选择原动机类型及其运动参数。一般机器中大多选用电动机。

(3)机构的选型。该项工作包括传动机构和执行机构的选型,但主要是执行机构的选型。

(4)正确设计执行机构间运动的协调、配合关系。

2)拟订传动系统方案

拟订传动系统方案时主要考虑的问题有合理设计传动路线、合理安排传动机构顺序、合理安排功率传递顺序、合理分配传动比及注意提高机械效率等。

3)传动系统运动尺寸设计

其主要目的是确定各执行机构运动尺寸和传动系统中齿轮、链轮的齿数,以及链轮、带轮的直径等,并绘制各执行机构的运动简图和整个传动系统的运动简图。

4)传动系统运动、动力分析

动力学计算将为以后零件的工作能力计算提供数据。根据动力学计算的结果,可粗略计算原动机所需功率,从而选定原动机的型号和规格。

5)考虑总体布局并画出传动简图

总体布局时还应考虑一些其他装置和必要的附属设备的配置,如操纵、信号等装置,以及润滑、降温、吸尘、排屑等设备的配置,并应在传动简图中明确表示出来。

1.2.3　技术设计阶段

技术设计的目标是给出正式的机器总装配图、部件装配图和零件工作图,主要工作有以下几个方面：

（1）零部件工作能力设计和结构设计。

（2）部件装配草图和总装配草图的设计。草图设计过程中应对所有零件进行结构设计，协调各个零件的结构和尺寸，应全面考虑零部件的结构工艺性。

（3）主要零件校核计算。有些零件（如转轴等）必须在草图设计后才能确定其基本结构和尺寸，确定其受力。因此，对其中重要的或受力复杂的零件，应进行有关的校核计算。

（4）零件工作图设计。

（5）完成部件装配图和总装配图设计。

1.2.4 编制技术文件阶段

需要编制的技术文件有机器设计计算说明书、使用说明书、标准件明细表及易损件（或备用件）清单等。

以上介绍的机器的设计程序并不是一成不变的。在实际设计工作中，上述设计步骤往往是相互交叉或相互平行的。例如，计算和绘图、装配图和零件图的绘制就常常是相互交叉、互为补充的。一些机器的继承性设计或改型设计则常常直接从技术设计开始，整个设计步骤大为简化。机器设计过程中还少不了各种审核环节，如方案设计与技术设计的审核、工艺审核和标准化审核等。

此外，从产品设计开发的全过程来看，完成上述设计工作后，接着是样机试制，这一阶段随时都会因工艺原因修改原设计，甚至在产品推向市场一段时间后，还会根据用户反馈意见修改设计或进行改型设计。作为一个合格的设计工作者，完全应该将自己的设计视野延伸到制造和使用的全过程，这样才能不断改进设计和提高机器质量，更好地满足生产及生活的需要。但这些设计工作毕竟是属于另一层次的设计工作，机器设计的主要内容与步骤仍然是以上介绍的四大部分。

1.3 机械零件设计的基本要求及一般步骤

1.3.1 机械零件设计的基本要求

机器是由机械零件组成的，因此设计的机器是否满足前述基本要求，零件的设计情况将起着决定性作用。为此，对机械零件提出以下基本要求。

1）强度、刚度及寿命要求

强度是指零件抵抗破坏的能力。零件强度不足，将导致过大的塑性变形甚至断裂破坏，使机器停止工作甚至发生严重事故。采用高强度材料、增大零件截面尺寸、合理设计截面形状、采用热处理及化学处理方法、提高运动零件的制造精度、合理配置机器中各个零件的相互位置等，均有利于提高零件的强度。

刚度是指零件抵抗弹性变形的能力。零件刚度不足，将导致过大的弹性变形，引起载荷集中，影响机器工作性能，甚至造成事故。例如，机床的主轴、导轨等，若刚度不足，会使变形过大，将严重影响所加工零件的精度。零件的刚度分整体变形刚度和表面接触刚度两种。

增大零件截面尺寸或增大截面惯性矩、缩短支承跨距或采用多支点结构等措施,都将有利于提高零件的整体刚度。增大贴合面及采用精细加工等措施,将有利于提高零件的接触刚度。一般而言,满足刚度要求的零件,也满足其强度要求。

寿命是指零件正常工作的期限。影响零件寿命的主要因素有材料的疲劳、腐蚀、相对运动,零件接触表面的磨损及高温下零件的蠕变等。提高零件抗疲劳破坏能力的主要措施有减小应力集中、保证零件有足够大小的尺寸、提高零件表面质量等。提高零件耐腐蚀性能的主要措施有选用耐腐蚀材料和采取各种反腐蚀的表面保护措施。至于磨损与提高耐磨性问题及抗蠕变问题,可参阅有关专著。

2) 结构工艺性要求

零件应具有良好的结构工艺性,即在一定的生产条件下,零件应能方便而经济地被生产出来,并便于装配成机器。零件的结构工艺性应从零件的毛坯制造、机械加工过程及装配等几个生产环节加以综合考虑。因此,在进行零件的结构设计时,除了满足零件功能上的要求和强度、刚度及寿命要求外,还应该重视对零件的加工、测量、安装、维修、运输等方面的要求,使零件的结构能较好地满足以上各方面的要求。

3) 可靠性要求

零件可靠性的定义和机器可靠性的定义是相同的。机器的可靠性主要是由其组成零件的可靠性来保证的。提高零件的可靠性,应从工作条件(载荷、环境温度等)和零件性能两方面综合考虑,使其随机变化尽可能小。同时,加强使用中的维护与监测也可提高零件的可靠性。

4) 经济性要求

零件的经济性主要取决于零件的材料和加工成本,因此提高零件的经济性主要从零件的材料选择和结构工艺性两个方面加以考虑。如用廉价材料代替贵重材料,采用轻型结构和少余量、无余量毛坯,简化零件结构和改善零件结构工艺性,以及尽可能地采用标准零部件等。

5) 质量小的要求

尽可能减小质量对绝大多数机械零件都是必要的。减小质量一方面可节约材料,另一方面对于运动零件可减小其惯性力,从而改善机器的动力性能。对于运输机械,减小零件质量就可减小机械本身的质量,从而可增加运载量。要达到零件质量小的目的,应从多方面采取设计措施。

1.3.2 机械零件设计的一般步骤

由于机械零件种类的不同,其具体的设计步骤也不一样,但一般可按下列步骤进行:

(1) 类型选择。根据零件功能要求、使用条件及载荷性质等选定零件的类型。为此,必须对各种常用机械零件的类型、特点及适用范围有明确的了解。通常应经过多方案比较择优确定。

(2) 受力分析。分析零件的工作情况,计算作用在零件上的载荷。

(3) 选择材料。根据零件的工作条件及对零件的特殊要求,选择合适的材料及热处理方法。

(4) 确定计算准则。根据工作情况,分析零件的失效形式,从而确定其设计计算准则。

（5）理论设计计算。根据设计计算准则，计算并确定零件的主要尺寸和主要参数。

（6）结构设计。根据工艺性要求及标准化等原则，进行零件的结构设计，确定其结构尺寸。这是零件设计中极为重要的设计内容，而且往往是工作量较大的工作。

（7）精确校核。对于重要的零件，结构设计完成后，必要时还应进行精确校核计算，若不合适，应修改结构设计。

（8）绘制零件工作图。理论设计和结构设计的结果最终由零件工作图表达。零件工作图上不仅要标注详细的零件尺寸，还要标注配合尺寸的尺寸公差、必要的几何公差、表面粗糙度及技术条件等。

（9）编写计算说明书及有关技术文件。将设计计算的过程整理成设计计算说明书等，作为技术文件备查。

1.4　机械零件的主要失效形式及计算准则

1.4.1　机械零件的主要失效形式

机械零件在规定的时间内和规定的条件下不能完成规定的功能，称为失效。机械零件的主要失效形式有以下几种。

1）整体断裂

在载荷的作用下，零件因危险截面上的应力大于材料的极限应力而引起的断裂称为整体断裂，如螺栓的断裂、齿轮轮齿的折断、轴的折断等。整体断裂分为静强度断裂和疲劳断裂两种。静强度断裂产生于静应力下，疲劳断裂则是由于交变应力的作用而引起的。由于机械零件的疲劳断裂往往是在没有明显的预兆下突然发生，因而引起的后果也更为严重。据统计，机械零件的整体断裂中大部分为疲劳断裂。

2）过大的弹性变形或塑性变形

机械零件受载时会产生弹性变形。当弹性变形量超过许可范围时，零件或机器便不能正常工作。弹性变形量过大会破坏零件间相互位置及配合关系，有时还会引起附加动载荷及振动。

对于塑性材料制成的零件，当载荷过大使零件内的应力超过了材料的屈服极限时，零件将产生塑性变形。塑性变形会使零件的尺寸和形状发生永久性改变，使零件不能正常工作。

3）零件的表面破坏

表面破坏是发生在机械零件工作表面上的一种失效。零件的工作表面一旦出现某种表面失效，将破坏表面精度，改变表面尺寸和形状，使运动性能降低、摩擦增大、能耗增加，严重时会导致零件完全不能工作。零件的表面破坏主要是磨损、点蚀和腐蚀。

磨损是在两个接触表面相对运动的过程中，因摩擦而引起零件表面材料丧失或转移的现象。

在变接触应力作用下发生在零件表面的局部疲劳破坏现象称为点蚀。发生点蚀时，零件的局部表面上会形成麻点或凹坑，并且其发生区域会不断扩展，进而导致零件失效。

腐蚀是发生在金属表面的一种电化学或化学侵蚀现象。腐蚀的结果会使金属表面产生锈蚀,从而使零件表面遭到破坏。与此同时,对于承受变应力的零件,还会出现腐蚀疲劳现象。

磨损、点蚀和腐蚀都是随工作时间的延续而逐渐发生的失效形式。对于做相对运动的零件,其接触表面都有可能发生磨损;对于在变接触应力作用下工作的零件,其表面都有可能发生点蚀;对于处于潮湿空气中或与水、汽及其他腐蚀性介质相接触的金属零件,均有可能发生腐蚀。

4) 破坏正常工作条件引起的失效

有些零件只有在一定的工作条件下才能正常工作,若破坏了这些必备条件,则将发生不同类型的失效。例如,V带传动当传递的有效圆周力大于带和带轮之间摩擦力的极限值时,将发生打滑失效;高速转动的零件当其转速与转动系统的固有频率相一致时会发生共振,以致引起断裂;液体润滑的滑动轴承当润滑油膜被破坏时将发生过热、胶合、磨损等。

1.4.2 机械零件的计算准则

为了避免机械零件的失效,设计机械零件时就应使其具有足够的工作能力。目前,针对各种不同的零件失效形式,已分别提出了相应的计算准则,其中常用的计算准则有以下几个。

1) 强度准则

强度准则是指零件危险截面上的应力不得超过其许用应力,其一般表达式为

$$\sigma \leqslant [\sigma] \qquad (1-1)$$

式中 $[\sigma]$——零件的许用应力,由材料的极限应力 $\sigma_{\lim}$ 和设计许用安全系数 $[S]$ 确定:

$$[\sigma] = \sigma_{\lim} / [S] \qquad (1-2)$$

其中,材料极限应力 $\sigma_{\lim}$ 要根据零件的失效形式来确定。对于静强度断裂,$\sigma_{\lim}$ 为材料的静强度极限;对于疲劳断裂,$\sigma_{\lim}$ 为材料的疲劳极限;对于塑性变形,$\sigma_{\lim}$ 为材料的屈服极限。

一般来讲,各种零件都应满足一定的强度要求,因而强度准则是零件设计最基本的准则。

2) 刚度准则

刚度准则是指零件在载荷下产生的弹性变形量 y 不得大于许用变形量,即

$$y \leqslant [y] \qquad (1-3)$$

弹性变形量 y 可根据不同的变形形式由理论计算或试验方法来确定。许用变形量 $[y]$ 主要根据机器的工作要求、零件的使用场合等,由理论计算或工程经验来确定其合理的数值。

3) 寿命准则

影响零件寿命的主要失效形式是腐蚀、磨损和疲劳,它们的产生机理、发展规律及对零件寿命的影响是完全不同的,应分别加以考虑。迄今为止,还未能提出有效而实用的腐蚀寿命计算方法,所以尚不能列出相应的计算准则。对于摩擦和磨损,人们已充分认识到它们的严重危害性,进行了大量的研究工作,取得了很多研究成果,并已建立了一些有关摩擦、磨损的设计准则,也对某些领域中的具体问题进行了有效的应用。但由于摩擦、磨损的影响因素十分复杂,发生机理还未完全搞清,所以至今还未形成供工程实际使用的定量计算方法,需要时常采用简化方法进行条件性计算。对于疲劳寿命计算,通常是求出零件使用寿命期内

的疲劳极限作为计算依据,本书第 2 章将进一步进行介绍。

4) 振动稳定性准则

做回转运动的零件一般都会产生振动。轻微振动对机器的正常工作妨碍不大,但剧烈振动将会严重影响机器的性能。机器中存在着许多周期性变化的激振源,如齿轮的啮合、轴的偏心转动、滚动轴承中的振动等。当零件(或部件)的固有频率 f 与上述激振源的频率分布相等或相近时,零件就会发生共振,导致振幅急剧增大,短期内就会使零件破坏,机器工作情况失常。因此,对于高速回转的零件,应满足一定的振动稳定性条件,相应的计算准则为

$$f_p < 0.85f \quad 或 \quad f_p < 1.15f \qquad (1-4)$$

从而使受激零件的固有频率与激振源的频率相互错开。

若不满足振动稳定性条件,可改变零件或系统的刚度或采取隔振、减振措施来改善零件的振动稳定性。如提高零件的制造精度、提高回转零件的动平衡精度、增加阻尼系数、提高材料或结构的衰减系数,以及采用减振、隔振装置等,都可改善零件的振动稳定性。

5) 可靠性准则

对于满足强度要求的一批完全相同的零件,由于零件的工作应力和极限应力都是随机变量,因此在规定的工作条件下和规定的使用期限内,并非所有零件都能完成规定的功能,其中必有一定数量的零件会丧失工作能力而失效。机械零件在规定的工作条件下和规定的使用时间内完成规定功能的概率,称为机械零件的可靠度。可靠度是表示机械零件可靠性的一个特征量。

设有 N_0 个零件在预定的使用条件下进行试验,在规定的使用时间 t 内,有 N_f 个零件随机失效,剩下 N_s 个零件仍能继续工作,则可靠度 R_t 为

$$R_t = \frac{N_s}{N_0} \qquad (1-5)$$

当可靠度越大时,零件的可靠性便越高。显然,随着使用时间的延长,零件的可靠度会降低,所以零件的可靠性是随使用时间而变化的。

可靠性准则要求零件的工作可靠度 R_t 不小于规定的许用可靠度 $[R_t]$,即

$$R_t \geqslant [R_t] \qquad (1-6)$$

此外,对一个由多个零件组成的串联系统,任意一个零件失效都会使整个系统失效。若系统中各个零件的可靠度分别为 R_1、R_2、$\cdots$、R_n,则整个系统的可靠度为

$$R_t = R_1 R_2 \cdots R_n \qquad (1-7)$$

由式(1-7)可知,串联系统的可靠性一定低于系统中最低可靠性零件的可靠性。串联的零件越多,则系统的可靠性越低。

设计零件时,要根据具体零件的主要失效形式选择和确定计算准则。

在现代机器的设计中,除了以上常用的计算准则外,热平衡准则、摩擦学准则等也已越来越受到了人们的重视,在有些场合已成为必须遵守的基本准则,从而更加有效地提高了机

械零件的设计质量和机器的质量。

1.5　机械零件的材料选择

1.5.1　机械零件的常用材料

在工程实际中,机械零件的常用材料主要有金属材料、非金属材料和复合材料几大类。其中金属材料尤其是钢铁的使用最为广泛,设计人员应对各种钢铁材料的性能特点、影响因素、工艺性能及热处理性能等都有全面的了解。有色金属中的铜、铝及其合金具有各自独特的优点,应用也较多。机械零件使用的非金属材料主要是各种工程塑料和新型的陶瓷材料,它们各自具有金属材料所不具备的一些优点,如强度高、刚度大、耐磨、耐腐蚀、耐高温、耐低温、密度低等,常常被应用在工作环境较为特殊的场合。复合材料是由两种或两种以上具有不同物理、力学性能的材料复合制成的,可以获得单一材料难以达到的优良性能。由于复合材料的价格比较高,目前主要应用于航空、航天等高科技领域。机械零件的常用材料绝大多数已标准化,可查阅有关的国家标准、设计手册等资料,了解它们的性能特点和使用场合,以备选用。在后面的有关章节中也将对具体零件的适用材料分别加以介绍。

1.5.2　机械零件材料的选用原则

材料的选择是机械零件设计中非常重要的环节,特别是随着工程实际对现代机器及零件要求的不断提高,以及各种新材料的不断出现,合理选择零件材料已成为提高零件质量和降低成本的重要手段。通常,零件材料选择的一般原则是满足使用要求、工艺要求和经济性要求。

1)使用要求

满足使用要求是选择零件材料的最基本要求。使用要求一般包括:① 零件的受载情况,即载荷、应力的大小和性质;② 零件的工作情况,主要是指零件所处的环境、介质、工作温度、摩擦、磨损等情况;③ 对零件尺寸和质量的限制;④ 零件的重要程度;⑤ 其他特殊要求,如需要绝缘、抗磁等。在考虑使用要求时,要抓住主要问题,兼顾其他方面。

2)工艺要求

工艺要求是指所选用材料的冷、热加工性能要好。为了使零件便于加工制造,选择材料时应考虑零件结构的复杂程度、尺寸大小和毛坯类型。对于外形复杂、尺寸较大的零件,若考虑采用铸造毛坯,则需要选择铸造性能好的材料;若考虑采用焊接毛坯,则应选择焊接性能好的低碳钢。对于外形简单、尺寸较小、批量较大的零件,适合冲压或模锻,应选择塑性较好的材料;对于需要热处理的零件,材料应具有良好的热处理性能。此外,还应考虑材料的易切削性及热处理后的易切削性。

3)经济性要求

材料的经济性不仅指材料本身的价格,还包括加工制造费用、使用维护费用等。提高材料的经济性可从以下几个方面加以考虑:

（1）材料本身的价格。与铸铁相比，合金钢的价格可高达 10 多倍，铜材更是高达 30 多倍，因此在满足使用要求和工艺要求的条件下，应尽可能选择价格低廉的材料，特别是对生产批量大的零件，更为重要。

（2）采用热处理或表面强化（如喷丸、碾压等）工艺，充分发挥和利用材料潜在的力学性能。

（3）合理采用表面镀层（如镀铬、镀铜、发黑、发蓝等）方法，以减轻腐蚀或磨损的程度，延长零件的使用寿命。

（4）改善工艺方法，提高材料利用率，降低制造费用。如采用无切削、少切削工艺（冷墩、碾压、精铸、模锻、冷拉工艺等），可减少材料的浪费，缩短加工工时，还可使零件内部金属流线连续，从而提高强度。

（5）节约稀有材料。如采用我国资源较丰富的锰硼系合金钢代替资源较少的铬镍系合金钢，采用铝青铜代替锡青铜等。

（6）采用组合式结构，节约价格较高的材料。如直径较大的蜗轮齿圈采用减摩性较好但价高的锡青铜，可得到较高的啮合效率，而轮芯采用价廉的铸铁，可显著降低成本。

（7）根据材料的供应情况，选择本地现有且便于供应的材料，以降低采购、运输、储存的费用。

此外，应尽可能减少材料的品种和规格，以简化供应和管理，同时应使加工及热处理方法更容易被掌握和控制，从而提高制造质量，减少废品，提高劳动生产率。

1.6　机械零件的结构工艺性及标准化

1.6.1　机械零件的结构工艺性

在一定的生产条件和生产规模下，花费最少的劳动量和最低的生产成本，把零部件制造和装配出来，这样的零部件就被认为具有良好的结构工艺性。因此，零件的结构形状除了要满足功能上的要求外，还应该有利于零件在强度、刚度、加工、装配、调试、维护等方面的要求。零件的结构工艺性贯穿于生产过程的各个阶段之中，涉及面很广，包括材料选择、毛坯制作、热处理、切削加工、机器装配及维修等。应该注意，生产规模的不同将对结构工艺性好坏的评定方法产生很大的影响。在单件、小批量生产中被认为工艺性好的结构，在大量生产中却往往显得不好；反之亦然。如外形复杂、尺寸较大的零件，单件或少量生产时，宜采用焊接毛坯，可节省费用；大批量生产时，应该采用铸造毛坯，可提高生产率。同样，不同的生产条件（生产设备、工艺装配、技术力量等）也会对结构工艺性产生较大影响，一般应根据具体的生产条件研究零件的结构工艺性问题。

设计零件的结构时，要使零件的结构形状与生产规模、生产条件、材料、毛坯制作、工艺技术等相适应，一般可从以下几个方面加以考虑。

1）零件形状简单合理

一般来讲，零件的结构和形状越复杂，制造、装配和维修将越困难，成本也越高。所以在满足使用要求的情况下，零件的结构形状应尽量简单，应尽可能采用平面和圆柱面及其组合,各面之间应尽量相互平行或垂直,避免倾斜、突变等不利于制造的形状。

2) 合理选用毛坯类型

例如,根据尺寸大小、生产批量的多少和结构的复杂程度来确定齿轮的毛坯类型。尺寸小、结构简单、批量大时采用模锻件;结构复杂、批量大时,采用铸件;单件或少量生产时,采用焊接件。

3) 铸件的结构工艺性

铸造毛坯的采用较为广泛,设计其结构时首先应使铸件的最小壁厚满足液态金属的流动性要求,要注意壁厚均匀、过渡平缓,以防产生缩孔和裂纹,保证铸造质量;要有适当的结构斜度及拔模斜度,以便于起模;铸件各个面的交界处要采用圆角过渡;为了加强刚度,应设置必要的加强筋。

4) 零件的切削加工工艺性

对于切削加工的零件要考虑加工的可能性,尽可能减小加工难度。在机床上加工零件时,要有合适的基准面,要便于定位与夹紧,要尽量减少工件的装夹次数。在满足使用要求的条件下,应减少加工面的数量和减小加工面积;加工面要尽量布置在同一个平面或同一条母线上;应尽量采用相同的形状和元素,如相同的齿轮模数、螺纹、键、圆角半径、退刀槽等;结构尺寸应便于测量和检查;应选择适当的精度公差等级和表面粗糙度,过高的精度和过低的表面粗糙度要求将极大地增加加工成本和装配难度。

5) 零部件的装配工艺性

装配工艺性是指零件组装成部件或机器时,相互连接的零件不需要再加工或只需要少量加工就能顺利地装上或拆卸,并达到技术要求。结构设计时要注意以下几点: ① 要有正确的装配基准面,保证零件间相对位置的固定;② 配合面大小要合适;③ 定位销位置要合理,不致产生错装;④ 装配端面要有倒角或引导锥面;⑤ 绝对不允许出现装不上或拆不下的现象。

6) 零部件的维修工艺性

良好的维修工艺性体现在以下几个方面: ① 可达性,是指容易接近维修处,并易于观察到维修的部位;② 易于装拆;③ 便于更换,为此应尽量采用标准件或模块化设计;④ 便于修理,即对损坏部分容易修配或更换。

1.6.2　机械零件的标准化

机械零件的标准化就是对零件尺寸、规格、结构要求、材料性能、检验方法、设计方法、制图要求等,制定出各种相应的标准,供设计制造时大家共同遵照使用。贯彻标准化是一项重要的技术经济政策和法规,同时也是进行现代化生产的重要手段。目前,标准化程度的高低已成为评定设计水平及产品质量的重要指标之一。

标准化工作实际上包括三方面内容,即标准化、系列化和通用化,简称机械产品的"三化"。系列化是指在同一基本结构下,规定若干个规格尺寸不同的产品,形成产品系列,用较少的品种规格满足对多种尺寸的性能指标的广泛需要,如圆柱齿轮减速器系列。通用化是指在同类型机械系列产品内部或在跨系列的产品之间,采用同一结构和尺寸的零部件,使有关的零部件特别是易损件,最大限度地实现通用互换性。

国家标准化法规规定,我国实行的标准分国家标准(GB)、行业标准、地方标准和企业标准。国际标准化组织还制定了国际标准(ISO)。

机械零件设计中贯彻标准化的重要意义：① 减小设计工作量,缩短设计周期,降低设计费用,有利于设计人员将主要精力用于关键零部件的设计；② 便于建立专门工厂,采用最先进的技术,大规模生产标准零部件,有利于合理使用原材料,节约能源,降低成本,提高质量和可靠性,提高劳动生产率；③ 增强互换性,便于维修；④ 便于产品改进,增加产品品种；⑤ 采用与国际标准一致的国家标准,有利于产品走向国际市场。因此,在机械零件设计中,设计人员必须了解和掌握有关的各项标准并认真贯彻执行,不断提高设计产品的标准化程度。此外,随着科学技术的不断发展,现有的标准还在不断更新,设计人员必须密切予以关注。

1.7　机械设计方法及其新发展

机械设计的方法通常可分为两类：一类是过去长期采用的传统(常规的)设计方法,另一类是近几十年发展起来的现代设计方法。

1.7.1　传统设计方法

传统设计方法是综合运用与机械设计有关的基础学科,如理论力学、材料力学、弹性力学、流体力学、热力学、互换性与技术测量、机械制图等,逐渐形成的机械设计方法。传统设计方法是以经验总结为基础,运用力学和数学形成经验公式、图表、设计手册等作为设计依据,通过经验公式、近似系数或类比等方法进行设计的方法。这是一种以静态分析、近似计算、经验设计、人工劳动为特征的设计方法。目前,在我国的许多场合,传统设计方法仍被广泛使用。传统设计方法可以划分为以下三种。

1) 理论设计

根据长期研究和实践总结出来的传统设计理论及试验数据所进行的设计,称为理论设计。理论设计的计算过程又可分为设计计算和校核计算。设计计算是按照已知的运动要求、载荷情况及零件的材料特性等,运用一定的理论公式设计零件尺寸和形状的计算过程,如按转轴的强度、刚度条件计算转轴的直径等；校核计算是先根据类比法、试验法等方法初步定出零件的尺寸和形状,再用理论公式进行零件的强度、刚度等校核及精确校核的计算过程,如转轴的弯扭组合强度校核和精确校核等。设计计算多用于能通过简单的力学模型进行设计的零件；校核计算则多用于结构复杂、应力分布较复杂,但又能用现有分析方法进行计算的场合。

理论设计可得到比较精确而可靠的结果,重要的零部件大多数都应该选择这种设计方法。

2) 经验设计

根据对某类零件已有的设计与使用实践归纳出的经验公式或设计者本人的工作经验,用类比法所进行的设计,称为经验设计。经验设计简单方便,是比较实用的设计方法。对于一些不重要的零件,如不太受力的螺钉等,或者对于一些理论上不够成熟或虽有理论方法但没有必要进行复杂、精确计算的零部件,如机架、箱体等,通常采用经验设计方法。

3) 模型试验设计

将初步设计的零部件或机器制成小模型或小尺寸样机,经过试验手段对其各方面的特性进行检验,再根据试验结果对原设计进行逐步的修改,从而获得尽可能完善的设计结果,这样的设计过程称为模型试验设计。该设计方法费时、昂贵,一般只用于特别重要的设计中。一些尺寸巨大、结构复杂而又十分重要的零部件,如新型重型设备及飞机的机身、新型舰船的船体等的设计,常采用这种设计方法。

1.7.2 现代设计方法

1.7.2.1 现代设计方法内涵

现代设计方法是综合应用现代各个领域科学技术的发展成果于机械设计领域所形成的设计方法,同时又是在传统设计方法的基础上发展形成的。它包含哲学、思维科学、心理学和智能科学的研究成果,解剖学、生理学和人体科学的研究成果,社会学、环境科学、生态学的研究成果,现代应用数学、物理学与应用化学的研究成果,应用力学、摩擦学、技术美学、材料科学的研究成果,以及机械电子学、控制理论与技术、自动化的研究成果。特别是电子计算机的广泛应用和现代信息科学与技术的发展,极大且迅速地推动了现代设计方法的发展。与传统设计方法相比,现代机械设计方法具有如下一些特点:① 以科学设计取代经验设计;② 以动态的设计和分析取代静态的设计和分析;③ 以定量的设计计算取代定性的设计分析;④ 以变量取代常量进行设计计算;⑤ 以注重"人—机—环境"大系统的设计准则,如人机工程设计准则、绿色设计准则,取代偏重于结构强度的设计准则;⑥ 以优化设计取代可行性设计;⑦ 以自动化设计取代人工设计。

1.7.2.2 现代设计方法种类

随着科学技术的迅速发展及计算机技术的广泛应用,在机械设计传统设计方法的基础上又发展了一系列新兴的设计理论与方法,如设计方法学设计、优化设计、可靠性设计、摩擦学设计、计算机辅助设计、有限元方法、动态设计、模块化设计、参数化设计、价值分析或价值工程、并行设计、虚拟产品设计、工业造型设计、反求工程设计、人机工程设计、智能设计、网上设计等。现代设计方法种类繁多,内容十分丰富,这里仅简略介绍几种在国内机械设计中应用较为成熟、影响较大的方法,具体使用时应进一步参考有关资料。

1) 计算机辅助设计

计算机辅助设计(CAD)是利用计算机运算快速准确、存储量大、逻辑判断功能强等特点进行设计信息处理,并通过人机交互作用完成设计工作的一种设计方法。一个完备的 CAD系统由科学计算、图形系统和数据库三方面组成。与传统设计方法相比,该方法具有以下优点:① 显著提高设计效率,缩短设计周期,有利于加快产品的更新换代,增强市场竞争能力;② 能获得一定条件下的最佳设计方案,提高设计质量;③ 能充分应用其他各种先进的现代设计方法;④ 随着 CAD 系统的日益完备和高度自动化,设计工作越显得易学易用,设计人员从烦琐的重复性工作中解脱出来,可从事更富创造性的工作;⑤ 可与计算机辅助制造(CAM)结合形成 CAD/CAM 系统,再与计算机辅助检测(CAT)、计算机管理自动化结合形成计算机集成制造系统(CIMS),综合进行市场预测、产品设计、生产计划、制造和销售等一系列工作,实现人力、物力和时间等各种资源的有效利用,有效促进现代企业生产组织、管理和实施的自动化、无人化,使企业总效益最高。

2）机械优化设计

机械优化设计是将最优化数学理论（主要是数学规划理论）应用于机械设计领域而形成的一种设计方法。该方法先将设计问题的物理模型转化为数学模型，再选用适当的优化方法并借助计算机求解该数学模型，经过对优化方案的评价与决策后，从而求得最佳设计目标（如经济性最好、重量最轻、体积最小、寿命最长、刚度最大、速度最高等）下结构参数的最优解。采用优化设计方法可以在多变量、多目标的条件下，获得高效率、高精度的设计结果，极大地提高了设计质量。

近些年来，优化设计还与可靠性设计、模糊学设计等其他一些设计方法结合起来，形成了可靠性优化设计、模糊优化设计等一些新的设计方法。

3）机械可靠性设计

机械可靠性设计是将概率论、数理统计、失效物理和机械学相结合而成的一种设计方法。其主要特点是将传统设计方法中视为单值而实际上具有多值性的设计变量（如载荷、应力、强度、寿命等）如实地作为服从某种分布规律的随机变量来对待，用概率统计方法定量设计出符合机械产品可靠性指标要求的零部件和整机的主要参数及结构尺寸。机械可靠性设计的主要内容：① 从规定的目标可靠度出发，设计零部件和整机的有关参数及结构尺寸，这是可靠性设计最基本的内容；② 可靠性预测，即根据零部件和机器（或系统）目前的状况及失效数据，预测其实际可能达到的可靠度，预报它们在规定条件下和在规定时间内完成规定功能的概率；③ 可靠度分配，即根据确定的机器（或系统）的可靠度，分配其组成零部件或子系统的可靠度。这对复杂产品和大型系统来说尤为重要。

4）机械系统设计

机械系统设计是应用系统的观点进行机械产品设计的一种设计方法。与传统设计相比，传统设计只注重机械内部系统设计，且以改善零部件的特性为重点，对各零部件之间、内部与外部系统之间的相互作用和影响考虑较少；机械系统设计则遵循系统的观点，研究内外系统和各子系统之间的相互关系，通过各子系统的协调工作和取长补短来实现整个系统最佳的总功能。

机械系统设计的一般过程包括计划、外部系统设计（简称外部设计）、内部系统设计（简称内部设计）和制造销售四个阶段。

5）有限元方法

有限元方法是随着电子计算机的发展而迅速发展起来的一种现代设计计算方法。它的基本思想是：把连续的介质（如零件、结构等）看成是由在有限个节点处连接起来的有限个小块（称为元素）组合而成的，然后对每个元素通过取定的插值函数，如线性函数，将其内部每一点的位移（或应力）用元素节点的位移（或应力）来表示，再根据介质整体的协调关系，建立包括所有节点的未知量的联立方程组，最后用计算机求解该联立方程组，以获得所需要的解答。当元素足够"小"时，可以得到十分精确的解答。

有限元方法适用性极广，不仅可用来计算一般零件（二维或三维）及杆系结构、板、壳等问题的静应力或热应力，还可计算它们的弹塑性、蠕变、大挠度变形等非线性问题，以及振动、稳定性等问题。

现代设计方法的应用将弥补传统设计方法的不足，从而有效地提高设计质量，但它并不能离开或完全取代传统设计方法。现代设计方法还将随着科学技术的飞速发展而不断发展。

本章学习要点

　　了解机器应满足的主要要求,了解机器设计的一般程序及主要内容,了解机械零件设计的基本要求及一般步骤,了解机械零件的主要失效形式及计算准则,了解机械零件的常用材料和选用原则,了解机械零件的结构工艺性及机械零件设计的标准化,了解机械设计方法及其新发展。

思考与练习题

1. 问答题

1-1　设计机器时应满足哪些主要要求?

1-2　机器设计的一般程序分为哪四个阶段?

1-3　设计机械零件时应满足哪些基本要求?

1-4　机械零件的计算准则与失效形式有什么关系?常用的计算准则有哪些?它们各针对什么失效形式?

1-5　什么是机械零件的可靠度?它与零件的可靠性有什么关系?

1-6　机械零件的设计计算有哪两种方法?它们各包括哪些内容?各在什么条件下采用?

1-7　机械零件设计的一般步骤有哪些?其中哪个步骤对零件尺寸的确定起决定性作用?为什么?

1-8　简述合理选择零件材料的一般原则。

1-9　机械设计时为什么要考虑零件的结构工艺性问题?主要应从哪些方面来考虑零件的结构工艺性?

1-10　什么是标准化、系列化和通用化?标准化的重要意义是什么?

1-11　机械设计方法通常分哪两大类?简述两者的区别和联系。

1-12　什么是传统设计方法?传统设计方法分哪三种?各在什么条件下被采用?

2. 填空题

1-13　设计机器的一般步骤分为_____阶段、_____阶段、_____阶段和_____阶段。

1-14　设计机器时应满足的主要要求是_____要求、_____要求、_____要求、_____要求和_____要求。

1-15　机器的经济性包括_____经济性和_____经济性两个方面。

1-16　机械零件设计的基本要求有_____要求、_____要求、_____要求和_____要求。

1-17　机械零件的主要失效形式有_____、_____、_____、_____。

3. 选择题

1-18　对于大量生产、形状较复杂、尺寸较大的零件,应选用(　　　)。

  A. 铸造毛坯   B. 模锻毛坯   C. 自由锻毛坯   D. 钢板焊接

1-19 尺寸较大的青铜蜗轮常采用铸铁轮芯和青铜齿圈结构,这主要是为了(　　)。

  A. 使蜗轮导热性好 B. 切齿方便   C. 节约青铜   D. 使其热膨胀小

1-20 在下列零件的失效形式中,(　　)不属于强度问题。

  A. 螺栓断裂   B. 齿轮的齿面发生疲劳点蚀

  C. 蜗杆轴产生过大的弯曲变形   D. 滚动轴承套圈的滚道上被压出凹坑

1-21 机械零件的可靠度高就是指(　　)。

  A. 能正常工作的寿命长

  B. 在规定的使用时间内不会发生失效

  C. 机械零件强度高,满足要求

  D. 一批同型号的零件在规定的使用时间内不会发生失效的零件数占零件总数的百
   分比高

1-22 我国国家标准的代号是(　　)。

  A. GC   B. GB   C. ZB   D. YB

1-23 从经济性考虑,单件生产的大型减速器箱体最好采用(　　)。

  A. 铸造毛坯   B. 模锻毛坯   C. 自由锻毛坯   D. 钢板焊接

第2章

机械零件的强度

在机械零件的主要失效形式中,经常会发生由于强度不足引起的整体断裂、塑性变形或表面破坏,因此在设计机械零件时必须进行必要的强度计算。本章在材料力学知识的基础上,主要介绍疲劳强度和表面接触强度的计算方法。

2.1 载荷和应力的分类

2.1.1 载荷的分类

作用在机械零件上的载荷,按其大小和方向是否随时间变化分为静载荷和变载荷。不随时间变化或变化很小的载荷称为静载荷,如物体的重力;随时间变化的载荷称为变载荷,变载荷分为周期性变载荷和非周期性变载荷两种,前者如往复式活塞运动机构中曲轴所受的载荷,后者如支承车身重量的弹簧所受到的载荷。

在机械零件的设计计算中,常将载荷分为名义载荷和计算载荷。名义载荷是根据原动机或工作机的额定功率,用力学方法计算所得到的作用在零件上的载荷,它是机器在理想工作状态下的载荷,没有考虑工作中载荷随时间而变化的特征、载荷在零件上作用的不均匀性及其他影响零件载荷的因素,一般与零件工作时所受实际载荷相差较大,所以不能直接用作零件的设计计算。计算载荷则综合考虑了各种实际影响因素,通常要大于名义载荷,而与零件工作时的实际受载情况较为接近,因而在工程实际中设计机械零件时常采用计算载荷进行计算。计算载荷 F_{ca} 常用名义载荷 F 乘以载荷系数 K 来确定,即 $F_{ca}=KF$。载荷系数 K 的大小主要根据原动机和工作机的工作平稳性来确定。常见原动机和工作机的工作性质见表 2-1。

表 2-1 常见原动机和工作机的工作性质

工 作 性 质		举 例
原动机	工作平稳	电动机、汽轮机、燃气轮机
	轻度冲击	多缸内燃机
	中等冲击	单缸内燃机

（续表）

工 作 性 质	举　例
平稳载荷（$T_{max}/T \leqslant 1.25$）	通风机、离心泵、车床、钻床、磨床、发电机、带式运输机
轻度冲击（$T_{max}/T \leqslant 1.5$）	轻型传动装置、铣床、滚齿机床、六角车床、自动车床、带有较重飞轮的活塞式水泵和压缩机、链式运输机
中度冲击（$T_{max}/T \leqslant 2.0$）	可逆转的传动装置、刨床、插床、插齿机、带有较重飞轮的活塞式水泵和压缩机、螺旋运输机、刮板运输机、带有较重飞轮的螺旋压力机和偏心压力机
重度冲击（$T_{max}/T \leqslant 3.0$）	起重机、掘土机、挖泥船、破碎机、锯木机、球磨机、带有较重飞轮的螺旋压力机和偏心压力机、剪断机、锤、往复运输机

注：T_{max}—机器的启动力矩；T—机器的名义转矩。

2.1.2　应力的分类

按零件中应力的大小或方向是否随时间变化，可将应力分为静应力和变应力。大小或方向不随时间变化或变化很小的应力称为静应力，静应力只能在静载荷作用下产生。在静应力下零件的失效形式主要是断裂破坏或塑性变形，其强度计算可按材料力学中介绍的方法进行。大小或方向随时间变化的应力称为变应力，变应力可由变载荷产生，也可由静载荷产生（图 2-1），实际中大多数机械零件都是在变应力下工作的。随时间做周期性变化的应力称为交变应力，即循环变应力。在交变应力下零件的失效形式主要是疲劳破坏，零件抵抗疲劳破坏的能力称为疲劳强度。为了避免零件在交变应力下发生疲劳破坏，通常需要进行零件的疲劳强度计算。

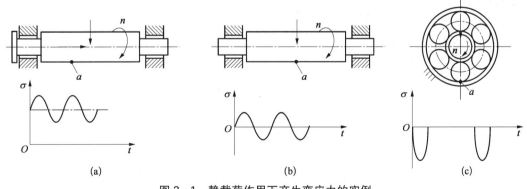

（a）　　　　　　　　　　（b）　　　　　　　　　　（c）

图 2-1　静载荷作用下产生变应力的实例

一般可用交变应力的最大应力 σ_{max}、最小应力 σ_{min}、平均应力 σ_m、应力幅 σ_a 和应力循环特性 r 来描述交变应力的变化情况，如图 2-2 所示。若工作中交变应力的平均应力、应力幅和循环周期均不随时间变化，则称为稳定交变应力。本章主要介绍稳定交变应力下的零件疲劳强度计算方法。非稳定交变应力下零件的疲劳强度计算方法可查阅有关资料。

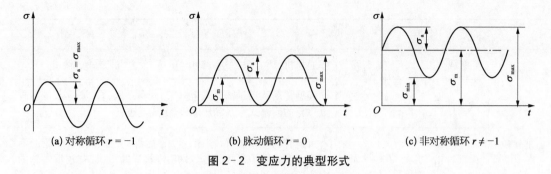

(a) 对称循环 $r = -1$ (b) 脉动循环 $r = 0$ (c) 非对称循环 $r \neq -1$

图 2-2   变应力的典型形式

稳定交变应力的五个参数之间有着以下的关系：

$$\left.\begin{array}{l} \sigma_{\mathrm{m}} = \dfrac{\sigma_{\max} + \sigma_{\min}}{2} \\[3mm] \sigma_{\mathrm{a}} = \dfrac{\sigma_{\max} - \sigma_{\min}}{2} \end{array}\right\} \qquad (2-1)$$

$$r = \frac{\sigma_{\min}}{\sigma_{\max}} \qquad (2-2)$$

根据交变应力的变化情况不同，一般将其分为对称循环变应力（图 2-2a）、脉动循环变应力（图 2-2b）和非对称循环变应力（图 2-2c）三种基本形式。静应力可看成交变应力的一个特例，其 $\sigma_{\max} = \sigma_{\min} = \sigma_{\mathrm{m}}$，$\sigma_{\mathrm{a}} = 0$，$r = 1$。

2.2   静应力下机械零件的整体强度

2.2.1   静应力下机械零件的强度条件

机械零件在静应力作用下且为单向应力状态时的强度条件为危险截面处的工作应力不大于其许用应力，即许用应力形式，表达式如下：

$$\left.\begin{array}{l} \sigma \leqslant [\sigma] = \dfrac{\sigma_{\lim}}{[S_{\sigma}]} \\[3mm] \tau \leqslant [\tau] = \dfrac{\tau_{\lim}}{[S_{\tau}]} \end{array}\right\} \qquad (2-3)$$

或要求机械零件危险截面处的工作安全系数不小于许用安全系数，即安全系数形式，表达式如下：

$$\left.\begin{array}{l} S_{\sigma} = \dfrac{\sigma_{\lim}}{\sigma} \geqslant [S_{\sigma}] \\[3mm] S_{\tau} = \dfrac{\tau_{\lim}}{\tau} \geqslant [S_{\tau}] \end{array}\right\} \qquad (2-4)$$

式中 σ、τ ——零件危险截面处的工作应力，常取其最大值计算；

　　$[\sigma]$、$[\tau]$——零件的许用应力；

　　$\sigma_{\lim}$、$\tau_{\lim}$——零件材料的极限应力；

　　$[S_\sigma]$、$[S_\tau]$——零件的许用安全系数；

　　S_σ、S_τ——零件的工作安全系数。

　　对单向静应力下工作的塑性材料零件,应按不发生塑性变形的条件进行强度计算,式(2-3)和式(2-4)中的极限应力 $\sigma_{\lim}$、$\tau_{\lim}$ 应为零件材料的屈服极限 σ_s 和 τ_s。

　　对脆性材料或低塑性材料制成的零件,式(2-3)和式(2-4)中的极限应力应为材料的强度极限 σ_b 或 τ_b。

　　弯扭复合应力下工作的塑性材料零件,可根据第三强度理论或第四强度理论来确定其强度条件。采用第三强度理论计算弯扭复合应力时,强度条件为

$$\sigma_{ca} = \sqrt{\sigma_w^2 + 4\tau_T^2} \leqslant [\sigma] \tag{2-5}$$

式中　σ_{ca}——当量应力(又称计算应力)；

　　　σ_w——弯曲正应力；

　　　τ_T——扭转切应力；

　　$[\sigma]$——零件的许用应力。

　　若近似取 $\sigma_s/\sigma_T = 2$,可得到复合应力下塑性材料零件的安全系数强度条件为

$$S = \frac{\sigma_s}{\sqrt{\sigma_w^2 + 4\tau_T^2}} \geqslant [S] \quad \text{或} \quad S = \frac{S_\sigma S_\tau}{\sqrt{S_\sigma^2 + S_\tau^2}} \geqslant [S] \tag{2-6}$$

式中　S_σ——只考虑弯曲正应力的工作安全系数,$S_\sigma = \sigma_s/\sigma_w$；

　　　S_τ——只考虑扭转切应力的工作安全系数,$S_\tau = \tau_s/\tau_T$；

　　　S——弯扭复合应力下零件的工作安全系数；

　　$[S]$——弯扭复合应力下零件的许用安全系数。

　　对于如铸铁这类组织不均匀的材料,因不连续组织在零件内部引起的局部应力增大要远远大于零件形状和机械加工等原因引起的局部应力增大,所以计算时无须考虑应力集中的影响。对于低温回火的高强度钢这类组织均匀的低塑性材料,则应考虑应力集中的影响,并应根据最大局部应力进行强度计算。

2.2.2　许用安全系数的选择

　　合理选择许用安全系数是强度计算中的一项重要工作。许用安全系数取得过大,机器显得笨重,并且不符合经济性原则；许用安全系数取得过小,则机器可能不安全。合理选择许用安全系数的原则是:在保证安全可靠的前提下,尽可能选用较小的许用安全系数。确定许用安全系数时的影响因素主要有载荷计算的准确性、零件的重要程度、材料力学性能数据的可靠性、计算方法的合理性等。

　　在不同的机器制造部门中,常常制定有专用的许用安全系数规范,并且通常还附有计算说明,如无特殊原因,设计时应严格遵守这些专门规范。在没有具体规范参照时,可遵循以下原则选择许用安全系数:

　　(1)塑性材料制成的零件,静应力下以屈服极限作为极限应力,其许用安全系数 $[S]$ 的最

小值可以按表2-2选取。如果载荷和应力的计算不十分准确，[S]应加大20%～50%。[S]随比值σ_s/σ_b的增加而加大，是为了保证防止破坏的安全度。

表2-2　许用安全系数[S]的最小值

参　数	数		值	
σ_s/σ_b	0.45～0.55	0.55～0.70	0.70～0.90	铸件
[S]	1.2～1.5	1.4～1.8	1.7～2.2	1.6～2.5

（2）组织不均匀的低塑性材料制成的零件，静应力下以强度极限作为极限应力，可取[S]=3～4；组织均匀的取[S]=2～3。如果计算不十分准确，可加大50%～100%。

（3）变应力下以疲劳极限作为极限应力时，塑性材料零件取[S]=1.5～4.5，脆性材料和低塑性材料零件取[S]=2～6。无应力集中时取小值。

许用安全系数也可用部分系数法来确定，这时安全系数等于几个部分系数的乘积，即

$$[S]=S_1S_2S_3 \tag{2-7}$$

式中　S_1——反映载荷和应力计算准确性的系数，$S_1=1\sim1.5$；

　　　S_2——反映材料性能均匀性的系数，对于轧制和铸造的钢零件，$S_2=1.2\sim1.5$，对于铸铁零件，$S_2=1.5\sim2.5$；

　　　S_3——反映零件重要程度的系数，$S_3=1\sim1.5$。

2.3　稳定变应力下机械零件的整体强度

工程实践表明，机械零件在变应力下的失效与静应力时全然不同。在变应力作用下，即使零件的工作应力低于屈服极限，但长期反复之后，零件也会产生突然断裂。即使是塑性较好的材料，断裂前也不会发生明显的塑性变形。这种失效现象一般称为疲劳破坏，零件抵抗疲劳破坏的能力称为疲劳强度。由于发生疲劳断裂时零件的工作应力往往低于其材料的屈服极限，因此静应力下的强度指标不能用于疲劳强度的计算。零件在变应力下的强度指标称为疲劳极限或持久极限，需要经过疲劳试验测定。

2.3.1　材料的疲劳极限和疲劳曲线

在给定循环特性r的条件下，经过N次应力循环，材料不发生疲劳破坏的最大应力称为疲劳极限，用σ_{rN}表示，即当工作应力$\sigma_{\max}\leqslant\sigma_{rN}$时，材料可经历$N$次应力循环而不会发生疲劳破坏。

试验表明，当r一定时，σ_{rN}与应力循环次数N有关。当N增大时，σ_{rN}会减小。表示应力循环次数N与疲劳极限σ_{rN}关系的曲线，称为疲劳曲线或$\sigma-N$曲线。金属材料的疲劳曲线如图2-3所示。从疲劳曲线可以得到材料疲劳有以下特点：

（1）对于钢材（图2-3a），当应力循环次数N大于某一数值N_0时，疲劳曲线趋于水平

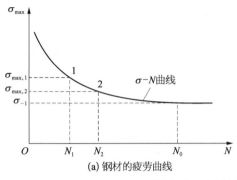
(a) 钢材的疲劳曲线

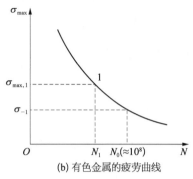
(b) 有色金属的疲劳曲线

图 2-3　金属材料的疲劳曲线

线,疲劳破坏时的最大应力 σ_{max} 不再随循环次数的增加而发生变化,即材料不会发生疲劳破坏,称 N_0 所对应的 σ_{max} 为该应力循环特性下的疲劳极限 σ_τ,如对称循环时为 σ_{-1}、τ_{-1},脉动循环时为 σ_0、τ_0。由试验可知,在不同的循环特性下,对称循环时 σ_{-1}、τ_{-1} 的数值最小,即在对称循环时最易发生疲劳破坏。称 N_0 为循环基数,不同材料及不同的材料特性具有不同的 N_0 值。对于钢材,当硬度小于或等于 350 HBW(为采用硬质合金压头测试的布氏硬度)时,常取 $N_0 = 10^7$;当硬度大于 350 HBW 时,取 $N_0 = 25 \times 10^7$。对于疲劳曲线没有明显水平部分的有色金属和某些高硬度合金钢(图 2-3b),实用中一般规定 $N = 10^8$ 时的最大应力为该材料的疲劳极限,即取 $N_0 = 10^8$。不同材料在对称循环时的疲劳极限 σ_{-1}、τ_{-1} 和脉动循环时的疲劳极限 σ_0、τ_0 可查阅有关设计资料。

（2）N_0 将曲线分为两个区域,将 $N > N_0$ 的部分称为无限寿命区,将 $N \leqslant N_0$ 的部分称为有限寿命区。当应力循环次数 $N < N_0$ 时,即在有限寿命区内,图 2-3 所示的疲劳曲线为一条指数曲线,σ_{rN}(或 τ_{rN})与 N 满足

$$\left.\begin{array}{l} \tau_{rN}^m N = \tau_r^m N_0 = C \\ \sigma_{rN}^m N = \sigma_r^m N_0 = C \end{array}\right\} \tag{2-8}$$

式中　σ_r、τ_r ——材料的疲劳极限,即无限寿命下的疲劳极限;

　　　σ_{rN}、τ_{rN} ——在应力循环次数 N 时,材料有限寿命下的疲劳极限;

　　　m ——材料的寿命指数,随材料和应力状态而定,对于钢材、拉应力、弯曲应力和切应力时 $m = 9$,接触应力时 $m = 6$,而对于青铜,弯曲应力时 $m = 9$,接触应力时 $m = 8$;

　　　C ——试验常数。

所以,在一定的应力循环次数 N 下,材料有限寿命时的疲劳极限为

$$\left.\begin{array}{l} \sigma_{rN} = \sqrt[m]{\dfrac{N_0}{N}}\,\sigma_\tau = K_N \sigma_r \\[2mm] \tau_{rN} = \sqrt[m]{\dfrac{N_0}{N}}\,\tau_\tau = K_N \tau_r \end{array}\right\} \tag{2-9}$$

式中　K_N ——寿命系数,即

$$k_N = \sqrt[m]{\frac{N_0}{N}} \qquad\qquad (2-10)$$

当按有限寿命设计时,以实际 N 值代入上式;当按无限寿命($N > N_0$)设计时,钢材取 $N = N_0 = 1$,$K_N = 1$;当 $N < 10^3$ 时,按静应力问题处理。

2.3.2 材料的疲劳极限应力线图

材料在不同的循环特性 r 下有不同的疲劳极限,可用极限应力图来表示,又称为等寿命疲劳曲线。取平均应力 σ_m 为横坐标,应力幅 σ_a 为纵坐标,将材料在不同循环特性 r 下的疲劳极限 $\sigma_r(\sigma_m,\sigma_a)$ 标在图中,即得极限应力线图(图 2-4)。

图 2-4 所示的是塑性材料的极限应力线图,曲线上点 $A(0,\sigma_{-1})$ 为对称循环 $r = -1$ 时的疲劳极限($\sigma_r = \sigma_{rm} + \sigma_{ra} = \sigma_{-1}$);点 $B(\sigma_0/2,\sigma_0/2)$ 为脉动循环 $r = 0$ 时的疲劳极限($\sigma_r = \sigma_{rm} + \sigma_{ra} = \sigma_0$);点 $S(\sigma_s,0)$ 为静应力 $r = 1$ 时的极限应力($\sigma_r = \sigma_{rm} + \sigma_{ra} = \sigma_s$);而点 $K(\sigma_{rm},\sigma_{ra})$ 则为某一应力循环 r 时的极限应力 $\sigma_r(\sigma_r = \sigma_{rm} + \sigma_{ra})$,其中 $r = \sigma_{min}/\sigma_{max} = (\sigma_{rm} - \sigma_{ra})/(\sigma_{rm} + \sigma_{ra})$。对于脆性材料,图 2-4 中点 S 则改为点 $C(\sigma_b,0)$。

绘制材料的疲劳极限应力线图需要做大量的试验,花费极大,且使用不便。在工程实际中,常将极限应力线图用简化折线来近似代替,如图 2-5 所示。

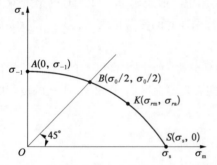

图 2-4　材料的极限应力线图(等寿命曲线)

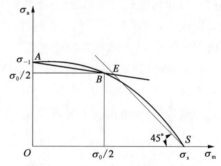

图 2-5　材料的简化极限应力线图

连曲线上 A、B 两点,得直线 AB,过点 S 作与横轴成 $45°$ 的斜直线 AE,与直线 AB 交于点 E,即得极限应力线图的简化折线 AES,由作图过程可知,作简化折线时应已知材料的 σ_{-1}、σ_0 和 σ_s。

设直线 AE 上任意一点的坐标为 $(\sigma_{rm},\sigma_{ra})$,由数学方法可求出图 2-5 中直线 AE 的方程为 $\sigma_{-1} = \sigma_{ra} + \varphi_\sigma\sigma_m$。其中 φ_σ 为将平均应力折算为应力幅的折算系数,表示材料对循环不对称的敏感程度,即

$$\varphi_\sigma = \frac{2\sigma_{-1} - \sigma_0}{\sigma_0} \qquad\qquad (2-11)$$

同样,得直线 ES 的方程为 $\sigma_s = \sigma_{ra} + \sigma_{rm}$,即直线 ES 上任意一点的极限应力为 $\sigma_r = \sigma_s$。

因此,材料的极限应力线图简化为折线 AES,即可用折线 AES 上各点 (σ_m,σ_{ra}) 来确定不同循环特性下材料的极限应力 σ_r。若材料中的应力处于 AES 区域以内,则表示不会发生破坏;若材料应力处于此区域以外,则表示一定要发生破坏;若正好位于折线上,则表示工作

应力正好达到极限状态。

以上的讨论同样适用于切应力的情况,只需将各 σ 换成 τ 即可。钢的平均应力折算系数 φ_σ 及 φ_τ 值见表 2-3。

表 2-3　钢的平均应力折算系数 φ_σ 及 φ_τ 值

应力种类	系　数	表　面　状　态				
		抛光	磨光	车削	热轧	锻造
弯曲	φ_σ	0.50	0.43	0.34	0.215	0.14
拉压	φ_σ	0.41	0.36	0.30	0.18	0.10
扭转	φ_τ	0.33	0.29	0.21	0.11	

各种材料的 σ_{-1}、σ_0 和 τ_{-1}、τ_0 可查阅有关设计资料,也可按以下关系式确定:对于钢, $\sigma_{-1}=0.27(\sigma_b+\sigma_s)$, $\tau_{-1}\approx0.156(\sigma_b+\sigma_s)$, $\sigma_0\approx1.4\sigma_{-1}$, $\tau_0\approx1.5\tau_{-1}$;对于球墨铸铁, $\sigma_{-1}\approx 0.36\sigma_b$, $\tau_{-1}\approx0.31\sigma_b$。

2.3.3　影响机械零件疲劳强度的主要因素

材料的疲劳极限一般是在常温下用光滑小试件测定的,不能直接用作机械零件的疲劳强度指标。在工程实际中,各种机械零件由于外部几何形状的变化、尺寸大小不同、工作环境、表面加工质量及表面强化等因素的影响,使得零件的疲劳极限要小于材料试件的疲劳极限。以下介绍影响机械零件疲劳极限的几种主要因素。

1) 应力集中的影响

零件受载时,在其外形突然变化处(如圆角、孔、槽、螺纹等处)的局部应力要远远大于其名义应力,这种现象称为应力集中。在应力集中的局部区域更易形成疲劳裂纹,使零件的疲劳强度显著降低。在对称循环下,常用有效应力集中系数 k_σ、k_τ 来考虑应力集中对零件疲劳强度的影响:

$$k_\sigma=\frac{\sigma_{-1}}{\sigma_{-1k}}\quad \text{或}\quad k_\tau=\frac{\tau_{-1}}{\tau_{-1k}} \tag{2-12}$$

式中　σ_{-1}、τ_{-1} ——对称循环下材料试件的疲劳极限;

σ_{-1k}、τ_{-1k} ——对称循环下有应力集中试件的疲劳极限。

几种常见的不同应力集中情况下的有效应力集中系数 k_σ、k_τ 可查表 2-4～表 2-7 确定。

表 2-4　螺纹、键、花键及横孔处的有效应力集中系数 k_σ、k_τ

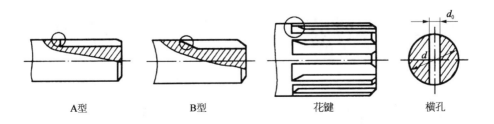

A型　　　　B型　　　　花键　　　　横孔

（续表）

σ_b /MPa	螺纹 ($k_\tau = 1$) k_σ	键槽 k_σ A型	键槽 k_σ B型	键槽 k_τ A、B型	花键 k_σ	花键 k_τ 矩形	花键 k_τ 渐开线形	横孔 k_σ $\frac{d_0}{d}=0.05\sim0.15$	横孔 k_σ $\frac{d_0}{d}=0.15\sim0.25$	横孔 k_τ $\frac{d_0}{d}=0.05\sim0.25$
400	1.45	1.51	1.30	1.20	1.35	2.10	1.40	1.90	1.70	1.70
500	1.78	1.64	1.38	1.37	1.45	2.25	1.43	1.95	1.75	1.75
600	1.96	1.76	1.46	1.54	1.55	2.35	1.46	2.00	1.80	1.80
700	2.20	1.89	1.54	1.71	1.60	2.45	1.49	2.05	1.85	1.80
800	2.32	2.01	1.62	1.88	1.65	2.55	1.52	2.10	1.90	1.85
900	2.47	2.14	1.69	2.05	1.70	2.65	1.55	2.15	1.95	1.90
1 000	2.61	2.26	1.77	2.22	1.72	2.70	1.58	2.20	2.00	1.90
1 200	2.90	2.50	1.92	2.39	1.75	2.80	1.60	2.30	2.10	2.00

注：蜗杆螺旋根部有效应力集中系数可取 $k_\sigma = 2.3 \sim 2.5$，$k_\tau = 1.7 \sim 1.9$。

表 2-5　配合边缘处的有效应力集中系数 k_σ、k_τ

配合	400 k_σ	400 k_τ	500 k_σ	500 k_τ	600 k_σ	600 k_τ	700 k_σ	700 k_τ	800 k_σ	800 k_τ	900 k_σ	900 k_τ	1 000 k_σ	1 000 k_τ	1 200 k_σ	1 200 k_τ
H7/r6	2.05	1.55	2.30	1.69	2.52	1.82	2.73	1.96	2.96	2.09	3.18	2.22	3.41	2.36	3.87	2.62
H7/k6	1.55	1.25	1.72	1.36	1.89	1.46	2.05	1.56	2.22	1.65	2.39	7.76	2.56	1.86	2.90	2.05
H7/h6	1.33	1.14	1.49	1.23	1.64	1.31	1.77	1.40	1.92	1.49	2.08	1.57	2.22	1.66	2.50	1.83

（表头跨列：σ_b/MPa）

注：滚动轴承与轴的配合按 H7/r6 配合选择系数。

表 2-6　过渡圆角处的有效应力集中系数 k_σ、k_τ

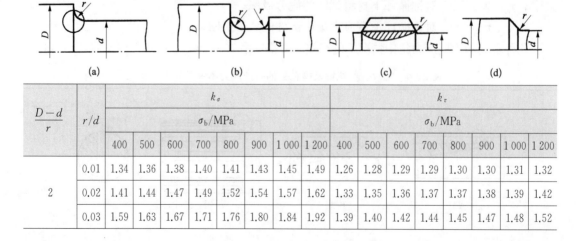

$\frac{D-d}{r}$	r/d	k_σ 400	500	600	700	800	900	1 000	1 200	k_τ 400	500	600	700	800	900	1 000	1 200
2	0.01	1.34	1.36	1.38	1.40	1.41	1.43	1.45	1.49	1.26	1.28	1.29	1.29	1.30	1.30	1.31	1.32
	0.02	1.41	1.44	1.47	1.49	1.52	1.54	1.57	1.62	1.33	1.35	1.36	1.37	1.37	1.38	1.39	1.42
	0.03	1.59	1.63	1.67	1.71	1.76	1.80	1.84	1.92	1.39	1.40	1.42	1.44	1.45	1.47	1.48	1.52

（k_σ、k_τ 下均为 σ_b/MPa）

（图）(a)　(b)　(c)　(d)

(续表)

$\dfrac{D-d}{r}$	r/d	k_σ σ_b/MPa								k_τ σ_b/MPa							
		400	500	600	700	800	900	1 000	1 200	400	500	600	700	800	900	1 000	1 200
2	0.05	1.54	1.59	1.64	1.69	1.73	1.78	1.83	1.93	1.42	1.43	1.44	1.46	1.47	1.50	1.51	1.54
	0.10	1.38	1.44	1.50	1.55	1.61	1.66	1.72	1.83	1.37	1.38	1.39	1.42	1.43	1.45	1.46	1.50
4	0.01	1.51	1.54	1.57	1.59	1.62	1.64	1.67	1.72	1.37	1.39	1.40	1.42	1.43	1.44	1.46	1.47
	0.02	1.76	1.81	1.86	1.91	1.96	2.01	2.06	2.16	1.53	1.55	1.58	1.59	1.61	1.62	1.65	1.68
	0.03	1.76	1.82	1.88	1.94	1.99	2.05	2.11	2.23	1.52	1.54	1.57	1.59	1.61	1.64	1.66	1.71
	0.05	1.70	1.76	1.82	1.88	1.95	2.01	2.07	2.19	1.50	1.53	1.57	1.59	1.62	1.65	1.68	1.74
6	0.01	1.86	1.90	1.94	1.99	2.03	2.08	2.12	2.19	1.54	1.57	1.59	1.61	1.64	1.66	1.68	1.73
	0.02	1.90	1.96	2.02	2.08	2.13	2.19	2.25	2.21	1.59	1.62	1.66	1.69	1.72	1.75	1.79	1.86
	0.03	1.89	1.96	2.03	2.10	2.16	2.23	2.30	2.37	1.61	1.65	1.68	1.72	1.74	1.77	1.81	1.88
10	0.01	2.07	2.12	2.17	2.23	2.28	2.34	2.39	2.50	2.12	2.18	2.24	2.30	2.37	2.42	2.48	2.60
	0.02	2.09	2.16	2.23	2.30	2.38	2.45	2.52	2.66	2.03	2.08	2.12	2.17	2.22	2.26	2.31	2.40

表 2-7 环槽处的有效应力集中系数 k_σ、k_τ（铸铁材料对应力集中不敏感，可取 $k_\sigma = k_\tau = 1$）

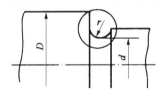

$\dfrac{D-d}{r}$	r/d	σ_b/MPa							
		400	500	600	700	800	900	1 000	1 200
1	0.01	1.88	1.93	1.98	2.04	2.09	2.15	2.20	2.31
	0.02	1.79	1.84	1.89	1.95	2.00	2.06	2.11	2.22
	0.03	1.72	1.77	1.82	1.87	1.92	1.97	2.02	2.12
	0.05	1.61	1.66	1.71	1.77	1.82	1.88	1.93	2.04
	0.10	1.14	1.48	1.52	1.55	1.59	1.62	1.66	1.73
2	0.01	2.09	2.15	2.21	2.27	2.37	2.39	2.45	2.57
	0.02	1.99	2.05	2.11	2.12	2.23	2.28	2.35	2.49
	0.03	1.91	1.97	1.03	2.08	2.14	2.19	2.25	2.36
	0.05	1.79	1.85	1.91	1.97	2.03	2.09	2.15	2.27
4	0.01	2.29	2.36	2.43	2.50	2.56	2.63	2.70	2.84
	0.02	2.18	2.25	2.32	2.38	2.45	2.51	2.58	2.71
	0.03	2.10	2.16	2.22	2.28	2.35	2.41	2.47	2.59

（续表）

$\dfrac{D-d}{r}$	r/d	σ_b/MPa							
		400	500	600	700	800	900	1 000	1 200
6	0.01	2.38	2.47	2.56	2.64	2.73	2.81	2.90	3.07
	0.02	2.28	2.35	2.42	2.49	2.56	2.63	2.70	2.84
任何比值	0.01	1.60	1.70	1.80	1.90	2.00	2.10	2.20	2.40
	0.02	1.51	1.60	1.69	1.77	1.86	1.94	2.03	2.20
	0.03	1.44	1.52	1.60	1.67	1.75	1.82	1.90	2.05
	0.05	1.34	1.40	1.46	1.52	1.57	1.63	1.69	1.81
	0.10	1.17	1.20	1.23	1.26	1.28	1.31	1.34	1.40

当在同一截面上同时存在几个应力集中源时，应取最大的有效应力集中系数进行计算。

2）几何尺寸的影响

当其他条件相同时，尺寸越大的零件，其疲劳强度越低。这是由于尺寸越大材料晶粒越粗，出现缺陷的概率就越大，以及机加工后表面冷作硬化层的厚度会相对减薄。

截面尺寸对零件疲劳强度的影响可用绝对尺寸系数 ε 来考虑，即

$$\varepsilon_\sigma = \frac{\sigma_{-1d}}{\sigma_{-1}} \quad 或 \quad \varepsilon_\tau = \frac{\tau_{-1d}}{\tau_{-1}} \tag{2-13}$$

式中　σ_{-1}、τ_{-1}——对称循环下材料小试件（直径为 6～10 mm）的疲劳极限；

　　　　σ_{-1d}、τ_{-1d}——对称循环下直径为 d 试件的疲劳极限。

钢的绝对尺寸系数 ε_σ、ε_τ 可查表 2-8 确定，铸铁的绝对尺寸系数 ε_σ、ε_τ 查图 2-6 确定。

表 2-8　钢的绝对尺寸系数 ε_σ、ε_τ

参　　数		数　　　值									
直径 d/mm		>20～30	>30～40	>40～50	>50～60	>60～70	>70～80	>80～100	>100～120	>120～150	>150～500
ε_σ	碳钢	0.91	0.88	0.84	0.81	0.78	0.75	0.73	0.70	0.68	0.60
	合金钢	0.83	0.77	0.73	0.70	0.68	0.66	0.64	0.62	0.60	0.54
ε_τ	各种钢	0.89	0.81	0.78	0.76	0.74	0.73	0.72	0.70	0.68	0.60

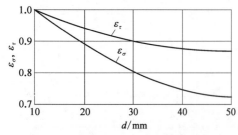

图 2-6　铸铁的绝对尺寸系数 ε_σ、ε_τ

3）表面状态的影响

当其他条件相同时，零件表面越粗糙，其疲劳强度越低。表面状态对零件疲劳强度的影响用表面质量系数 β 考虑，即

$$\beta = \frac{\sigma_{-1\beta}}{\sigma_{-1}} \tag{2-14}$$

式中　σ_{-1}——对称循环下光滑试件的疲劳极限；

$\sigma_{-1\beta}$ ——对称循环下不同表面状态试件的疲劳极限。

不同表面粗糙度的钢制零件的表面质量系数 β 可查表 2-9 确定。铸铁零件对表面状态不敏感,计算时可取 $\beta=1$。

表 2-9 不同表面粗糙度的表面质量系数 β

加 工 方 法	轴表面粗糙度/μm	σ_b/MPa		
		400	800	1 200
磨削	0.4～0.2	1	1	1
车削	3.2～0.8	0.95	0.90	0.80
粗车	25～6.3	0.85	0.80	0.65
未加工的表面	—	0.75	0.65	0.45

由表 2-9 可知,钢的强度极限越高,表面质量系数越低。因此,用高强度合金钢制造的零件,应要求有较高的表面质量。

当零件经高频淬火、渗碳、喷丸硬化、滚子滚压等表面强化方法处理后,其疲劳强度将提高。各种强化方法的表面质量系数 β 可查表 2-10 确定。

表 2-10 各种强化方法的表面质量系数 β

强化方法	心部强度 σ_b/MPa	β		
		光 轴	低应力集中的轴 $k_\sigma \leqslant 1.5$	高应力集中的轴 $k_\sigma \geqslant 1.8～2$
高频淬火	600～800	1.5～1.7	1.6～1.7	2.4～2.8
	800～1 000	1.3～1.5		
氮化	900～1 200	1.1～1.25	1.5～1.7	1.7～2.1
渗碳	400～600	1.8～2.0 1.4～1.5	3	2.5
	700～800		2.3	2.7
	1 000～1 200		2	2.3
喷丸硬化	600～1 500	1.1～1.25	1.5～1.6	1.7～2.1
滚子滚压	600～1 500	1.1～1.3	1.3～1.5	1.6～2.0

注:1. 高频淬火是根据直径为 10~20 mm、淬硬层厚度为 $(0.05～0.20)d$ 的试件试验求得的数据,对大尺寸的试件强化系数的值会有些降低。

2. 氮化层厚度为 $0.01d$ 时用小值,在 $(0.03～0.04)d$ 时用大值。

3. 喷丸硬化是根据 8~40 mm 的试件求得的数据。喷丸速度低时用小值,速度高时用大值。

4. 滚子滚压是根据 17~130 mm 的试件求得的数据。

此外,当零件在腐蚀环境下工作时,其疲劳强度会降低。各种腐蚀情况的表面质量系数 β 可查表 2-11 确定。

在考虑表面状态的影响时,表面质量系数一般用表 2-9 确定,表面强化处理后用表 2-10 确定,有腐蚀情况时用表 2-11 确定,一般不需要重复考虑。

表 2-11 各种腐蚀情况的表面质量系数 β

工作条件	抗拉强度 σ_b/MPa										
	400	500	600	700	800	900	1 000	1 100	1 200	1 300	1 400
淡水中,有应力集中	0.70	0.63	0.56	0.52	0.46	0.43	0.40	0.38	0.36	0.35	0.33
淡水中,无应力集中 海水中,有应力集中	0.58	0.50	0.44	0.37	0.33	0.28	0.25	0.23	0.21	0.20	0.19
海水中,无应力集中	0.37	0.30	0.26	0.23	0.21	0.18	0.16	0.14	0.13	0.12	0.12

在考虑了零件的应力集中、几何尺寸、表面状态对其疲劳强度的影响后,可得对称循环 $r=-1$ 时零件的疲劳极限 σ_{-1e} 为

$$\sigma_{-1e} = \frac{\varepsilon_\sigma \beta}{k_\sigma} \sigma_{-1} = \frac{\sigma_{-1}}{k_\sigma} \qquad (2-15)$$

其中, $k_\sigma = k_\sigma/(\varepsilon_\sigma \beta)$ 称为疲劳极限的综合影响系数。对于切应力,同样有 $k_\tau = k_\tau/(\varepsilon_\tau \beta)$。

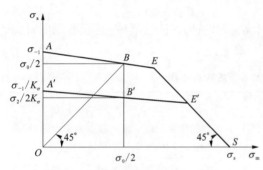

图 2-7 零件的简化极限应力线图

试验表明,零件的应力集中、几何尺寸、表面状态只对变应力的应力幅部分有影响,而不影响平均应力部分。所以,在材料的极限应力线图中考虑了零件的应力集中、几何尺寸、表面状态的影响后,可得到零件的极限应力线图,如图 2-7 所示。

零件的简化极限应力线图为折线 $A'E'S$。其中点 $A'(0, \sigma_{-1}/k_\sigma)$,点 $B'(\sigma_0/2, \sigma_0/2k_\sigma)$, $S(0, \sigma_s)$,连 $A'B'$ 所得直线与 ES 相交即为 E'。

由数学方法可求出图 2-7 中直线 $A'E'$ 的方程为 $\sigma_{-1e} = k_\sigma \sigma'_{ra} + \varphi'_\sigma \sigma'_{rm}$,式中 σ'_{ra}、σ'_{rm} 为 $A'E'$ 上任意一点的坐标,直线 $E'S$ 的方程为 $\sigma_s = \sigma'_{ra} + \sigma'_{rm}$。

由上可知,作零件极限应力线图时,应已知材料的 σ_{-1}、σ_0(或 φ_σ)和 σ_s,零件的 k_σ、ε_s、β。由零件极限应力线图可对零件进行疲劳强度计算。

2.3.4 稳定变应力下机械零件的疲劳强度计算

机械零件的疲劳强度常采用安全系数法进行计算。零件的疲劳强度条件为

$$S = \frac{\text{零件极限应力}}{\text{零件最大工作应力}} = \frac{\sigma_{re}}{\sigma_{max}} \geqslant [S] \qquad (2-16)$$

式中 S——零件实际工作安全系数;

[S]——对疲劳强度规定的许用安全系数,可查阅有关设计资料选定。

零件的极限应力根据不同的循环特性由零件的极限应力线图确定;零件的最大工作应力 σ_{max} 由力学方法计算。

单向应力状态时零件工作应力只有 σ(或 τ)。

1) 对称循环的疲劳强度计算

零件的疲劳强度条件为

$$S = \frac{\sigma_{-1e}}{\sigma_{max}} = \frac{\sigma_{-1}}{k_\sigma \sigma_a} = \frac{\sigma_{-1}}{\frac{k_\sigma}{\varepsilon_\sigma \beta} \sigma_a} \geqslant [S] \qquad (2-17)$$

2) 非对称循环的疲劳强度计算

在进行非对称循环的疲劳强度计算时,需要确定零件的极限应力。在非对称循环时零件的极限应力还与零件的应力变化规律有关,在不同的应力变化规律下,零件的极限应力有所不同。典型的零件应力变化规律有三种情况:① 变应力的循环特性保持不变,即 $r=C$,如绝大多数转轴中的应力情况;② 变应力的平均应力保持不变,即 $\sigma_m = C$,如振动中的受载弹簧的应力情况;③ 变应力的最小应力保持不变,即 $\sigma_{min} = C$,如紧连接螺栓中螺栓受轴向工作变载荷时的应力情况。以下分别进行介绍。

(1) $r=C$ 的情况。在图 2-8 中,设零件的工作应力点为位于区域内,其循环特性 $r = \frac{\sigma_{min}}{\sigma_{max}} = \frac{\sigma_m - \sigma_a}{\sigma_m + \sigma_a} = \frac{1 - \sigma_a/\sigma_m}{1 + \sigma_a/\sigma_m} = C$,即需 σ_a/σ_m 为一个常数 C'。连 OM 交 $A'E'$ 于 $M'(\sigma'_{rm}, \sigma'_{ra})$,因为 $\frac{\sigma'_{ra}}{\sigma'_{rm}} = \frac{\sigma_a}{\sigma_m}$ 为同一常数 C',所以极限应力点与工作应力点 M 的循环特性相同。

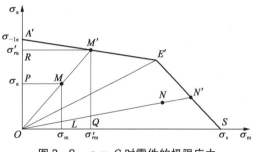

图 2-8 $r=C$ 时零件的极限应力

$A'E'$ 的方程与直线 MM' 的方程可求出零件的极限应力为

$$\sigma_{re} = \sigma'_{rm} + \sigma'_{ra} = \frac{\sigma_{-1}(\sigma_m + \sigma_a)}{K_\sigma \sigma_a + \varphi_\sigma \sigma_m}$$

此时,若零件发生破坏,则将疲劳破坏。

将上式代入式(2-16),即得到 $r=C$ 时零件的疲劳强度条件为

$$S = \frac{\sigma_{re}}{\sigma_{max}} = \frac{\sigma_{re}}{\sigma_m + \sigma_a} = \frac{\sigma_{-1}}{K_\sigma \sigma_a + \varphi_\sigma \sigma_m} \geqslant [S] \qquad (2-18)$$

若零件的工作应力点 $N(\sigma_m, \sigma_a)$ 位于 $QE'S$ 区域内,连 ON 交 $E'S$ 于 $N'(\sigma'_{rm}, \sigma'_{ra})$,由前可得到零件的极限应力为 $\sigma_{re} = \sigma'_{rm} + \sigma'_{ra} = \sigma_s$。此时,若零件发生破坏,则将为塑性屈服。所以,零件的强度条件为

$$S = \frac{\sigma_{re}}{\sigma_{max}} = \frac{\sigma_s}{\sigma_m + \sigma_s} \geqslant [S] \qquad (2-19)$$

综上所述,在 $r=C$ 的情况下进行零件的疲劳强度计算时,应首先确定零件的变应力所在的区域。如果工作应力点位于 $OA'E'$ 范围内,零件将发生疲劳破坏,应按式(2-18)进行计算;如果工作应力点位于 $OE'S$ 范围内,零件将发生塑性屈服,则应按式(2-19)进行计算。另外,当工作应力点位于 OE' 直线附近时,零件可能发生疲劳破坏,也可能发生塑性屈服,应同时用式(2-18)和式(2-19)进行计算。

（2）$\sigma_m = C$ 的情况。 在图 2-9 中，设零件的工作应力点为 $M(\sigma_m, \sigma_a)$ 位于 $OA'E'F$ 区域内。过点 M 作横轴的垂线交 $A'E'$ 于 $M'(\sigma'_{rm}, \sigma'_{ra})$，有 $\sigma'_m = \sigma'_{rm}$，即 M 与 M' 平均应力相等。所以，在 $\sigma_m = C$ 的情况下，得到点 M 的极限应力为 M'。

同前，可求出零件的极限应力为

$$\sigma_{re} = \sigma'_{rm} + \sigma'_{ra} = \frac{\sigma_{-1} + (K_\sigma - \varphi_\sigma)\sigma_m}{K_\sigma}$$

将上式代入式（2-16），即得到 $\sigma_m = C$ 时零件的疲劳强度条件为

$$S = \frac{\sigma_{re}}{\sigma_{max}} = \frac{\sigma_{-1} + (K_\sigma - \varphi_\sigma)\sigma_m}{K_\sigma(\sigma_a + \sigma_m)} \geqslant [S] \qquad (2-20)$$

若零件的工作应力点 $N(\sigma_m, \sigma_a)$ 位于 $FE'S$ 区域内，其极限应力点为 N'，零件的极限应力为 $\sigma_{re} = \sigma'_{rm} + \sigma'_{ra} = \sigma_s$，强度条件仍为式（2-19），只需进行静强度计算。

若只考虑工作应力中的变化部分，即应力幅对疲劳强度影响时，有应力幅安全系数的强度条件为

$$S_a = \frac{\sigma'_{ra}}{\sigma_a} = \frac{\sigma_{-1} - \varphi_\sigma \sigma_m}{K_\sigma \sigma_a} \qquad (2-21)$$

式中　S_a——应力幅工作安全系数；

　　$[S_a]$——对疲劳强度规定的许用应力幅安全系数。

（3）$\sigma_{min} = C$ 的情况。 在图 2-10 中，设零件的工作应力点为 $M(\sigma_m, \sigma_a)$，位于 $OA'E'F$ 区域内。过点 M 作与横轴夹角 $45°$ 的直线交 $A'E'$ 于 $M'(\sigma'_{rm}, \sigma'_{ra})$，此时 M 与 M' 的最小应力相等。所以，在 $\sigma_{min} = C$ 的情况下，得到点 M 的极限应力为 M'。

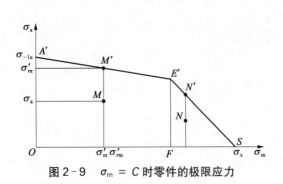

图 2-9　$\sigma_m = C$ 时零件的极限应力

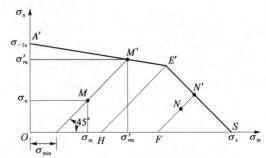

图 2-10　$\sigma_{min} = C$ 时零件的极限应力

同前，可求出零件的极限应力为

$$\sigma_{re} = \sigma'_{rm} + \sigma'_{ra} = \frac{2\sigma_{-1} + (K_\sigma - \varphi_\sigma)\sigma_{min}}{K_\sigma + \varphi_\sigma}$$

点 M 的最大应力为 $\sigma_{max} = \sigma_m + \sigma_a = 2\sigma_a + \sigma_{min}$，将其与上式一起代入式（2-16），即得到 $\sigma_{min} = C$ 时零件的疲劳强度条件为

$$S = \frac{\sigma_{re}}{\sigma_{max}} = \frac{2\sigma_{-1} + (K_\sigma - \varphi_\sigma)\sigma_{min}}{(K_\sigma + \varphi_\sigma)(2\sigma_a + \sigma_{min})} \geqslant [S] \qquad (2-22)$$

若零件的工作应力点 $N(\sigma_m, \sigma_a)$ 位于 $HE'S$ 区域内，其极限应力点为 N'，零件的极限

应力仍为屈服极限 σ_s，所以只需进行静强度计算。

同前，只考虑应力幅对疲劳强度的影响时，有应力幅安全系数的强度条件为

$$S_a = \frac{\sigma'_{ra}}{\sigma_a} = \frac{\sigma_{-1} - \varphi_\sigma \sigma_{min}}{(K_\sigma + \varphi_\sigma)\sigma_a} \geqslant [S_a] \tag{2-23}$$

应注意，在具体设计零件时，当难以确定零件的应力变化规律时，往往取 $r = C$ 的情况进行疲劳强度计算。

以上讨论的结果同样适用于切应力，只需将各式中的 σ 换为 τ 即可。

在进行零件的疲劳强度计算时，若取应力比例系数 μ_0 作图，也可用图解法求解。如在图 2-8 中，可得到零件的疲劳强度条件为

$$S = \frac{\sigma_{re}}{\sigma_{max}} = \frac{\sigma_{rm} + \sigma_{ra}}{\sigma_m + \sigma_a} = \frac{OQ + OR}{OL + OP} \geqslant [S] \tag{2-24}$$

2.3.5　复合应力下机械零件的疲劳强度计算

在复合应力下工作的零件危险截面上同时存在 σ、τ，应采用相应的强度理论进行计算。

1) 对称循环时复合应力下机械零件的疲劳强度计算

对塑性材料零件的疲劳强度应按第三强度理论进行计算。

设 σ、τ 循环周期相同，近似取 $\dfrac{\sigma_{-1}}{\tau_{-1}} = 2$，根据第三强度理论强度条件有

$$\sqrt{[K_\sigma \sigma_a]^2 + \left(\frac{\sigma_{-1}}{\tau_{-1}}\right)^2 [K_\tau \tau_a]^2} \leqslant \frac{\sigma_{-1}}{[S]}$$

即

$$S_{ca} = \frac{\sigma_{-1}}{\sqrt{[K_\sigma \sigma_a]^2 + \left(\frac{\sigma_{-1}}{\tau_{-1}}\right)^2 [K_\tau \tau_a]^2}} \geqslant [S]$$

将式(2-17)代入上式，并近似取 $\dfrac{\sigma_{-1}}{\tau_{-1}} = 2$，即得到安全系数形式的强度条件为

$$S_{ca} = \frac{S_\sigma S_\tau}{\sqrt{S_\sigma^2 + S_\tau^2}} \geqslant [S] \tag{2-25}$$

式中　S_σ——只考虑 σ 时的安全系数，$S_\sigma = \sigma_{-1}/(K_\sigma \sigma_a)$；

　　　S_τ——只考虑 τ 时的安全系数，$S_\tau = \sigma_{-1}/(K_\tau \sigma_a)$。

为了防止零件产生塑性变形，还应按式(2-26)进行静强度计算：

$$S_{ca} = \frac{\sigma_s}{\sqrt{\sigma_{max}^2 + 4\tau_{max}^2}} \geqslant [S] \tag{2-26}$$

对于低塑性材料和脆性材料零件，建议由下式计算其疲劳强度：

$$S_{ca} = \frac{S_\sigma S_\tau}{S_\sigma + S_\tau} \geqslant [S] \tag{2-27}$$

式中各符号含义同前。

2) 非对称循环时复合应力下机械零件的疲劳强度计算

式(2-25)是按对称循环应力得到的,但因非对称循环应力可以折算成当量对称循环应力,所以非对称循环时复合应力下,塑性材料机械零件的疲劳强度仍可按式(2-25)计算,但式中 S_σ、S_τ 应按单向应力状态下非对称循环时的式(2-18)确定;低塑性材料和脆性材料零件的疲劳强度仍按式(2-27)计算。

以上的讨论是针对零件的无限寿命进行的,即零件的工作应力循环次数 $N \geqslant N_0$。当零件在有限寿命期内($N < N_0$)工作时,其疲劳强度仍可按以上各式计算,但需要将各式中 σ_{-1} 换为 $\sigma_{-1N} = K_N \sigma_{-1}$。

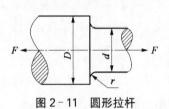

图 2-11 圆形拉杆

例 2-1 一根圆形拉杆如图 2-11 所示,$D = 70$ mm,$d = 50$ mm,$r = 5$ mm。工作中受脉动循环拉力 $F = 0 \sim 3 \times 10^5$ N 的作用,材料为 40Mn 钢,$\sigma_b = 750$ MPa,$\sigma_s = 500$ MPa,轴表面经过精车加工,硬度为 250 HBW,工作应力循环次数不低于 5×10^5。规定 $[S] = 1.9$,试校核拉杆的强度。

解:计算过程见表 2-12。

表 2-12 校核拉杆强度计算

设 计 项 目	设 计 依 据 及 内 容	设 计 结 果
(1) 计算杆件工作应力	危险截面面积 $A = \pi d^2/4 = \pi \times 50^2/4 = 1\,963.5\,(\text{mm}^2)$,则 $\sigma_{min} = F_{min}/A = 0$ MPa $\sigma_{max} = F_{max}/A = 3 \times 10^5/1\,963.5\,(\text{MPa})$ $\sigma_m = \sigma_a = \sigma_{max}/2 = 143/2\,(\text{MPa})$ $r = \sigma_{min}/\sigma_{max} = 0$	$\sigma_{min} = 0$ MPa $\sigma_{max} = 152.8$ MPa $\sigma_m = \sigma_a = 76.4$ MPa $r = 0$ 为脉动循环
(2) 计算疲劳强度安全系数 S	$r =$ 常数,用式(2-18)计算安全系数: $\sigma_{-1} = 0.27(\sigma_b + \sigma_s) = 0.27 \times (750 + 500)\,(\text{MPa})$ 由表 2-3,取 $\varphi_\sigma = 0.30$ 由式(2-9),$m = 9$,$N_0 = 10^7$,则寿命系数为 $K_N = \sqrt[m]{\dfrac{N_0}{N}} = \sqrt[9]{\dfrac{10^7}{5 \times 10^3}} = 1.395$ 由 $(D-d)/r = (70-50)/5 = 4$,$r/d = 5/50 = 0.1$ 查表 2-6,得 $k_\sigma = 1.605$ 查表 2-8,得 $\varepsilon_\sigma = 0.68$ 查表 2-9,得 $\beta = 0.906$ 综合影响系数 $K_\sigma = k_\sigma/(\varepsilon_\sigma\beta) = 1.605/(0.68 \times 0.906) = 2.605$ 由式(2-18),并考虑寿命系数为 $S = \dfrac{K_N\sigma_{-1}}{K_\sigma\sigma_a + \varphi_\sigma\sigma_m} = \dfrac{1.395 \times 337.5}{2.605 \times 76.4 + 0.30 \times 76.4} = 2.12$	$\sigma_{-1} = 337.5$ MPa $K_N = 1.395$ $k_\sigma = 1.605$ $\varepsilon_\sigma = 0.68$ $\beta = 0.906$ $K_\sigma = 2.605$ $S > [S]$ 满足疲劳强度要求
(3) 计算屈服强度安全系数 S_σ	由式(2-4),得 $S_\sigma = \dfrac{\sigma_s}{\sigma_{max}} = \dfrac{500}{152.8} = 3.27$	$S_\sigma > [S]$ 满足静强度要求

2.4　机械零件的表面接触疲劳强度

当两个零件以点、线相接触时,其接触的局部会引起较大的应力,这种局部的应力称为接触应力。零件在交变接触应力的作用下会产生表面疲劳破坏,称为疲劳点蚀。

疲劳点蚀的过程如图 2-12 所示,零件在交变接触应力的作用下,表层材料产生塑性变形,进而导致表面硬化,并在表面接触处产生初始裂纹。当润滑油被挤入初始裂纹中后,与之接触的另一个零件表面在滚过该裂纹时将裂纹口封住,使裂纹中的润滑油产生很大的压力,迫使初始裂纹扩展。当裂纹扩展到一定深度后,必将导致表层材料的局部脱落,在零件表面出现鱼鳞状的凹坑。润滑油的黏度越低,越易进入裂纹中,疲劳点蚀的发生也就越迅速。零件表面发生疲劳点蚀后,破坏了零件的光滑表面,减小了接触面积,因而降低了承载能力,并引起振动和噪声。疲劳点蚀常是齿轮、滚动轴承等零部件的主要失效形式。为了防止零件发生疲劳点蚀失效,除了采取相应的措施外,一般需要进行零件的接触疲劳强度计算。

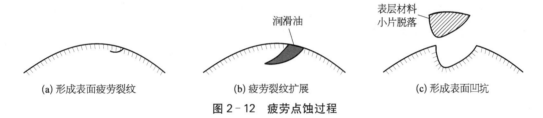

(a) 形成表面疲劳裂纹　　　　(b) 疲劳裂纹扩展　　　　(c) 形成表面凹坑

图 2-12　疲劳点蚀过程

在图 2-13 所示的计算模型中,由弹性力学可知,当两个曲率半径为 ρ_1、ρ_2,宽度为 L 的圆柱体以力 F 相互压紧时,初始的接触为线接触。由于表面材料的弹性变形,接触线变成宽度为 $2a$ 的狭长矩形面,在矩形面内产生接触应力 σ_H。

由分析可得到接触应力的分布规律:接触应力沿接触面宽度呈半椭圆形分布,最大值 σ_{Hmax} 位于初始接触线处,即狭长矩形中线的各点,且两个圆柱体上的接触应力相等。接触变应力只能在 $0 \sim \sigma_{Hmax}$ 的范围内变化,总是为脉动循环。

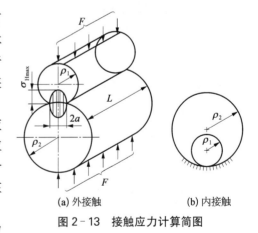

(a) 外接触　　　　(b) 内接触

图 2-13　接触应力计算简图

根据赫兹(Hertz)公式,最大接触应力 σ_{Hmax} 为

$$\sigma_{Hmax} = \sqrt{\frac{F}{\pi L} \cdot \frac{1/\rho_\Sigma}{\dfrac{1-\mu_1^2}{E_1} + \dfrac{1-\mu_2^2}{E_2}}} \qquad (2-28)$$

于是接触疲劳强度条件为

$$\sigma_{Hmax} \leqslant [\sigma_H] \qquad (2-29)$$

式中　E_1、E_2——两个接触体材料的弹性模量;

μ_1、μ_2——两个接触体材料的泊松比;

ρ_Σ——综合曲率半径,$\rho_\Sigma = \rho_1\rho_2/(\rho_1 \pm \rho_2)$,外接触(图2-13a)时取"$+$",内接触(图2-13b)时取"$-$";

L——接触线长度;

$[\sigma_H]$——接触体材料的许用接触应力,一般$[\sigma_{H1}] \neq [\sigma_{H2}]$,计算时应取较小者。

本章学习要点

(1) 理解变应力的产生原因、类型特点和描述方法。

(2) 理解零件疲劳破坏和疲劳强度的概念,理解材料疲劳曲线的特点、方程及应用。

(3) 掌握材料的简化极限应力线图的绘制方法,掌握零件的简化疲劳极限应力线图的绘制方法。

(4) 掌握稳定变应力时机械零件单向应力下的疲劳强度计算方法。

(5) 掌握稳定变应力时机械零件复合应力下的疲劳强度计算方法。

(6) 理解机械零件表面疲劳破坏(疲劳点蚀)和表面接触疲劳强度的概念,理解表面接触应力计算公式和表面接触疲劳强度条件的应用。

通过本章学习,学习者在掌握上述主要知识点后,应能正确进行机械零件的疲劳强度计算。

思考与练习题

1. 问答题

2-1 什么是名义载荷? 什么是计算载荷?

2-2 稳定变应力有哪几种类型? 它们的变化规律如何?

2-3 静应力计算的强度准则是什么? 计算中选取材料极限应力和安全系数的原则是什么?

2-4 试从应力类型、材料强度指标、失效本质等方面比较疲劳强度失效和静强度失效的区别。

2-5 当机械零件设计中确定许用应力时,极限应力要根据零件工作情况及零件材料而定,试指出金属材料的几种极限应力$\sigma_b(\tau_b)$、$\sigma_s(\tau_s)$、$\sigma_{-1}(\tau_{-1})$、$\sigma_0(\tau_0)$和$\sigma_r(\tau_r)$各适用于什么工作情况。

2-6 什么是材料的疲劳曲线? 什么叫有限寿命? 什么叫无限寿命?

2-7 如何绘制材料的极限应力线图? 材料极限应力线图在零件强度计算中有什么用处?

2-8 影响零件疲劳强度的主要因素有哪些?

2-9 为什么说表面质量越好的零件越不容易发生疲劳破坏?

2-10 什么是接触应力? 高副接触零件(如齿轮、凸轮)接触应力计算的计算模型是什么?

2. 填空题

2-11 发动机连杆横截面上的最大应力$\sigma_{max} = 31.2$ MPa,最小应力$\sigma_{min} = -130$ MPa,则该

变应力的循环特性 $r=$_____。

2-12　零件应力循环特性 $r=0.6$，$\sigma_a=80$ MPa，则 $\sigma_m=$_____ MPa，$\sigma_{max}=$_____ MPa，$\sigma_{min}=$_____ MPa。

2-13　影响零件疲劳强度的主要因素有_____、_____和_____。

2-14　绘制材料的极限应力图时，应已知材料的_____、_____和_____。

2-15　当零件材料的强度越高时，过渡圆角处的有效应力集中系数越_____。

2-16　在零件材料、外形、几何尺寸、表面质量和最大工作应力相同时，与对称循环相比，脉动循环时的疲劳强度较_____。

2-17　一根直径 $d=10$ mm 的等截面直杆，受静拉力 $F=36$ kN 的作用，杆材料的屈服极限 $\sigma_s=270$ MPa，疲劳极限 $\sigma_{-1}=180$ MPa，则该杆的工作安全系数 $S=$_____。

3. 选择题

2-18　在下列四种叙述中，正确的是（　　　）。

A. 变应力只能由变载荷产生　　　　　B. 变应力是由静载荷产生的

C. 静载荷不能产生变应力　　　　　　D. 变应力由变载荷产生，也可能由静载荷产生

2-19　零件的工作安全系数为（　　　）。

A. 零件的极限应力与许用应力之比　　B. 零件的极限应力与工作应力之比

C. 零件的工作应力与许用应力之比　　D. 零件的工作应力与零件的极限应力之比

4. 计算题

2-20　某材料的对称循环弯曲疲劳极限 $\sigma_{-1}=180$ MPa，取循环基数 $N_0=5\times10^6$，$m=9$，试求循环次数 N 分别为 7 000、25 000、620 000 次时的有限寿命弯曲疲劳极限。

2-21　若 45 钢的弯曲疲劳极限 $\sigma_{-1}=350$ MPa，$N_0=5\times10^6$，$m=9$，试求在对称循环的最大应力 σ_{max} 分别为 550 MPa、450 MPa、350 MPa 时，此材料不发生疲劳破坏的应力循环次数。

2-22　如图 2-14 所示，阶梯形钢制圆轴工作时受对称循环弯矩作用，其最大值为 $M_{max}=700$ N·m，轴直径 $D=50$ mm，$d=40$ mm，过渡圆角半径 $r=4$ mm，轴表面经精车加工，轴材料强度极限 $\sigma_b=800$ MPa，弯曲对称循环应力下的疲劳极限 $\sigma_{-1}=355$ MPa。若取疲劳强度许用安全系数 $[S]=1.6$，试按无限寿命校核该圆轴的疲劳强度。

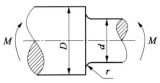

图 2-14　2-22 题图

2-23　已知某材料的 $\sigma_s=260$ MPa，$\sigma_{-1}=170$ MPa，$\varphi_\sigma=0.2$，试绘制该材料的简化极限应力线图。若用该材料制成一个零件，零件的有效应力集中系数 $k_\sigma=1.76$，绝对尺寸系数 $\varepsilon_\sigma=0.84$，表面质量系数 $\beta=0.9$，试绘制该零件的简化极限应力线图。若零件工作时危险截面的应力为 $\sigma_m=40$ MPa，$\sigma_a=30$ MPa，许用安全系数 $[S]=1.8$，试校核该零件的疲劳强度（无限寿命）或静强度。

2-24　如图 2-13a 所示，两个圆柱体在 $F=8\,000$ N 的作用下相互压紧。已知两个圆柱体的直径分别为 $d_1=60$ mm，$d_2=150$ mm，宽度 $b_1=b_2=40$ mm，材料均为 45 钢，弹性模量 $E=20\,600$ MPa，泊松比 $\mu=0.3$。试计算两个圆柱体表面的最大接触应力 σ_{Hmax}。

第3章

带 传 动 设 计

3.1 概 述

带传动是一种挠性拉曳元件传动。带传动主要由主动带轮、从动带轮和紧套在两轮上的传动带组成,如图 3-1 所示。

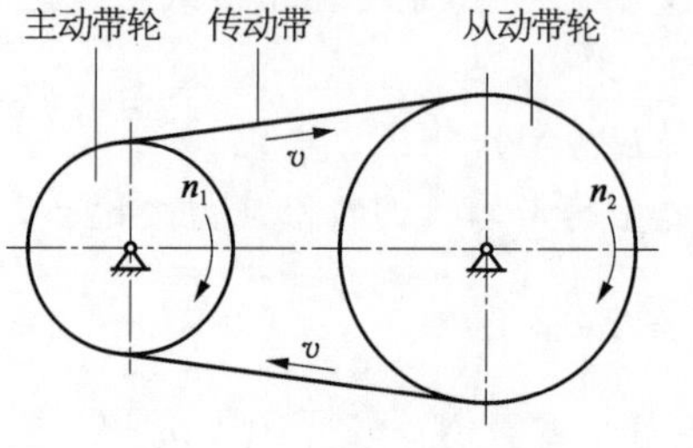

按工作原理的不同,带传动分为摩擦型带传动和啮合型带传动。

在摩擦型带传动中(图 3-1),传动带以一定的拉力张紧在主、从动带轮上,当主动带轮转动时,通过带和带轮间相接触产生的摩擦力作用,拖动传动带并带动从动带轮转动,从而实现运动和动力的传递。

图 3-1 带传动示意图

啮合型带传动可分为同步齿形带传动(图 3-2a)和齿孔带传动(图 3-2b)。工作时通过带上的齿或齿孔与带轮上齿的相互啮合作用来传递运动和动力。与摩擦型带传动相比,啮合型带传动的传动带和带轮之间没有相对滑动,可保证准确的传动比。

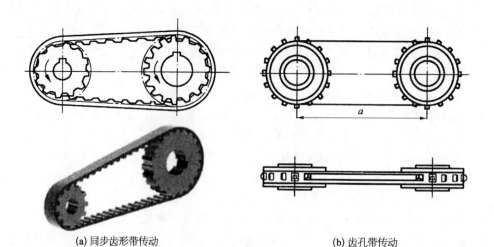

(a) 同步齿形带传动　　　　　　　　　　(b) 齿孔带传动

图 3-2 啮合型带传动

在摩擦型带传动中,按带剖面形状的不同,常分为平带传动、V 带传动、多楔带传动、圆形带传动等,如图 3-3 所示。在一般机械传动中,V 带传动的应用最广。

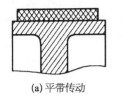 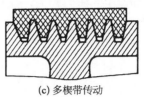

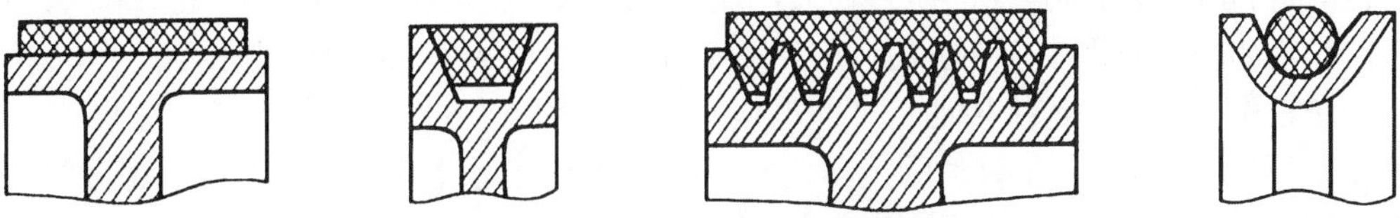

(a) 平带传动　　　　(b) V带传动　　　　(c) 多楔带传动　　　　(d) 圆形带传动

图 3-3　摩擦型带传动的类型

与平带传动(图 3-4a)相比,V 带传动中 V 带的两侧面与带轮轮槽接触(图 3-4b),利用楔形增压原理,使在同样大的张紧力下能产生更大的摩擦力,从而具有更大的传动能力。本章主要介绍普通 V 带传动的设计计算方法。

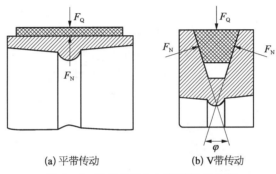

(a) 平带传动　　　　　　　(b) V带传动

图 3-4　平带传动与 V 带传动的比较

按照带轮的不同轴线位置及转向关系,带传动的布置形式见表 3-1。

表 3-1　带传动的布置形式

布 置 形 式	传 动 简 图
开口传动	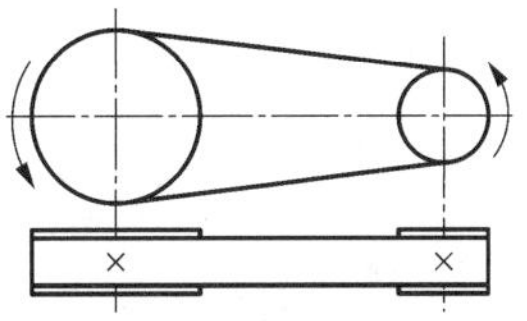
交叉传动	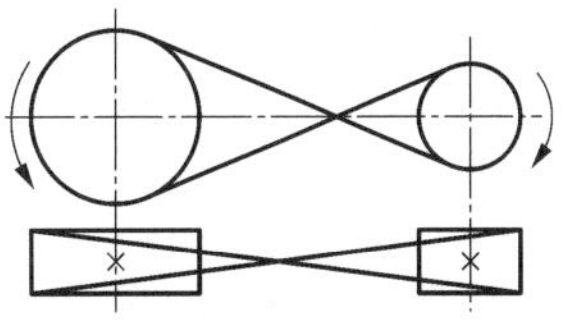
半交叉传动	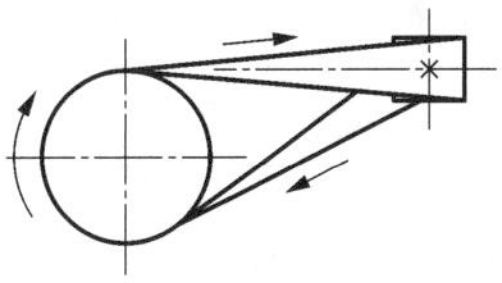

注:交叉、半交叉传动只适用于平带和圆形带传动。

带传动具有传动平稳、缓冲吸振、结构简单、制造成本低、传动中心距较大、因过载打滑而保护后续重要零件等优点,被广泛应用于机械设备中。但是带传动不能保证准确的传动比,传递载荷相同时对轴产生的压力较大,带的寿命较短,这些都是带传动的主要缺点。

带传动的应用范围较广,主要应用于两轴的中心距较大、对传动比要求不严格的场合。在多级传动中常用作高速级传动。带的工作速度一般为 $5\sim30$ m/s,高速带可达 60 m/s,超高速传动可达 100 m/s。带传动的传动比 $i\leqslant10$,最大不宜超过 10。因传动效率相对较低,更适合于中小功率传动,常见传动的功率不大于 700 kW。

3.2　V 带和 V 带带轮

3.2.1　V 带

V 带可分为普通 V 带、窄 V 带、宽 V 带、联组 V 带、齿形 V 带、大楔角 V 带等多种类型,其中普通 V 带应用最广,近年来窄 V 带的应用也越来越广。

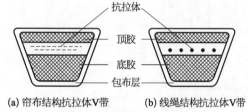

图 3-5　普通 V 带剖面结构

(a) 帘布结构抗拉体V带　(b) 线绳结构抗拉体V带

普通 V 带(简称 V 带)的结构如图 3-5 所示,由顶胶、抗拉体、底胶、包布层构成。带工作时拉力基本由抗拉体承受,抗拉体主要材料为化纤织物,分为帘布结构(图 3-5a)和线绳结构(图 3-5b)两种。

帘布结构 V 带制造方便;线绳结构 V 带较为柔软,挠曲疲劳性较好,更适应于载荷不大和带轮直径较小的场合,顶胶和底胶为弹性较好的橡胶胶料。包布层材料常为橡胶帆布。

普通 V 带是标准件,均制成无接头的环形。

按截面大小的不同,普通 V 带分为 Y、Z、A、B、C、D、E 七种带型,其尺寸见表 3-2。标准规定 V 带楔角 $\theta=40°$。

表 3-2　普通 V 带截面尺寸

参　数	带　型						
	Y	Z	A	B	C	D	E
节宽 b_p/mm	5.3	8.5	11	14	19	27	32
顶宽 b/mm	6	10	13	17	22	32	38
高度 h/mm	4	6	8	11	14	19	25
单位长度质量 q/(kg·m^{-1})	0.02	0.06	0.10	0.17	0.30	0.62	0.90
截面面积 A/mm^2	18	47	81	138	230	476	692

带传动工作中,当带发生弯曲时,顶胶和底胶分别受到拉伸和压缩。在两者间保持长度不变(既不伸长,也不缩短)的周线称为节线,由节线组成的平面(节面)宽度称为节宽,用 b_p

表示。带的高度 h 和节宽 b_p 之比 h/b_p 称为带的相对高度,标准规定 $h/b_p \approx 0.7$。V 带带轮轮槽的基准宽度 b_d(表 3-4 中的附图)与节宽 b_p 重合并相等。V 带带轮在基准宽度处的直径称为基准直径,用 d_d 表示。将 V 带套在规定尺寸的测量带轮上,在规定的张紧力下,沿其一周的节线长度称为 V 带的基准长度,即为带的公称长度,用 L_d 表示。V 带基准长度已标准化,见表 3-3。

表 3-3　普通 V 带基准长度 L_d 及长度系数 K_L

基准长度	K_L				基准长度	K_L					
L_d/mm	Y	Z	A	B	L_d/mm	Z	A	B	C	D	E
250	0.84				1 600	1.16	0.99	0.92	0.83		
280	0.87				1 800	1.18	1.01	0.95	0.86		
315	0.89				2 000		1.03	0.98	0.88		
355	0.92				2 240		1.06	1.00	0.91		
400	0.96	0.87			2 500		1.09	1.03	0.93		
450	1.00	0.89			2 800		1.11	1.05	0.95	0.83	
500	1.02	0.91			3 150		1.13	1.07	0.97	0.86	
560		0.94			3 550		1.17	1.09	0.99	0.89	
630		0.96	0.81		4 000		1.19	1.13	1.02	0.91	
710		0.99	0.83		4 500			1.15	1.04	0.93	0.90
800		1.00	0.85		5 000			1.18	1.07	0.96	0.92
900		1.03	0.87	0.82	5 600				1.09	0.98	0.95
1 000		1.06	0.89	0.84	6 300				1.12	1.00	0.97
1 120		1.08	0.91	0.86	7 100				1.15	1.03	1.00
1 250		1.11	0.93	0.88	8 000				1.18	1.06	1.02
1 400		1.14	0.96	0.90	9 000				1.21	1.08	1.05

注:未列入此表的可查相关设计手册;若长度系数 K_L 为空格,则无相应的基准长度 L_d。

型号为 A 型、基准长度为 1 400 mm 的普通 V 带可标记为 A1400[《普通和窄 V 带传动　第 1 部分:基准宽度制》(GB/T 13575.1—2008)]。

3.2.2　V 带带轮

设计带轮时,应使其结构便于制造、质量分布均匀、重量轻,并避免由于铸造产生过大的内应力。当 $v > 5$ m/s 时,要进行静平衡;当 $v > 25$ m/s 时,要进行动平衡。轮槽工作表面应光滑,以减少 V 带的磨损。

带轮材料常采用灰铸铁、钢、铝合金或工程塑料等。灰铸铁应用最广,当 $v \leqslant 30$ m/s 时,用 HT200;当 $v \geqslant 25 \sim 45$ m/s 时,宜采用铸钢或孕育铸铁,也可用钢板冲压焊接而成;小功率传动时,可用铸铝或工程塑料。

普通 V 带带轮由轮缘、轮毂、轮辐三部分组成。带轮的轮缘及轮槽尺寸见表 3-4;带轮的基准直径系列见表 3-5。

表 3-4　普通 V 带带轮轮槽尺寸

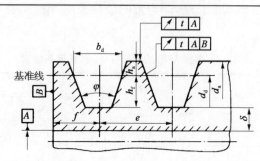

项　目	符　号	槽　型						
		Y	Z	A	B	C	D	E
基准宽度	b_d	5.3	8.5	11.0	14.0	19.0	27.0	32.0
基准线上槽深	h_{amin}	1.6	2.0	2.75	3.5	4.8	8.1	9.6
基准线下槽深	h_{fmin}	4.7	7.0	8.7	10.8	14.3	19.9	23.4
槽间距	e	8±0.3	12±0.3	15±0.3	19±0.4	25.5±0.5	37±0.6	44.5±0.7
第一槽对称面至端面的最小距离	f_{min}	6	7	9	11.5	16	23	28
带轮宽	B	$B = (z-1)e+2f$, z 为轮槽数						
外径	d_a	$d_a = d_d + 2h_a$						
轮槽角 φ　32°		≤60						
34°			≤80	≤118	≤190	≤315		
36°	相应的基准直径 d_d	>60					≤475	≤600
38°			>80	>118	>190	>315	>475	>600
极限偏差		±0.5°						

表 3-5　普通 V 带带轮基准直径系列

基准直径	槽　型				基准直径	槽　型					
	Y	Z	A	B		Z	A	B	C	D	E
20	+				170			+			
22.4	+				180	+	+	+			
25	+				200		+	+	+		
28	+				212				+		
31.5	+				224	+	+	+	+		
35.5	+				236				+		

（续表）

基准直径	槽型				基准直径	槽型					
	Y	Z	A	B		Z	A	B	C	D	E
40	+				250	+	+	+	+		
45	+				265				+		
50	+	+			280	+	+	+	+		
56	+	+			300				+		
63	+	+			315	+	+	+	+		
71	+	+			335				+		
75		+	+		355	+	+	+	+	+	
80	+	+	+		375					+	
85			+		400	+	+	+	+	+	
90	+	+	+		425					+	
95			+		450		+	+	+	+	
100	+	+	+		475					+	
106			+		500	+	+	+	+		+
112	+	+	+		530						+
118			+		560		+	+	+	+	+
125		+	+		600		+	+	+	+	+
132		+	+	+	630						+
140	+	+	+	+	670						+
150		+	+	+	710		+	+	+	+	+
160		+	+	+	750		+	+	+	+	+
				+	800		+	+	+	+	+

注：“＋”为采用值，空格为不采用值；基准直径的极限偏差为±0.8%。

带轮的典型结构分为以下几种：实心式（图 3-6a），用于基准直径 $d_d \leqslant (2.5 \sim 3)d_s$ 的带轮，d_s 为带轮轴孔的直径，应按轴的有关要求确定；腹板式（图 3-6b），用于 $d_d \leqslant 300$ mm 的带轮；当 $d_d \leqslant 300$ mm，同时 $d_d - d_h \geqslant 100$ mm 时，采用孔板式（图 3-6c）；轮辐式（图 3-6d），适用于 $d_d > 300$ mm 的带轮。

图 3-6 中，$d_h = (1.8 \sim 2)d_s$，$d_r = d_a - 2(h_a + h_f + \delta)$，$h_1 = 290[P/(nz_a)]^{1/3}$，$h_2 = 0.8h_1$，$d_0 = (d_h + d_f)/2$，$s = (0.2 \sim 0.3)B$，$L = (1.5 \sim 2)d_s$，$s_1 \geqslant 1.5s$，$s_2 \geqslant 0.5s$，$a_1 = 0.4h_1$，$a_2 = 0.8a_1$，$f_1 = f_2 = 0.2h_1$，$d_s$ 为带轮轴孔直径，P 为传递的功率(kW)，n 为带轮的转速(r/min)，z_a 为轮辐数，$d_d \approx 500$ mm 时，$z_a = 4$，$d_d \approx 500 \sim 1\,600$ mm 时，$z_a = 6$，$d_d \approx 1\,000 \sim 3\,000$ mm 时，$z_a = 8$。

设计带轮结构时，可根据带轮的基准直径，参照上述经验公式及相关标准参数进行。

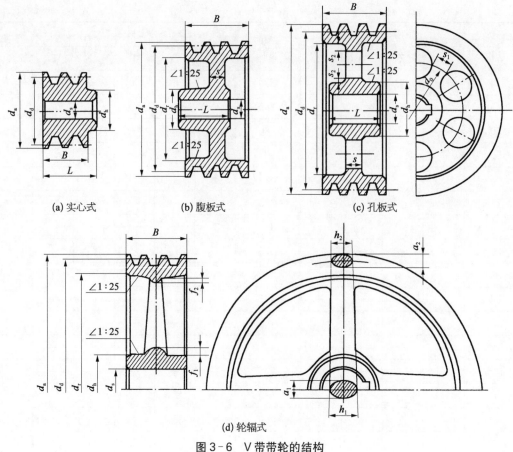

(a) 实心式   (b) 腹板式   (c) 孔板式

(d) 轮辐式

图 3-6 V带带轮的结构

3.3 带传动的工作情况分析

3.3.1 带传动的几何关系与计算

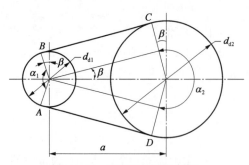

图 3-7 带传动的几何关系

带传动设计中,在确定了带轮基准直径 d_{d1}、d_{d2} 和带传动的中心距 a 后,即可按图 3-7 的几何关系确定带的基准长度 L_d,即

$$L_d \approx 2a + \frac{\pi}{2}(d_{d1} + d_{d2}) + \frac{(d_{d1} + d_{d2})^2}{4a}$$

$$(3-1)$$

在选择了带的基准长度 L_d 后,带传动的中心距 a 为

$$a \approx \frac{2L_d - \pi(d_{d1} + d_{d2}) + \sqrt{[2L_d - \pi(d_{d1} + d_{d2})]^2 - (d_{d1} + d_{d2})^2}}{8}$$

$$(3-2)$$

此外，带与带轮接触弧长所对的带轮圆心角称为带的包角，用 α 表示。两个带轮处的包角分别为

$$
\left.
\begin{aligned}
\alpha_1 &= \pi - 2\beta = \pi - \frac{d_{d2} - d_{d1}}{a} \approx 180° - \frac{d_{d2} - d_{d1}}{a} \times 57.3° \\
\alpha_2 &= \pi + 2\beta = \pi + \frac{d_{d2} - d_{d1}}{a} \approx 180° + \frac{d_{d2} - d_{d1}}{a} \times 57.3°
\end{aligned}
\right\}
\tag{3-3}
$$

3.3.2　带传动的受力分析

带传动中带呈环形，安装后以一定的张紧力紧套在两个带轮上，此张紧力称为初拉力 F_0。在 F_0 的作用下，带与带轮的接触面间产生正压力。此时，传动带两边的拉力相等，都等于 F_0（图 3-8a）。

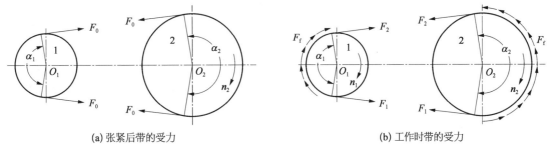

(a) 张紧后带的受力　　　　　　　　　　(b) 工作时带的受力

图 3-8　带传动的受力分析

工作时（图 3-8b），主动轮以 n_1 转动，带与带轮的接触面间产生摩擦力，主动轮 1 作用在带上的摩擦力方向沿圆周与带的运动方向一致；带作用在从动轮 2 上的摩擦方向与带的运动方向一致，则从动轮作用在带上的摩擦力 F_f 沿圆周与带的运动方向相反。所以，绕入主动轮 1 一边的带被拉紧，称为紧边，其拉力由 F_0 增大至 F_1，F_1 称为紧边拉力；离开主动轮 1 一边的带被放松，称为松边，其拉力由 F_0 减小到 F_2，F_2 称为松边拉力。

紧边和松边的拉力差称为有效拉力，以 F_e 表示：

$$
F_e = F_1 - F_2 \tag{3-4}
$$

显然，有效拉力 F_e 是沿带轮和带接触弧上摩擦力的总和，带传动以此有效拉力来传递动力，则带所传递的功率为

$$
P = \frac{F_e v}{1\,000} \tag{3-5}
$$

式中　v——带速（m/s）；

　　　F_e——有效拉力（N）；

　　　P——带传递的功率（kW）。

如果近似认为带工作前后的总长度不变，并认为带是弹性体，则带的紧边拉力的增量等于松边拉力的减少量，即

$$
F_1 - F_0 = F_0 - F_2 \quad 或 \quad 2F_0 = F_1 + F_2 \tag{3-6}
$$

将式(3-4)代入式(3-6),可得

$$
\left.
\begin{aligned}
F_1 &= F_0 + \frac{F_e}{2} \\
F_2 &= F_0 - \frac{F_e}{2}
\end{aligned}
\right\}
\tag{3-7}
$$

由上可知,带传递功率的大小与有效拉力及带速成正比,而有效拉力与初拉力相关。由于受诸多因素的限制,带与带轮接触面间的摩擦力总和有一个极限值,即带的有效拉力有一个极限值,所以带传动传递功率的能力受到一定的限制。

3.3.3 弹性滑动与打滑

由于带是弹性体,受力后将产生弹性变形,并且在受力不同时带的变形量不等。如图3-9所示,带传动工作时,当带在紧边点 A_1 绕入主动轮,一般带由点 A_1 到点 B_1 的过程中 F_1 保持不变,带速与主动轮圆周速度 v_1 相等;在带由点 B_1 转到点 C_1 的过程中,带所受到的拉力由 F_1 逐渐降低到 F_2,带的弹性变形量也逐渐减小,带沿带轮 $\overset{\frown}{B_1 C_1}$ 逐渐发生弹性后缩,带与主动轮缘间发生相对滑动,使带速低于主动轮的圆周速度 v_1。而在从动轮处,当带在松边点 A_2 绕入从动轮时,在 $\overset{\frown}{A_2 B_2}$ 段,从动轮圆周速度 v_2 与带速相等;在 $\overset{\frown}{B_2 C_2}$ 段,带所受的拉力由 F_2 增至

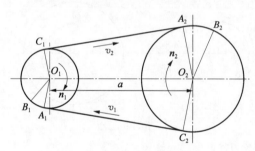

图3-9 带传动的弹性滑动

F_1,弹性变形随之增加,带沿带轮逐渐前伸,两者间产生了相对滑动,使带速高于 v_2。这种由于带的弹性变形而在带与带轮之间引起的相对滑动,称为带的弹性滑动。

应该指出,在带传动工作中由于摩擦力的作用使得带的紧边和松边的拉力不等,造成了带的伸长变形量不等,因而引起了弹性滑动。带传动正是依靠摩擦力进行工作的,所以带传动工作中的弹性滑动是其固有的特性,不可避免。

弹性滑动使得从动轮的圆周速度低于主动轮的圆周速度,因而降低了传动效率,加快了温度升高和带的磨损。由弹性滑动导致从动轮的圆周速度降低的程度用滑动率 ε 表示:

$$
\varepsilon = \frac{v_1 - v_2}{v_1} \times 100\%
\tag{3-8}
$$

进而得到

$$
v_2 = v_1(1 - \varepsilon)
\tag{3-9}
$$

式中 v_1、v_2——小带轮与大带轮的圆周速度(m/s)。

v_1、v_2 由下式确定:

$$
\left.
\begin{aligned}
v_1 &= \frac{\pi d_{d1} n_1}{60 \times 1\,000} \\
v_2 &= \frac{\pi d_{d2} n_2}{60 \times 1\,000}
\end{aligned}
\right\}
\tag{3-10}
$$

式中　d_{d1}、d_{d2}——小带轮与大带轮的基准直径(mm);

　　　n_1、n_2——小带轮与大带轮的转速(r/min)。

将式(3-10)代入式(3-8),得到考虑弹性滑动影响后带传动的传动比:

$$i = \frac{n_1}{n_2} = \frac{d_{d2}}{d_{d1}(1-\varepsilon)} \tag{3-11}$$

滑动率与带的材料、速度和受力大小等因素有关,通常不能得到准确的数值,因而摩擦型带传动不能获得准确的传动比。

带传动设计中,滑动率一般取 $\varepsilon = 0.01 \sim 0.02$。由于 ε 的值很小,粗略计算时可忽略不计。不考虑弹性滑动时,带传动的传动比为

$$i = \frac{n_1}{n_2} = \frac{d_{d2}}{d_{d1}} \tag{3-12}$$

由上所述,正常情况下弹性滑动只发生在局部接触弧上,当有效拉力增大时,弹性滑动的区域将会扩大。当弹性滑动的区域扩大到整个接触弧即整个包角范围内时,带传动的有效拉力达到最大值。若传递的载荷继续增大,则有效拉力会超过其极限值,此时开始发生带相对于整个带轮的显著滑动现象,称为打滑。带传动一旦出现打滑,即失去了传动能力,并且温度急剧升高,带磨损严重,所以工作中应当避免发生打滑。

由于大带轮处的包角总是大于小带轮处的包角,大带轮处的摩擦力总是大于小带轮处的摩擦力,所以打滑总是在小带轮处先发生。

此外,当带传动传递的功率突然增大超过了设计功率时,带的打滑可起到过载保护作用,避免损坏其他的重要零件。

3.3.4　极限有效拉力及其影响因素

当带有打滑趋势时,带与带轮间的摩擦力达到极限值,即带传动的有效拉力达到最大值,称为极限有效拉力,用 F_{elim} 表示。

若忽略离心惯性力的影响,柔韧体摩擦的欧拉公式给出了打滑临界状态下带的紧边拉力与松边拉力之间的关系:

$$F_1 = F_2 e^{f\alpha} \tag{3-13}$$

式中　e——自然对数的底,e=2.718;

　　　f——摩擦系数,V 带传动中用当量摩擦系数 f_v 代替 f,如图 3-4b 所示;

　　　α——带在带轮上的包角(rad),如图 3-7、式(3-3)所示。

将式(3-13)与式(3-4)、式(3-6)、式(3-7)联立求解,可得极限有效拉力为

$$F_{elim} = 2F_0 \frac{e^{f\alpha}-1}{e^{f\alpha}+1} = 2F_0 \frac{1-\dfrac{1}{e^{f\alpha}}}{1+\dfrac{1}{e^{f\alpha}}} \tag{3-14}$$

其中,力的单位为 N,包角应取 α_1、α_2 中较小者。

由式(3-14)可知,极限有效拉力 F_{elim} 与下列因素有关:

（1）初拉力 F_0。 极限有效拉力 F_{elim} 与 F_0 成正比，F_0 越大，则带与带轮间的正压力越大，F_{elim} 也越大。但若 F_0 过大，则将使带的磨损加剧及带的拉应力增大，带的寿命降低。若 F_0 过小，则带传动的工作能力发挥不足，工作时易产生跳动和打滑。

（2）包角 α。 极限有效拉力 F_{elim} 将随包角 α 增大而增大。因为 α 越大，带和带轮的接触弧上所产生的摩擦力总和越大，可使带的传动能力提高。

（3）摩擦系数 f。 若 f 大，则摩擦力就大，F_{elim} 也增大，带的传动能力也就越高。摩擦系数与带及带轮材料、表面状况、传动工作条件等有关。

3.3.5　带的应力分析

带传动工作时，带中存在如下应力。

1）紧边拉力和松边拉力引起的拉应力

紧边拉力和松边拉力引起的拉应力分别为

$$\left.\begin{aligned} \sigma_1 = \frac{F_1}{A} \\ \sigma_2 = \frac{F_2}{A} \end{aligned}\right\} \qquad (3-15)$$

式中　A ——带的横截面面积（mm^2），见表 3-2；

　F_1、F_2 ——紧边、松边拉力（N）；

　σ_1、σ_2 ——紧边、松边的拉应力（MPa）。

可见，带紧边中的拉应力大于松边中的拉应力。此外，绕在两个带轮上带中的拉应力将由紧边处的 σ_1 逐渐减小为 σ_2。

2）离心惯性力引起的拉应力

工作中，传动带绕在带轮上的部分将做圆周运动，产生离心惯性力。虽然离心惯性力只产生在带做圆周运动的部分，但由此而产生的离心拉力却作用在带的全长上，使带受到大小相同的拉力作用，从而在带中产生离心拉应力 σ_c，即

$$\sigma_c = \frac{qv^2}{A} \qquad (3-16)$$

式中　q ——传动带每米长的质量（kg/m），见表 3-2；

　　　v ——带的线速度（m/s）。

由于带的离心惯性力方向与带压紧带轮的方向相反，会减小带与带轮间的正压力，因而会降低带传动的工作能力。此外，由式（3-16）可知，离心拉应力与带的质量成正比，与带速的平方成正比。为了避免离心拉应力过大，设计带传动时带速不宜过高。

3）带弯曲引起的弯曲应力

带绕在带轮上弯曲的部分将产生弯曲应力 σ_b。 设带为弹性体，由材料力学中的知识，弯曲应力为

$$\sigma_b = 2E\frac{h'}{d_d} \qquad (3-17)$$

式中　E ——带材料的弹性模量（MPa）；

h'——带的节面到外表面的高度(mm),如表 3-2 中附图所示；

d_d——带轮的基准直径(mm)。

由式(3-17)可知,带轮直径越小,带厚越大,带的弯曲应力也越大,并且小带轮处的弯曲应力较大。为了避免产生过大的弯曲应力,带轮的直径不宜过小。各种截型的 V 带都规定了最小带轮直径,见表 3-6。

表 3-6　V 带轮的最小基准直径

参　　数	带　　　　　型						
	Y	Z	A	B	C	D	E
d_{dmin}/mm	20	50	75	125	200	355	500

考虑了以上三种应力的变化规律后,得到小带轮主动时带的应力分布情况,如图 3-10 所示。可知带工作中其各个横截面位置是不断变化的,带每绕过带轮一次,带横截面上的应力就发生变化一次,所以带工作中是受交变应力作用的。交变应力的最大值发生在带的紧边绕入小带轮处,此最大应力近为

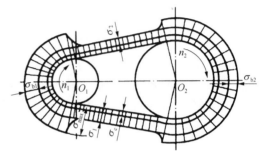

$$\sigma_{max} = \sigma_1 + \sigma_{b1} + \sigma_c \qquad (3-18)$$

图 3-10　带传动的应力分布图

3.3.6　带传动的失效形式和设计准则

1) 带传动的失效形式

根据带传动的工作情况分析可知,带传动的主要失效形式有如下几种：

(1) 打滑。当带传动工作中传递的载荷超过其极限有效拉力时将发生打滑,导致传动失效。

(2) 带的疲劳破坏。带在交变应力下工作一定时间后,传动带的局部将出现裂纹、脱层、撕裂、拉断等现象,即发生了疲劳损坏而丧失工作能力。

(3) 带的工作面磨损。工作中带与带轮之间的弹性滑动使带的工作面发生磨损。

2) 带传动的设计准则

为了保证带传动的正常工作,带传动的设计准则是：在保证不打滑的条件下,使带传动具有一定的疲劳强度和寿命。

3.4　普通 V 带传动的设计计算

3.4.1　单根普通 V 带的基本额定功率

由式(3-7)、式(3-14)和式(3-15),可得 V 带在有打滑趋势时的极限有效拉力为

$$F_{elim} = F_1\left(1 - \frac{1}{e^{f v \alpha}}\right) = \sigma_1 A\left(1 - \frac{1}{e^{f v \alpha}}\right) \qquad (3-19)$$

由式(3-5),单根 V 带在此时的传递功率为

$$P_{elim} = \frac{\sigma_1 A v}{1\ 000}\left(1 - \frac{1}{e^{fv\alpha}}\right) \qquad (3-20)$$

由带的疲劳强度条件,有

$$\sigma_{max} = \sigma_1 + \sigma_{b1} + \sigma_c \leqslant [\sigma]$$

即

$$\sigma_1 \leqslant [\sigma] - \sigma_{b1} - \sigma_c \qquad (3-21)$$

式中　$[\sigma]$——在一定条件下根据带的疲劳强度所决定的带的许用应力(MPa)。

所以,单根普通 V 带在打滑临界状态下所能传递的最大功率 P_0 为

$$P_0 = \frac{Av}{1\ 000}([\sigma] - \sigma_{b1} - \sigma_c)\left(1 - \frac{1}{e^{fv\alpha}}\right) \qquad (3-22)$$

其中,P_0 的单位为 kW,其余各符号的含义和单位同前。

单根普通 V 带所能传递的最大功率称为基本额定功率 P_0,可通过试验测得。在工作载荷平稳、传动比 $i=1$、特定带长 L_d 及带轮数 $j=2$ 等特定条件下,Z、A、B、C 型单根普通 V 带的基本额定功率 P_0 见表 3-7,其余带型的 P_0 值可查阅相关的设计手册。

表 3-7　单根普通 V 带的额定功率　　　　　　　　　单位:kW

带型	小带轮的基准直径 d_{d1}/mm	小带轮转速 n_1/(r·min^{-1})											
		200	400	730	800	980	1 200	1 460	1 600	2 000	2 400	2 800	3 200
Z	50	0.04	0.06	0.09	0.10	0.12	0.14	0.16	0.17	0.20	0.22	0.26	0.28
	63	0.05	0.08	0.13	0.15	0.18	0.22	0.25	0.27	0.32	0.37	0.41	0.45
	71	0.06	0.09	0.17	0.20	0.23	0.27	0.31	0.33	0.39	0.46	0.50	0.54
	80	0.10	0.14	0.20	0.22	0.26	0.30	0.36	0.39	0.44	0.50	0.56	0.61
	90	0.10	0.14	0.22	0.24	0.28	0.33	0.37	0.40	0.48	0.54	0.60	0.64
A	75	0.16	0.27	0.42	0.45	0.52	0.60	0.68	0.73	0.84	0.92	1.00	1.04
	90	0.22	0.39	0.63	0.68	0.79	0.93	1.07	1.15	1.34	1.50	1.64	1.75
	100	0.26	0.47	0.77	0.83	0.97	1.14	1.32	1.42	1.66	1.87	2.05	2.19
	112	0.31	0.56	0.93	1.00	1.18	1.39	1.62	1.74	2.04	2.30	2.51	2.68
	125	0.37	0.67	1.11	1.19	1.40	1.66	1.93	2.07	2.44	2.74	2.98	3.16
	140	0.43	0.78	1.31	1.41	1.66	1.96	2.29	2.45	2.87	3.22	3.48	3.65
B	125	0.48	0.84	1.34	1.44	1.67	1.93	2.20	2.33	2.64	2.85	2.96	2.94
	140	0.59	1.05	1.69	1.82	2.13	2.47	2.83	3.00	3.42	3.70	3.85	3.83
	160	0.74	1.32	2.16	2.32	2.72	3.17	3.64	3.86	4.40	4.75	4.89	4.80
	180	0.88	1.59	2.61	2.81	3.30	3.35	4.41	4.68	5.30	5.67	5.76	5.52

（续表）

带型	小带轮的基准直径 d_{d1}/mm	小带轮转速 n_1/(r·min⁻¹)											
		200	400	730	800	980	1 200	1 460	1 600	2 000	2 400	2 800	3 200
B	200	1.02	1.85	3.06	3.30	3.86	4.50	5.15	5.46	6.13	6.47	6.43	5.95
	224	1.19	2.17	3.59	3.86	4.50	5.26	5.99	6.33	7.02	7.25	6.95	6.05
C	200	1.92	3.30	3.80	4.07	4.66	5.29	5.86	6.07	6.34	6.02	5.01	—
	224	2.37	4.12	4.78	5.12	5.89	6.71	7.47	7.75	8.05	7.57	3.57	—
	250	2.85	5.00	5.82	6.23	7.18	8.21	9.06	9.38	9.62	8.75	2.93	—
	280	3.40	6.00	6.99	7.52	8.65	9.81	10.74	11.6	11.04	9.50	—	—
	315	4.04	7.14	8.34	8.92	10.23	11.53	12.48	12.72	12.14	9.43	—	—

3.4.2　普通 V 带传动的设计步骤和参数选择

普通 V 带传动设计时已知的原始参数通常为原动机与工作机的种类和特性，传递的功率 P，主、从动轮转速 n_1、n_2（或传动比 i），传动要求，传动的工作条件等。设计内容包括确定 V 带的型号、长度、根数，确定传动中心距及其他传动参数，确定带轮基准直径及结构尺寸等。

普通 V 带传动的设计步骤和方法如下。

1）确定计算功率

计算功率 P_{ca} 是由传递的功率和带传动的工作条件确定的，即

$$P_{ca}=K_A P \tag{3-23}$$

式中　K_A——工作情况系数，见表 3-8；

　　　P ——带传动传递的额定功率（kW）。

表 3-8　工作情况系数 K_A

工　况		空、轻载启动			重载启动		
		每天工作小时数/h					
		<10	10~16	>16	<10	10~16	>16
载荷变动最小	液体搅拌机、通风机和鼓风机（≤7.5 kW）、离心式水泵和压缩机、轻载荷输送机	1.0	1.1	1.2	1.1	1.2	1.3
载荷变动小	带式输送机（不均匀负荷）、通风机（>7.5 kW）、旋转式水泵和压缩机（非离心式）、发电机、金属切削机床、印刷机、旋转筛、锯木机和木工机械	1.1	1.2	1.3	1.2	1.3	1.4

（续表）

工　　况		空、轻载启动			重载启动		
		每天工作小时数/h					
		<10	10～16	>16	<10	10～16	>16
载荷变动较大	制砖机、斗式提升机、往复式水泵和压缩机、起重机、磨粉机、冲剪机床、橡胶机械、振动筛、纺织机械、重载输送机	1.2	1.3	1.4	1.4	1.5	1.6
载荷变动很大	破碎机(旋转式、腭式等)、磨碎机(球磨、棒磨、管磨)	1.3	1.4	1.5	1.5	1.6	1.8

注：1. 空、轻载启动：电动机（交流启动、三角启动、直流并励）、四缸以上的内燃机、装有离心式离合器、液力联轴器的动力机。
　　2. 重载启动：电动机（联机交流启动、直流复励或串励）、四缸以下的内燃机。
　　3. 反复启动、正反转频繁、工作条件恶劣等场合，K_A 应乘以 1.2。
　　4. 增速传动时，K_A 应乘以表 3-9 所列系数。

表 3-9　增速传动时 K_A 乘以的系数

项　　目	数　　据			
增速比	1.25～1.74	1.75～2.49	2.5～3.49	≥3.5
系　　数	1.05	1.11	1.18	1.28

2) 选择 V 带的带型

普通 V 带的带型根据计算功率 P_{ca} 和小带轮转速 n_1 从图 3-11 中选取。

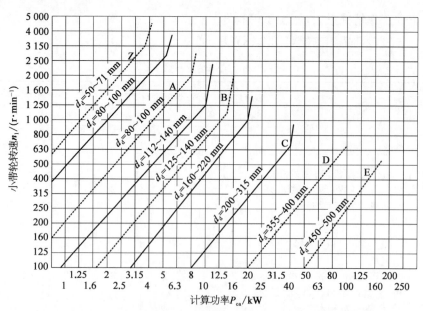

图 3-11　普通 V 带选型图

3) 确定带轮的基准直径 d_{d1} 和 d_{d2}，并验算带速

(1) 选择小带轮基准直径 d_{d1}。 参考表 3-5、表 3-6 及图 3-11，选取小带轮基准直径 d_{d1}，应使 $d_{d1} \geqslant d_{min}$。若 d_{d1} 小，可使传动尺寸小、重量轻；但 d_{d1} 不宜过小，d_{d1} 越小，带的弯曲应力越大，而弯曲应力是引起带疲劳破坏的重要原因。

(2) 验算带速 v。 由式（3-10）计算带速，一般应使 $v = 5 \sim 25$ m/s，最高应不超过 30 m/s。

(3) 确定大带轮的基准直径 d_{d2}。 $d_{d2} = i d_{d1}$，并按 V 带轮的基准直径系列（表 3-5）加以圆整。

4) 确定中心距 a 和带的基准长度 L_d

(1) 初定中心距 a 和确定带的基准长度 L_d。 中心距可按设计条件给定的范围初步确定。如果未给定中心距要求，可按下式初选中心距 a_0，一般取

$$0.7(d_{d1} + d_{d2}) \leqslant a_0 \leqslant 2(d_{d1} + d_{d2}) \tag{3-24}$$

确定 a_0 后，由带传动的几何关系，根据下式计算相应的带长 L_{d0}：

$$L_{d0} \approx 2a_0 + \frac{\pi}{2}(d_{d1} + d_{d2}) + \frac{(d_{d1} - d_{d2})^2}{4a_0} \tag{3-25}$$

带的基准长度 L_d 根据 L_{d0} 由表 3-3 选取与其接近的标准长度值。

(2) 确定实际中心距 a。 传动的实际中心距 a 可由下式近似计算：

$$a \approx a_0 + \frac{(L_d - L_{d0})}{2} \tag{3-26}$$

考虑到制造误差、安装方便、调整和补偿张紧力的需要，实际中心距的变动范围为

$$\left. \begin{array}{l} a_{min} = a - 0.015 L_d \\ a_{max} = a + 0.03 L_d \end{array} \right\} \tag{3-27}$$

5) 验算小带轮包角 α_1

由式（3-3）验算小带轮包角 α_1，应保证 $\alpha_1 \geqslant 120°$，加张紧轮时允许 $\alpha_1 \geqslant 90°$，如 α_1 过小，可考虑加大中心距或减小传动比。

6) 确定 V 带根数 z

确定使用条件下单根 V 带的额定功率 P_0'。 单根 V 带的基本额定功率是在规定的试验条件下得到的，带传动的实际工作条件往往与试验条件不同，带的工作能力会有所改变，因此需要对单根 V 带的基本额定功率加以修正。在实际工作条件下，单根 V 带的额定功率 P_0' 为

$$P_0' = (P_0 + \Delta P_0) K_\alpha K_L \tag{3-28}$$

式中　　ΔP_0——单根 V 带额定功率的增量（kW），这是考虑传动比 $i \neq 1$ 时，从动轮直径增大，带绕过大带轮上的弯曲应力有所减小而使传动能力有所提高的增量，其值见表 3-10，其余值查阅相关设计手册；

　　　　K_α——包角系数，这是考虑 $\alpha_1 \neq 180°$ 时的修正系数，查表 3-11；

　　　　K_L——长度系数，这是考虑不同长度时的修正系数，查表 3-3。

表 3-10　单根普通 V 带的额定功率增量 ΔP_0　　　　单位：kW

带型	小带轮转速 $n_1/(\mathrm{r \cdot min^{-1}})$	传动比 i									
		1.00~1.01	1.02~1.04	1.05~1.08	1.09~1.12	1.13~1.18	1.19~1.24	1.25~1.34	1.35~1.51	1.52~1.99	≥2.0
Z	400	0.00	0.00	0.00	0.00	0.00	0.00	0.00	0.00	0.01	0.01
	730	0.00	0.00	0.00	0.00	0.00	0.00	0.01	0.01	0.01	0.02
	800	0.00	0.00	0.00	0.00	0.01	0.01	0.01	0.01	0.02	0.02
	980	0.00	0.00	0.00	0.01	0.01	0.01	0.01	0.02	0.02	0.02
	1 200	0.00	0.00	0.01	0.01	0.01	0.01	0.02	0.02	0.02	0.03
	1 460	0.00	0.00	0.01	0.01	0.01	0.02	0.02	0.02	0.02	0.03
	1 600	0.00	0.01	0.01	0.01	0.01	0.02	0.02	0.02	0.03	0.03
	2 000	0.00	0.01	0.01	0.02	0.02	0.02	0.02	0.03	0.03	0.04
	2 400	0.00	0.01	0.02	0.02	0.02	0.03	0.03	0.03	0.04	0.04
	2 800	0.00	0.01	0.02	0.02	0.03	0.03	0.03	0.04	0.04	0.04
	3 200	0.00	0.01	0.03	0.03	0.03	0.03	0.03	0.04	0.04	0.05
A	400	0.00	0.01	0.01	0.02	0.03	0.03	0.04	0.04	0.05
	730	0.00	0.01	0.02	0.03	0.04	0.05	0.06	0.07	0.08	0.09
	800	0.00	0.01	0.02	0.03	0.04	0.05	0.06	0.08	0.09	0.10
	980	0.00	0.01	0.03	0.04	0.05	0.06	0.07	0.08	0.10	0.11
	1 200	0.00	0.02	0.03	0.05	0.07	0.08	0.10	0.11	0.12	0.15
	1 460	0.00	0.02	0.04	0.06	0.08	0.09	0.11	0.13	0.15	0.17
	1 600	0.00	0.02	0.04	0.06	0.09	0.11	0.13	0.15	0.17	0.19
	2 000	0.00	0.02	0.06	0.08	0.11	0.13	0.16	0.19	0.22	0.24
	2 400	0.00	0.03	0.07	0.10	0.13	0.16	0.19	0.23	0.26	0.29
	2 800	0.00	0.04	0.08	0.11	0.15	0.19	0.23	0.26	0.30	0.34
	3 200	0.00	0.04	0.09	0.13	0.17	0.22	0.26	0.30	0.34	0.39
B	400	0.00	0.01	0.03	0.04	0.06	0.07	0.08	0.10	0.11	0.13
	730	0.00	0.02	0.05	0.07	0.10	0.12	0.15	0.17	0.20	0.22
	800	0.00	0.03	0.06	0.08	0.11	0.14	0.17	0.20	0.23	0.25
	980	0.00	0.03	0.07	0.10	0.13	0.17	0.20	0.23	0.26	0.30
	1 200	0.00	0.04	0.08	0.13	0.17	0.21	0.25	0.30	0.34	0.38
	1 460	0.00	0.05	0.10	0.15	0.20	0.25	0.31	0.36	0.40	0.46
	1 600	0.00	0.06	0.11	0.17	0.23	0.28	0.34	0.39	0.45	0.51
	2 000	0.00	0.07	0.14	0.21	0.28	0.35	0.42	0.49	0.56	0.63

（续表）

带型	小带轮转速 $n_1/(\text{r}\cdot\text{min}^{-1})$	传动比 i									
		1.00~1.01	1.02~1.04	1.05~1.08	1.09~1.12	1.13~1.18	1.19~1.24	1.25~1.34	1.35~1.51	1.52~1.99	≥2.0
B	2 400	0.00	0.08	0.17	0.25	0.34	0.42	0.51	0.59	0.68	0.76
	2 800	0.00	0.10	0.20	0.29	0.39	0.49	0.59	0.69	0.79	0.89
	3 200	0.00	0.11	0.23	0.34	0.45	0.56	0.68	0.79	0.90	1.01
C	400	0.00	0.04	0.08	0.12	0.16	0.20	0.23	0.27	0.31	0.35
	730	0.00	0.07	0.14	0.21	0.27	0.34	0.41	0.48	0.55	0.62
	800	0.00	0.08	0.16	0.23	0.31	0.39	0.47	0.55	0.63	0.71
	980	0.00	0.09	0.19	0.27	0.37	0.47	0.56	0.65	0.74	0.83
	1 200	0.00	0.12	0.24	0.35	0.47	0.59	0.70	0.82	0.94	1.06
	1 460	0.00	0.14	0.28	0.42	0.58	0.71	0.85	0.99	1.14	1.27
	1 600	0.00	0.16	0.31	0.47	0.63	0.78	0.94	1.10	1.25	1.41
	2 000	0.00	0.20	0.39	0.59	0.78	0.98	1.17	1.37	1.57	1.76
	2 400	0.00	0.23	0.47	0.70	0.94	1.18	1.41	1.65	1.88	2.12
	2 800	0.00	0.27	0.55	0.82	1.10	1.37	1.64	1.92	2.19	2.47
	3 200	0.00	0.31	0.63	0.94	1.26	1.57	1.88	2.20	2.51	2.83

表 3 - 11　小带轮包角系数 K_α

系数	小带轮包角 $\alpha_1/(°)$															
	180	175	170	165	160	155	150	145	140	135	130	125	120	110	100	90
K_α	1	0.99	0.98	0.96	0.95	0.93	0.92	0.91	0.89	0.88	0.86	0.84	0.82	0.78	0.74	0.69

确定 V 带根数 z，即

$$z \geqslant \frac{P_{\text{ca}}}{P'_0} = \frac{P_{\text{ca}}}{(P_0 + \Delta P_0)K_\alpha K_L} \tag{3-29}$$

为了使各根 V 带受力均匀，带的根数不宜过多，一般要求 $z < 10$，否则应改选较大的带型重新计算。一般不宜使用单根带。

7）确定带初拉力 F_0

单根普通 V 带的初拉力 F_0 可由下式确定：

$$F_0 = 500\frac{P_{\text{ca}}}{vz}\left(\frac{2.5}{K_\alpha} - 1\right) + qv^2 \tag{3-30}$$

其中各符号的含义、单位同前。

安装时，初拉力 F_0 可用实测方法确定，通过在带与两个带轮外公切线中点 M 处施加一个垂直载荷 G，使带沿跨距每 100 mm 所产生的挠度 $y = 1.6$ mm（即挠角为 1.8°）来控制

（图 3 - 12）。G 值见表 3 - 12。

表 3 - 12　载荷 G 值

带　型	小带轮直径 d_{d1} /mm	带速 v/(m·s⁻¹)		
		$0\sim10$	$10\sim20$	$20\sim30$
Z	$50\sim100$	$5\sim7$	$4.2\sim6$	$3.5\sim5.5$
	>100	$7\sim10$	$6\sim8.5$	$5.5\sim7$
A	$75\sim140$	$9.5\sim14$	$8\sim12$	$6.5\sim10$
	>140	$14\sim21$	$12\sim18$	$10\sim15$
B	$125\sim200$	$18.5\sim28$	$15\sim22$	$12.5\sim18$
	>200	$28\sim42$	$22\sim33$	$18\sim27$
C	$200\sim400$	$36\sim54$	$30\sim45$	$25\sim38$
	>400	$54\sim85$	$45\sim70$	$38\sim56$

注：表中高值用于新安装的 V 带或必须保持高张紧的传动。

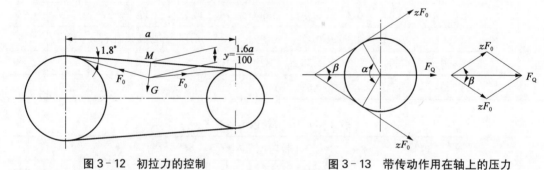

图 3 - 12　初拉力的控制　　　　图 3 - 13　带传动作用在轴上的压力

8) 计算带对轴的压力 F_Q

带轮安装在轴上，为了设计带轮轴和轴承，需要计算带传动对轴的压力 F_Q。 计算时可近似地按带两边拉力均为初拉力来计算，由图 3 - 13，可得

$$F_Q = 2zF_0 \sin\frac{\alpha_1}{2} \qquad (3-31)$$

例 3 - 1　设计一个带式输送机传动系统中高速级用普通 V 带传动。假设原动机为 Y 系列三相异步电动机，传递功率 $P = 7.5$ kW，转速 $n_1 = 1\ 440$ r/min，从动轮转速 $n_2 = 410$ r/min，每天工作时间少于 10 h，水平布置。

解：计算过程见表 3 - 13。

表 3 - 13　带式输送机传动系统中高速级用普通 V 带传动设计

设　计　项　目	设　计　依　据　及　内　容	设　计　结　果
(1) 确定计算功率	查表 3 - 8，得工作情况系数 $K_A = 1.1$ 由式 (3 - 23)，得 $P_{ca} = K_A P = 1.1 \times 7.5$	$P_{ca} = 8.25$ kW

（续表）

设 计 项 目	设 计 依 据 及 内 容	设 计 结 果
（2）选择 V 带带型	查图 3-11，由 P_{ca}/n_1 查取	A 型 V 带
（3）确定带轮直径 d_{d1}、d_{d2} ① 选择小带轮基准直径 d_{d1} ② 验算带速 ③ 确定从动轮基准直径 d_{d2} ④ 验算从动轮实际转速	由图 3-11、表 3-5、表 3-6，选取 $d_{d1} = 140$ mm 由式（3-10），得 $$v_1 = \frac{\pi d_{d1} n_1}{60 \times 1\,000} = \frac{\pi \times 140 \times 1\,440}{60 \times 1\,000} = 10.56\,(\text{m/s})$$ $$d_{d2} = i d_{d1} = \frac{1\,440}{410} \times 140 = 492\,(\text{mm})$$ 由表 3-5，确定 $d_{d2} = 500$ mm $$n_2 = \frac{n_1}{i} = \frac{1\,440 \times 140}{500} = 403.2\,(\text{r/min})$$ 误差：$\left\| \dfrac{403 - 410}{410} \right\| \times 100\% = 1.7\% < 5\%$	$d_{d1} = 140$ mm $v = 10.56$ m/s $v < 25 \sim 30$ m/s $d_{d2} = 500$ mm $n_2 \approx 403$ r/min 允许
（4）确定中心距 a 和带的基准长度 L_d ① 初定中心距 a_0 ② 求带的基准长度 L_d ③ 计算中心距 a ④ 确定中心距调整范围	由式（3-24），得 $$0.7(d_{d1} + d_{d2}) \leqslant a_0 \leqslant 2(d_{d1} + d_{d2})$$ $$0.7 \times (140 + 500) \leqslant a_0 \leqslant 2 \times (140 + 500)$$ $$448\ \text{mm} \leqslant a_0 \leqslant 1\,280\ \text{mm}$$ 由式（3-25），初步计算带长为 $$L_{d0} \approx 2a_0 + \frac{\pi}{2}(d_{d1} + d_{d2}) + \frac{(d_{d2} - d_{d1})^2}{4a_0}$$ $$\approx 2 \times 850 + \frac{\pi}{2}(140 + 500) + \frac{(500 - 140)^2}{4 \times 850}$$ $$= 2\,743\,(\text{mm})$$ 查表 3-3，确定带的基准长度 L_d	取 $a_0 = 850$ mm $L_d = 2\,800$ mm $a = 879$ mm
（5）验算小带轮包角 α_1	由式（3-3），得 $$\alpha_1 = 180° - \frac{d_{d2} - d_{d1}}{a} \times 57.3° = 180° - \frac{500 - 140}{879} \times 57.3°$$	$\alpha_1 = 156.5° > 120°$ 合适
（6）确定 V 带根数 z ① 确定单带传递功率 P_0'	由 $d_{d1} = 140$ mm，查表 3-7，得单根 A 型 V 带基本额定功率为 $$n_1 = 1\,200\ \text{r/min 时}, P_0 = 1.96\ \text{kW}$$ $$n_2 = 1\,460\ \text{r/min 时}, P_0 = 2.29\ \text{kW}$$ 用线性插值法，得 $$n_1 = 1\,440\ \text{r/min 时}, P_0 = 2.26\ \text{kW}$$ 查表 3-10，功率增量 $\Delta P_0 = 0.17$ kW 查表 3-11，包角系数 $K_\alpha = 0.93$ 查表 3-3，长度系数 $K_L = 1.11$	

（续表）

设 计 项 目	设 计 依 据 及 内 容	设 计 结 果
② 确定 V 带根数 z	由式(3-28),得 $$P_0' = (P_0 + \Delta P_0)K_a K_L$$ $$= (2.26 + 0.17) \times 0.93 \times 1.11 = 2.51 \text{ (kW)}$$ 由式(3-29),得 $$z \geqslant \frac{P_{ca}}{P_0'} = \frac{8.25}{2.51} = 3.29$$	$P_0' = 2.51 \text{ kW}$ 取 $z = 4$ 根
(7) 计算单根 V 带初拉力 F_0	查表 3-2,得 $q = 0.1 \text{ kg/m}$ 由式(3-30),得 $$F_0 = 500\frac{P_{ca}}{vz}\left(\frac{2.5}{K_a} - 1\right) + qv^2$$ $$= 500 \times \frac{8.25}{10.56 \times 4} \times \left(\frac{2.5}{0.93} - 1\right) + 0.1 \times 10.56^2$$ $$= 176.01 \text{ (N)}$$	$F_0 = 176.01 \text{ N}$
(8) 计算带对轴的压力 F_Q	由式(3-31),得 $$F_Q = 2zF_0 \sin\frac{\alpha_1}{2}$$ $$= 2 \times 4 \times 176.01 \times \sin\frac{156.5°}{2} = 1\,378.6 \text{(N)}$$	$F_Q = 1\,378.6 \text{ N}$
(9) 确定带轮的结构尺寸,绘制带轮工作图	$d_{d1} = 140 \text{ mm}$,采用实心式结构,工作图如图 3-14 所示 $d_{d2} = 500 \text{ mm}$,采用轮辐式结构,工作图设计略	图 3-14 为小带轮工作图
(10) 张紧装置	略	
(11) 防护装置	略	

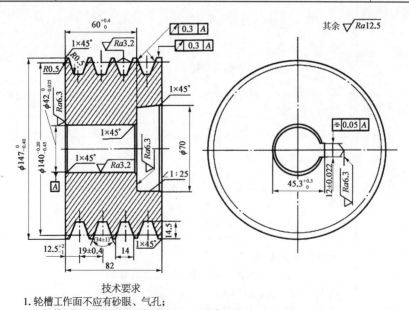

技术要求

1. 轮槽工作面不应有砂眼、气孔;
2. 各轮槽间距的累积误差不得超过±0.8,材料HT200。

图 3-14　小带轮工作图

3.5　带传动的张紧与维护

3.5.1　带传动的张紧

带材料不是完全的弹性体,工作一段时间后,V 带会由于塑性变形而松弛,致使初拉力 F_0 降低。所以,带传动需要重新张紧来保证其正常工作。常见的张紧装置有三种。

1) 定期张紧装置

以调整中心距的方法来改变初拉力,使带获得重新张紧。常用的有滑道式(图 3-15a) 和摆架式(图 3-15b),通过旋动调节螺钉(螺杆)至适当位置,达到改变传动带张紧程度的目的。前者适用于水平(较小倾斜)安装方式,后者更适用垂直(接近垂直)安装方式。

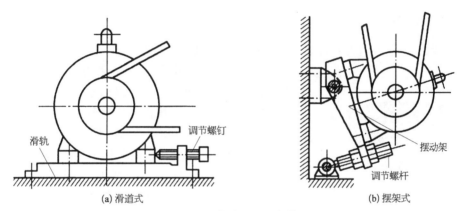

(a) 滑道式　　　　　　　　　　　　　(b) 摆架式

图 3-15　带的定期张紧装置

2) 自动张紧装置

利用电动机自重(或配重)使带轮随其绕固定轴摆动,实现带的自动张紧,如图 3-16 所示。常用于小功率传动。

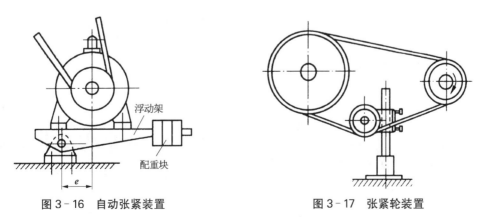

图 3-16　自动张紧装置　　　　　　　图 3-17　张紧轮装置

3) 张紧轮张紧装置

当带传动中心距不能调节时,可采用张紧轮将带张紧。张紧轮一般应放在松边内侧并尽量靠近大带轮(图 3-17),可使带只受单向弯曲且减小对包角的影响。采用张紧轮时会增加带的挠曲次数,使带的寿命缩短。张紧轮的轮槽尺寸与带轮相同,其直径要小于小带轮直径。

3.5.2　带传动的维护

带传动使用中需要定期维护,应注意:① 安装时缩小中心距后套上 V 带,再张紧,应使松边在上;② 避免带与油、酸、碱接触;③ 多根 V 带传动更换 V 带时应全部同时换新带;④ 设置防护罩;⑤ 定期张紧。

3.6　其他带传动简介 *

3.6.1　窄 V 带传动

窄 V 带由于其传动性能、寿命、应用范围等大大优于普通 V 带,近 30 年来,其应用得到迅速发展,成为国际上普遍采用的一种 V 带传动形式,其剖面结构如图 3-18 所示。与普通 V 带相比,窄 V 带的相对高度由 0.7 升至 0.9,带顶呈弓形,抗拉体上移,提高带的横向刚度,可使抗拉体受力均匀,承载能力提高;带的两侧面内凹,使带弯曲后能与轮槽保持良好接触;当高度相同时,窄 V 带的宽度要缩小约 30%,而承载能力可提高 1.5～2.5 倍,速度和可挠曲次数提高,最高允许带速可达 40～50 m/s,可用于大功率等场合。窄 V 带截型有

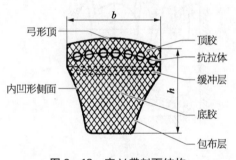

图 3-18　窄 V 带剖面结构

SPZ、SPA、SPB、SPC,窄 V 带的参数、传动设计可参阅相关设计手册。

3.6.2　同步齿形带传动

如图 3-2a、图 3-19 所示,同步齿形带传动兼有带传动和链传动的优点。工作时依靠带工作面上的凸齿与带轮上的外齿槽相互啮合传递运动和动力。所以,这种带传动工作平稳,同步传动传动比准确、恒定,可达 10(有时达 20);传动功率大,可达 100 kW;啮合传

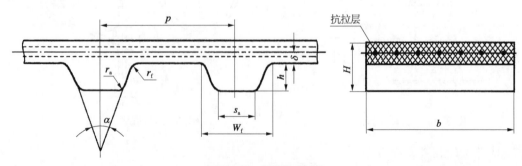

图 3-19　同步齿形带

动所需张紧力小、压轴力小,传动效率高达 $98\%\sim99.5\%$;同步齿形带以氯丁橡胶或聚氨酯橡胶为基体,通常用钢丝绳或玻璃纤维等作为抗拉体,薄而轻,柔韧性好,广泛用于较高速场合,带速可达 40 m/s(有时达 80 m/s)。同步齿形带的主要缺点是对制造和安装精度要求较高,对中心距要求较严格。同步齿形带多用于纺织机械、收录机、机器人、数控机床等设备。

3.6.3　高速带传动

带速 $v>30$ m/s、高速轴转速 $n_1=10\,000\sim50\,000$ r/min 的带传动称为高速带传动;带速 $v\geqslant100$ m/s 的带传动称为超高速带传动。高速带传动要求运转平稳、传动可靠,并有一定的寿命,所以高速带都采用重量轻、薄而均匀、挠曲性好的环形平带,有麻织带、丝织带、锦纶编织带、薄形强力锦纶带和高速环形胶带等。

高速带轮要求重量轻,质量均匀对称,运转时空气阻力小,并进行动平衡。为了防止脱带,大小带轮轮缘都应加工成鼓形面或双锥面,如图 3-20a 所示。为了避免高速运转时在带与轮缘表面间形成空气层降低摩擦系数,在轮缘表面常开环形槽,如图 3-20b 所示。

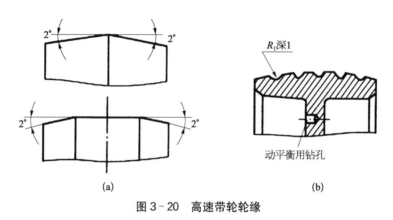

图 3-20　高速带轮轮缘

高速带传动主要用于增速传动,如驱动高速机床、粉碎机等。增速比 i 一般为 $2\sim4$,采用张紧轮传动时,i 可达 8。

 本章学习要点

(1) 掌握带传动的工作原理,了解其主要类型、特点和应用场合。

(2) 掌握带传动的工作情况分析(包含受力分析、工作应力分析、弹性滑动和打滑)。

(3) 掌握 V 带传动的设计准则、设计方法和步骤。

(4) 熟悉普通 V 带的结构、标准,常用的 V 带传动的张紧方法。

(5) 了解其他带传动类型、特点。

通过本章学习,学习者在掌握上述主要知识点后,应能在不同的工况条件下正确选用传动带和对带传动进行合理的设计计算。

思考与练习题

1. 问答题

3-1 带传动有何特点？

3-2 带传动的工作原理是什么？

3-3 为什么一般机械中较少采用平带传动,而是广泛应用 V 带传动？

3-4 普通 V 带有几种带型？其中哪种截面面积最小？哪种截面面积最大？

3-5 简述 V 带传动中的初拉力 F_0、摩擦系数 f 和带轮包角 α 对有效拉力极限值 F_{elim} 的影响。

3-6 什么是带的弹性滑动？是否可以避免？什么是打滑？带传动的打滑在什么情况下发生？

3-7 在由齿轮传动、链传动、带传动等组成的多级传动装置中,通常将带传动放在高速级还是低速级？

2. 填空题

3-8 带传动的主要失效形式为_____、_____。其设计准则是_____。

3-9 带传动工作时,带上的应力有_____、_____和_____。带最大应力发生在_____。

3. 选择题

3-10 V 带带轮的轮槽角等于(　　),V 带剖面的楔角等于(　　)。
A. $32°$　　　　　　B. $34°$　　　　　　C. $36°$　　　　　　D. $40°$

3-11 不考虑离心拉力时,由欧拉公式,带的紧边拉力 $F_1 =$(　　)。
A. $F_0 e^{f\alpha}$　　　B. $(F_0 - F_2)e^{f\alpha}$　　　C. $F_2 e^{f\alpha}$　　　D. $Fe^{f\alpha}$

3-12 当带的线速度 $v \leqslant 30\ m/s$ 时,一般采用(　　)来制造带轮。
A. 铸铁　　　　　B. 优质铸铁　　　　　C. 铸钢　　　　　D. 铝合金

3-13 带传动采用张紧轮的目的是(　　)。
A. 提高带的寿命　　　　　　　　　B. 调节带的初拉力
C. 改变带的运动方向　　　　　　　D. 减小带的弹性滑动

3-14 带传动中心距与小带轮直径一定时,增大传动比,则小带轮上的包角 α_1 将会(　　)。
A. 减小　　　　　B. 增大　　　　　C. 不变　　　　　D. 不确定

4. 计算题

3-15 普通 V 带传动传递的功率 $P = 10\ kW$,带速 $v = 14\ m/s$,松边拉力是紧边拉力的 $1/2$,试求有效拉力 F_e、紧边拉力 F_1 和初拉力 F_0。

3-16 带传动大、小带轮的基准直径分别为 $d_{d1} = 450\ mm$, $d_{d2} = 125\ mm$。若从动大带轮转速 $n_2 = 392\ r/min$,V 带传动的滑动率 $\varepsilon = 2\%$,求从动小带轮的转速 n_1。

3-17 单根 V 带传动的最大功率 $P_{max}=5\ kW$，小带轮转速 $n_1=1\,600\ r/min$，包角 $\alpha=150°$，直径 $d_{d1}=200\ mm$，当量摩擦系数 $f_v=0.23$，试求带传动的最大有效拉力 F_{emax}、初拉力 F_0、紧边拉力 F_1 和松边拉力 F_2。

3-18 由鼠笼式交流异步电动机驱动的普通 V 带传动，单班制工作，载荷变动小，传动中心距 $a=370\ mm$，主动轮转速 $n_1=1\,460\ r/min$，带轮直径 $d_{d1}=140\ mm$，$d_{d2}=400\ mm$，用三根 B 型带传动，初拉力按标准规定，试求该带传动所能传达的最大功率。

第 4 章

链 传 动 设 计

4.1 概 述

链传动是一种具有中间挠性件(链条)的啮合传动,它同时具有带传动和啮合传动的一些特点,是一种应用十分广泛的机械传动形式。如图 4-1 所示,链传动由主动链轮、从动链轮和中间挠性件(链条)组成,通过链条的链节与链轮上的轮齿相啮合传递运动和动力。

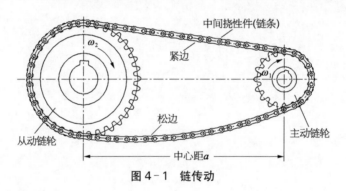

图 4-1 链传动

与摩擦型带传动相比,链传动的优点如下:

(1) 链传动没有弹性滑动和打滑现象,平均传动比准确。

(2) 靠啮合传动,承载能力较大,传动效率较高,链条张紧力小,作用在轴上的压轴力较小。

(3) 相同工况下,传动尺寸比较紧凑。

(4) 工作可靠,并能在温度较高、湿度较大、油污较重等恶劣环境中工作。

与齿轮传动相比,链传动的优点如下:

(1) 适合较大中心距的传动。

(2) 结构简单,加工成本低廉,安装精度要求低。

链传动的主要缺点如下:

(1) 由于瞬时速度和瞬时传动比不恒定,高速运转时不够平稳,传动中有冲击和噪声。

(2) 不宜在载荷变化很大和急促反向的传动中使用。

(3) 只能用于平行轴间的传动。

链传动广泛应用于传动中心距较大、平均传动比要求准确、多轴间传动、环境恶劣的开式传动、低速重载传动及润滑良好的高速传动等各种场合。

滚子链传动主要参数通常为：传递功率 $P < 100\ \text{kW}$，链速 $v < 15\ \text{m/s}$，传动比 $i \leqslant 7$，中心距 $a \leqslant 5 \sim 6\ \text{m}$。目前，优质滚子链的最大传递功率可达 $5\,000\ \text{kW}$，最高链速达 $35\ \text{m/s}$，最大传动比达 15，最大中心距可达 $8\ \text{m}$。

按用途的不同，链条可分为传动链、起重链和牵引链。起重链和牵引链用于起重机械和运输机械。传动链主要用于一般的机械中传递运动和动力。传动链又分为短节距精密滚子链（简称滚子链）、短节距精密套筒链、齿形链和成形链等，如图 4-2 所示。

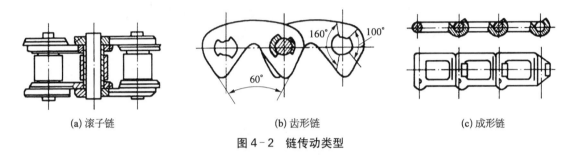

(a) 滚子链　　　　　　　　　　(b) 齿形链　　　　　　　　　　(c) 成形链

图 4-2　链传动类型

套筒链的结构与滚子链基本相同，只少一个滚子，所以套筒比较容易磨损，只用于 $v < 2\ \text{m/s}$ 的低速传动。齿形链是利用特定齿形的链片与链轮相啮合来实现传动的，传动较平稳，承受冲击载荷的能力强，允许速度较高（可达 $v = 40\ \text{m/s}$），噪声小，故又称为无声链。但其结构复杂、质量大、价格高，故多用于高速或精度要求高的场合。成形链结构简单、装拆方便，常用于 $v = 3\ \text{m/s}$ 的一般传动及农业机械中。本章只介绍应用广泛的滚子链传动。

4.2　滚子链和链轮

4.2.1　滚子链的结构

滚子链是由滚子、套筒、销轴、内链板和外链板组成，结构如图 4-3 所示。内链板与套筒之间为过盈连接，内链板与套筒组成内链节；外链板与销轴之间也为过盈连接，外链板与销轴组成外链节；滚子与套筒之间、套筒与销轴之间均为间隙配合。因此，内链节、外链节和滚子之间可自由转动。若干组内链节和外链节相间组装在一起形成环形链条。链传动工作时，滚子沿链轮齿廓滚动。为减小链的重量和运动时的惯性，链板按等强度原则均做成 8 字形。

将几条单排链并列，用长销轴连接，称为多排链。图 4-4 所示的是双排滚子链，排数越多，承载能力越大，但各排受力也越不均匀，故一般不超过 3～4 排。

链的长度用链节数 L_p 表示，链条由内链节和外链节相间组成环形，链节数宜取为偶数。当链节数为偶数时，接头处可用开口销或弹簧锁片来固定，如图 4-5a、b 所示；当链节数为奇数时，采用过渡链节连接，如图 4-5c 所示。由于过渡链节的链板要承受弯曲应力，强度仅为正常链节的 80% 左右，所以要尽量避免采用奇数链节的链。但全部由过渡链节组成的传动链有较好的弹性，能起到减小振动和冲击的作用。

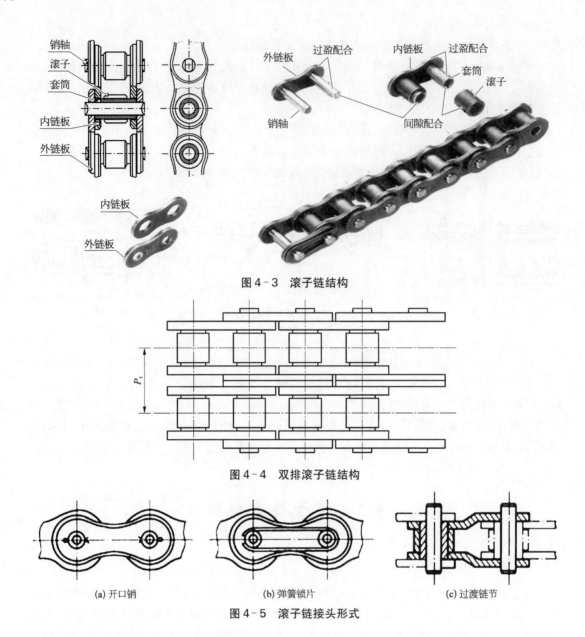

图 4-3　滚子链结构

图 4-4　双排滚子链结构

(a) 开口销　　　　　　　(b) 弹簧锁片　　　　　　　(c) 过渡链节

图 4-5　滚子链接头形式

4.2.2　滚子链的基本参数和尺寸

　　滚子链已标准化,分为 A、B 两个系列,由专业厂家生产,常用 A 系列。滚子链相邻销轴中心之间的距离为链的节距 p,它是链的基本特性参数,是链传动设计计算的基本参数。节距越大,链的各部分尺寸相应增大,承载能力也越大。表 4-1 列出了常用 A 系列滚子链的主要参数,表中的链号数乘以 25.4/16 mm,即为节距 p。

　　滚子链的标记为

链号-排数-链节数-标准编号

　　例如,A 系列、节距为 12.70 mm、单排、90 节的滚子链,其标记为

08A-1-90　GB/T 1243—2006

表 4-1 A 系列滚子链主要参数

链号	节距 p/mm	排距 p_t/mm	滚子外径 d_1/mm	内链节内宽 b_1/mm	销轴直径 d_2/mm	内链板高度 h_2/mm	极限拉伸载荷(单排) F_{Qlim}/kN	每米质量(单排)q/(kg·m⁻¹)
08A	12.7	14.38	7.92	7.85	3.98	12.07	13.8	0.60
10A	15.875	18.11	10.16	9.40	5.09	15.09	21.8	1.00
12A	19.05	22.78	11.91	12.57	5.96	18.08	31.16	1.50
16A	25.40	29.29	15.88	15.75	7.94	24.13	55.6	2.60
20A	31.75	35.76	19.05	18.90	9.54	30.18	86.7	3.80
24A	38.10	45.44	22.23	25.22	11.11	36.20	124.6	5.60
28A	44.45	48.87	25.40	25.22	12.71	42.24	169.0	7.50
32A	50.80	58.55	28.58	31.55	14.29	48.26	222.4	10.10
40A	63.50	71.55	39.68	37.85	19.85	60.33	347.0	16.10
48A	76.20	87.83	47.63	47.35	23.80	72.39	500.4	22.6

注：1. 本表摘自《传动用短节距精密滚子链、套筒链、附件和链轮》(GB/T 1243—2006)。
    2. 过渡链节 F_{Qmin} 取表中值的 80%。

4.2.3 滚子链链轮

1）链轮的齿形

链传动属于非共轭啮合传动,要求链节能平稳自如地进入啮合和退出啮合;链轮轮齿受力均匀,不易脱链;链轮轮齿便于加工。滚子链链轮的齿形已标准化,图 4-6 所示的是一种常用的三圆弧一直线齿形,齿廓工作表面 $abcd$ 由三圆弧 $\overset{\frown}{aa}$、$\overset{\frown}{ab}$、$\overset{\frown}{cd}$ 和直线 bc 组成。链轮用相应的标准刀具加工,故链轮端面齿形不必在工作图上画出,只要在图上注明"齿形按 GB/T 1243—2006 规定制造"即可。而链轮轮齿的轴面齿廓需在工作图中画出,轴面齿廓形状如图 4-7 所示,链轮的几何尺寸计算可查设计手册。

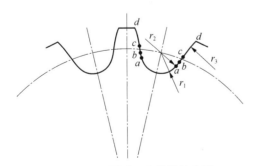

图 4-6 三圆弧一直线链轮齿形

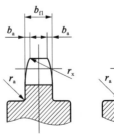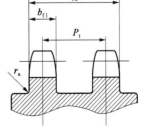

图 4-7 链轮的轴向齿形

2）链轮的基本参数和尺寸

链轮的基本参数和主要尺寸见表 4-2。

表 4-2　滚子链链轮的基本参数和主要尺寸　　　　　　　　　　　　　　单位：mm

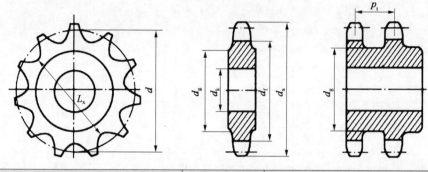

名　　称		符　　号	计算公式和说明
基本参数	链轮齿数	z	查表 4-4
	链节距	p	与配用链条相同
	配用链条的滚子外径	d_1	查表 4-1
	排距	p_t	与配用链条相同
主要尺寸	分度圆直径	d	$d = \dfrac{p}{\sin(180°/z)}$
	齿顶圆直径	d_a	$d_{amax} = d + 1.25p - d_1$ $d_{amin} = d + (1 - 1.6/z)p - d_1$ $d_a = p(0.54 + \cot 180°/z)$
	齿根圆直径	d_f	$d_f = d - d_1$
	最大齿根距离	L_x	奇数：$L_x = d\cos(90°/z) - d_1$ 偶数：$L_x = d_f = d - d_1$
	分度圆弦齿高 （节距多边形以上齿高）	h_a	$h_{amax} = (0.625 + 0.8/z)p - 0.5d_1$ $h_{amin} = 0.5(p - d_1)$ $h_a = 0.27p$（齿形为三圆弧一直线）
	齿侧凸缘（或排间槽）直径	d_g	$d_g \leqslant p\cot(180°/z) - 1.04h_2 - 0.76$ h_2 为内链板的高度，见表 4-1

注：1. 本表摘自《传动用短节距精密滚子链、套筒链、附件和链轮》(GB/T 1243—2006)。
　　2. d_g 值需要圆整，其他尺寸准确到 0.01 mm。

3）链轮的结构

链轮的结构如图 4-8 所示。小直径链轮制成整体式，如图 4-8a 所示；中等直径的链轮可以制成腹板式或孔板式，如图 4-8b 所示；大直径链轮可以制成齿圈可以更换的组合式，齿圈与轮毂可用焊接连接或螺栓连接，如图 4-8c、d 所示。

4）链和链轮的材料

链条各零件由碳钢或合金钢制造，材料应保证足够的强度和耐磨性。可根据链轮的尺寸和工作条件选择铸铁、碳钢和合金钢等，常用链轮材料、热处理、齿面硬度及应用范围见表 4-3。

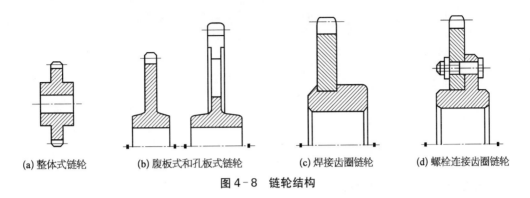

(a) 整体式链轮　　(b) 腹板式和孔板式链轮　　(c) 焊接齿圈链轮　　(d) 螺栓连接齿圈链轮

图 4-8　链轮结构

表 4-3　链轮材料、热处理及齿面硬度

材料牌号	热处理	齿面硬度	应用范围
15、20	渗碳、淬火、回火	50～60 HRC	$z < 25$，有冲击载荷的链轮
35	正火	160～200 HBW	$z > 25$ 的主、从动链轮
45、50、45Mn、ZG310～570	淬火、回火	40～50 HRC	无剧烈冲击、振动和要求耐磨的主、从动链轮
15Cr、20Cr	渗碳、淬火、回火	55～60 HRC	$z < 30$，传递较大功率的重要链轮
40Cr、35SiMn、35CrMo	淬火、回火	40～50 HRC	要求强度较高和耐磨的链轮
Q235、Q255	焊接后退火	≈ 140 HBW	中低速、功率不大、直径较大的链轮
不低于 HT200 的灰铸铁	淬火、回火	200～280 HBW	$z > 50$ 的从动链轮及外形复杂或强度要求一般的链轮
夹布胶木			$p < 6\,\mathrm{kW}$，速度较高，要求传动平稳、噪声小的链轮

　　由于在相同的工作时间内，小链轮轮齿比大链轮轮齿的啮合次数要多，磨损、冲击较大，为了使两个链轮寿命接近，小链轮材料的强度和齿面硬度比大链轮高一些。

4.3　链传动的工作情况分析

4.3.1　平均链速和平均传动比

　　内链节和外链节通过销轴串联铰接组成链条，虽然每一链节是刚性的，但整个链条是一个可以曲折的挠性体。当与链轮啮合时，链按正多边形绕在链轮上。正多边形的边长即为节距 p，边数等于链轮齿数 z。链传动工作时，链轮回转一周，链的移动距等于 zp。所以链的平均速度为

$$v = \frac{n_1 z_1 p}{60 \times 1\,000} = \frac{n_2 z_2 p}{60 \times 1\,000} \tag{4-1}$$

式中 p ——链节距(mm);

　　z_1、z_2 ——小链轮和大链轮齿数;

　　n_1、n_2 ——小链轮和大链轮的转速(r/min)。

链传动的平均传动比为

$$i = n_1/n_2 = z_2/z_1 \tag{4-2}$$

4.3.2　链传动的速度不均匀性

链传动在工作中其瞬时链速、从动轮的角速度 w_2 及瞬时传动比都是变化的。如图 4-9 所示,为了便于分析,假设传动时紧边始终处于水平位置,设主动轮的角速度恒为 w_1,当链节在进入链轮轮齿的过程中,其滚子中心点 A 的圆周速度恒定为 $v_A = R_1 \omega_1$。

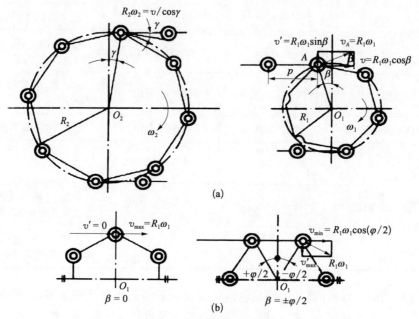

图 4-9　链传动的运动分析

如图 4-9a 所示,β 角为 AO_1(滚子中心点 A 和链轮中心点 O_1 连线)与铅垂方向夹角,当销轴位于图示瞬时,其圆周速度 v_A 可分解为水平分速度 v 和垂直分速度 v',其值分别为 $v = R_1 \omega_1 \cos\beta$,$v' = R_1 \omega_1 \sin\beta$。由于 β 角在 $\pm\varphi_1/2$ 之间变化(φ_1 为小链轮每节链节对应的中心角,$\varphi_1 = 360°/z_1$),如图 4-9b 所示,故水平速度 v 将随链传动位置的不同,由小到大又由大到小地变化;而垂直速度 v' 由正到负又由负到正地变化,使链节在工作中忽上忽下、忽快忽慢地运动。

链轮每转过一个链节,链条两个方向速度的变化就要重复一次。这种因链速的周期性变化引起的链传动过程中链速的不均匀性及有规则的振动,称为链传动的多边形效应。多边形效应是链传动固有的特性,是无法消除的。链节距越大,链轮齿数越少,链速的不均匀性就越严重。

链条的主动边水平前进速度带动从动链轮转动,由图 4-9a 可推知,从动轮的角速度 $\omega_2 = v/(R_2\cos\gamma)$ 也是不断变化的,由此可得链传动的瞬时传动比为

$$i_t = \frac{\omega_1}{\omega_2} = \frac{R_2\cos\gamma}{R_1\cos\beta} \tag{4-3}$$

从式(4-3)可以看出,即使 ω_1 为常数,通常瞬时传动比 i_t 也是随时间不断变化的。当 $z_1 = z_2$、紧边链长恰为链节距的整数倍时,瞬时传动比 i_t 才恒等于 1。

设计时为提高传动的平稳性,可减小链节距,增加链轮齿数和限制链轮转速。

由于链速和从动轮的转速是变化的,因而链传动过程中会产生变化的惯性力和相应的动载荷。此外,由于进入啮合链节与链轮的速度方向不一致,也会在链传动中引起冲击载荷。

4.3.3　滚子链传动的主要失效形式和设计准则

1) 链传动的主要失效形式

链轮比链条的强度高、寿命长,因此链传动中的失效主要是链条失效。常见的链条失效有如下几种:

(1) 链的疲劳破坏。在闭式链传动中,链条零件受循环变应力作用,经过一定的循环次数,链板发生疲劳断裂,滚子与套筒表面因冲击发生疲劳点蚀。在正常润滑条件下,链的疲劳破坏是决定链传动能力的主要因素。

(2) 链条铰链磨损。主要发生在销轴与套筒间。磨损使链条总长度伸长,链的松边垂度增大,导致啮合情况恶化,动载荷增大,引起振动和噪声,发生跳齿、脱链等。这是开式链传动常见的失效形式之一。

(3) 滚子、套筒的冲击疲劳断裂。在因张紧不好而使松边有较大的垂度的链传动中,由于反复启动、制动或反转时产生较大的冲击,使销轴、套筒和滚子产生冲击疲劳断裂。

(4) 销轴与套筒胶合。润滑不良或转速过高时,销轴与套筒的摩擦表面易发生胶合。

(5) 链条过载拉断。在低速重载链传动中,承受重载或严重超载,使链条所受拉力超过链条的极限抗拉载荷,导致链条断裂。

2) 链传动的设计准则

根据链传动的主要失效形式,可得到链传动的设计准则:

(1) 对于链速 $v > 0.6$ m/s 的中、高速链传动,采用以抗疲劳破坏为主的防止多种失效形式的设计方法。

(2) 对于链速 $v < 0.6$ m/s 的低速链传动,采用以防止过载拉断为主要失效形式的静强度设计方法。

4.4　滚子链传动的设计计算 *

4.4.1　链的额定功率曲线

为了使链传动有可靠的设计数据,对各种规格的链条进行试验,得到各种规格链的额定

功率。图 4-10 所示的是 A 系列常用单排滚子链的额定功率曲线图,该曲线根据特定试验条件下测得的数据绘制而成。

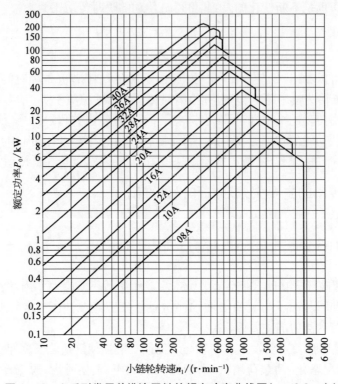

图 4-10 A 系列常用单排滚子链的额定功率曲线图($v<0.6\,\text{m/s}$)

特定试验条件是指:两链轮安装在水平轴上且两链轮共面,链条保持规定的张紧度,小链轮齿数 $z_1=25$,链传动比 $i=3$,链节数 $L_P=120$,无过渡链节的单排滚子链载荷平稳,无冲击或频繁启动,按规定的润滑方式润滑,使用寿命 15 000 h。

当链传动实际工作条件与上述特定试验条件不符时,应对链传动的传递功率加以修正。

4.4.2 链传动的设计步骤和主要参数选择

1) 设计链传动的已知条件

所需传递的功率 P、传动用途、载荷性质、小链轮转速 n_1、大链轮转速 n_2(或传动比 i)和原动机种类等。

2) 设计内容

确定滚子链的型号、链节距 p、排数 m、链节数 L_P、链轮齿数 z_1 和 z_2、链传动的中心距 a、材料、结构、润滑方式,以及绘制链轮零件图等。

3) 中高速链传动的设计计算

对于链速 $v>0.6\,\text{m/s}$ 的中高速链传动,按设计准则(1)进行:

(1)传动比。链传动的传动比一般为 $i\leqslant7$,推荐传动比 $i=3\sim5$,若传动比 i 过大,传动尺寸会增大,链在小链轮上的包角就会减小,小链轮上同时参加啮合的齿数减少,轮齿磨损加重。

（2）链轮齿数 z_1、z_2。确定链轮齿数时,首先应合理选择小链轮齿数 z_1。小链轮的齿数 z_1 不宜过少,也不宜过多。过少时,多边形效应显著,将增加传动的不均匀性和动载荷,加剧链的磨损,使功率消耗增大,链的工作拉力增大。过多时,不仅使传动尺寸、质量增大,而且铰链磨损后容易发生跳齿和脱链现象,缩短了链的使用寿命。一般,链轮的最少齿数为 $z_{\min}=17$,最多齿数 $z_{\max}=144$。

设计时可根据链速参考表 4-4 选择小链轮齿 z_1,$z_2=iz_1<114$ 并圆整,允许转速误差控制在 5% 以内。设计中,链轮齿数 z_1、z_2 应优先从以下数列中选取:17、19、21、23、25、38、57、76、95、114。为了使链传动磨损均匀,两个链轮齿数应尽量选取与链节数(偶数)互为质数的奇数。

表 4-4　小链轮齿数 z_1 的推荐值

参　数	数　　　值			
链速	0.6~3	3~8	>8	>25
小链轮齿数	≥17	≥21	≥25	≥35

（3）选择链节距 p 和排数 m,确定链的型号。在一定工作条件下,链节距 p 越大,链的承载能力越大,但传动的不平稳性、冲击、振动及噪声越严重。因此,设计时在承载能力足够的条件下,应尽可能选用小节距链。

高速重载时可采用小节距多排链;当速度较低、载荷较大、中心距和传动比小时,可选大节距链。

实际工作情况大多与特定试验条件中规定的工作情况不同,因而应对其传递功率 P 进行修正,先求得计算功率 P_{ca} 为

$$P_{ca}=\frac{K_A K_Z}{K_m}P \tag{4-4}$$

式中　K_A——工况系数,可查表 4-5;

　　　K_Z——小链轮齿数系数,可查图 4-11;

　　　K_m——多排链排数系数,对于单排链,$K_m=1$,对于双排链,$K_m=1.75$,对于三排链,$K_m=2.5$。

表 4-5　工况系数 K_A

载荷性质	从 动 机 械	主 动 机 械		
		电动机、汽轮机、燃气轮机、带有液力偶合器的内燃机	带有机械式联轴器的内燃机(≥6缸)、频繁启动的电动机(>2次/日)	带有机械式联轴器的内燃机(<6缸)
平稳运转	离心式泵和压缩机、印刷机械、均匀加料带式输送机、纸张压光机、自动扶梯、液体搅拌机和混料机、回转干燥炉、风机	1.0	1.1	1.3

（续表）

载荷性质	从动机械	主动机械		
		电动机、汽轮机、燃气轮机、带有液力偶合器的内燃机	带有机械式联轴器的内燃机（≥6缸）、频繁启动的电动机（>2次/日）	带有机械式联轴器的内燃机（<6缸）
中等冲击	泵和压缩机（≥3缸）、混凝土搅拌机、载荷非恒定的输送机、固体搅拌机和混料机	1.4	1.5	1.7
严重冲击	刨煤机、电铲、轧机、球磨机、橡胶加工机械、压力机、剪床、单缸或双缸泵和压缩机、石油钻机	1.8	1.9	2.1

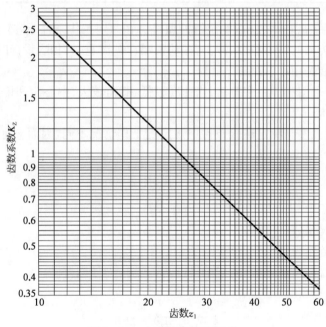

图 4-11　小链轮齿数系数 K_z

　　根据计算功率 P_{ca} 和小链轮转速 n_1，便可由图 4-10 选定合适的链型号和链节距 p，选择时注意应使 $P_{ca} < P_0$。

　　（4）确定中心距 a 和链节数 L_P。若中心距小，则结构紧凑。但中心距过小，链的总长缩短，单位时间内每一链节参与啮合的次数过多，链的寿命降低；而中心距过大，链条松边下垂量大，传动中松边上下颤动和拍击加剧。通常，推荐 $a_0 = (30 \sim 50)p$，最大中心距 $a_{0max} = 80p$。为了保证链在小链轮上的包角大于 $120°$，且大、小链轮不会相碰，其最小中心距可由式（4-5）或式（4-6）确定：

$$i < 4, \ a_{0max} = 0.2z_1(i+1)p \qquad (4-5)$$

$$i \geqslant 4, \quad a_{0min} = 0.33 z_1 (i-1) p \tag{4-6}$$

链条的长度以链节数 L_P 表示,可由式(4-7)计算:

$$L_P = \frac{2 a_0}{p} + \frac{z_1 + z_2}{2} + \frac{p}{a_0} \left(\frac{z_2 - z_1}{2\pi} \right)^2 \tag{4-7}$$

计算出的链节数 L_P 应圆整为整数,最好取为偶数,以避免过渡链节。

确定实际中心距 a,先按式(4-8)计算理论中心距 a:

$$a = p(2L_P - z_1 - z_2) f_a \tag{4-8}$$

式中　f_a——中心距计算系数,可查表4-6。

表4-6　中心距计算系数 f_a

$\dfrac{L_P - z_1}{z_2 - z_1}$	f_a	$\dfrac{L_P - z_1}{z_2 - z_1}$	f_a	$\dfrac{L_P - z_1}{z_2 - z_1}$	f_a	$\dfrac{L_P - z_1}{z_2 - z_1}$	f_a
1.06	0.195 64	1.26	0.225 20	1.52	0.237 05	2.5	0.246 78
1.07	0.198 48	1.27	0.225 93	1.54	0.237 58	2.6	0.247 08
1.08	0.201 04	1.28	0.226 62	1.56	0.238 07	2.7	0.247 35
1.09	0.203 36	1.29	0.227 29	1.58	0.238 54	2.8	0.247 58
1.10	0.205 49	1.30	0.227 93	1.60	0.238 97	2.9	0.247 78
1.11	0.207 44	1.31	0.228 54	1.62	0.239 38	3.0	0.247 95
1.12	0.209 23	1.32	0.229 12	1.64	0.239 77	3.2	0.248 25
1.13	0.210 90	1.33	0.229 68	1.66	0.240 13	3.4	0.248 49
1.14	0.212 45	1.34	0.230 22	1.68	0.240 48	3.6	0.248 68
1.15	0.213 90	1.35	0.230 73	1.70	0.240 81	3.8	0.248 83
1.16	0.215 26	1.36	0.231 23	1.75	0.241 56	4.0	0.248 96
1.17	0.216 52	1.37	0.231 70	1.80	0.242 22	4.2	0.249 07
1.18	0.217 71	1.38	0.232 15	1.85	0.242 81	4.4	0.249 17
1.19	0.218 84	1.39	0.232 59	1.90	0.243 33	4.6	0.249 25
1.20	0.219 90	1.40	0.233 01	1.95	0.243 80	4.8	0.249 31
1.21	0.220 90	1.42	0.233 81	2.0	0.244 21	5	0.249 37
1.22	0.221 85	1.44	0.234 55	2.1	0.244 93	6	0.249 58
1.23	0.222 75	1.46	0.235 24	2.2	0.245 52	7	0.249 70
1.24	0.223 61	1.48	0.235 88	2.3	0.246 02	8	0.249 78
1.25	0.224 43	1.50	0.236 48	2.4	0.246 43	9	0.249 83

为保证链传动的松边有一个合适的安装垂度,实际中心距 a' 应比理论中心距小 Δa,$\Delta a = (0.002 \sim 0.004)a$,即 $a' = a - \Delta a$。链传动的中心距应可以调节,以便在链节距增大、

链长变长后调整链的张紧程度,当中心距设计成可调整时,实际中心距 a' 应取大值。

(5) 计算对轴的压力 F_Q。链传动属于啮合传动,不需要很大的张紧力,链通过链轮作用在轴上的压力 F_Q 可按式(4-9)近似计算:

$$F_Q = 1.2F_e \tag{4-9}$$

式中　F_e——有效圆周力(N),$F_e = 1\,000P/v$。

(6) 链轮的几何尺寸计算(略)。

4) 低速链传动的静强度计算

对于链速 $v < 0.6$ m/s 的低速链传动,按设计准则(2)进行。链的静强度校核公式为

$$S = \frac{K_m K_{Qlim}}{K_A K_e + F_e + F_f} \geq [S] \tag{4-10}$$

式中　S——静强度安全系数计算值;

K_{Qlim}——实际单排链极限抗拉载荷,见表 4-1;

F_e——离心惯性力引起的拉力,$F_e = qv^2$,q 为链条每米质量(kg/m),见表 4-1,v 为链速(m/s),当 $v < 4$ m/s 时,F_e 可忽略不计;

F_f——悬垂拉力,确定方法可见参考文献[12]或[13];

$[S]$——许用安全系数,一般取 $[S] = 4 \sim 8$。

例 4-1　某电动机驱动的带式输送机的滚子链传动,已知小链轮轴功率 $P = 3$ kW,小链轮转速 $n_1 = 500$ r/min,传动比 $i = 2.5$,工作载荷平稳,水平布置,中心距无严格要求。设计此链传动。

解:计算过程见表 4-7。

表 4-7　链传动的设计

设　计　项　目	计　算　依　据　及　内　容	设　计　结　果
(1) 选择链轮齿数 ① 小链轮齿数 z_1 ② 大链轮齿数 z_2 ③ 实际传动比 i ④ 验算传动比误差	假定链速 $v = 3 \sim 8$ m/s 查表 4-4,选取 $z_1 = 25$ $z_2 = iz_1 = 2.5 \times 25 = 62.5$,取 $z_2 = 63$ $i = z_2/z_1 = 63/25 = 2.52$ $|(2.5-i)/2.5| = 0.8\% < 5\%$	$z_1 = 25$ $z_2 = 63$ $i = 2.52$ 合格
(2) 确定计算功率 P_{ca} ① 确定工况系数 K_A、齿数系数 K_z、排数系数 K_m ② 计算功率 P_{ca}	查表 4-5,$K_A = 1.0$ 查图 4-11,$K_z = 1$ 单排链,取 $K_m = 1$ 由式(4-4), $P_{ca} = \dfrac{K_A K_z}{K_m}P = \dfrac{1 \times 1}{1} \times 3 = 3\text{(kW)}$	$K_A = 1.0$ $K_z = 1$ $K_m = 1$ $P_{ca} = 3$ kW
(3) 选定链条型号、确定链条节距 p	根据 n_1、P_{ca},查图 4-10,选单排 12A 型滚子链 查表 4-1,$p = 19.05$ mm	单排 12A 型滚子链 $p = 19.05$ mm
(4) 验算链速 v	由式(4-1), $v = \dfrac{n_1 z_1 p}{60 \times 1\,000} = \dfrac{500 \times 25 \times 19.05}{60 \times 1\,000}\text{(m/s)}$	$v = 3.97$ m/s 与假定相符,合适

（续表）

设 计 项 目	计 算 依 据 及 内 容	设 计 结 果
（5）初定中心距 a_0	取 $a_0 \approx 40p$	$a_0 \approx 40p$
（6）确定链节数 L_P	由式（4-7）， $$L_P = \frac{2a_0}{p} + \frac{z_1 + z_2}{2} + \frac{p}{a_0}\left(\frac{z_2 - z_1}{2\pi}\right)^2$$ $$= \frac{2 \times 40p}{p} + \frac{25 + 63}{2} + \frac{p}{40p}\left(\frac{63 - 25}{2\pi}\right)^2 \approx 124.9$$	取 $L_P = 124$（偶数）
（7）计算中心距 ① 理论中心距 a	由 $\dfrac{L_P - z_1}{z_2 - z_1} = \dfrac{124 - 25}{63 - 25} = 2.605$ 查表 4-6，$f_a = 0.247\,09$（插值法） 由式（4-8），得 $a = p(2L_P - z_1 - z_2)f_a$ $= 19.05 \times (2 \times 124 - 25 - 63) \times 0.247\,09\,(\mathrm{mm})$	$a = 753.1\ \mathrm{mm}$
② 中心距减少量 Δa ③ 实际中心距 a'	$\Delta a = (0.002 \sim 0.004)a$ $= (0.002 \sim 0.004) \times 753.1 = 1.51 \sim 3.01\,(\mathrm{mm})$ $a' = a - \Delta a = 753.1 - 3 = 750.1\,(\mathrm{mm})$	取 $\Delta a = 3\ \mathrm{mm}$ $a' = 750.1\ \mathrm{mm}$
（8）计算对轴的压力 F_Q	由式（4-10）， $$F_Q = 1.2F_e = 1.2 \times 1\,000P/v$$ $$= 1.2 \times 1\,000 \times 3/3.97\,(\mathrm{N})$$	$F_Q = 906.8\ \mathrm{N}$
（9）润滑方式选择	根据链速 v 及节距 p，由图 4-14，选择油浴或飞溅润滑	油浴或飞溅润滑
（10）链轮结构设计	略	略

4.5　链传动的布置、张紧和润滑

4.5.1　链传动的布置

（1）两个链轮中心连线最好呈水平，如图 4-12a 所示，或与水平面成 45°以下倾角，如图 4-12b 所示。

（2）当两个轮轴线在同一铅垂面内时，链的下垂量集中在下端，会减少下面链轮的有效啮合齿数，降低传动能力，所以要尽量避免这种垂直或接近垂直的布置。

必须采用这种布置方式时，应采取以下措施：① 上、下两轮错开，使其轴线不在同一铅垂面内，如图 4-12c 所示；② 中心距可调；③ 加设张紧装置；④ 尽可能将小链轮布置在上方。

（3）防止松边下垂量增大后，链条易与小链轮干涉或松边会与紧边相碰，链传动的布置应使松边布置在下面，紧边在上。

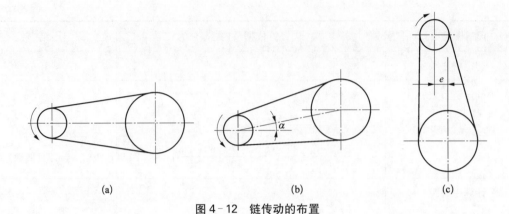

(a)　　　　　　　　(b)　　　　　　　　(c)

图 4‑12　链传动的布置

4.5.2　链传动的张紧

链传动中,当松边垂度过大时,会引起啮合不良和链条颤动现象。链传动的张紧程度用松边垂度 f 表示,f 的推荐值为 $f=(0.01\sim0.02)a$。

对于重载、频繁启动、制动和反转及接近垂直布置的链传动,可适当减小松边垂度。

常用的张紧方法是:

(1) 调整中心距。对滚子链传动,中心距调整量可取为 $2p$。

(2) 缩短链长。操作时最好拆除成对的链节,必须拆除一个链节时要采用过渡链节。

(3) 采用张紧装置。如图 4‑13 所示,装置中的张紧轮可以是链轮、辐轮或导板。张紧轮一般位于松边的外侧,导板适用于中心距较大的链传动,减振效果较好。

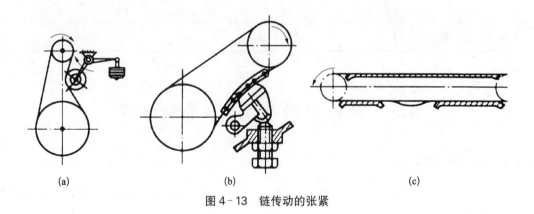

(a)　　　　　　　　(b)　　　　　　　　(c)

图 4‑13　链传动的张紧

4.5.3　链传动的润滑

链传动良好的润滑有利于减小摩擦、减少磨损、缓和冲击、延长链的使用寿命,因此要合理选择润滑的方式和润滑剂的种类。链传动润滑方式的选择如图 4‑14 所示。

常见的润滑方式有以下几种:

(1) 油刷或油壶人工定期润滑,如图 4‑15a 所示。

(2) 滴油润滑。用油杯通过油管将油滴入松边链条,如图 4‑15b 所示。

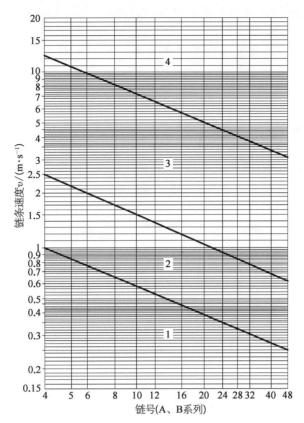

1—油刷或油壶人工定期润滑；2—滴油润滑；3—油浴式飞溅润滑；4—压力喷油润滑

图 4 - 14 润滑方式的选择

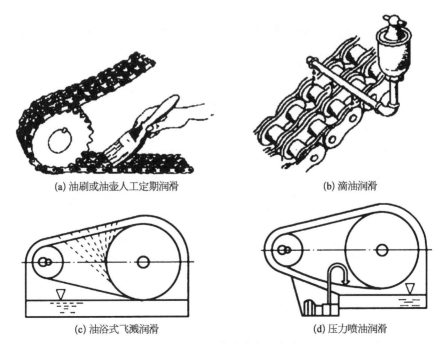

(a) 油刷或油壶人工定期润滑   (b) 滴油润滑

(c) 油浴式飞溅润滑   (d) 压力喷油润滑

图 4 - 15 链传动的润滑方式

(3) 油浴式飞溅润滑。链条松边部分浸入油池,或通过甩油轮将油甩起进行润滑,如图 4 - 15c 所示。

(4) 压力喷油润滑。润滑油由油泵经油管喷在链条上,循环的润滑油还可起到冷却作用,如图 4 - 15d 所示。

本章学习要点

(1) 了解链传动的类型,传动链的结构、基本参数和传动特点。

(2) 掌握滚子链主要参数的选择及计算方法。

(3) 了解链传动的布置、张紧和润滑。

通过本章学习,学习者在掌握上述主要知识点后,应能在不同的工况条件下正确选用滚子链和对滚子链传动进行合理的设计计算。

思考与练习题

1. 问答题

4 - 1　链传动和带传动相比有哪些优缺点?

4 - 2　影响链传动速度不均匀性的主要参数是什么?为什么?

4 - 3　链传动的主要失效形式有哪些?

4 - 4　链传动张紧的主要目的是什么?链传动怎样布置时必须张紧?

4 - 5　链传动设计中,确定小链轮齿数时应考虑哪些因素?

4 - 6　滚子链的标记"12A - 2 - 80 GB/T 1243—2006"的含义是什么?

2. 填空题

4 - 7　链轮转速越_____,链条节距越_____,链传动中的动载荷越大。

4 - 8　链传动和 V 带传动相比,在工况相同的条件下,作用在轴上的压轴力_____,其原因是链传动不需要_____。

4 - 9　当链节数为_____数时,必须采用过渡链节连接,此时会产生附加_____。

4 - 10　链传动中,应将_____边布置在上面,_____边布置在下面。

4 - 11　链传动工作时,其转速越高,其运动不均匀性越_____,故链传动多用于_____速传动。

4 - 12　链传动张紧的目的是_____。当采用张紧轮张紧时,张紧轮应布置在_____边,靠近_____轮,从_____向_____张紧。

3. 选择题

4 - 13　链传动中链条磨损会导致的后果是(　　　)。

A. 销轴破坏　　　　　　　　　　　　　　B. 链片破坏

  C. 套筒破坏   D. 影响链与链轮的啮合,致使脱链

4. 计算题

4-14 某链传动传递功率 $P = 5$ kW,主动链轮转速 $n_1 = 960$ r/min,从动链轮转速 $n_2 = 400$ r/min,电动机驱动,载荷平稳,定期人工润滑。设计此链传动。

第 5 章

齿轮传动设计

5.1 概　述

齿轮传动是机械传动中应用最广泛的一种传动形式,其传动比准确、效率高、结构紧凑、工作可靠、寿命长。目前,齿轮传动可达到的技术指标:最大圆周速度 v 可达 300 m/s,最高转速 n 可达 10^5 r/min,最大传递功率 P 可达 10^5 kW,模数 $m = 0.004 \sim 100$ mm,直径 $d = 1 \sim 152\,300$ mm。 齿轮传动的形式很多,本章主要介绍最常用的渐开线齿轮传动设计。

齿轮传动的主要优点: ① 瞬时传动比恒定,工作平稳,传动准确可靠,可传递空间任意两轴之间的运动和动力; ② 传动比范围大,可用于减速或增速; ③ 适用的功率和速度范围广,功率从接近于零的微小值到 10 万 kW,圆周速度从很低到 300 m/s; ④ 传动效率高,$\eta = 0.92 \sim 0.98$,高精度的圆柱齿轮传动效率可达 99% 以上; ⑤ 工作可靠,使用寿命长; ⑥ 外廓尺寸小,结构紧凑。

齿轮传动的主要缺点: ① 制造和安装精度要求较高,需要专门设备制造,成本较高; ② 精度不高的齿轮传动工作时噪声、振动和冲击较大; ③ 不宜用于距离较远的两轴之间的传动; ④ 无过载保护作用。

按齿轮传动的工作条件不同,可分为开式齿轮传动、半开式齿轮传动及闭式齿轮传动。

开式齿轮传动常用在农业机械、建筑机械及简易的机械设备中,没有防尘罩或机壳,齿轮完全暴露在外面,不仅外界杂物极易侵入,而且润滑不良、工作条件不好,轮齿容易磨损,故只宜用于低速传动。

半开式齿轮传动装有简单的防护罩,有时还把大齿轮部分地浸入油池中,工作条件虽有改善,但仍不能做到严密防止外界杂物侵入,润滑条件也不算最好。

闭式齿轮传动(齿轮箱),如汽车、机床、航空发动机等所用的齿轮传动,都是装在经过精确加工且封闭严密的箱体内的,与开式或半开式的齿轮传动相比,润滑及防护等条件最好,各轴的安装精度及系统的刚度比较高,能保证较好的啮合精度,多用于重要场合。

按齿面硬度的不同,齿轮可分为软齿面齿轮(齿面硬度≤350 HBW)和硬齿面齿轮(齿面硬度>350 HBW)。当啮合传动的一对齿轮中至少有一个为软齿面齿轮时,称为软齿面齿轮传动;两个齿轮均为硬齿面齿轮时,称为硬齿面齿轮传动。软齿面齿轮传动常用于一般用途的中、小功率传动场合,硬齿面齿轮传动常用于要求承载能力强、体积小的齿轮传动。

齿轮传动应满足的基本要求: ① 瞬时传动比不变,冲击、振动和噪声小,能保证较好的传动平稳性和较高的运动精度;② 在尺寸小、重量轻的前提下,轮齿的强度高、耐磨性好、承载能力大,能达到预期的工作寿命。

在"机械原理"课程中已介绍了齿轮机构的工作原理、基本参数和几何尺寸计算方法,但其中的模数往往是作为已知量给定的。在工程实际中,齿轮模数的大小一般需要通过齿轮传动的强度计算才能确定。本章主要介绍齿轮传动的强度设计计算方法。

5.2 齿轮传动的失效形式和设计准则

5.2.1 齿轮传动的失效形式

正常情况下,齿轮传动的失效主要集中在轮齿部位。由于在工作条件、材料及热处理等方面的差异,轮齿失效又有不同形式。

1) 轮齿折断

轮齿折断是指齿轮的一个或多个轮齿发生断裂(图 5-1),这是对齿轮传动影响最大的失效形式,后果也最为严重。

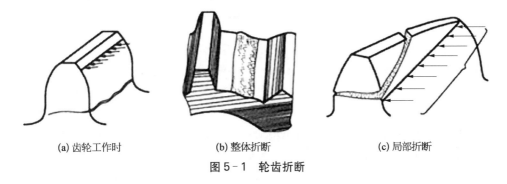

(a) 齿轮工作时　　　　　　　(b) 整体折断　　　　　　　(c) 局部折断

图 5-1 轮齿折断

根据发生机理的不同,轮齿折断可分为疲劳折断和过载(静强度)折断。一般情况下,主要是疲劳折断。

齿轮工作时,轮齿相当于一个悬臂梁,如图 5-1a 所示,受载后齿根部分产生的弯曲应力最大,并且为循环变应力,同时齿根过渡部分的尺寸和形状的突变及加工刀痕等会引起应力集中。当轮齿重复受载后,齿根处将会产生疲劳裂纹,并逐步扩展,最终导致轮齿的疲劳折断。过载折断主要由轮齿受到突然过载、冲击载荷作用所引起,当轮齿严重磨损减薄后,也会因静强度不足而发生过载折断。

从断裂形态上看,轮齿折断有整体折断和局部折断,如图 5-1b、c 所示。整体折断一般发生在齿根。对于直齿圆柱齿轮(简称直齿轮),疲劳裂纹一般从齿根表面沿齿向并向齿内扩展而发生整体折断。局部折断主要由轮齿上载荷的分布不均所造成,通常发生在轮齿的一端。斜齿圆柱齿轮(简称斜齿轮)和人字齿轮,由于轮齿工作面上的接触线为一条斜线,轮齿受载后,疲劳裂纹往往从齿根向齿顶扩展,易发生局部折断。当齿轮制造或安装精度不高或轴的弯曲变形过大,使轮齿局部受载过大时,直齿轮也会发生局部折断。

增大齿根过渡圆角半径,降低表面粗糙度以减小齿根应力集中,选择适当的齿轮材料和热处理方法,使齿芯部分有足够的韧性,采用喷丸、滚压等工艺对齿根处进行强化处理等,均可提高轮齿抗疲劳折断的能力。此外,尽可能消除轮齿的载荷分布不均现象,将有利于避免轮齿的局部折断。

为了防止齿轮折断,通常应对齿轮传动进行齿根弯曲疲劳强度计算,必要时还应进行齿根弯曲静强度计算。

2) 齿面点蚀

在润滑良好的闭式齿轮传动中,其工作齿面上的接触应力是随时间而变化的脉动循环应力。在接触变应力作用下,齿轮工作一定时间后将在节线附近表面产生细微的疲劳裂纹,润滑油的挤入又加速这些疲劳裂纹的扩展,导致轮齿表面金属微粒剥落,形成如图 5-2 所示的细小凹坑,这种现象称为齿面点蚀,是一种表面疲劳破坏现象。

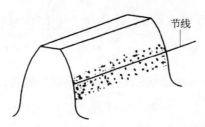

图 5-2　齿面点蚀

点蚀出现后,齿面的破坏范围不断扩大,致使齿面不再是完整的渐开线曲面,从而影响轮齿的正常啮合,使得冲击、振动和噪声变大,最终导致齿轮传动失效。

实践表明,齿面点蚀通常发生在润滑良好的闭式软齿面齿轮传动中,并首先出现在靠近节线的齿根面上,然后再向其他部位扩展。这是因为轮齿啮合过程中,当轮齿在靠近节线处啮合时,啮合的齿对数较少,特别是直齿轮传动,这时只有一对齿啮合,因此该处所受的接触应力最大;同时由于该处齿面间的相对滑动速度较低,不易形成润滑油膜,所以在节线附近最易产生疲劳点蚀。在开式齿轮传动中,由于轮齿表面磨损较快,点蚀未充分形成之前已被磨掉,因而一般看不到点蚀破坏。

提高齿面硬度、降低表面粗糙度、采用合理的变位及提高润滑油的黏度等,均可提高齿轮抗疲劳点蚀的能力。

为了防止齿面点蚀,对闭式齿轮传动通常应进行齿面接触疲劳强度计算。

3) 齿面磨损

齿轮啮合传动时,两个渐开线齿廓之间存在相对滑动,在载荷作用下,齿面间的灰尘、硬屑粒会引起齿面磨损,如图 5-3 所示。严重的磨损将使齿面渐开线齿形失真,齿侧间隙增大,从而产生冲击和噪声,甚至发生轮齿折断。在开式传动中,特别在多灰尘场合,齿面磨损是轮齿失效的主要形式。

采用闭式传动、提高齿面硬度并选择合理的齿面硬度匹配、减小齿面粗糙度和保持良好润滑,都可大大减轻齿面磨损。

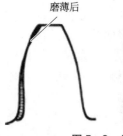

图 5-3　齿面磨损

4) 齿面胶合

润滑良好的啮合齿面间保持一层润滑油膜,在高速重载传动中,常因啮合区温度升高或因齿面的压力很大而导致润滑油膜破裂,使齿面金属直接接触。在高温高压条件下,相接触的金属材料熔化粘在一起,并由于两个齿面间存在相对滑动,导致较软齿面上的金属被撕下,从而在齿面上形成与滑动方向一致的沟槽状伤痕,如图 5-4 所示,这种现象称为齿面胶合。传动时,在齿面瞬时温度越高、相对滑动速度越大的地方,越易发生胶合。在低速重载齿轮传动中,因齿面的压力很大,润滑油膜不易形成,也可能产生胶合破坏,此时齿面的瞬时温度并无明显增高,故称为冷胶合。

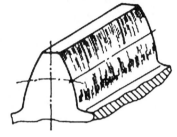

图 5-4　齿面胶合

为了防止产生齿面胶合,除适当提高齿面硬度和降低表面粗糙度外,对于低速齿轮传动应采用黏度大的润滑油,高速传动应采用抗胶合能力强的润滑油,并在润滑油中加入极压添加剂等。

5) 齿面塑性变形

当齿轮材料较软而载荷及摩擦力较大时,啮合轮齿的相互滚压与滑动将引起齿轮材料的塑性流动。如图 5-5 所示,由于材料的塑性流动方向与齿面上所受的摩擦力方向一致,而齿轮工作时主动轮齿面受到的摩擦力方向背离节圆,从动轮齿面受到的摩擦力方向指向节圆,所以在主动轮轮齿上节线处被碾出沟槽,从动轮轮齿上节线处被挤出脊棱,使齿廓失去正确的齿形,瞬时传动比发生变化,引起附加动载荷。这种失效形式多发生在低速、重载和启动频繁的传动中。

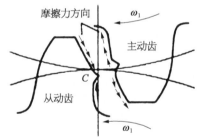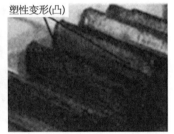

图 5-5　齿面塑性变形

提高轮齿齿面硬度、减小接触应力、改善润滑状况及采用高黏度的或加有极压添加剂的润滑油等,均有助于减缓或防止轮齿产生塑性变形。

5.2.2　齿轮传动的设计准则

齿轮传动的设计准则是根据失效形式而定的。在机械设计中,对于一般用途的齿轮传动,通常只做齿根弯曲疲劳强度和齿面接触疲劳强度的计算。

1) 闭式齿轮传动

闭式齿轮传动的主要失效形式为齿面点蚀和齿根弯曲疲劳折断。

对于闭式软齿面齿轮传动,其齿面接触疲劳强度较低,易发生齿面点蚀,所以设计时先按齿面接触疲劳强度条件进行设计,确定齿轮的基本参数和几何尺寸后,再校核齿轮的齿根弯曲疲劳强度。

对于闭式硬齿面齿轮传动,其齿面抗点蚀能力较强,主要失效形式表现为齿根弯曲疲劳折断,所以设计时先按齿根弯曲疲劳强度条件进行设计,再校核齿轮的齿面接触疲劳强度。

2) 开式齿轮传动

对于开式齿轮传动,主要失效形式是齿面磨损和齿根弯曲疲劳折断,故先按齿根弯曲疲劳强度条件进行设计,然后将所求得的齿轮模数增大 10%～20%,用以考虑磨损的影响。

5.3　齿轮常用材料和许用应力

齿轮传动的失效主要是轮齿的折断和轮齿齿面的失效,因此理想的齿轮材料所制成的齿轮,其轮齿应具有表面硬度高、芯部韧性好的特点。齿面具有足够的硬度,轮齿抵抗齿面磨损、点蚀、胶合及塑性变形的能力均强;齿芯韧性好,轮齿便具有足够的弯曲强度,以防止轮齿的折断。常用的齿轮材料有各种钢材、铸铁及非金属材料。

5.3.1　齿轮常用材料

齿轮的材料以锻钢(包括轧制钢材)为主,其次是铸钢、铸铁。此外,还有有色金属和非金属材料等。

1) 钢

钢的韧性好、耐冲击,经热处理或化学热处理可提高齿面硬度,从而提高齿轮接触强度和耐磨性,故最适于用来制造齿轮。

除尺寸过大或者结构形状复杂只宜铸造者外,一般都用锻钢制造齿轮。常用的是含碳量在 0.15%～0.6% 的碳钢或合金钢。按热处理方法和齿面硬度的不同,制造齿轮的锻钢可分为以下两种情况:

(1) 软齿面(硬度≤350 HBW)齿轮用锻钢。对于强度、速度及精度都要求不高的齿轮,常采用软齿面。常用材料有 45、35、50 钢及 40Cr、35SiMn 等合金钢。齿轮毛坯经过正火或调质处理后切齿,切制后即为成品,其精度一般为 8 级,精切时可达 7 级。其制造简便、经济,生产效率高。此类齿轮传动中,考虑到小齿轮齿根较薄,且受载次数较多,弯曲强度较低,为了使大小齿轮使用寿命比较接近,一般应使小齿轮齿面硬度比大齿轮高 30～50 HBW。

(2) 硬齿面(硬度＞350 HBW)齿轮用锻钢。对于高速、重载及精密机器所用的主要齿轮传动,要求齿轮材料性能优良,轮齿具有高强度,齿面具有高硬度(如 58～65HRC)及高精度。常用材料有 45、40Cr、40CrNi、20Cr、20CrMnTi、20MnB、20CrMnTo 等。齿轮毛坯经过正火或调质处理后切齿,再做表面硬化处理,最后一般还需要进行精加工,精度可达 5 级或 4 级。常用的表面硬化热处理方法有表面淬火、渗碳、氮化、软氮化及碳氮共渗等,具体加工方法及热处理方法视材料而定。这类齿轮精度高,但价格较贵,在使用时应注意经济性。

2) 铸铁

灰铸铁性质较脆,抗胶合及抗点蚀能力强,具有良好的减摩性、加工工艺性,价格较低,但抗冲击及耐磨性能差,常用于制造工作平稳、速度较低、功率不大的齿轮或尺寸较大、形状复杂的齿轮及开式传动中的齿轮。

球墨铸铁的强度比灰铸铁高很多,具有良好的韧性和塑性。在冲击不大的情况下,可代替钢制齿轮。

3) 有色金属和非金属材料

有色金属(如铜合金、铝合金)常用于制造有特殊要求的齿轮。

对高速轻载及精度不高的齿轮传动,为了降低噪声,常用非金属材料(如夹布胶木、尼龙等)做小齿轮,大齿轮仍用钢或铸铁制造,以利于散热。为了使大齿轮具有足够的抗磨损和抗点蚀的能力,齿面的硬度应为 250~350 HBW。

常用的齿轮材料及其力学特性见表 5-1。

表 5-1　常用的齿轮材料及其力学特性

材 料 牌 号	热处理方法	强度极限 σ_b /MPa	屈服极限 σ_s /MPa	硬　　度	
				齿芯硬/HBW	齿面硬度 表面淬火/HRC 渗氮/HV
HT250	人工时效	250	—	170~241	
HT350	人工时效	350	—	197~269	
QT500-7	正火	500	320	170~230	
QT600-3	正火	600	370	190~270	
ZG310-570	正火	570	310	163~197	
ZG340-640	正火	640	340	179~207	
45	正火	580	290	169~217	
	调质	650	360	217~286	
	调质后表面淬火	—	—	217~255	40~50
40Cr	调质	700	500	241~286	
	调质后表面淬火	—	—	241~286	48~55
42CrMo	调质后表面淬火	1 079	931	255~286	48~56
30CrMnSi	调质	1 079	883	310~360	
20Cr	渗碳、淬火、回火	637	392	—	56~62
20CrMnTi		1 079	834	—	56~62
20Cr2MnMo		1 170	883	302~338	56~62
20Cr2Ni4		1 177	1 079	305~405	≥60
30CrMoAlA	调质后氮化(氮化层厚 $\delta \geqslant 0.3 \sim 0.5$ mm)	1 079	884	210~280	>850 HV
夹布塑胶	—	100		25~35	

注:40Cr 钢可用 40MnB 或 40MnVB 钢代替;20CrMnTi 钢可用 20CrMn2B 或 20MnVB 钢代替。

5.3.2   齿轮传动的许用应力

1）试验齿轮的接触疲劳强度极限和弯曲疲劳强度极限

在进行齿轮传动的强度计算时，需要确定接触疲劳强度的许用应力$[\sigma_H]$和弯曲疲劳强度的许用应力$[\sigma_F]$。在工程实际中，一般根据试验齿轮的接触疲劳强度极限σ_{Hlim}和弯曲疲劳强度极限σ_{Flim}来确定相应的许用应力。在特定的试验条件下，经持久疲劳试验，可得到不同齿轮材料的接触疲劳强度极限和弯曲疲劳强度极限的数据。通常，将试验所得结果绘制成各种图线，供设计时查取。

不同齿轮材料的接触疲劳强度极限σ_{Hlim}可查图5-6；弯曲疲劳强度极限σ_{Flim}可查图5-7。

由于材料品质的不同，图5-6、图5-7给出了齿轮疲劳强度极限的三种取值线，ME、MQ和ML分别表示齿轮材料品质和热处理质量很高、中等要求和最低要求时的齿轮疲劳强度极限取值线。设计时，一般按MQ与ML的中间范围选取σ_{Hlim}、σ_{Flim}。若齿面硬度超出图中推荐的范围，可大体按外插法查取相应的极限应力值。此外，图5-7所示的σ_{Flim}为齿轮单向传动，即受脉动循环应力作用的齿根弯曲疲劳极限应力。对于轮齿长期双向受力的齿轮（如行星轮、中间惰轮等），齿根弯曲应力为对称循环变应力，其齿根弯曲疲劳极限应力仅为脉动循环时的70%，所以应将图中数值乘以0.7后再使用。

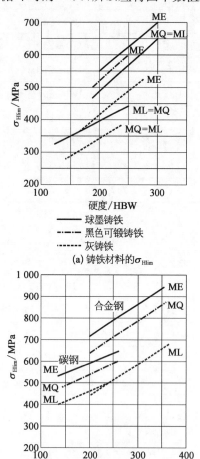

(a) 铸铁材料的σ_{Hlim}

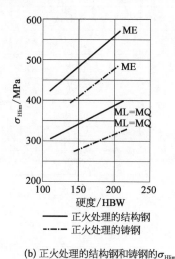

(b) 正火处理的结构钢和铸钢的σ_{Hlim}

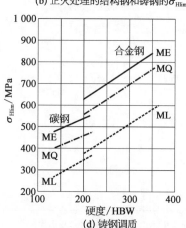

(c) 锻钢调质

(d) 铸钢调质

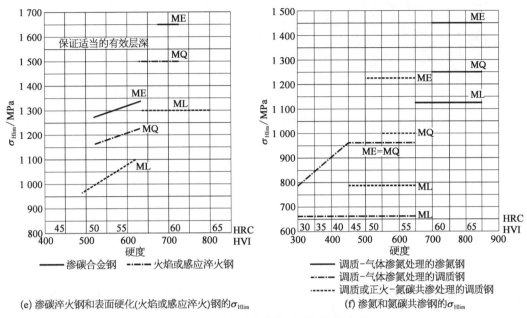

(e) 渗碳淬火钢和表面硬化(火焰或感应淬火)钢的σ_{Hlim}　　(f) 渗氮和氮碳共渗钢的σ_{Hlim}

图 5-6　轮齿接触疲劳强度极限应力图

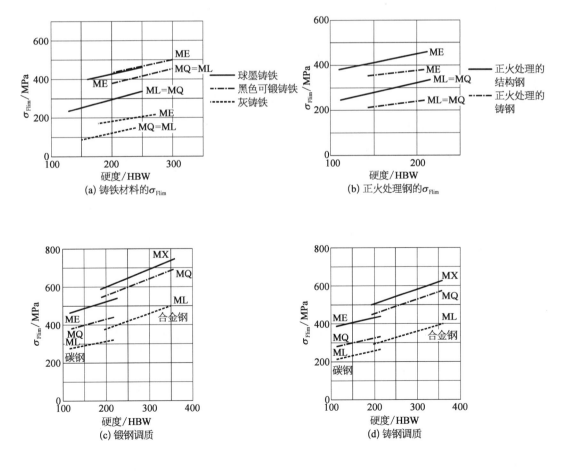

(a) 铸铁材料的σ_{Flim}

(b) 正火处理钢的σ_{Flim}

(c) 锻钢调质

(d) 铸钢调质

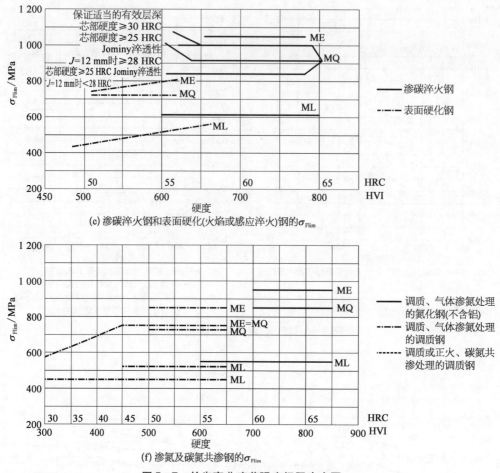

(c) 渗碳淬火钢和表面硬化(火焰或感应淬火)钢的 σ_{Flim}

(f) 渗氮及碳氮共渗钢的 σ_{Flim}

图 5-7　轮齿弯曲疲劳强度极限应力图

2) 齿轮传动的许用应力

齿轮接触疲劳强度极限 σ_{Hlim} 和弯曲疲劳强度极限 σ_{Flim} 是在规定的试验条件下确定的。当齿轮传动的实际工作条件与试验条件不同时,应对试验数据进行修正,式(5-1)、式(5-2)即为修正后实际齿轮的许用接触应力和许用弯曲应力:

$$[\sigma_H] = \frac{Z_{NT}\sigma_{Hlim}}{S_H} \tag{5-1}$$

$$[\sigma_F] = \frac{Y_{NT}Y_{ST}Y_X\sigma_{Flim}}{S_F} \tag{5-2}$$

式中　Z_{NT}、Y_{NT}——考虑应力循环次数对齿轮疲劳强度影响的系数,称为寿命系数,齿面接触疲劳寿命系数 Z_{NT} 可查图 5-8,齿根弯曲疲劳寿命系数 Y_{NT} 可查图 5-9;

　　　　Y_{ST}——试验齿轮的应力修正系数,按国家标准规定取 $Y_{ST} = 2.0$;

　　　　Y_X——弯曲强度尺寸系数,用以考虑轮齿尺寸增大使材料强度降低的影响,当齿轮模数 $m_n \leqslant 5$ mm 时,$Y_X = 1$,当 $m_n > 5$ mm 时,可参考有关设计资料确定 Y_X 值;

S_H——齿面接触疲劳强度安全系数,对于接触疲劳强度计算,点蚀破坏后虽然噪声、振动增大,但并不会立即造成危险的后果,故一般在可靠度要求下取 $S_H = 1 \sim 1.1$;

S_F——齿根弯曲疲劳强度安全系数,对于齿根弯曲疲劳强度的计算,因轮齿折断将立即引起严重事故,故取 $S_F = 1.25 \sim 1.6$;

σ_{Hlim}、σ_{Flim}——试验齿轮的接触疲劳强度极限和弯曲疲劳强度极限(MPa);

$[\sigma_H]$、$[\sigma_F]$——实际齿轮的许用接触应力和许用弯曲应力(MPa)。

在查图 5-8、图 5-9 时,需要按下式计算应力循环次数 N:

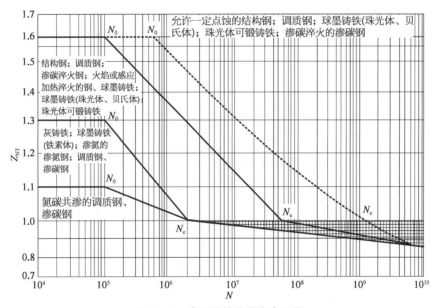

图 5-8　齿面接触疲劳寿命系数

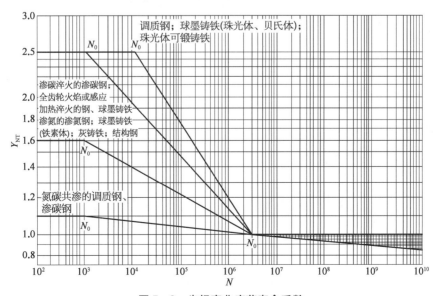

图 5-9　齿根弯曲疲劳寿命系数

$$N = 60njL_{\mathrm{h}} \tag{5-3}$$

式中 n——齿轮转速(r/min);

   j——齿轮每转一圈时同一齿面的啮合次数;

   L_{h}——齿轮的工作寿命(h)。

夹布塑料的接触疲劳许用应力 $[\sigma_{\mathrm{H}}] = 110\,\mathrm{MPa}$,弯曲疲劳许用应力 $[\sigma_{\mathrm{F}}] = 50\,\mathrm{MPa}$。

5.4 齿轮传动的计算载荷和载荷系数

5.4.1 计算载荷和载荷系数

为了简化分析,通常取沿齿面接触线单位长度上的平均载荷 p(单位:N/mm)进行计算,即

$$p = \frac{F_{\mathrm{n}}}{L} \tag{5-4}$$

式中 p——齿面接触线单位长度上的平均载荷(N/mm);

   F_{n}——作用于齿面接触线上的法向载荷(N);

   L——接触线长度(mm)。

根据齿轮传动的力学模型,按静力学条件并依据名义功率或名义转矩计算得到的稳定法向载荷 F_{n},称为名义载荷。因受原动机和工作机性能及齿轮制造与安装误差、齿轮及其支承件变形等因素的影响,实际传动中作用于齿轮上的法向载荷要比名义载荷大。此外,在同时啮合的齿对之间载荷的分配并不是均匀的,即使是在一对齿上,载荷也不可能沿接触线均匀分布。因此,在计算齿轮传动的强度时,应按接触线单位长度上的最大载荷即计算载荷 p_{ca}进行计算。计算载荷 p_{ca}可通过平均载荷 p乘以载荷系数 K 得到,即

$$p_{\mathrm{ca}} = Kp = \frac{KF_{\mathrm{n}}}{L} \tag{5-5}$$

式中 p_{ca}——计算载荷(N/mm);

   K——载荷系数。

5.4.2 载荷系数说明

载荷系数 K 中包括使用系数 K_{A}、动载系数 K_{v}、齿间载荷分配系数 K_{α} 及齿向载荷分布系数 K_{β},即

$$K = K_{\mathrm{A}} K_{\mathrm{v}} K_{\alpha} K_{\beta} \tag{5-6}$$

1) 使用系数 K_{A}

使用系数 K_{A}是考虑由于原动机和工作机的载荷变动、冲击、过载等外部因素对齿轮产生的附加动载影响的系数。K_{A}与原动机和工作机的特性、轴系的质量和刚度、联轴器的类型及运行状态有关。一般情况下,可参考表 5-2 选取 K_{A}值。

表 5‑2　使用系数 K_A

工作机及其工作特性		原动机及其工作特性			
		均匀平稳	轻微冲击	中等冲击	严重冲击
		电动机、匀速转动的汽轮机	蒸汽机、燃气轮机、液压装置	多缸内燃机	单缸内燃机
均匀平稳	发电机、均匀传送的带式输送机或板式输送机、螺旋输送机、轻型升降机、包装机、机床进给机构、通风机、均匀密度材料搅拌机等	1.00	1.10	1.25	1.50
轻微冲击	不均匀传送的带式输送机或板式输送机、机床的主传动机构、重型升降机、工业与矿用风机、重型离心机、变密度材料搅拌机等	1.25	1.35	1.50	1.75
中等冲击	橡胶挤压机、做间断工作的橡胶和塑料搅拌机、轻型球磨机、木工机械、钢坯初轧机、提升装置、单缸活塞泵等	1.50	1.60	1.75	2.00
严重冲击	挖掘机、重型球磨机、橡胶揉合机、破碎机、重型给水泵、旋转式钻探装置、压砖机、带材冷轧机、压坯机等	1.75	1.85	2.00	2.25 或更大

注：1. 表中所列 K_A 值仅适用于减速传动，若为增速传动，K_A 值建议取表中数值的 1.1 倍。
　　2. 当外部机械与齿轮装置间有挠性连接时，K_A 值可适当减小。

2）动载系数 K_v

动载系数 K_v 是考虑齿轮传动在啮合过程中，由于自身啮合误差所产生的内部附加动载荷影响的系数。齿轮的制造精度及圆周速度是影响动载系数 K_v 的主要因素。提高制造精度、减小齿轮直径以降低圆周速度、增加轮齿及支承件的刚度、对齿轮进行修缘（如图 5‑10 所示，即对齿顶的一小部分齿廓曲线进行适量修削）等，都能减小内部附加动载荷。

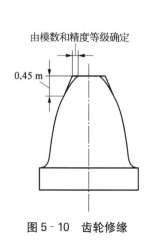

图 5‑10　齿轮修缘

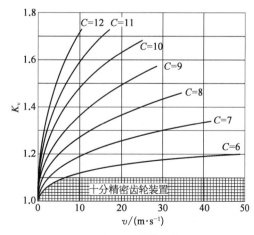

图 5‑11　动载系数

动载系数 K_v 值应通过实测或对有关影响因素进行全面的分析和计算来确定。对于一般圆柱齿轮传动的动载系数 K_v，可根据齿轮传动精度系数和节线圆周速度从图 5-11 中查取，图中曲线 $C=6\sim12$ 为齿轮传动精度系数，主要与齿轮的制造精度（单个齿距极限偏差 f_{pt}）有关。对于直齿圆锥齿轮传动，应按图 5-11 中低一级的精度线及锥齿轮平均分度圆处的圆周速度 v_m 来查取 K_v 值。

3）齿间载荷分配系数 K_α

齿轮传动的重合度总大于 1，说明在啮合过程中，部分时间内有两对以上轮齿同时啮合，为了考虑总载荷在各齿对间分配不均对齿轮强度的影响，引入齿间载荷分配系数 K_α 加以修正。在一般不需要进行精确计算时，直齿圆柱齿轮传动和 $\beta\leqslant30°$ 的斜齿圆柱齿轮传动可查表 5-3 来确定 K_α 值。表中，$K_{H\alpha}$ 为齿面接触疲劳强度计算用的齿间载荷分配系数，$K_{F\alpha}$ 为齿根弯曲疲劳强度计算用的齿间载荷分配系数。

表 5-3　齿间载荷分配系数 $K_{H\alpha}$、$K_{F\alpha}$

参　　　数		数　　　　值							
$K_A F_t/b$		$\geqslant100$ N/mm							<100 N/mm
精度等级Ⅱ组		5	6	7	8	9	10	11~12	5~12
经表面硬化的直齿轮	$K_{H\alpha}$	1.0		1.1	1.2			$\geqslant1.2$	
	$K_{F\alpha}$								
经表面硬化的斜齿轮	$K_{H\alpha}$	1.0	1.1	1.2	1.4			$\geqslant1.4$	
	$K_{F\alpha}$								
未经表面硬化的直齿轮	$K_{H\alpha}$	1.0			1.1	1.2		$\geqslant1.2$	
	$K_{F\alpha}$								
未经表面硬化的斜齿轮	$K_{H\alpha}$	1.0	1.1	1.2	1.4			$\geqslant1.4$	
	$K_{F\alpha}$								

注：1. 经修形的 6 级精度硬齿面斜齿轮，取 $K_{H\alpha}=K_{F\alpha}=1$。
　　2. 硬齿面和软齿面相啮合的齿轮副，齿间载荷分配系数取平均值。
　　3. 当小齿轮和大齿轮精度不同时，按精度等级较低的取值。
　　4. 本表也可用于灰铸铁和球墨铸铁齿轮的计算。

4）齿向载荷分布系数 K_β

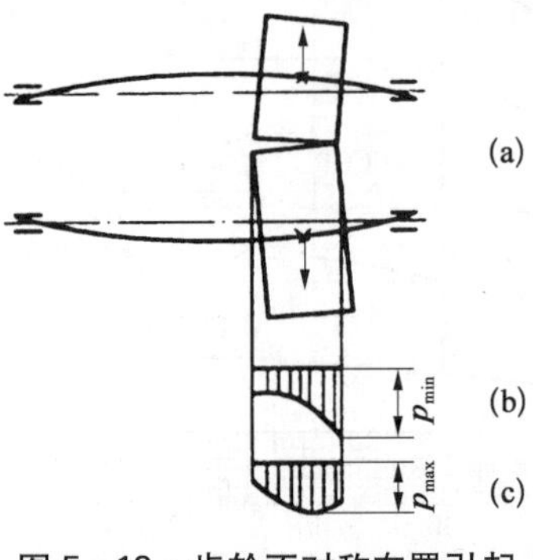

图 5-12　齿轮不对称布置引起载荷分布不均匀

齿向载荷分布系数又称为螺旋线载荷分布系数，是用来考虑沿齿宽方向载荷分布不均匀对齿面接触应力和齿根弯曲应力影响的系数。在齿轮制造中引起的齿向误差、齿轮及轴的弯曲和扭转变形、轴承和支座的变形及装配的误差等，将导致接触线上各接触点间接触应力的分布不均匀。例如，当齿轮在两轴承间不对称布置，如图 5-12a 所示，受载后因轴产生弯曲变形，轴上齿轮也就随之偏斜，致使作用在齿面上的载荷沿接触线分布不均匀（图 5-12b）。为此，在计算轮齿强度时，引入齿向载荷分布系数 K_β，用来考虑齿向载荷分布不均对轮齿强度的影响。

为了改善载荷沿接触线分布不均现象,可采取以下一些措施:
① 提高齿轮的制造和安装精度,减小齿向误差、两轴平行度误差等;② 增大轴、轴承及支座的刚度,合理布置齿轮在轴上的位置(尽量采用对称布置,避免悬臂布置);③ 适当限制轮齿的宽度;④ 沿齿宽方向进行齿侧修形;⑤ 将轮齿做成鼓形齿(图 5-13)。当轴产生弯曲变形而导致齿轮偏斜时,鼓形齿齿面上的载荷分布如图 5-12c所示,可缓解载荷过于偏于轮齿一端的状况,改善了载荷分布。

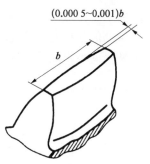

图 5-13　鼓形齿

$K_{H\beta}$ 为齿面接触疲劳强度计算用的齿向载荷分布系数,可通过实测确定或按国家标准规定的方法来计算。对于一般的工业用圆柱齿轮,若装配时经检验调整或对研跑合,则 $K_{H\beta}$ 可按下列简化计算公式确定,相关参数见表 5-4、表 5-5。若装配时不进行检验调整,则 $K_{H\beta}$ 的简化计算公式可按参考文献[12]推荐的确定。$K_{F\beta}$ 为齿根弯曲疲劳强度计算用的齿向载荷分布系数,简化计算时可取 $K_{F\beta}=K_{H\beta}$。

调质齿轮的 $K_{H\beta}$ 简化计算公式: $K_{H\beta}=a_1+a_2\left[1+a_3\left(\dfrac{b}{d_1}\right)^2\right]\left(\dfrac{b}{d_1}\right)^2+a_4 b$。

表 5-4　调质齿轮的 $K_{H\beta}$ 简化计算公式参数

精　度　等　级		a_1	a_2	a_3(齿轮在轴上的支承方式)			a_4
				对称布置	非对称布置	悬臂布置	
装配时检验调整或对研跑合	5	1.10	0.18	0	0.6	6.7	1.2×10^{-4}
	6	1.11					1.5×10^{-4}
	7	1.12					2.3×10^{-4}
	8	1.15					3.1×10^{-4}

硬齿面齿轮的 $K_{H\beta}$ 简化计算公式: $K_{H\beta}=a_1+a_2\left[1+a_3\left(\dfrac{b}{d_1}\right)^2\right]\left(\dfrac{b}{d_1}\right)^2+a_4 b$。

表 5-5　硬齿面齿轮的 $K_{H\beta}$ 简化计算公式参数

精度等级		a_1	a_2	a_3(齿轮在轴上的支承方式)			a_4
				对称布置	非对称布置	悬臂布置	
$K_{H\beta}\leqslant1.34$	5	1.05	0.26	0	0.6	6.7	1.0×10^{-4}
$K_{H\beta}>1.34$		0.99	0.31	0	0.6	6.7	1.2×10^{-4}
$K_{H\beta}\leqslant1.34$	6	1.05	0.26	0	0.6	6.7	1.6×10^{-4}
$K_{H\beta}>1.34$		1.00	0.31	0	0.6	6.7	1.9×10^{-4}

注:装配时检验调整或跑合;首先用 $K_{H\beta}\leqslant1.34$ 计算。

5.5　标准直齿圆柱齿轮传动的强度计算

5.5.1　齿轮的受力分析

为了简化计算过程,通常按齿轮分度圆柱面(即节圆柱面)上受力进行分析计算,并忽略齿面上摩擦力的影响,将作用在齿宽中点(即节点 P)的一个集中力(法向载荷)F_n 代表轮齿上全部的分布力。简化后,标准直齿圆柱齿轮传动的力分析模型如图 5-14 所示,图中 F_n 可分解为两个相互垂直的分力:圆周力 F_t 和径向力 F_r(单位:N),即

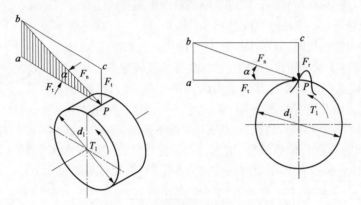

图 5-14　圆柱齿轮传动受力分析

$$F_{t1} = \frac{2T_1}{d_1} \left. \right\}$$
$$F_{r1} = \frac{F_{t1}}{\tan \alpha} \tag{5-7}$$
$$F_n = \frac{F_{t1}}{\cos \alpha}$$

式中　T_1——小齿轮传递的转矩(N·mm);

　　　d_1——小齿轮的分度圆直径(mm);

　　　α——压力角,$\alpha = 20°$。

作用于主、从动齿轮上的各对力大小相等,方向相反,即 $F_{t1} = -F_{t2}$,$F_{r1} = -F_{r2}$。主动轮所受圆周力是工作阻力,其方向与主动轮转向相反;从动轮所受的圆周力是驱动力,其方向与从动轮转向相同。外啮合时,径向力分别指向各轮中心;内啮合时,外齿轮径向力指向轮心,内齿轮径向力则背离轮心。

5.5.2　齿面接触疲劳强度计算

齿面接触疲劳强度计算的目的是防止发生齿面点蚀,其计算依据是 2.4 节中介绍的赫兹公式[式(2-28)]和接触疲劳强度条件[式(2-29)]。当将其用于直齿圆柱齿轮的啮合情况时,有轮齿的齿面接触疲劳强度条件为

$$\sigma_{Hmax} = \sqrt{\frac{F_{nca}}{\pi L} \cdot \frac{\dfrac{1}{\rho_1} \pm \dfrac{1}{\rho_2}}{\left(\dfrac{1-\mu_1^2}{E_1} + \dfrac{1-\mu_2^2}{E_2}\right)}} \leqslant [\sigma_H] \tag{5-8}$$

式中　F_{nca}——作用于轮齿上的法向计算载荷;

　　　L——轮齿接触线长度;

E_1、E_2——两个齿轮材料的弹性模量;

μ_1、μ_2——两个齿轮材料的泊松比;

ρ_1、ρ_2——啮合点处两个齿廓的曲率半径,其中"+"用于外啮合,"-"用于内啮合;

$[\sigma_H]$——齿面接触疲劳强度计算的许用接触应力。

由式(5-8)可知,在齿轮材料、轮齿的受力和轮齿接触线长度确定后,齿面接触疲劳强度主要与啮合点处两个齿廓的曲率半径有关。

令式(5-8)中 $\dfrac{1}{\rho_\Sigma}=\dfrac{1}{\rho_1}\pm\dfrac{1}{\rho_2}$,$\rho_\Sigma$ 称为综合曲率半径,$1/\rho_\Sigma$ 为综合曲率。在齿轮工作过程中,齿廓啮合点的位置是变化的,渐开线齿廓上各点的曲率半径也各不相同,因此各啮合点的综合曲率半径一般也不相等。图5-15给出了渐开线齿轮沿啮合线各点的综合曲率 $1/\rho_\Sigma$ 的变化情况和接触应力 σ_H 的变化情况。

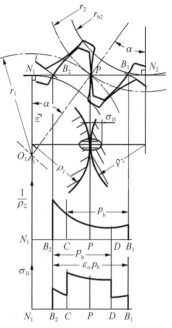

图 5-15　齿面的接触应力

对于端面重合度 $\varepsilon_\alpha\leqslant 2$ 的直齿圆柱齿轮传动,在双齿对啮合区(图5-15中的 B_2C 段、B_1D 段),载荷由两对齿承担,并且啮合点的综合曲率 $1/\rho_\Sigma$ 较大,故接触应力小于单齿对啮合区。在单齿对啮合区(图5-15中的 CD 段),全部载荷由一对齿承担,因而轮齿的载荷最大,此外啮合点的综合曲率 $1/\rho_\Sigma$ 较小,所以有较大的接触应力。虽然在单齿对啮合区中节点 P 处的接触应力不是最大值,但考虑到节点 P 处的综合曲率半径 ρ_Σ 确定较方便,并且实际工作中点蚀往往首先出现在靠近节线的齿根面上,所以通常取节点 P 作为齿面接触强度的计算点。

对于标准齿轮传动,在节点 P 处的法向计算载荷为

$$F_{nca}=KF_n=\frac{KF_t}{\cos\alpha}=\frac{2KT_1}{d_1\cos\alpha}$$

在节点 P 处的两轮齿廓的曲率半径为

$$\rho_1=\frac{1}{2}d_1\sin\alpha,\ \rho_2=\frac{1}{2}d_2\sin\alpha$$

所以节点 P 处的综合曲率为

$$\frac{1}{\rho_\Sigma}=\frac{1}{\rho_1}\pm\frac{1}{\rho_2}=\frac{\rho_2\pm\rho_1}{\rho_1\rho_2}=2\cdot\frac{d_2\sin\alpha\pm d_1\sin\alpha}{d_1\sin\alpha\, d_2\sin\alpha}=\frac{2}{d_1\sin\alpha}\cdot\frac{d_2/d_1\pm 1}{d_2/d_1}$$

令上式中 $d_2/d_1=z_2/z_1=u$,称 u 为齿数比,则节点 P 处的综合曲率为

$$\frac{1}{\rho_\Sigma}=\frac{1}{\rho_1}\pm\frac{1}{\rho_2}=\frac{2}{d_1\sin\alpha}\cdot\frac{u\pm 1}{u}$$

将节点 P 处的法向计算载荷、综合曲率代入式(5-8),并引入 Z_ε 以考虑重合度带来的影响,经整理后得

$$\sigma_H = \sqrt{\dfrac{1}{\pi\left(\dfrac{1-\mu_1^2}{E_1}+\dfrac{1-\mu_2^2}{E_2}\right)}} \cdot \sqrt{\dfrac{2}{\sin\alpha\cos\alpha}} \cdot Z_\varepsilon \cdot \sqrt{\dfrac{2KT_1}{bd_1^2}\cdot\dfrac{u\pm1}{u}} \leqslant [\sigma_H]$$

令 $Z_E = \sqrt{\dfrac{1}{\pi\left(\dfrac{1-\mu_1^2}{E_1}+\dfrac{1-\mu_2^2}{E_2}\right)}}$，$Z_H = \sqrt{\dfrac{2}{\sin\alpha\cos\alpha}}$，则得到直齿圆柱齿轮传动的齿面接触疲劳强度条件为

$$\sigma_H = Z_E Z_H Z_\varepsilon \sqrt{\dfrac{2KT_1}{bd_1^2}\cdot\dfrac{u\pm1}{u}} \leqslant [\sigma_H] \tag{5-9}$$

式中　Z_E——材料弹性系数（$\sqrt{\text{MPa}}$），对于常用齿轮材料的组合，其值可查表 5-6；

Z_H——节点区域系数，用来考虑节点处齿廓形状对接触应力的影响，对于标准齿轮传动（$\alpha=20°$），$Z_H=2.5$；

Z_ε——接触强度的重合度系数，可根据齿轮传动的重合度 ε_α，查图 5-16 确定，ε_α 由附表 1-2 公式计算或由齿数 z_1、z_2 查图 5-17 来确定；

b——齿轮的啮合宽度，常取为大齿轮的宽度（mm）。

表 5-6　材料弹性系数 Z_E　　　　　　　　　　　单位：$\sqrt{\text{MPa}}$

小齿轮材料	大齿轮材料			
	钢	铸钢	球墨铸铁	灰铸铁
钢	189.8	188.9	181.4	165.4
铸钢	—	188.0	180.5	161.4
球墨铸铁	—	—	173.9	156.6
灰铸铁	—	—	—	146.0

设齿宽系数 $\phi_d = b/d_1$，将 $b = \phi_d d_1$ 代入式（5-9），可得齿面接触疲劳强度的设计公式为

$$d_1 \geqslant \sqrt[3]{\dfrac{2KT_1}{\phi_d}\cdot\dfrac{u\pm1}{u}\left(\dfrac{Z_E Z_H Z_\varepsilon}{[\sigma_H]}\right)^2} \tag{5-10}$$

在齿面接触疲劳强度计算中，配对齿轮的接触应力是相等的。但两个齿轮的材料、热处理方法、齿面硬度及应力循环次数不同，因而许用接触应力 $[\sigma_{H1}]$ 和 $[\sigma_{H2}]$ 一般不相等。因此，在使用设计公式（5-10）或校核公式（5-9）时，应取 $[\sigma_{H1}]$ 和 $[\sigma_{H2}]$ 两者中的较小者代入计算，即取 $[\sigma_H] = \min\{[\sigma_{H1}], [\sigma_{H2}]\}$ 代入计算。

在采用设计公式（5-10）初步计算小齿轮的分度圆直径 d_1 时，由于齿轮的几何尺寸未确定，因此载荷系数中的动载系数 K_v、齿间载荷分配系数 $K_{H\alpha}$ 及齿向载荷分布系数 $K_{H\beta}$ 不能预先确定。此时可试选一个载荷系数 K_t（一般取 $K_t=1.2\sim1.6$），计算后得到一个初算后的分度圆直径 d_{1t}，再按 d_{1t} 确定有关的几何尺寸，从而确定动载系数 K_v、齿间载荷分配系数 $K_{H\alpha}$ 及齿向载荷分布系数 $K_{H\beta}$，计算载荷系数 K。若 K 与试选的 K_t 相差不大，则不需要修改原来的计算结果；若 K 与 K_t 相差较大，则应按式（5-11）对试算得到的分度圆直径 d_{1t} 进行修正：

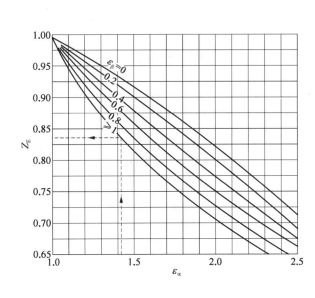

图 5-16　接触强度的重合度系数

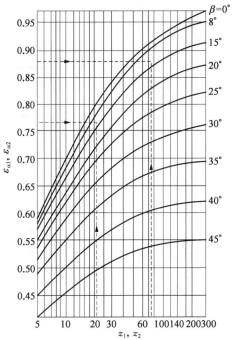

注：使用时按 z_1 和 β 查出 ε_{a1}，按 z_2 和 β 查出 ε_{a2}，$\varepsilon_a = \varepsilon_{a1} + \varepsilon_{a2}$

图 5-17　外啮合标准齿轮传动的端面重合度系数

$$d_1 = d_{1t} \sqrt[3]{\frac{K}{K_t}} \qquad (5-11)$$

由式(5-10)可知，在齿轮的齿宽系数、材料及传动比已选定的情况下，影响齿轮齿面接触疲劳强度的主要因素是小齿轮的分度圆直径。小齿轮分度圆直径越大，齿面的接触应力越小，齿轮的齿面接触疲劳强度越高。

5.5.3　齿根弯曲疲劳程度计算

齿根弯曲疲劳强度计算的目的是防止发生轮齿疲劳折断，其计算依据是限制齿根弯曲应力不大于齿轮材料的许用弯曲应力。

在进行齿根弯曲疲劳强度计算时，为使问题简化，通常假设齿轮轮缘的刚度很大，可将轮齿看成一个宽度为 b 的悬臂梁。

为了简化计算，对于一般制造精度(如 7、8、9 级精度)的齿轮传动，通常假设全部载荷作用于齿顶并仅由一对齿承担，如图 5-18a 所示。轮齿受载时，齿根处所受的弯矩最大，齿根处危险截面的位置可用 30°切线法确定：作与轮齿对称线成 30°角并与齿根过渡圆弧相切的两条切线，则过两个切点并平行于齿轮轴线的截面即为齿根危险截面，如图 5-18b 所示。

如图 5-18b 所示，作用于单位齿宽上齿顶的法向力 p_{ca} 可分解为相互垂直的两个分力：切向分力 $p_{ca}\cos\gamma$ 和径向分力 $p_{ca}\sin\gamma$。切向分力在齿根危险截面 AB 处产生弯曲正应力和弯曲切应力，径向分力产生压缩压应力。其中弯曲切应力和压缩压应力与弯曲正应力相比，对轮齿弯曲强度的影响很小，可以忽略，所以齿根弯曲疲劳强度计算时一般只考虑弯曲正应

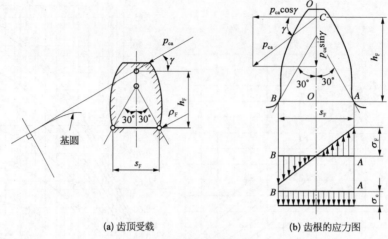

(a) 齿顶受载　　　　(b) 齿根的应力图

图 5-18　轮齿的弯曲应力

力。疲劳裂纹往往从齿根受拉一侧开始,由材料力学可得在此处单位齿宽上($b=1$)的弯曲应力为

$$\sigma_F = \frac{M}{W} = \frac{p_{ca}\cos\gamma \cdot h_F}{1 \times s_F^2/6} = \frac{2KT_1}{bd_1m} \cdot \frac{6(h_F/m)\cos\gamma}{(s_F/m)^2\cos\alpha}$$

式中　h_F——弯曲力臂(mm);

　　　s_F——危险截面厚度(mm);

　　　γ——齿顶载荷作用角(°)。

　　令

$$Y_{Fa} = \frac{6(h_F/m)\cos\gamma}{(s_F/m)^2\cos\alpha}$$

式中　Y_{Fa}——载荷作用于齿顶时的齿形系数,用以考虑齿廓形状对齿根弯曲应力 σ_F 的影响,是一个无量纲系数。

　　Y_{Fa} 与模数无关,而与对齿廓形状产生影响的参数(如 z、x、α 等)有关。对于标准齿轮,Y_{Fa} 值可根据齿数由表 5-7 查取。可知,齿轮齿数较多时,Y_{Fa} 的值较小,齿根弯曲应力会减小,可提高齿轮抗弯曲强度。将 Y_{Fa} 代入上式后,得齿根危险截面的弯曲应力为

$$\sigma_F = \frac{2KT_1}{bd_1m}Y_{Fa}$$

　　上式中的弯曲应力仅为理论弯曲应力,实际计算时还应考虑齿根处的过渡圆角引起的应力集中作用,以及弯曲切应力、压缩压应力对齿根应力的影响,因而用应力校正系数 Y_{Sa} 予以修正。此外,同样考虑重合度大于 1 的影响,并用弯曲强度的重合度系数 Y_ε 表示。所以得到齿根危险截面处的弯曲疲劳强度条件为

$$\sigma_F = \frac{2KT_1}{bd_1m}Y_{Fa}Y_{Sa}Y_\varepsilon \leqslant [\sigma_F] \tag{5-12}$$

　　将齿宽系数 $\phi_d = b/d_1$ 代入式(5-12),可得齿根弯曲疲劳强度的设计公式为

$$m \geqslant \sqrt[3]{\frac{2KT_1}{\phi_d z_1^2} \cdot \frac{Y_{Fa} Y_{Sa} Y_\varepsilon}{[\sigma_F]}} \qquad (5-13)$$

对于标准齿轮,式(5-12)和式(5-13)中的应力校正系数 Y_{Fa} 值可根据齿数由表 5-7 查取。重合度系数 Y_ε 根据重合度 ε_α 由式(5-14)确定:

$$Y_\varepsilon = 0.25 + \frac{0.75}{\varepsilon_\alpha} \qquad (5-14)$$

表 5-7　齿形系数 Y_{Fa} 及应力校正系数 Y_{Sa}

参　数	数　　　　　　值												
$z(z_v)$	17	18	19	20	21	22	23	24	25	26	27	28	29
Y_{Fa}	2.97	2.91	2.85	2.80	2.76	2.72	2.69	2.65	2.62	2.60	2.57	2.55	2.53
Y_{Sa}	1.52	1.53	1.54	1.55	1.56	1.57	1.575	1.58	1.59	1.595	1.60	1.61	1.62
$z(z_v)$	30	35	40	45	50	60	70	80	90	100	150	200	∞
Y_{Fa}	2.52	2.45	2.40	2.35	2.32	2.28	2.24	2.22	2.20	2.18	2.14	2.12	2.06
Y_{Sa}	1.625	1.65	1.67	1.68	1.70	1.73	1.75	1.77	1.78	1.79	1.83	1.865	1.97

注:基准齿形的参数为 $\alpha = 20$, $h_a^* = 1$, $c^* = 0.25$, 齿根过渡圆角半径 $\rho = 0.38m$(m 为齿轮模数)。

在齿根弯曲疲劳强度计算中,由于 $z_1 \neq z_2$, 配对齿轮的齿形系数 Y_{Fa}、应力校正系数 Y_{Sa} 均不相等,所以两轮的弯曲应力 $\sigma_{F1} \neq \sigma_{F2}$。此外,两轮的许用弯曲应力 $[\sigma_{F1}]$ 和 $[\sigma_{F2}]$ 也可能不相同,因而应分别校核两轮的齿根弯曲疲劳强度,在设计时则应取 $Y_{Fa1} Y_{Sa1} / [\sigma_{F1}]$ 与 $Y_{Fa2} Y_{Sa2} / [\sigma_{F2}]$ 中大值代入式(5-13)计算。

当用设计公式(5-13)初步计算 m 时,K 中 K_v、$K_{F\alpha}$ 和 $K_{F\beta}$ 不能预先确定,此时可初选 $K_t = 1.2 \sim 1.6$ 代入公式计算,得到 m_t 及 d_{1t},再查出 K_v、$K_{F\alpha}$ 和 $K_{F\beta}$,计算出 K,然后按式(5-15)校正 m_t:

$$m = m_t \sqrt[3]{\frac{K}{K_t}} \qquad (5-15)$$

由式(5-12)可知,在齿轮的齿宽系数、齿数及材料已选定的情况下,影响齿轮齿根弯曲疲劳强度的主要因素是齿轮的模数。模数越大,齿根部弯曲应力越小,齿轮的弯曲疲劳强度越高。

5.5.4　齿轮传动的主要参数和传动精度的选择

1) 齿轮传动主要参数的选择

(1) 压力角 α 的选择。对一般用途的齿轮传动,规定标准压力角 $\alpha = 20°$,航空用齿轮传动可取 $\alpha = 25°$。

(2) 齿数比 u。为了避免齿轮传动的尺寸过大,齿数比 u 不宜过大。对于一般减速传动,取 $u \leqslant 6 \sim 8$;对于开式传动或手动传动,有时 u 可达 $8 \sim 12$。当要求传动比大时,可以采用两级或多级齿轮传动。

(3) 小齿轮齿数 z_1。当分度圆直径 d_1 和传动比一定时,z_1 取多时,重合度 ε_α 增大,可改善传动的平稳性;同时齿数多,则模数小,齿顶圆直径小,可使齿间相对滑动减小,因此磨损小,胶合的危险性也会减小;此外,可降低齿高、减小齿轮毛坯尺寸、减小加工切削量,从而节省材料、降低成本。但是齿数增多模数减小会使轮齿的抗弯强度降低,因此在满足抗弯强度的条件下,宜取较多的齿数。

为了避免根切,标准直齿轮 $z_{min} \geqslant 17$,若允许轻微根切或采用变位齿轮,z_{min} 可以少到 14 或更少。

对于闭式软齿面齿轮传动,通常取 $z_1 = 20 \sim 40$。

对于闭式硬齿面和开式齿轮传动,模数不宜太小,在满足接触疲劳强度的前提下,为了避免传动尺寸过大,z_1 应取较小值,一般取 $z_1 = 17 \sim 20$。

在满足传动要求的前提下,应尽量使 z_1、z_2 互为质数,至少不要成整数比,以便分散和消除齿轮制造误差对传动的影响,以及使所有轮齿磨损均匀并有利于减小振动。此外,当齿数大于 100 时,为了便于加工,尽量不使齿数为质数。

(4) 模数 m。模数由强度计算确定,要求圆整为标准值(附表 1-1)。为了保证轮齿的抗弯强度,用于传递动力的齿轮,一般应使 $m \geqslant 2\ mm$。

(5) 齿宽系数 ϕ_d。由齿轮的强度计算公式可知,齿宽系数大,可使分度圆直径 d 减小,从而减小传动的中心距,并在一定程度上减轻包括箱体在内的整个传动装置的重量;但是齿宽越大,载荷沿齿宽分布不均的现象越严重,因此齿宽系数应取得适当。圆柱齿轮齿宽系数的荐用值见表 5-8。

表 5-8　圆柱齿轮的齿宽系数

参　数	装　置　状　况		
	小齿轮相对于两个支承进行对称布置	小齿轮相对于两个支承进行不对称布置	小齿轮进行悬臂布置
ϕ_d	0.9~1.4(1.2~1.9)	0.7~1.15(1.1~1.65)	0.4~0.6

注:1. 当大、小齿轮皆为硬齿面时,ϕ_d 取偏下限的数值;当皆为软齿面或仅大齿轮为软齿面时,ϕ_d 取偏上限的数值。
　　2. 括号内的数值用于人字齿轮,此时 b 为人字齿轮的总宽度。
　　3. 金属切削机床中的齿轮传动,若传递的功率不大,ϕ_d 可小到 0.2。
　　4. 非金属齿轮可取 $\phi_d \approx 0.5 \sim 1.2$。

根据 d_1 和 ϕ_d,可计算齿宽 $b(b = d_1\phi_d)$,计算结果应加以圆整,作为大齿轮的实际齿宽 b_2。小齿轮齿宽取 $b_1 = b_2 + (5 \sim 10)mm$,以便在安装时补偿误差保证接触线长度,并避免 $b_1 < b_2$ 时小齿轮在齿面硬度较低的大齿轮齿宽上形成压痕。

2) 齿轮精度的选择

《圆柱齿轮　精度制　第 1 部分:轮齿同侧齿面偏差的定义和允许值》(GB/T 10095.1—2008)对轮齿同侧齿面 11 项偏差规定了 13 个精度等级:0、1、…、12。其中 0 级精度最高;12 级精度最低;3~5 级为高精度等级;6~8 级为最常用的中精度等级;9 级为较低精度等级。齿轮副中两个齿轮的精度等级一般取成相同,也允许取成不相同。若两齿轮精度等级不同时,则按其中精度等级较低者确定齿轮副的精度等级。

齿轮精度等级的高低直接影响到齿轮传递运动的准确性、传动的平稳性和载荷分布的均匀性(如影响内部动载荷、齿间载荷分配与齿向载荷分布、润滑油膜的形成等),从而影响齿轮的振动和噪声。提高齿轮加工精度可以有效减少振动及噪声,但制造成本将大为提高。一般按工作机的要求和齿轮的圆周速度确定精度等级。表 5-9 列出了齿轮的圆周速度与精度等级的关系及应用举例。

表 5-9 齿轮传动精度等级及其应用举例

精度等级	圆周速度 $v/(\text{m}\cdot\text{s}^{-1})$			应 用
	直齿圆柱齿轮	斜齿圆柱齿轮	直齿圆锥齿轮	
6级	$\leqslant 15$	$\leqslant 30$	$\leqslant 9$	高速重载的齿轮,如飞机齿轮、汽车和机床中的重要齿轮、分度机构中的齿轮、高速减速器中的齿轮
7级	$\leqslant 10$	$\leqslant 15$	$\leqslant 8$	高速中载或中速重载的齿轮,如标准系列减速器中的齿轮,机床、汽车变速箱中的齿轮
8级	$\leqslant 5$	$\leqslant 10$	$\leqslant 4$	一般机械中对精度无特殊要求的齿轮,如机床、汽车、拖拉机中的一般齿轮,农机齿轮,起重机中的齿轮
9级	$\leqslant 2$	$\leqslant 4$	$\leqslant 1.5$	低速及对精度要求低的齿轮

例 5-1 试设计带式输送机的两级直齿圆柱齿轮减速器中的高速级齿轮传动。已知输入功率 $P=7.5\,\text{kW}$,小齿轮转速 $n_1=960\,\text{r/min}$,齿数比 $u=3.2$,电动机驱动,工作寿命 10 年,每年工作 300 d,两班制,工作平稳,齿轮转向不变。

解:计算过程见表 5-10。

表 5-10 带式输送机的两级直齿圆柱齿轮减速器中的高速级齿轮传动设计

设 计 项 目	设 计 依 据 及 内 容	设 计 结 果
(1) 选择齿轮材料、热处理方法、精度等级、齿数 z_1 与 z_2 及齿宽系数 ϕ_d	考虑到该减速器的功率一般,故小齿轮选用 45 钢调质处理,齿面硬度为 270 HBW,大齿轮选用 45 钢调质处理,齿面硬度为 230 HBW,闭式软齿面传动,载荷平稳,齿轮速度不高,初选 7 级精度 小齿轮齿数 $z_1=29$ 大齿轮齿数 $z_2=uz_1=3.2\times29=92.8$,$z_2=93$ $u=z_2/z_1=93/29=3.207$,实际传动比 $i=3.207$ 软齿面传动,非对称安装,查表 5-8,取齿宽系数 $\phi_\text{d}=0.9$	小齿轮 45 钢调质,齿面硬度为 270 HBW,大齿轮 45 钢调质,齿面硬度为 230 HBW,7 级精度 $z_1=29$ $z_2=93$ $u=3.207$ $\phi_\text{d}=0.9$
(2) 按齿面接触疲劳强度设计 ① 确定公式中各参数值 载荷系数 K_t 小齿轮传递的转矩 T_1 材料弹性系数 Z_E	由式(5-10),即 $$d_1\geqslant\sqrt[3]{\dfrac{2KT_1}{\phi_\text{d}}\cdot\dfrac{u\pm1}{u}\left(\dfrac{Z_\text{E}Z_\text{H}Z_\varepsilon}{[\sigma_\text{H}]}\right)^2}$$ 试选 $K_\text{t}=1.4$ $T_1=9.55\times10^6\dfrac{P}{n_1}=9.55\times10^6\dfrac{7.5}{960}(\text{N}\cdot\text{mm})$ 查表 5-6,得 $Z_\text{E}=189.8\sqrt{\text{MPa}}$	$K_\text{t}=1.4$ $T_1=7.641\times10^4\,\text{N}\cdot\text{mm}$ $Z_\text{E}=189.8\sqrt{\text{MPa}}$

（续表）

设 计 项 目	设 计 依 据 及 内 容	设 计 结 果
节点区域系数 Z_H 重合度系数 Z_ε	对于标准齿轮传动，得 $Z_H = 2.5$ 由 z_1、z_2，查图 5-17，得 $\varepsilon_{a1} = 0.835$，$\varepsilon_{a2} = 0.925$ $\varepsilon_a = \varepsilon_{a1} + \varepsilon_{a2} = 0.835 + 0.925 = 1.76$ 由 ε_a，查图 5-16，得 $Z_\varepsilon = 0.854$	$Z_H = 2.44$ $Z_\varepsilon = 0.854$
大、小齿轮的接触疲劳强度极限 σ_{Hlim1}、σ_{Hlim2} 应力循环次数 N_1、N_2	按齿面硬度，查图 5-6c，得 $\sigma_{Hlim1} = 650\ \mathrm{MPa}$，$\sigma_{Hlim2} = 540\ \mathrm{MPa}$ $N_1 = 60 n_1 j L_h$ $= 60 \times 960 \times 1 \times 10 \times 300 \times 16 = 2.765 \times 10^9$ $N_2 = N_1/u = 2.765 \times 10^9/3.207 = 8.622 \times 10^8$	$\sigma_{Hlim1} = 650\ \mathrm{MPa}$ $\sigma_{Hlim2} = 540\ \mathrm{MPa}$ $N_1 = 2.765 \times 10^9$ $N_2 = 8.622 \times 10^8$
接触疲劳寿命系数 K_{HN1}、K_{HN2}	查图 5-8，得 $K_{HN1} = 0.90$，$K_{HN2} = 0.95$	$K_{HN1} = 0.90$ $K_{HN2} = 0.95$
确定许用接触应力 $[\sigma_{H1}]$、$[\sigma_{H2}]$	取安全系数 $S_H = 1$ $[\sigma_{H1}] = K_{HN1}\sigma_{Hlim1}/S_H = 0.90 \times 650/1\,(\mathrm{MPa})$ $[\sigma_{H2}] = K_{HN2}\sigma_{Hlim2}/S_H = 0.95 \times 540/1\,(\mathrm{MPa})$ 取 $[\sigma_H] = [\sigma_{H2}]$，则 $[\sigma_H] = 513\ \mathrm{MPa}$	$S_H = 1$ $[\sigma_{H1}] = 585\ \mathrm{MPa}$ $[\sigma_{H2}] = 513\ \mathrm{MPa}$ $[\sigma_H] = 513\ \mathrm{MPa}$
② 设计计算 　试算小齿轮分度圆直径 d_{1t}	$d_{1t} \geqslant$ $\sqrt[3]{\dfrac{2 \times 1.4 \times 7.461 \times 10^4}{0.9} \times \dfrac{3.207+1}{3.207} \times \left(\dfrac{189.8 \times 2.5 \times 0.854}{513}\right)^2}\,(\mathrm{mm})$	$d_{1t} = 57.489\ \mathrm{mm}$
计算圆周速度 v 计算齿宽 b 计算载荷系数 K	$v = \dfrac{\pi d_{1t} n_1}{60 \times 1\,000} = \dfrac{\pi \times 57.489 \times 960}{60 \times 1\,000}\,(\mathrm{m/s})$ $b = \phi_d d_{1t} = 0.9 \times 57.489 = 51.74\,(\mathrm{mm})$ 查表 5-2，得使用系数 $K_A = 1$ 根据 $v = 2.89\ \mathrm{m/s}$，7 级精度，查图 5-11，得动载系数为 $K_v = 1.12$ $K_A F_t/b = 1 \times (2 \times 7.461 \times 10^4/57.489)/51.74$ $= 50.17\,(\mathrm{N/mm}) < 100\ \mathrm{N/mm}$ 由表 5-3，取 $K_{Ha} = K_{Fa} = 1.30$ 查表 5-4，得 $K_{H\beta} = 1.12 + 0.18\left[1 + 0.6\left(\dfrac{b}{d_1}\right)^2\right]\left(\dfrac{b}{d_1}\right)^2$ $\qquad + 2.3 \times 10^{-4} b$ $= 1.12 + 0.18 \times [1 + 0.6 \times 0.9^2] \times 0.9^2$ $\qquad + 2.3 \times 10^{-4} \times 51.74$ 取 $K_{F\beta} = K_{H\beta} = 1.349$，则 $K = K_A K_v K_{Ha} K_{H\beta}$ $= 1 \times 1.12 \times 1.30 \times 1.349 = 1.964$	$v = 2.89\ \mathrm{m/s}$ $b = 51.74\ \mathrm{mm}$ $K_A = 1$ $K_v = 1.12$ $K_{Ha} = K_{Fa} = 1.30$ $K_{F\beta} = 1.349$ $K_{H\beta} = 1.349$ $K = 1.964$
校正分度圆直径 d_1	由式（5-11），得 $d_1 = d_{1t}\sqrt[3]{K/K_t} = 57.489 \times \sqrt[3]{1.964/1.4}\,(\mathrm{mm})$	$d_1 = 64.356\ \mathrm{mm}$

（续表）

设 计 项 目	设 计 依 据 及 内 容	设 计 结 果
（3）计算齿轮传动的几何尺寸 ① 计算模数 m ② 两轮分度圆直径 d_1、d_2 ③ 传动中心距 a ④ 齿轮宽度 b_1、b_2 ⑤ 齿高 h	$m = d_1/z_1 = 64.356/29 = 2.219\text{(mm)}$ 查附表 1-1，按照标准取第一系列模数 $m = 2.5$ mm $d_1 = mz_1 = 2.5 \times 29\text{(mm)}$ $d_2 = mz_2 = 2.5 \times 93\text{(mm)}$ $a = m(z_1 + z_2)/2 = 2.5 \times (29+93)/2\text{(mm)}$ $b = \phi_d d_1 = 0.9 \times 72.5 = 65.25\text{(mm)}$ 取 $b_2 = 66$ mm，$b_1 = b + (5 \sim 10)$ mm $h = 2.25m = 2.25 \times 2\text{(mm)}$	$m = 2.5$ mm $d_1 = 72.5$ mm $d_2 = 232.5$ mm $a = 152.5$ mm $b_2 = 66$ mm $b_1 = 72$ mm $h = 5.625$ mm
（4）校核齿根弯曲疲劳强度 ① 确定公式中各参数值 计算许用弯曲应力 $[\sigma_{F1}]$、$[\sigma_{F2}]$ 计算载荷系数 K 齿形系数 Y_{Fa1}、Y_{Fa2} 和应力校正系数 Y_{Sa1}、Y_{Sa2} 计算大、小齿轮的 $Y_{Fa1}$$Y_{Sa1}/[\sigma_{F1}]$ 与 $Y_{Fa2}Y_{Sa2}/[\sigma_{F2}]$ 并加以比较，取其中大值代入公式计算 重合度系数 Y_ε ② 校核计算	由式（5-12）， $$\sigma_F = \frac{2KT_1}{bd_1 m} Y_{Fa} Y_{Sa} Y_\varepsilon \leqslant [\sigma_F]$$ 查图 5-7c，取 $$\sigma_{Flim1} = 480 \text{ MPa}$$ $$\sigma_{Flim2} = 420 \text{ MPa}$$ 查图 5-9，取 $$K_{FN1} = 0.88,\ K_{FN2} = 0.90$$ 取弯曲疲劳安全系数 $S_F = 1.4$，尺寸系数 $Y_x = 1$，得 $[\sigma_{F1}] = K_{FN1}Y_x\sigma_{Flim1}/S_F = 0.88 \times 1 \times 480/1.4\text{(MPa)}$ $[\sigma_{F2}] = K_{FN2}Y_x\sigma_{Flim2}/S_F = 0.90 \times 1 \times 420/1.4\text{(MPa)}$ $K = K_A K_v K_{H\alpha} K_{H\beta} = 1 \times 1.12 \times 1.30 \times 1.349 = 1.964$ 查表（5-7），得 $$Y_{Fa1} = 2.53,\ Y_{Fa2} = 2.19$$ $$Y_{Sa1} = 1.62,\ Y_{Sa2} = 1.785$$ $$\frac{Y_{Fa1}Y_{Sa1}}{[\sigma_{F1}]} = \frac{2.53 \times 1.62}{310.7} = 0.013\,19$$ $$\frac{Y_{Fa2}Y_{Sa2}}{[\sigma_{F2}]} = \frac{2.19 \times 1.785}{27} = 0.014\,47$$ 由前，将 $\varepsilon_\alpha = 1.76$ 代入式（5-14），得 $$Y_\varepsilon = 0.25 + \frac{0.75}{\varepsilon_\alpha} = 0.25 + \frac{0.75}{1.76} = 0.676$$ $\sigma_{F2} = \dfrac{2 \times 1.964 \times 7.461 \times 10^4}{66 \times 72.5 \times 2.5} \times 2.19 \times 1.785 \times 0.676$ $= 64.74\text{(MPa)} < [\sigma_{F2}]$	 $\sigma_{Flim1} = 480$ MPa $\sigma_{Flim2} = 420$ MPa $K_{FN1} = 0.88$ $K_{FN2} = 0.90$ $S_F = 1.4$ $[\sigma_{F1}] = 301.7$ MPa $[\sigma_{F2}] = 270$ MPa $K = 1.964$ $Y_{Fa1} = 2.53$ $Y_{Fa2} = 2.19$ $Y_{Sa1} = 1.62$ $Y_{Sa2} = 1.785$ 大齿轮的数值大，应按大齿轮校核齿根弯曲疲劳强度 $Y_\varepsilon = 0.676$ $\sigma_{F2} = 64.74$ MPa$<[\sigma_{F2}]$ 弯曲疲劳强度足够
（5）齿轮结构设计及绘制齿轮零件图	略	

5.6　标准斜齿圆柱齿轮传动的强度计算

斜齿圆柱齿轮传动的失效形式和设计准则与直齿圆柱齿轮传动相同,设计方法也大致相同,但需要考虑斜齿圆柱齿轮传动的特点对齿轮强度的影响。

5.6.1　轮齿的受力分析

标准斜齿圆柱齿轮受力分析的模型如图 5-19 所示。与直齿圆柱齿轮传动的受力分析一样,忽略齿面间的摩擦力,将作用于齿宽中点的法向力 F_n 代替作用于齿面上的分布力。F_n 可分解为三个相互垂直的分力:圆周力 F_t、径向力 F_r 和轴向力 F_a,各力的大小分别为

$$\left.\begin{aligned} F_{t1} &= \frac{2\,000T_1}{d_1} \\ F_{r1} &= F_{t1}\,\frac{\tan\alpha_n}{\cos\beta} \\ F_{a1} &= F_{t1}\tan\beta \\ F_n &= \frac{F_{t1}}{\cos\alpha_n\cos\beta} = \frac{2T_1}{d_1\cos\alpha_n\cos\beta} \end{aligned}\right\} \tag{5-16}$$

式中　α_n——法面压力角(°),标准齿轮 $\alpha_n = 20°$;

　　β——齿轮分度圆螺旋角(°);

　　T_1——主动轮传递的转矩(N·m);

　　d_1——小齿轮分度圆直径(m)。

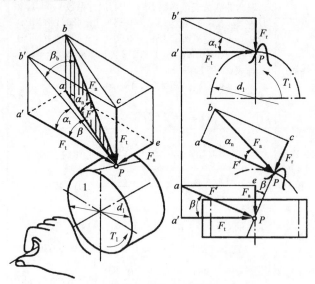

图 5-19　标准斜齿圆柱齿轮轮齿受力分析

作用于主、从动轮上的各对力大小相等、方向相反,即 $F_{t1} = -F_{t2}$,$F_{r1} = -F_{r2}$,$F_{a1} = -F_{a2}$。圆周力 F_t 和径向力 F_r 方向的判断与直齿轮相同。轴向力 F_{a1} 的方向取决于齿轮的回转方向和螺旋方向,通常对主动轮采用"左右手法则"来判断:主动轮左旋时用左手,右

旋时用右手,四指顺着齿轮转动方向握拳,大拇指展开伸直的方向即为主动轮轮齿所受轴向力 F_{a1} 的方向。

由式(5-16)可知,轮齿上的轴向力 F_a 与螺旋角 β 有关,β 越大,F_a 则越大。为了避免支承齿轮的轴承承受过大的轴向力,斜齿圆柱齿轮传动的螺旋角不宜选得过大,一般为 $\beta=8°\sim20°$。在人字齿轮传动中,轮齿上的两个轴向分力大小相等、方向相反、其合力为零。所以,人字齿轮传动可取较大的螺旋角,一般为 $\beta=20°\sim40°$。

斜齿圆柱齿轮传动的载荷系数仍为 $K=K_A K_V K_\alpha K_\beta$,各部分系数的确定方法同前。

5.6.2　齿面接触疲劳强度计算

斜齿圆柱齿轮传动的强度计算是按轮齿的法面进行分析的,即是按其当量直齿圆柱齿轮进行分析推导的,但与直齿圆柱齿轮传动相比应注意以下几点:

(1)节点处的曲率半径应在法面内计算,节点区域系数 Z_H 的计算公式也不同于标准直齿圆柱齿轮传动。

(2)斜齿圆柱齿轮啮合的接触线是倾斜的,有利于提高接触疲劳强度,故引进螺旋角系数 Z_β 以考虑其影响。

考虑以上不同点,由式(5-9)可导出斜齿圆柱齿轮传动齿面接触疲劳强度的校核公式:

$$\sigma_H = Z_H Z_E Z_\varepsilon Z_\beta \sqrt{\frac{2KT_1}{bd_1^2}\cdot\frac{u\pm1}{u}} \leqslant [\sigma_H] \qquad (5-17)$$

取 $\phi_d=b/d_1$ 代入式(5-17),可得齿面接触疲劳强度的设计公式:

$$d_1 \geqslant \sqrt[3]{\frac{2KT_1}{\phi_d}\cdot\frac{u\pm1}{u}\left(\frac{Z_H Z_E Z_\varepsilon Z_\beta}{[\sigma_H]}\right)^2} \qquad (5-18)$$

式中　Z_H——节点区域系数,对于标准齿轮传动,其值可根据螺旋角 β 从图5-20中查取;

　　　Z_ε——重合度系数,根据端面重合度 ε_α 和轴向重合度 $\varepsilon_\beta=b\sin\beta/(\pi m_n)$,从图5-16中查取;

　　　Z_β——接触强度的螺旋角系数,其值可根据螺旋角 β 从图5-21中查取。

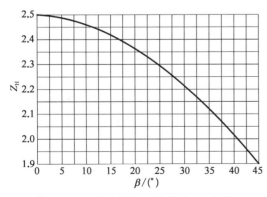

图5-20　节点区域系数 $Z_H(\alpha_n=20°)$

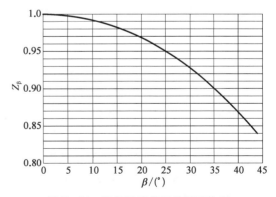

图5-21　接触强度的螺旋角系数 Z_β

由于斜齿轮啮合的接触线是倾斜的,故其齿面接触疲劳强度应同时取决于大、小齿轮,传动的许用接触应力可取 $[\sigma_H] = ([\sigma_{H1}] + [\sigma_{H2}])/2$(若$[\sigma_H] > 1.23[\sigma_{H2}]$,则取$[\sigma_H] = 1.23[\sigma_{H2}]$,$[\sigma_{H2}]$为较软齿面的许用接触应力)。

5.6.3 齿根弯曲疲劳强度计算

斜齿轮传动中轮齿的失效通常是局部折断,因啮合过程中接触线和危险截面的位置不断变化,若按局部折断进行弯曲强度计算相当困难。通常按其当量直齿圆柱齿轮进行近似计算,即在直齿圆柱齿轮弯曲强度校核公式(5-12)中,引入考虑螺旋角β等因素的螺旋角系数Y_β,可得斜齿圆柱齿轮传动齿根弯曲疲劳强度的校核公式:

$$\sigma_F = \frac{2KT_1}{bdm_n}Y_{Fa}Y_{Sa}Y_\varepsilon Y_\beta \leqslant [\sigma_F] \tag{5-19}$$

式中 Y_{Fa}、Y_{Sa}——齿形系数和应力校正系数,按斜齿轮的当量齿数 $z_v = z/\cos^3\beta$,查表5-7确定;

$\quad\quad Y_\varepsilon$——重合度系数,用式(5-14)计算,式中用当量齿轮的端面重合度 $\varepsilon_{\alpha n}$ 代入,$\varepsilon_{\alpha n} = \varepsilon_\alpha/(\cos^2\beta_b)$,$\beta_b$ 为基圆螺旋角,$\beta_b = \arccos[\sqrt{1 - (\sin\beta\cos\alpha_n)^2}]$;

$\quad\quad Y_\beta$——弯曲强度的螺旋角系数,其值可根据轴向重合度 $\varepsilon_\beta = b\sin\beta/(\pi m_n)$ 由图5-22查取。

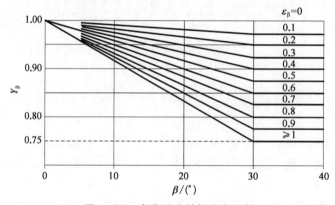

图 5-22 弯曲强度的螺旋角系数

将 $\phi_d = b/d_1$,$d_1 = m_n z_1/\cos\beta$ 代入式(5-19),整理后可得弯曲疲劳强度的设计公式:

$$m_n \geqslant \sqrt[3]{\frac{2KT_1\cos^2\beta Y_\varepsilon Y_\beta}{\phi_d z_1^2} \cdot \frac{Y_{Fa}Y_{Sa}}{[\sigma_F]}} \tag{5-20}$$

当用式(5-20)计算时,应取 $Y_{Fa1}Y_{Sa1}/[\sigma_{F1}]$ 与 $Y_{Fa2}Y_{Sa2}/[\sigma_{F2}]$ 两者中的大值代入。

由于 $z_v > z$,故斜齿圆柱齿轮的 Y_{Fa} 比直齿圆柱齿轮的小,还增加了小于1的 Y_β。比较式(5-12)与式(5-19)可知,在相同条件下,斜齿圆柱齿轮传动的齿根弯曲应力比直齿圆柱齿轮传动的小,其弯曲疲劳强度比直齿圆柱齿轮传动大。

例5-2 试设计螺旋输送机两级斜齿圆柱齿轮减速器中的高速级齿轮传动。已知输入功率 $P = 7.5$ kW,小齿轮转速 $n_1 = 960$ r/min,齿数比 $u = 3.2$,电动机驱动,工作寿命10年,每年工作 300 d,两班制,工作平稳,齿轮转向不变。

解:计算过程见表 5-11。

表 5-11 螺旋输送机两级斜齿圆柱齿轮减速器中的高速级齿轮传动设计

设 计 项 目	设 计 依 据 及 内 容	设 计 结 果
(1) 选择齿轮材料、热处理方法、精度等级、齿数 z_1 与 z_2、齿宽系数 ϕ_d,并初选螺旋角 β	考虑到该减速器的功率一般,故小齿轮选用 45 钢调质处理,齿面硬度为 270 HBW,大齿轮选用 45 钢调质处理,齿面硬度为 230 HBW,闭式软齿面传动,载荷平稳,齿轮速度不高,初选 7 级精度 　　小齿轮齿数 $z_1 = 29$ 　　大齿轮齿数 $z_2 = uz_1 = 3.2 \times 29 = 92.8$,$z_2 = 93$ 　　$u = z_2/z_1 = 93/29 = 3.207$,实际传动比 $i = 3.207$ 　　软齿面传动非对称安装查表 5-8,取齿宽系数 $\phi_d = 0.9$ 　　初选螺旋角 $\beta = 13°$	小齿轮选用 45 钢调质,齿面硬度为 270 HBW,大齿轮选用 45 钢调质处理,齿面硬度为 230 HBW,7 级精度 $z_1 = 29$ $z_2 = 93$ $u = 3.207$ $\phi_d = 0.9$ $\beta = 13°$
(2) 按齿面接触疲劳强度设计 ① 确定公式中各参数值	由式(5-18),即 $$d_1 \geqslant \sqrt[3]{\frac{2KT_1}{\phi_d} \cdot \frac{u \pm 1}{u} \left(\frac{Z_H Z_E Z_\varepsilon Z_\beta}{[\sigma_H]}\right)^2}$$	
载荷系数 K_t 小齿轮传递的转矩 T_1 材料系数 Z_E 节点区域系数 Z_H 重合度系数 Z_ε 螺旋角系数 Z_β 大、小齿轮的接触疲劳强度极限 σ_{Hlim1}、σ_{Hlim2} 应力循环次数 N_1、N_2	试选 $K_t = 1.4$ 同例 5-1 查表 5-6,得 $Z_E = 189.8 \sqrt{\text{MPa}}$ 对于标准斜齿轮传动,按 $\beta = 13°$,查图 5-20,得 $Z_H = 2.44$ 由 z_1、z_2,查图 5-17,得 $\varepsilon_{a1} = 0.825$,$\varepsilon_{a2} = 0.88$ 　　$\varepsilon_a = \varepsilon_{a1} + \varepsilon_{a2} = 0.825 + 0.88 = 1.705$ 轴向重合度暂取 $\varepsilon_\beta > 1$ 由 ε_a、ε_β,查图 5-16,得 $Z_\varepsilon = 0.758$ 查图 5-21,得 $Z_\beta = 0.986$ 按齿面硬度,查图 5-6c,得 　　$\sigma_{Hlim1} = 650$ MPa,$\sigma_{Hlim2} = 540$ MPa $N_1 = 60n_1jL_h$ 　　$= 60 \times 960 \times 1 \times 10 \times 300 \times 16 = 2.765$ $N_2 = N_1/u = 2.765 \times 10^9/3.207 = 8.622 \times 10^8$	$K_t = 1.4$ $T_1 = 7.641 \times 10^4$ N·mm $Z_E = 189.8 \sqrt{\text{MPa}}$ $Z_H = 2.44$ $Z_\varepsilon = 0.758$ $Z_\beta = 0.986$ $\sigma_{Hlim1} = 650$ MPa $\sigma_{Hlim2} = 540$ MPa $N_1 = 2.765 \times 10^9$ $N_2 = 8.622 \times 10^8$
接触疲劳寿命系数 K_{HN1}、K_{HN2}	查图 5-8,得 　　$K_{HN1} = 0.90$,$K_{HN2} = 0.95$	$K_{HN1} = 0.90$ $K_{HN2} = 0.95$
确定许用接触应力 $[\sigma_{H1}]$、$[\sigma_{H2}]$	取安全系数 $S_H = 1$ $[\sigma_{H1}] = K_{HN1}\sigma_{Hlim1}/S_H = 0.90 \times 650/1 (\text{MPa})$ $[\sigma_{H2}] = K_{HN2}\sigma_{Hlim2}/S_H = 0.95 \times 540/1 (\text{MPa})$ $[\sigma_H] = ([\sigma_{H1}] + [\sigma_{H2}])/2 = (585 + 513)/2$ 　　$= 549 (\text{MPa})$	$S_H = 1$ $[\sigma_{H1}] = 585$ MPa $[\sigma_{H2}] = 513$ MPa $[\sigma_H] = 549$ MPa

（续表）

设 计 项 目	设 计 依 据 及 内 容	设 计 结 果
② 设计计算 试算小齿轮分度圆直径 d_{1t}	$d_{1t} \geqslant \sqrt[3]{\dfrac{2 \times 1.4 \times 7.461 \times 10^4}{0.9} \times \dfrac{3.207+1}{3.207}} \times \left(\dfrac{189.8 \times 2.44 \times 0.758 \times 0.986}{549}\right)^2$ (mm)	$d_{1t} = 49.465$ mm
计算圆周速度 v	$v = \dfrac{\pi d_{1t} n_1}{60 \times 1\,000} = \dfrac{\pi \times 49.465 \times 960}{60 \times 1\,000}$ (m/s)	$v = 2.486$ m/s
计算齿宽 b	$b = \phi_d d_{1t} = 0.9 \times 49.465 = 44.519$ (mm)	$b = 44.519$ mm
计算载荷系数 K	查表 5-2,得使用系数 $K_A = 1$ 根据 $v = 2.48$ m/s、7 级精度,查图 5-11,得动载系数为 $K_v = 1.1$ $K_A F_t/b = l \times (2 \times 7.461 \times 10^4/49.465)/44.519$ $\quad = 67.76$ (N/mm) < 100 N/mm 由表 5-3,取 $K_{H\alpha} = K_{F\alpha} = 1.40$ 查表 5-4,得 $K_{H\beta} = 1.12 + 0.18\left[1 + 0.6\left(\dfrac{b}{d_1}\right)^2\right]\left(\dfrac{b}{d_1}\right)^2$ $\qquad + 2.3 \times 10^{-4} b$ $\quad = 1.12 + 0.18 \times [1 + 0.6 \times 0.9^2] \times 0.9^2$ $\qquad + 2.3 \times 10^{-4} \times 44.519$ 取 $K_{F\beta} = K_{H\beta} = 1.346$,则 $K = K_A K_V K_\alpha K_\beta = 1 \times 1.1 \times 1.4 \times 1.346$ $\quad = 2.073$	$K_A = 1$ $K_v = 1.1$ $K_{H\alpha} = K_{F\alpha} = 1.40$ $K_{H\beta} = 1.346$ $K_{F\beta} = 1.346$ $K = 2.073$
校正分度圆直径	由式(5-11),得 $d_1 = d_{1t}\sqrt[3]{K/K_t} = 49.465 \times \sqrt[3]{2.073/1.4}$ (mm)	$d_1 = 56.378$ mm
(3) 计算齿轮传动的几何尺寸 ① 计算模数 m	$m_n = d_1 \cos \beta/z_1 = 56.378 \cos 13°/29 = 1.894$ (mm) 查附表 1-1,按标准取第一系列模数 $m_n = 2$ mm	$m_n = 2$ mm
② 确定螺旋角 β	$a = \dfrac{m_n(z_1 + z_2)}{2\cos\beta} = \dfrac{2 \times (29 + 93)}{2 \times \cos 13°} = 125.2$ (mm) 取 $a = 125$ mm,$\cos\beta = \dfrac{m_n(z_1 + z_2)}{2a} = \dfrac{2 \times (29 + 93)}{2 \times 125} = 0.976$ $\qquad \beta = 12.578\,1° = 12°34'41''$	$a = 125$ mm $\beta = 12°34'41''$
③ 两轮分度圆直径 d_1、d_2	$d_1 = mz_1/\cos\beta = 2 \times 29/\cos 12°34'41''$ (mm) $d_2 = mz_2/\cos\beta = 2 \times 93/\cos 12°34'41''$ (mm)	$d_1 = 59.426$ mm $d_2 = 190.574$ mm
④ 传动中心距 a	$a = 125$ mm	$a = 125$ mm
⑤ 齿轮宽度 b_1、b_2	$b = \phi_d d_1 = 0.9 \times 59.426 = 53.48$ (mm) 取 $b_2 = 55$ mm,$b_1 = b + (5 \sim 10) = 60$ (mm)	$b_2 = 55$ mm $b_1 = 60$ mm
⑥ 齿高 h	$h = 2.25m = 2.25 \times 2$ (mm)	$h = 4.5$ mm

（续表）

设 计 项 目	设 计 依 据 及 内 容	设 计 结 果
（4）校核齿根弯曲疲劳强度 ① 确定公式中各参数值 大、小齿轮的弯曲疲劳强度极限 σ_{Flim1}、σ_{Flim2}	由式（5-19），得 $$\sigma_F = \frac{2KT_1}{bdm_n} Y_{Fa} Y_{Sa} Y_\varepsilon Y_\beta \leqslant [\sigma_F]$$ 同例5-1 $\qquad \sigma_{Flim1} = 480\ \text{MPa},\ \sigma_{Flim2} = 420\ \text{MPa}$	$\sigma_{Flim1} = 480\ \text{MPa}$ $\sigma_{Flim2} = 420\ \text{MPa}$
应力循环次数 N_1、N_2	同例5-1	$N_1 = 2.765 \times 10^9$ $N_2 = 8.622 \times 10^8$
弯曲疲劳寿命系数 K_{FN1}、K_{FN2}	同例5-1	$K_{FN1} = 0.88$ $K_{FN2} = 0.90$
计算许用弯曲应力 $[\sigma_{F1}]$、$[\sigma_{F2}]$	取弯曲疲劳安全系数 $S_F = 1.4$，尺寸系数 $Y_x = 1$，得 $\qquad [\sigma_{F1}] = K_{FN1} Y_x \sigma_{Flim1} / S_F$ $\qquad\qquad = 0.88 \times 1 \times 480 / 1.4\ (\text{MPa})$ $\qquad [\sigma_{F2}] = K_{FN2} Y_x \sigma_{Flim2} / S_F$ $\qquad\qquad = 0.90 \times 1 \times 420 / 1.4\ (\text{MPa})$	$S_F = 1.4,\ Y_{ST} = 2.0$ $[\sigma_{F1}] = 301.7\ \text{MPa}$ $[\sigma_{F2}] = 270\ \text{MPa}$
计算载荷系数 K	$K = K_A K_V K_\alpha K_\beta = l \times 1.1 \times 1.4 \times 1.227 = 1.89$	$K = 1.89$
齿形系数 Y_{Fa1}、Y_{Fa2} 和应力校正系数 Y_{Sa1}、Y_{Sa2}	根据当量齿数， $z_{v1} = z_1 / \cos^3\beta = 29 / \cos^3 12°34'41'' = 31.19$ $z_{v2} = z_2 / \cos^3\beta = 93 / \cos^3 12°34'41'' = 100.03$ 由表5-7，得 $Y_{Fa1} = 2.51$，$Y_{Fa2} = 2.18$，$Y_{Sa1} = 1.63$，$Y_{Sa2} = 1.79$	$Y_{Fa1} = 2.51,\ Y_{Fa2} = 2.18$ $Y_{Sa1} = 1.63,\ Y_{Sa2} = 1.79$
计算大、小齿轮的 $\dfrac{Y_{Fa} Y_{Sa}}{[\sigma_F]}$ 并加以比较	$$\frac{Y_{Fa1} Y_{Sa1}}{[\sigma_{F1}]} = \frac{2.51 \times 1.63}{314.31} = 0.0130$$ $$\frac{Y_{Fa2} Y_{Sa2}}{[\sigma_{F2}]} = \frac{2.18 \times 1.79}{257.1} = 0.0152$$	大齿轮的数值大，应按大齿轮校核齿根弯曲疲劳强度
重合度系数 Y_ε	端面重合度由 z_1、z_2，$\beta = 12°34'41''$，查图5-17，得 $\varepsilon_{\alpha1} = 0.82$，$\varepsilon_{\alpha2} = 0.88$，$\varepsilon_\alpha = \varepsilon_{\alpha1} + \varepsilon_{\alpha2} = 0.82 + 0.88 = 1.7$ $\beta_b = \arccos[\sqrt{1 - (\sin\beta\cos\alpha_n)^2}]$ $\quad = \arccos[\sqrt{1 - (\sin 12°34'41'' \cos 20°)^2}]$ $\quad = 11.8083° = 11°48'30''$ $\varepsilon_{\alpha n} = \dfrac{\varepsilon_\alpha}{\cos^2\beta_b} = \dfrac{1.7}{11°48'30''} = 1.774$ 由式（5-14），得 $$Y_\varepsilon = 0.25 + \frac{0.75}{\varepsilon_{\alpha n}} = 0.25 + \frac{0.75}{1.774} = 0.673$$	$Y_\varepsilon = 0.673$
螺旋角系数 Y_β	轴向重合度为 $$\varepsilon_\beta = \frac{b\sin\beta}{\pi m_n} = \frac{55 \times 12°34'41''}{\pi \times 2} = 0.673$$ 查图5-22，取 $Y_\beta = 0.89$	$Y_\beta = 0.89$
② 校核计算	$\sigma_{F2} = \dfrac{2 \times 2.073 \times 7.416 \times 10^4}{55 \times 59.426 \times 2} \times 2.18 \times 1.79$ $\qquad \times 0.673 \times 0.89 = 110.6\ (\text{MPa}) \leqslant [\sigma_{F2}]$	$\sigma_{F2} = 110.6\ \text{MPa} \leqslant [\sigma_{F2}]$ 弯曲疲劳强度足够

（续表）

设计项目	设计依据及内容	设计结果
（5）齿轮结构设计及绘制齿轮零件图	大齿轮：齿顶圆直径大于 160 mm 但小于 500 mm,故选用腹板式结构,结构尺寸按图 5-29 荐用公式计算,大齿轮零件工作图如图 5-23 所示 　　小齿轮结构设计略	图 5-23 为大齿轮的零件工作图

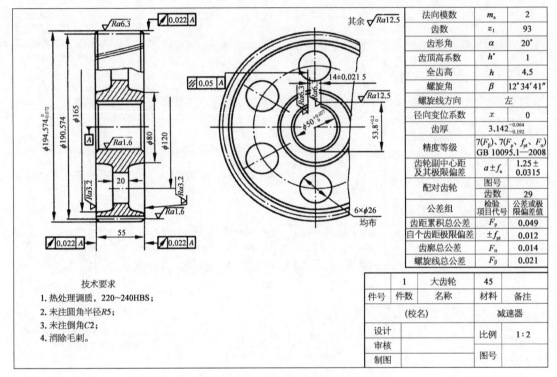

图 5-23　大齿轮零件工作图

比较例 5-1、例 5-2 的设计结果可知,在满足同样的工作要求和工作条件下,与直齿圆柱齿轮传动相比,斜齿圆柱齿轮传动的几何尺寸较小,结构更紧凑。

5.7　标准直齿圆锥齿轮传动的强度计算

5.7.1　强度当量齿轮传动及其几何尺寸计算

直齿圆锥齿轮传动,两轮轴线间夹角 Σ 可以是任意角,称为轴交角,其值可根据传动需要确定,一般多采用 $90°$。本节只讨论 $\Sigma = 90°$ 的标准直齿圆锥齿轮传动的强度计算问题。

直齿圆锥齿轮以大端参数为标准值,其轮齿沿齿宽方向各处截面大小不等,受力后不同截面的弹性变形不同,引起载荷分布不均,受力分析和强度计算都非常复杂。为了简化计算,强度计算时,以齿宽中点处当量齿轮(称为强度当量齿轮)为计算依据。将强度当量齿轮的参数代入直齿圆柱齿轮的强度计算公式,即可得到直齿圆锥齿轮的强度计算公式。直齿圆锥齿轮以大端参数为标准,如图 5‑24 所示,经推导可得强度当量齿轮的几何尺寸关系如下:

齿数比:$u = \dfrac{z_2}{z_1} = \dfrac{d_2}{d_1} = \cot\delta_1 = \tan\delta_2$

锥距:$R = \sqrt{\left(\dfrac{d_1}{2}\right)^2 + \left(\dfrac{d_2}{2}\right)^2}$

$\qquad = d_1\dfrac{\sqrt{u^2+1}}{2}$

齿宽系数:$\phi_R = b/R$,$\phi_R = 0.25 \sim 0.35$,
　　　　　常用 $\phi_R = 1/3$
齿宽中点直径:$d_m = d(1-0.5\phi_R)$
齿宽中点模数:$m_m = m(1-0.5\phi_R)$
当量齿轮分度圆直径:$d_v = d/\cos\delta$
当量齿数:$z_v = z/\cos\delta$
当量齿数比:$u_v = z_{v2}/z_{v1} = u^2$

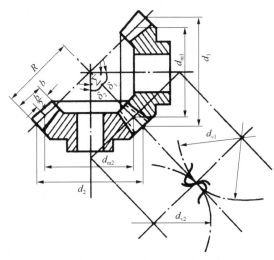

图 5‑24　直齿圆锥齿轮传动的几何参数

5.7.2　受力分析和载荷系数

1) 受力分析

忽略齿面摩擦力,并假设法向力 F_n 作用在分度圆锥面上齿宽中点处,如图 5‑25 所示。F_n 可分解为相互垂直的三个分力:圆周力 F_{t1}、径向力 F_{r1} 和轴向力 F_{a1}。各力的大小分别为

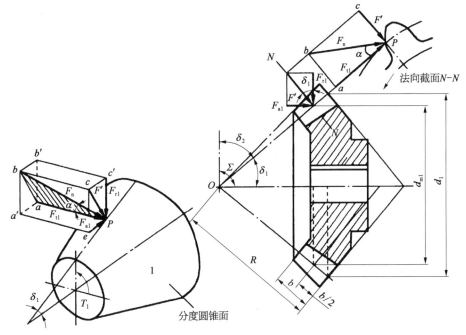

图 5‑25　直齿圆锥齿轮轮齿受力分析

$$
\left.\begin{aligned}
F_{t1} &= \frac{2T_1}{d_{m1}} = \frac{2T_1}{d_1(1 - 0.5\phi_R)} \\
F_{r1} &= F_t \tan\alpha\cos\delta_1 = F_{a2} \\
F_{a1} &= F_t \tan\alpha\sin\delta_1 = F_{r2} \\
F_n &= \frac{F_t}{\cos\alpha}
\end{aligned}\right\}
\tag{5-21}
$$

并有 $F_{t1} = -F_{t2}$，$F_{r1} = -F_{a2}$，$F_{a1} = -F_{r2}$，其中轴向力分别由各轮的小端指向大端，其他各力方向的判别同圆柱齿轮传动。

2）载荷系数

直齿圆锥齿轮传动的载荷系数为

$$
K = K_A K_V K_\beta \tag{5-22}
$$

其中，使用系数 K_A 查表 5-2；动载系数 K_V 按图 5-11 中低一级的精度线及齿宽中点的圆周速度 v_m 查取；齿向载荷分布系数按下式确定：

$$
K_{H\beta} = K_{F\beta} = 1.5 K_{H\beta be} \tag{5-23}
$$

式中　$K_{H\beta be}$——轴承系数，可由表 5-12 查取。

表 5-12　轴承系数 $K_{H\beta be}$

应　　用	小齿轮和大齿轮的支承情况		
	两轮均为两端支承	两轮均为悬臂支承	一轮两端支承，另一轮悬臂支承
工业用、船舶用	1.10	1.50	1.25
飞机、车辆	1.0	1.25	1.10

5.7.3　齿面接触疲劳强度计算

将强度当量齿轮的参数代入直齿圆柱齿轮传动齿面接触疲劳强度的校核公式(5-9)，忽略重合度的影响，经整理后得直齿圆锥齿轮传动齿面接触疲劳强度的校核公式：

$$
\sigma_H = Z_H Z_E \sqrt{\frac{4KT_1}{\phi_R(1 - 0.5\phi_R)^2 d_1^3 u}} \leqslant [\sigma_H] \tag{5-24}
$$

对于 $\alpha = 20°$ 的标准直齿圆锥齿轮传动，$Z_H = 2.5$，则式(5-24)变为

$$
\sigma_H = 5Z_E \sqrt{\frac{KT_1}{\phi_R(1 - 0.5\phi_R)^2 d_1^3 u}} \leqslant [\sigma_H] \tag{5-25}
$$

由式(5-25)可推得齿面接触疲劳强度的设计公式为

$$
d_1 \geqslant 2.92 \sqrt[3]{\left(\frac{Z_E}{[\sigma_H]}\right)^2 \frac{KT_1}{\phi_R(1 - 0.5\phi_R)^2 u}} \tag{5-26}
$$

其中各参数的含义和单位同前。

5.7.4　齿根弯曲疲劳强度计算

将强度当量齿轮的参数代入直齿圆柱齿轮传动齿根弯曲疲劳强度的校核公式(5-12)，忽略重合度的影响，经整理后同样可得直齿圆锥齿轮传动齿根弯曲疲劳强度的校核公式：

$$\sigma_F = \frac{4KT_1 Y_{Fa} Y_{Sa}}{\phi_R(1-0.5\phi_R)^2 m^3 z_1^2 \sqrt{u^2+1}} \leqslant [\sigma_F] \tag{5-27}$$

由式(5-27)可推得齿根弯曲疲劳强度的设计公式为

$$m \geqslant \sqrt[3]{\frac{4KT_1}{\phi_R(1-0.5\phi_R)^2 z_1^2 \sqrt{u^2+1}} \cdot \frac{Y_{Fa} Y_{Sa}}{[\sigma_F]}} \tag{5-28}$$

其中，Y_{Fa}、Y_{sa} 按当量齿数 $z_v/\cos\gamma$，查表 5-7；其余各参数的含义和单位同前。

5.8　齿　轮　的　结　构

通过齿轮传动的强度计算可以确定齿轮的主要参数，如齿数、模数、齿宽、螺旋角、分圆直径等，齿轮结构设计主要是确定齿轮的轮缘、轮毂及幅板等的结构形式和尺寸大小。结构设计通常要综合考虑齿轮的几何尺寸、毛坯、材料、使用要求、工艺性及经济性等因素，确定适合的结构形式，再按设计手册荐用的经验数据确定结构尺寸。

1) 齿轮轴

对于直径很小的钢制齿轮，当齿根圆到键槽底面的距离 e 很小，如圆柱齿轮 $e \leqslant 2m_t$（图 5-26a，m_t 为端面模数），圆锥齿轮的小端 $e \leqslant 1.6 m_t$（图 5-26b），为了保证轮毂键槽有足够的强度，应将齿轮与轴制成一体，称为齿轮轴，如图 5-27 所示。若 e 值超过上述尺寸，齿轮与轴以分开制造为宜。

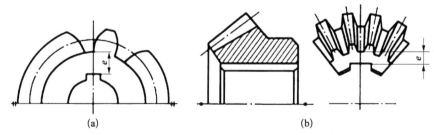

(a)　　　　　　　　　　　　(b)

图 5-26　齿轮结构尺寸

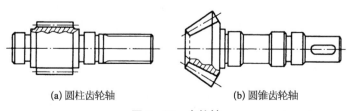

(a) 圆柱齿轮轴　　　(b) 圆锥齿轮轴

图 5-27　齿轮轴

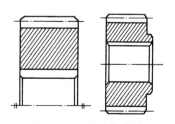

图 5-28　实心式齿轮

2) 实心式齿轮

当齿顶圆直径 $d_a \leqslant 160$ mm 或高速传动且要求低噪声时,可采用如图 5-28 所示的实心结构。实心式齿轮和齿轮轴可以用热轧型材或锻造毛坯加工。

3) 腹板式齿轮

当齿顶圆直径 $d_a \leqslant 500$ mm 时,可采用腹板式结构(图 5-29),以减轻重量和节约材料,腹板上开孔的数目按结构尺寸的大小及需要而定。

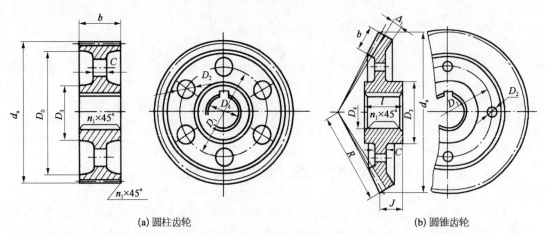

(a) 圆柱齿轮   **(b) 圆锥齿轮**

$D \approx (D_0 + D_3)/2$;$D_2 \approx (0.25 \sim 0.35)(D_0 - D_3)$;$D_3 \approx 1.6D_4$(钢材);$D_3 \approx 1.7D_4$(铸铁);$n_1 \approx 0.5m_n$;$r \approx 5$ mm
圆柱齿轮:$D_0 = d_a - (10 \sim 14)m_n$;$C \approx (0.2 \sim 0.3)b$
圆锥齿轮:$l \approx d_a - (1 \sim 1.2)D_4$;$C \approx (3 \sim 4)$ mm;尺寸 J 由结构设计而定;$\Delta_1 = (0.1 \sim 0.2)b$
常用齿轮的 C 值不应小于 10 mm;航空用齿轮可取 $C = 3 \sim 6$ mm

图 5-29　腹板式齿轮($d_a \leqslant 500$ mm)

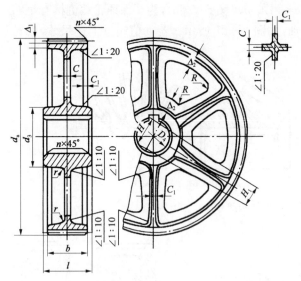

$b < 240$ mm;$D_3 \approx 1.6D_4$(钢材);$D_3 \approx 1.7D_4$(铸铁);
$\Delta_1 = (3 \sim 4)m_n$,但不应小于 8 mm;$\Delta_2 = (1 \sim 1.2)\Delta_1$,$H \approx 0.8D_4$(铸钢);$H \approx 0.9D_4$(铸铁);$H_1 \approx 0.8H$;$C \approx 0.2H$;$C_1 \approx 0.617H$;$R \approx 0.5H$;$1.5D_4 > l \geqslant b$;轮辐数常取为 6

图 5-30　轮辐式齿轮(400 mm$\leqslant d_a \leqslant$1 000 mm)

4) 轮辐式齿轮

当齿顶直径 400 mm $\leqslant d_a \leqslant$ 1 000 mm 时,可采用轮辐式结构。受锻造设备的限制,轮辐式齿轮多为铸造齿轮。轮辐剖面形状可采用椭圆形(轻载)、十字形(中载)、工字形(重载)等。图 5-30 是轮辐截面为十字形的轮辐式齿轮。

5) 组装齿圈式结构和焊接结构齿轮

为了节约贵重金属和解决工艺问题,对于尺寸较大的圆柱齿轮,可做成组装齿圈式结构,如图 5-31 所示。齿圈用钢制成,轮芯用铸铁或者铸钢,再将齿圈与轮芯用过盈配合或螺栓连接装配在一起。对于单件或小批量生产的大齿轮,还可以采用焊接结构,如图 5-32 所示。

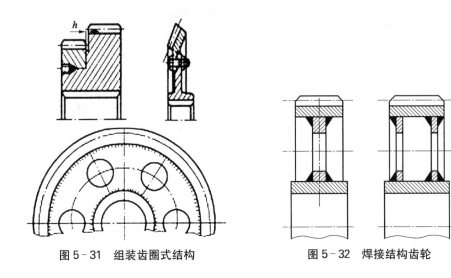

图 5‑31　组装齿圈式结构　　　　　图 5‑32　焊接结构齿轮

5.9　齿轮传动的润滑

　　设计齿轮传动时应考虑润滑问题,以避免金属直接接触,减小摩擦损失,散热及防止锈蚀等,从而改善工作条件,保证齿轮传动的预期工作寿命。

　　一般闭式齿轮传动的润滑方式根据齿轮圆周速度的大小而定。当 $v \leqslant 12$ m/s 时多采用油池浸油润滑(图 5‑33),大齿轮浸入油池一定深度,齿轮运转时就把润滑油带到啮合区,同时也甩到箱壁上,借以散热。齿轮浸入油中的深度可视齿轮圆周速度的大小而定,对圆柱齿轮通常不宜超过一个齿高,但一般也不应小于 10 mm;对于圆锥齿轮,应浸入全齿宽,至少应浸入齿宽的一半。在多级齿轮传动中,可采用带油轮将油带到未浸入油池内齿轮的齿面上。当 $v > 12$ m/s 时,常采用循环喷油润滑(图 5‑34),一般用油泵将润滑油直接喷到啮合区。对于开式及半开式齿轮传动,或速度较低的闭式齿轮传动,通常用人工周期性加油润滑,所用润滑剂为润滑油或润滑脂。

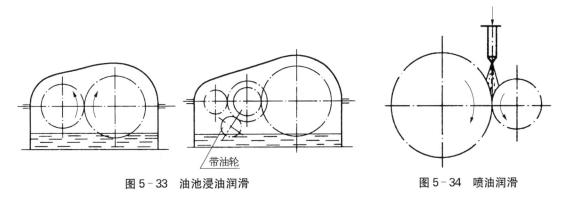

图 5‑33　油池浸油润滑　　　　　　　图 5‑34　喷油润滑

　　齿轮传动常用的润滑剂为润滑油或润滑脂,润滑油或润滑脂的牌号按表 5‑13 选取,润滑油的黏度按表 5‑14 选取。

表 5-13 齿轮传动常用的润滑剂

名　称	牌　号	运动黏度 $v_{40℃}/cSt$	应　用
全损耗系统用油 (GB 443—1989)	L-AN 46	41.4~50.6	适用于对润滑油无特殊要求的锭子、轴承、齿轮和其他低负荷机械等部件的润滑
	L-AN 68	61.2~74.8	
	L-AN 100	90.0~110.0	
工业闭式齿轮油 (GB 5903—2011)	L-CKB 100	90~110	适用于在轻载荷下运转的齿轮
	L-CKB 150	135~165	
	L-CKB 220	198~242	
	L-CKB 320	288~352	
	L-CKC 68	61.2~74.8	适用于保持正常或中等恒定油温和重载下运转的齿轮
	L-CKC 100	90~110	
	L-CKC 150	135~165	
	L-CKC 220	198~242	
	L-CKC 320	288~352	
	L-CKC 460	414~506	
	L-CKD 100	90~110	适用于在高的恒定油温和重载下运转的齿轮
	L-CKD 150	135~165	
	L-CKD 220	198~242	
	L-CKD 320	288~352	
	L-CKD 460	414~506	
	L-CKD 680	612~784	
普通开式齿轮油 (SH/T 0363—1998)	—	100	主要适用于开式齿轮、链条和钢丝绳的润滑
	68	60~75	
	100	90~100	
	150	135~165	
钙钠基润滑脂 (SH/T 0368—2003)	稠度等级 2	锥入度 250~290	适用于 80~100℃、有水分或较潮湿的环境中工作的齿轮传动,但不适用于低温工作情况
	稠度等级 3	锥入度 200~240	
石墨钙基润滑脂 (SH/T 0369—1992)	—	—	适用于起重机底盘的齿轮传动、开式齿轮传动、需耐潮湿处的齿轮传动

表 5-14　齿轮传动润滑油黏度荐用值

齿轮材料	强度极限 σ_B /MPa	圆周速度 v/(m·s^{-1})						
		<0.5	0.5~1	1~2.5	2.5~5	5~12.5	12.5~25	>25
		运动黏度 $v_{40℃}$/cSt						
塑料、铸铁、青铜	—	350	220	150	100	80	55	—
钢	450~1 000	500	350	220	150	100	80	55
	1 000~1 250	500	500	350	220	150	100	80
渗碳或表面 淬火的钢	1 250~1 580	900	500	500	350	220	150	100

注：1. 多级齿轮传动采用各级传动圆周速度的平均值来选取润滑油黏度。
　　2. 对于 $\sigma_B > 800$ MPa 的镍铬钢制齿轮(不渗碳)，润滑油黏度应取高一档的数值。

本章学习要点

(1) 熟悉齿轮传动的类型、特点和应用。

(2) 掌握齿轮传动的失效形式(轮齿折断、齿面点蚀、齿面胶合、齿面磨损、齿面塑性变形)和设计准则(闭式软齿面和硬齿面传动、开式传动)。

(3) 掌握齿轮常用材料及热处理方法的选择。

(4) 掌握齿轮传动的计算载荷及载荷系数的影响因素。

(5) 掌握各类齿轮传动的受力分析。

(6) 掌握圆柱齿轮传动的齿面接触疲劳强度和齿根弯曲疲劳强度的计算方法，掌握齿轮传动的设计步骤。

(7) 熟悉齿轮的结构类型及结构设计方法，了解齿轮传动的润滑方法。

通过本章学习，学习者在掌握上述主要知识点后，应能在不同的工况条件下正确设计齿轮传动。

思考与练习题

1. 问答题

5-1 齿轮传动常见的失效形式有哪些？闭式硬齿面、闭式软齿面和开式齿轮传动的设计计算准则分别是什么？

5-2 在不改变材料和尺寸的情况下，如何提高轮齿的抗折断能力？

5-3 齿面点蚀首先发生在轮齿上的什么部位？为什么？为防止点蚀可采取哪些措施？

5-4 计算齿轮强度时为什么要引入载荷系数 K？K 由哪几部分组成？影响各组成部分取值的因素有哪些？

5-5 圆柱齿轮传动中大齿轮和小齿轮的接触应力是否相等？若大、小齿轮的材料及热处理情况相同,则它们的许用接触应力是否相等?

5-6 试述小齿轮齿数 z_1 和齿宽系数 ϕ_d 对齿轮传动性能及承载能力的影响。

5-7 齿轮设计中为什么要使小齿轮硬度比大齿轮硬度高? 小齿轮宽度比大齿轮宽?

5-8 齿形系数与模数有关吗? 影响齿形系数的因素有哪些?

5-9 决定齿轮结构形式的主要因素有哪些? 常见的齿轮结构形式有哪几种? 它们分别适用于何种场合?

2. 填空题

5-10 齿轮传动的主要失效形式有_____。

5-11 根据发生机理的不同,轮齿折断可分为_____折断和_____折断。

5-12 开式齿轮传动的主要失效形式是_____。

5-13 齿面硬度 350 HBW 的闭式钢齿轮传动的主要失效形式是_____。

5-14 高速重载齿轮传动中,当润滑、散热不良时,除了轮齿折断、齿面点蚀外,还易发生的失效形式是_____。

5-15 制造硬齿面齿轮时,切齿应在热处理_____进行。

5-16 一对齿轮传动中,已知小齿轮齿数 $z_1=25$,大齿轮齿数 $z_2=78$,工作时小齿轮齿面接触应力_____大齿轮齿面接触应力。

5-17 标准直齿圆柱齿轮的齿数一定,当增大其模数时,齿形系数 Y_{Fa} 的值将_____。

5-18 其他条件相同,与单向运转的齿轮相比,双向运转齿轮的齿根弯曲疲劳强度较_____。

5-19 圆柱齿轮传动中,影响齿根弯曲疲劳强度的主要参数和几何尺寸是_____和齿宽。

5-20 一个标准直齿圆柱齿轮传动,已知小齿轮齿宽 $b_1=75$ mm,大齿轮齿宽 $b_2=70$ mm,齿宽系数 $\phi_d=0.7$,则小齿轮的分度圆直径 $d_1=$_____ mm。

3. 选择题

5-21 对齿面硬度≤350 HBS 的闭式钢齿轮传动,选取齿面硬度时,应使小齿轮的齿面硬度(　　)大齿轮的齿面硬度。

    A. 大于　　　　　　　B. 等于　　　　　　　C. 小于　　　　　　　D. 不大于

5-22 有一对软-硬齿面齿轮传动,小齿轮可采用(　　)制造。

    A. 20Cr 钢高频淬火　　　　　　　　B. 20Cr 钢渗碳淬火

    C. 20Cr 钢淬火　　　　　　　　　　D. 20Cr 钢表面淬火

5-23 齿轮传动中,计算齿面接触应力时的弹性系数 Z_E 的数值只与两轮的(　　)有关。

    A. 齿数　　　　　　B. 材料　　　　　　C. 模数　　　　　　D. 重合度

5-24 两轴交角 $\Sigma=90°$ 的标准直齿圆锥齿轮传动,工作时主动小齿轮轮齿所受的圆周力 $F_{t1}=1\,130$ N,径向力 $F_{r1}=380$ N,轴向力 $F_{a1}=146$ N,则大齿轮轮齿所受径向力 F_{r1} 为(　　)。

    A. 1 130 N　　　　　B. 380 N　　　　　C. 146 N　　　　　D. 526 N

4. 计算题

5-25 一个齿轮传动装置如图 5-35 所示,轮 1 为主动轮。已知 $z_1=20$,$z_2=40$,$z_3=25$,

$n_1 = 1\,000$ r/min。试确定：(1) 轮 1、轮 2 齿面接触应力和齿根弯曲应力的循环特性；(2) 若每天工作 16 h，每年工作 300 天，试计算 5 年中轮 1、轮 2 齿面接触应力和齿根弯曲应力的循环次数。

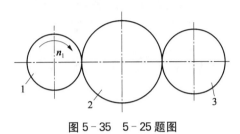

图 5-35　5-25 题图

5-26 一个标准直齿圆柱齿轮传动，已知 $z_1 = 32$，$z_2 = 108$，$m = 2$ mm，$n_2 = 200$ r/min，齿宽 $b_1 = b_2 = 60$ mm，齿轮材料为钢，许用接触应力 $[\sigma_{H1}] = 500$ MPa，$[\sigma_{H1}] = 420$ MPa。若载荷系数 $K = 1.4$，试按齿面接触疲劳强度确定齿轮传动所能传递的最大功率 P_1(kW)。

5-27 设计铣床中的一对直齿圆柱齿轮传动，已知功率 $P_1 = 7.5$ kW，小齿轮主动，转速 $n_1 = 1\,450$ r/min，齿数 $z_1 = 26$，$z_2 = 54$，双向传动，两班制，工作寿命为 5 年，每年 300 个工作日。小齿轮对轴承非对称布置，轴的刚性较大，工作中受轻微冲击，7 级精度。

5-28 一个两级斜齿圆柱齿轮减速器传递功率 $P = 40$ kW，高速级传动比 $i = 3.3$，高速轴转速 $n_1 = 1\,470$ r/min，电动机驱动，长期双向传动，载荷有中等冲击。试设计该减速器的高速级齿轮传动。

5-29 两级展开式斜齿圆柱齿轮减速器如图 5-36 所示。已知主动轮 1 为左旋，转向 n_1 如图所示，为使中间轴上两个齿轮所受轴向力互相抵消一部分，试在图中标出各齿轮的螺旋线方向，并在各齿轮分离体的啮合点处标出齿轮的轴向力 F_a、径向力 F_r 和圆周力 F_t 的方向。

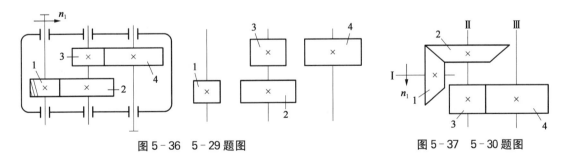

图 5-36　5-29 题图　　　　　图 5-37　5-30 题图

5-30 图 5-37 是一个圆锥-圆柱齿轮减速器，功率由 I 轴输入，III 轴输出，不计摩擦损失。已知直齿圆锥齿轮传动 $z_1 = 20$，$z_2 = 50$，$m = 5$ mm，齿宽 $b = 40$ mm；斜齿圆柱齿轮传动 $z_3 = 23$，$z_4 = 92$，$m_n = 6$ mm。为使 II 轴上两个齿轮所受轴向力方向相反并且大小相等，试确定齿轮 3 的旋向和斜齿轮 β 的螺旋角，并作出齿轮各啮合点处作用力的方向(用三个分力表示)。

第 6 章

蜗杆传动设计

6.1 概　述

6.1.1　蜗杆传动的特点

蜗杆传动用于传递空间交错两轴之间的运动和动力,可用于增速或减速传动,最常见的是蜗杆轴线与蜗轮轴线交错角 $\Sigma = 90°$ 的减速传动(即蜗杆为主动件),传动功率一般在 50 kW 以下(最大可达 1 000 kW 左右),齿面间相对滑动速度 v_s 在 15 m/s 以下(最高可达 35 m/s)。

蜗杆传动的主要优点如下:

(1) 单级传动的传动比大,结构紧凑,传递动力时,一般 $i = 8 \sim 100$(常用 15～50);传递运动或在分度机构中,i 可达 1 000。

(2) 振动、冲击和噪声均很小,传动较平稳。

(3) 可具有自锁性。

其主要缺点如下:

(1) 因传动时啮合齿面间相对滑动速度大,故摩擦损失大,效率低于齿轮传动,一般蜗杆传动 $\eta = 0.7 \sim 0.9$;当具有自锁性时,$\eta < 0.5$,所以不宜用于大功率传动(尤其在大传动比时)。

(2) 为了减轻齿面的磨损及防止胶合,蜗轮一般采用价格较高的减摩材料制造,故成本高。

(3) 对制造和安装误差很敏感,安装时对中心距的尺寸精度要求较高。

6.1.2　蜗杆传动的分类及应用

按蜗杆形状的不同,蜗杆传动可分为圆柱蜗杆传动、环面蜗杆传动和锥蜗杆传动三类,如图 6-1 所示。本章主要介绍应用较多的圆柱蜗杆传动。

6.1.2.1　圆柱蜗杆传动

按蜗杆齿廓形状可分为普通圆柱蜗杆传动和圆弧圆柱蜗杆传动。

1) 普通圆柱蜗杆传动

如图 6-1a 所示,普通圆柱蜗杆多用直母线刀刃的车刀在车床上切制,随刀具安装位置和所用刀具的变化,在垂直轴线的横截面可获得不同的齿廓形状,以下简单介绍三类蜗杆:

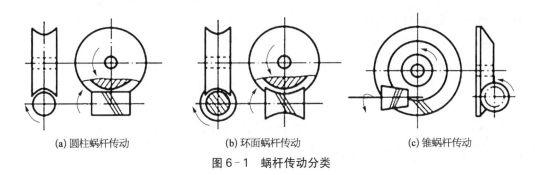

(a) 圆柱蜗杆传动　　　　　(b) 环面蜗杆传动　　　　　(c) 锥蜗杆传动

图 6-1　蜗杆传动分类

（1）阿基米德蜗杆（ZA）。这种蜗杆轴向齿廓为直线，法向齿廓为外凸弧线，端面齿廓为阿基米德螺旋线，如图 6-2a 所示。阿基米德蜗杆加工方便，应用较广泛，但在导程角大时加工困难，不易磨削，传动效率较低，齿面磨损较快，因此一般用于头数较少、载荷较小、转速较低或不太重要的传动中。

（2）法向直廓蜗杆（ZN）。这种蜗杆轴向齿廓为外凸弧线，法向齿廓为直线，蜗杆端面齿廓为延伸渐开线，如图 6-2b 所示。法向直廓蜗杆可用直母线砂轮磨齿，因此容易保证加工精度，效率较高，常用作机床的多头精密蜗杆传动。

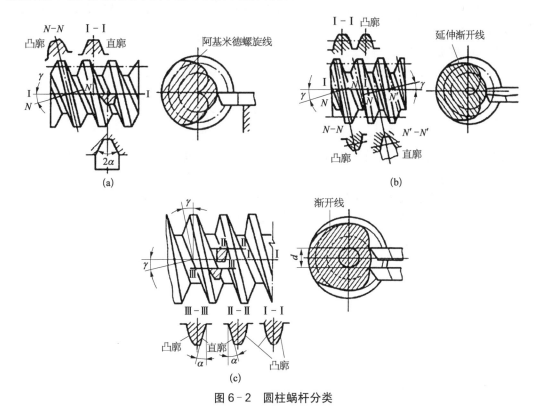

图 6-2　圆柱蜗杆分类

（3）渐开线蜗杆（ZI）。这种蜗杆轴向齿廓为外凸曲线，在切于基圆柱的剖面内，一侧齿廓为直线，另一侧为外凸曲线，蜗杆端面齿廓为渐开线，蜗杆齿面为渐开螺旋面，如图 6-2c所示。渐开线蜗杆可用平面砂轮磨削齿面，容易保证加工精度，可提高传动的抗胶合能力，但需要专用机床制造。一般用于头数较多(3 头以上)、转速较高和要求精密的传动中,如滚齿机、磨齿机等的多头精密蜗杆传动。

2) 圆弧圆柱蜗杆传动(ZC)

圆弧圆柱蜗杆传动是在普通圆柱蜗杆传动的基础上发展起来的,目前应用较多的是轴向圆弧圆柱蜗杆传动(图 6-3),多采用变位蜗杆传动。该蜗杆的轴向齿廓为凹圆弧形,蜗轮的端面齿廓为凸圆弧形。与普通圆柱蜗杆传动相比,圆弧圆柱蜗杆传动的优点如下:① 传动效率高(一般达 90% 以上);② 承载能力高,一般情况下约为普通圆柱蜗杆传动的 1.5~2.5 倍;③ 体积小、质量小,结构紧凑。适用于重载、高速、要求精密的传动,在冶金、矿山、化工、建筑、起重等机械设备的减速装置中已得到广泛应用。圆弧圆柱蜗杆传动的缺点是传动中心距难调整,传动质量对中心距误差的敏感性较强。

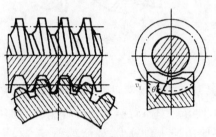

图 6-3　圆弧圆柱蜗杆

6.1.2.2　环面蜗杆传动

如图 6-1b 所示,环面蜗杆传动的特点是蜗杆体在轴向的外形是以凹圆弧为母线所形成的旋转曲面,蜗杆的节弧沿蜗轮的节圆包着蜗轮,所以称为环面蜗杆传动。这种蜗杆传动同时啮合齿数多、承载能力高,传动平稳;齿面利于润滑油膜形成,传动效率较高,但制造和安装精度要求高。

6.1.2.3　锥蜗杆传动

如图 6-1c 所示,蜗杆轮齿由在节锥上分布的等导程的螺旋形成,故称为锥蜗杆;蜗轮在外观上就像一个曲线齿锥齿轮,它是用与锥蜗杆相似的锥滚刀在普通滚齿机上加工而成的,故称为锥蜗轮。锥蜗杆传动的特点如下:同时接触的点数较多,重合度大;传动比范围大(一般为 10~358);承载能力强,效率较高;侧隙便于控制和调整;可节约有色金属;制造安装简便,工艺性好。但由于结构上的原因,传动具有不对称性,因而正反转时受力不同,导致承载能力和效率也不同。

此外,按蜗杆螺旋线方向的不同,有左旋和右旋蜗杆之分,一般采用右旋蜗杆;按蜗杆头数不同,有单头蜗杆和多头蜗杆之分。

6.1.3　蜗杆传动的滑动速度

在蜗杆传动中,蜗杆与蜗轮的啮合齿面间会产生很大的齿向相对滑动速度 v_s(图 6-4):

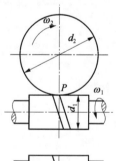

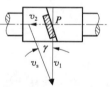

$$v_s = \frac{v_1}{\cos \gamma} = \frac{\pi d_1 n_1}{60 \times 1\,000 \cos \gamma} \qquad (6-1)$$

式中　v_1——蜗杆分度圆的圆周速度(m/s);

　　　d_1——蜗杆分度圆直径(mm);

　　　n_1——蜗杆转速(r/min);

　　　γ——蜗杆导程角,$\tan \gamma = z_1 m / d_1$,$z_1$ 为蜗杆头数,m 为蜗杆模数。

图 6-4　蜗杆传动的滑动速度

6.1.4　蜗杆传动的传动效率

闭式蜗杆传动的功率损耗包括啮合摩擦损耗、轴承摩擦损耗及搅油损耗三部分。因此，其总效率为

$$\eta = \eta_1 \eta_2 \eta_3 \tag{6-2}$$

式中　η_1——啮合效率；

　　　η_2——轴承效率；

　　　η_3——搅油效率。

因为 $\eta_2 = 0.99$(对于滚动轴承)，而 η_3 为 $0.98 \sim 0.99$，故对于设计正确的蜗杆传动，可认为 $\eta = \eta_1$。蜗杆传动类似于螺旋传动，当蜗杆主动时，则

$$\eta_1 = \frac{\tan \gamma}{\tan(\gamma + \varphi_v)} \tag{6-3}$$

式中　γ——蜗杆的导程角，它是影响啮合效率的主要因素；

　　　φ_v——当量摩擦角，$\varphi_v = \arctan f_v$，f_v 为当量摩擦系数，与蜗杆、蜗轮的材料及滑动速度 v_s 有关，f_v、φ_v 的值可查表 6-1。

在润滑良好的条件下，滑动速度 v_s 有助于润滑油膜的形成，从而降低 f_v 值，提高啮合效率。

综上可知，蜗杆传动的效率主要取决于啮合效率；而影响啮合效率的主要因素是蜗杆的导程角 γ，其次是传动的匹配材料、润滑状态、接触表面的表面粗糙度及相对滑动速度 v_s。

设计之初，先估取传动效率 η，以便近似求出蜗轮轴上的转矩及 T_2，η 的经验数据见表 6-2。

表 6-1　普通圆柱蜗杆传动的当量摩擦因子 f_v 和当量摩擦角 φ_v

滑动速度 $v_s/(\text{m} \cdot \text{s}^{-1})$	蜗轮材料									
	锡青铜				铝青铜		灰铸铁			
	蜗杆齿面硬度									
	≥45HRC		其他		≥45HRC		≥45HRC		其他	
	f_v[①]	φ_v[①]	f_v	φ_v	f_v[①]	φ_v[①]	f_v[①]	φ_v[①]	f_v	φ_v
0.05	0.090	5°09′	0.100	3°43′	0.140	7°58′	0.140	7°58′	0.160	9°05′
0.10	0.080	4°34′	0.090	5°09′	0.130	7°24′	0.130	7°24′	0.140	7°58′
0.25	0.065	3°43′	0.075	4°17′	0.100	5°43′	0.100	5°43′	0.120	6°51′
0.50	0.055	3°09′	0.065	3°43′	0.090	5°09′	0.090	5°09′	0.100	5°43′
1.0	0.045	2°35′	0.055	3°09′	0.070	4°00′	0.070	4°00′	0.090	5°09′
1.5	0.040	2°17′	0.050	2°52′	0.065	3°43′	0.065	3°43′	0.080	4°34′
2.0	0.035	2°00′	0.045	2°35′	0.055	3°09′	0.055	3°09′	0.070	4°00′
2.5	0.030	1°43′	0.040	2°17′	0.050	2°52′				

（续表）

滑动速度 $v_s/(\text{m} \cdot \text{s}^{-1})$	蜗 轮 材 料									
	锡青铜				铝青铜		灰铸铁			
	蜗杆齿面硬度									
	≥45HRC		其他		≥45HRC		≥45HRC		其他	
	$f_v^{①}$	$\varphi_v^{①}$	f_v	φ_v	$f_v^{①}$	$\varphi_v^{①}$	$f_v^{①}$	$\varphi_v^{①}$	f_v	φ_v
3.0	0.028	1°36′	0.035	2°00′	0.045	2°35′				
4	0.024	1°22′	0.031	1°47′	0.040	2°17′				
5	0.022	1°16′	0.029	1°40′	0.035	2°00′				
8	0.018	1°02′	0.026	1°29′	0.030	1°43′				
10	0.016	0°55′	0.024	1°22′						
15	0.014	0°48′	0.020	1°09′						
24	0.013	0°45′								

注：① 列内值对应蜗杆齿面粗糙度轮廓算术平均偏差 Ra 为 $1.6 \sim 0.4\ \mu\text{m}$，经过仔细跑合、正确安装，并采用黏度合适的润滑油进行充分润滑时的情况。

表 6‑2 普通圆柱蜗杆传动的传动效率 η 预估值

参 数	数 据			
蜗杆头数 z_1	1	2	3	4
总效率 η	$0.7 \sim 0.75$	$0.75 \sim 0.82$	$0.82 \sim 0.87$	$0.87 \sim 0.92$

6.2 蜗杆传动的失效形式、设计准则和材料选择

6.2.1 蜗杆传动的失效形式和设计准则

蜗杆传动的失效形式与齿轮传动基本相同，主要有轮齿的点蚀、弯曲折断、磨损及胶合失效等。由于蜗杆传动啮合齿面间的相对滑动速度大、效率低、发热量大，故更易发生磨损和胶合失效。而蜗轮在材料的强度或结构方面均比蜗杆弱，所以失效多发生在蜗轮轮齿上，设计时一般只需对蜗轮进行承载能力计算。

由于胶合和磨损的计算目前尚无较完善的方法和数据，而滑动速度和接触应力的增大将会加剧胶合和磨损，为了防止胶合和减缓磨损，除选用减摩性好的配对材料和保证良好的润滑外，还应限制其接触应力。

综上所述，蜗杆传动的设计准则为：开式蜗杆传动以保证蜗轮齿根弯曲疲劳强度进行设计；闭式蜗杆传动以保证蜗轮齿面接触疲劳强度进行设计，校核齿根弯曲疲劳强度；此外，因闭式蜗杆传动散热较困难，故需要进行热平衡计算；当蜗杆轴细长且支承跨距大时，还应进

行蜗杆轴的刚度校核。

6.2.2 蜗杆传动的材料选择

由蜗杆传动的失效形式可知,制造蜗杆副的组合材料应具有足够的强度和良好的跑合性、减摩性、耐磨性和抗胶合能力。故蜗杆一般用碳钢或合金钢制造,并经过热处理提高其齿面硬度。常用材料见表 6-3。

表 6-3 蜗 杆 材 料

材　　料	热　处　理	硬　　　度	齿面粗糙度	使　用　条　件
15CrMn、20Cr、20CrMnTi、20MnVB	渗碳淬火	58~63HRC	$Ra1.6~0.4\ \mu m$	高速重载,载荷变化大
45、40Cr、42SiMn、40CrNi	表面淬火	45~55HRC	$Ra1.6~0.4\ \mu m$	高速重载,载荷稳定
45、40	调质	≤270HBW	$Ra6.3~1.6\ \mu m$	一般用途

蜗轮齿圈应采用耐磨性好、抗胶合能力强的材料,常用的有以下几种:

(1) 铸造锡青铜。因其耐磨性最好,抗胶合能力也好,易加工,故用于重要传动,允许的滑动速度 v_s 可达 25 m/s,但价格昂贵。常用的有 ZCuSn10Pb1、ZCuSn5Pb5Zn5。其中后者常用于 $v_s < 12$ m/s 的传动。

(2) 铸造铝青铜。其特点是强度较高且价格便宜,其他性能均不及锡青铜好,一般用于 $v_s < 4$ m/s 的传动。常用的有 ZCuAl10Fe3、ZCuAl10Fe3Mn2 等。

(3) 灰铸铁。其各项性能远不如前面两类材料,但价格低,适用于滑动速度 $v_s < 2$ m/s 的低速且对效率要求不高的一般传动。

一般情况下,可根据滑动速度 v_s 来选择蜗轮材料。

6.3 蜗杆传动的精度选择、侧隙规定、蜗杆和蜗轮的结构

6.3.1 蜗杆传动的精度选择和侧隙规定

《圆柱蜗杆、蜗轮精度》(GB/T 10089—2018)对蜗杆、蜗轮和蜗杆传动规定了 12 个精度等级,第 1 级精度最高,第 12 级精度最低。5~6 级精度的蜗杆用于蜗轮的圆周速度大于 5 m/s 或运动准确性要求较高的场合,如机床的分度机构、发动机的调节系统及武器读数装置的传动等。机械制造中,蜗杆传动最常用的精度等级为 7~9 级,其应用条件见表 6-4。

按蜗杆传动最小法向侧隙的大小,将侧隙种类分为 a、b、c、d、e、f、g、h 八种。最小法向侧隙值以 a 为最大,其他依次减小,h 为零。侧隙种类与精度等级无关,可根据蜗杆传动的使用场合选定。选定侧隙种类后,查有关设计手册可知蜗杆、蜗轮的齿厚公差。设计蜗杆传动时,应先选定传动的精度和侧隙。

表 6-4 普通圆柱蜗杆传动常用精度等级及其应用

精度等级	蜗轮分度圆圆周 速度 $v_2/(\text{m} \cdot \text{s}^{-1})$	应 用
6	>5	速度较高的精密传动、中等精密的机床分度机构、发动机中调速器传动
7	<7.5	速度较高的中等功率传动、中等精度的工业运输机传动、一般中速减速机
8	$\leqslant 3$	速度较低或短时间工作的动力传动、一般不太重要的传动
9	$\leqslant 1.5$	不重要的低速传动或手动、间歇工作、开式传动

6.3.2 蜗杆的结构

蜗杆一般与轴做成一体(图 6-5),只在个别情况下($d_{f1}/d_0 \geqslant 1.7$ 时)才采用蜗杆齿圈配合于轴上。车制蜗杆应设置退刀槽,轴的直径 $d_0 = d_{f1} - (2 \sim 4)$ mm,如图 6-5a 所示;铣制蜗杆无退刀槽,如图 6-5b 所示,轴的直径 d_0 可大于蜗杆齿根圆直径 d_{f1},所以其刚度比车制蜗杆大。

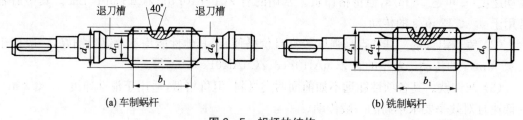

(a) 车制蜗杆　　　　　　　　　　　　(b) 铣制蜗杆

图 6-5 蜗杆的结构

6.3.3 蜗轮的结构

蜗轮的结构可分为整体式和组合式,如图 6-6 所示。整体式蜗轮适用于小尺寸的青铜蜗轮($d_2 < 100$ mm)及任意尺寸的铸铁蜗轮,如图 6-6a 所示。其他情况一般用组合式结构,

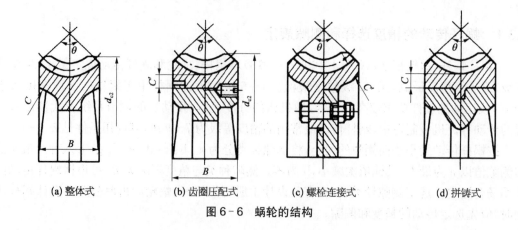

(a) 整体式　　　(b) 齿圈压配式　　　(c) 螺栓连接式　　　(d) 拼铸式

图 6-6 蜗轮的结构

以节省贵重金属,它又分为以下几种:

(1)齿圈压配式蜗轮。如图 6-6b 所示,青铜齿圈用过盈配合(H7/s6、H7/r6)压装在铸钢的轮芯上,并在接缝处装置 4～5 个螺钉,以提高连接的可靠性。应注意轴向力的方向尽量与装配时齿圈压入的方向相一致,适用于中等尺寸及工作温度变化较小的蜗轮。

(2)螺栓连接式蜗轮。如图 6-6c 所示,用铰制孔用螺栓连接齿圈和轮芯,螺栓数量按抗剪切强度计算确定,并以齿圈受挤压校核齿圈材料,许用挤压应力 $[\sigma_P]=0.3\sigma_S$(σ_S 为齿圈材料的屈服点),适用于大尺寸蜗轮。

(3)拼铸式蜗轮。如图 6-6d 所示,将青铜齿圈铸注在铸铁轮芯上,然后切齿,适用于中等尺寸、批量生产的蜗轮。

6.4 蜗杆传动的强度计算和蜗杆的刚度校核

6.4.1 蜗杆传动的受力分析

蜗杆传动的受力分析沿用斜齿圆柱齿轮传动受力分析的方法,为简化分析,暂不考虑摩擦力,但由于蜗杆传动的啮合摩擦损失大,最后应计入啮合效率 η_1(或传动效率 η)以考虑摩擦损失。

如图 6-7 所示,设法向力 F_n 集中作用在节点 P 处,F_n 可分解为三个正交力——圆周力、轴向力和径向力,蜗杆上分别为 F_{t1}、F_{a1}、F_{r1},而蜗轮上分别为 F_{t2}、F_{a2}、F_{r2}。因蜗杆轴与蜗轮轴的轴交角为 90°,由力的作用与反作用原理可知,$F_{t1}=-F_{a2}$,$F_{t2}=-F_{a1}$,$F_{r1}=-F_{r2}$。各力大小为

$$\left.\begin{aligned}
&F_{t1}=F_{a2}=\frac{2T_1}{d_1}\\[2mm]
&F_{t2}=F_{a1}=\frac{2T_2}{d_2}\\[2mm]
&F_{r2}=F_{r1}=F_{t2}\tan\alpha\\[2mm]
&T_2=i\eta T_1\\[2mm]
&F_n=\frac{F_{t2}}{\cos\alpha_n\cos\gamma}=\frac{2T_2}{d_2\cos\alpha_n\cos\gamma}
\end{aligned}\right\} \tag{6-4}$$

式中 T_1、T_2——蜗杆、蜗轮的转矩(N·mm)。

蜗杆上圆周力、径向力和蜗轮上径向力方向的判别方法同直齿圆柱齿轮传动;蜗杆上轴向力的方向取决于其螺旋线的旋向和蜗杆转向,按"主动轮左(右)手法则"确定;蜗轮上圆周力、轴向力的方向分别与蜗杆上轴向力、圆周力方向相反。蜗轮转向则与 F_{t2} 方向一致。

6.4.2 蜗轮齿面接触疲劳强度计算

蜗轮齿面接触疲劳强度计算的目的是限制接触应力 σ_H,以防止点蚀或胶合。

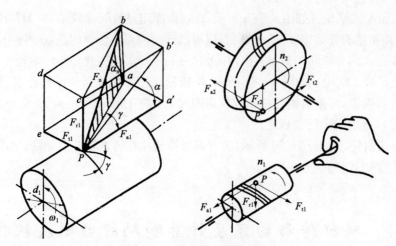

图 6-7　蜗杆传动的受力分析

在中间平面内,蜗杆传动近似于斜齿轮与斜齿条的传动,故蜗轮齿面接触疲劳强度计算可依据赫兹接触应力公式仿照斜齿轮的分析方法进行。由于阿基米德蜗杆具有直线齿廓,$\rho_1 \to \infty$,故节点处的综合曲率半径 $\rho = \rho_1 \rho_1 / (\rho_1 + \rho_1) \approx d_2 \sin\alpha / (2\cos\gamma)$。将 ρ 和其他相应参数代入式(5-8),整理后可得蜗轮齿面接触疲劳强度的校核公式为

$$\sigma_{\mathrm{H}} = 3.25 Z_{\mathrm{E}} \sqrt{\frac{KT_2}{d_1 d_2^2}} = 3.25 Z_{\mathrm{E}} \sqrt{\frac{KT_2}{m^2 d_1 z_2^2}} \leqslant [\sigma_{\mathrm{H}}] \qquad (6\text{-}5)$$

由此,可推得设计公式为

$$m^2 d_1 \geqslant KT_2 \left(\frac{3.25 Z_{\mathrm{E}}}{[\sigma_{\mathrm{H}}] z_2}\right)^2 \qquad (6\text{-}6)$$

其中,K 为载荷系数,用于考虑工作情况、动载荷情况和载荷分布情况影响。$K = K_{\mathrm{A}} K_{\mathrm{v}} K_{\beta}$,其中 K_{A} 为使用系数,见表 6-5。K_{v} 为动载系数,由于蜗杆传动比较平稳,所以 K_{v} 较小,当蜗轮圆周速度 $v \leqslant 3 \mathrm{~m/s}$ 时,$K_{\mathrm{v}} = 1.0 \sim 1.1$;当 $v > 3 \mathrm{~m/s}$ 时,$K_{\mathrm{v}} = 1.1 \sim 1.2$。$K_{\beta}$ 为齿向载荷分布系数,载荷平稳时,$K_{\beta} = 1$;载荷变化大或有冲击、振动时,$K_{\beta} = 1.1 \sim 1.3$。Z_{E} 为材料系数,见表 6-6。$[\sigma_{\mathrm{H}}]$ 为蜗轮材料的许用接触应力(MPa)。

表 6-5　使用系数 K_{A}

原　动　机	工　作　特　点		
	平稳	中等冲击	严重冲击
电动机、汽轮机	0.8~1.25	0.9~1.5	1.0~1.75
多缸内燃机	0.9~1.5	1.0~1.75	1.25~2.0
单缸内燃机	1.0~1.75	1.25~2.0	1.5~2.25

注:表中小值用于间断工作,大值用于连续工作。

表 6-6　材料系数 Z_E　　　　　　　　　　单位：$\sqrt{\text{MPa}}$

蜗杆材料	蜗轮材料			
	铸锡青铜	铸铝青铜	灰铸铁	球墨铸铁
钢	155.0	156.0	162.0	181.4
球墨铸铁	—	—	156.6	173.9

蜗轮的失效形式因其材料的强度和性能的不同而不同,故许用接触应力的确定方法也不相同,通常分为以下两种情况:

(1) 蜗轮材料为锡青铜($\sigma_b < 300$ MPa)。 因其良好的抗胶合性能,故传动的承载能力取决于蜗轮的接触疲劳强度,许用接触应力$[\sigma_H]$与应力循环次数 N 有关:

$$[\sigma_H] = Z_N[\sigma_{0H}] \tag{6-7}$$

式中　$[\sigma_{0H}]$——锡青铜的基本许用接触应力,为应力循环次数 $N = 10^7$ 时的数值(MPa),见
　　　　　　表 6-7;

　　　Z_N——接触疲劳强度寿命系数,由应力循环次数 N 查图 6-8 确定,$N = 60 n_2 t$,其
　　　　　　中 t 为总的工作时间(h),n_2 为蜗轮转速(r/min);

　　　$[\sigma_H]$——蜗轮材料的许用接触应力(MPa)。

表 6-7　锡青铜蜗轮的基本许用接触应力　　　　　　　　　　单位：MPa

蜗轮材料	铸造方法	适用的滑动速度 $v_s/(\text{m} \cdot \text{s}^{-1})$	力学性能		蜗杆齿面硬度	
			$\sigma_{0.2}$	σ_b	$\leqslant$350HBW	$>$45HRC
ZCuSn10Pb1	砂模	$\leqslant$12	137	220	180	200
	金属模	$\leqslant$25	196	310	200	220
ZCuSn5Pb5Zn5	砂模	$\leqslant$10	90	200	110	125
	金属模	$\leqslant$12	100	250	135	150

(2) 蜗轮材料为铝青铜或铸铁($\sigma_b > 300$ MPa)。 因其抗点蚀能力强,蜗轮的承载能力取决于其抗胶合能力,许用接触应力$[\sigma_H]$与滑动速度 v_s 有关,而与应力循环次数无关,其值直接由表 6-8 查取。

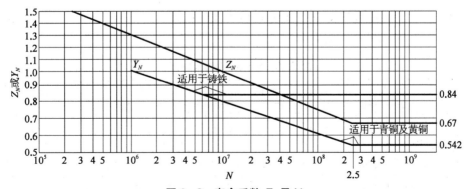

图 6-8　寿命系数 Z_N 及 Y_N

表6-8　铝青铜及铸铁蜗轮许用接触应力　　　　　　单位：MPa

蜗轮材料	蜗杆材料	滑动速度 $v_s/(\text{m} \cdot \text{s}^{-1})$							
		0.25	0.5	1	2	3	4	6	8
ZCuAl10Fe3 ZCuAl10Fe3Mn2	淬火钢	—	250	230	210	180	160	120	90
HT150 HT200	渗碳钢	160	130	115	90	—	—	—	—
HT150	调质钢或淬火钢	140	110	90	70	—	—	—	—

注：当蜗杆未经淬火时，需要将表中[σ_H]值降低20%。

6.4.3　蜗轮齿根弯曲疲劳强度计算

　　蜗轮轮齿的形状较复杂，离中间平面越远的平行截面上的轮齿越厚，故其齿根弯曲疲劳强度高于斜齿轮。欲精确计算蜗轮齿根弯曲疲劳强度较困难，通常按斜齿圆柱齿轮的计算方法近似计算。经推导，得蜗轮齿根弯曲疲劳强度的校核公式为

$$\sigma_F = \frac{1.7 K T_2}{d_1 d_2 \, m} Y_F Y_\beta \leqslant [\sigma_F] \tag{6-8}$$

　　由此，可推得其设计公式为

$$m^3 d_1 \geqslant \frac{1.7 K T_2}{z_2 [\sigma_F]} Y_F Y_\beta \tag{6-9}$$

式中　Y_F——蜗轮轮齿的齿形系数，该系数综合考虑了齿形、磨损及重合度的影响，其值按
　　　　　　当量齿数 $Z_V = Z_2 / \cos^3 \gamma$，从表6-9中查取；

　　　　Y_β——螺旋角系数，$Y_\beta = 1 - \gamma / 140°$；

　　　　[σ_F]——蜗轮材料的许用弯曲应力（MPa）。

$$[\sigma_F] = Y_N [\sigma_{0F}] \tag{6-10}$$

式中　[σ_{0F}]——蜗轮材料的基本许用弯曲应力，为应力循环次数 Y_N 时的数值（MPa），从表
　　　　　　6-10中查取；

　　　　Y_N——弯曲疲劳强度寿命系数，由应力循环次数 N 查图6-8确定，应力循环次数
　　　　　　N 的计算方法同前。

表6-9　蜗轮的齿形系数 Y_F

$\gamma/(°)$	Z_V															
	20	24	26	28	30	32	35	37	40	45	56	60	80	100	150	300
4	2.79	2.65	2.60	2.55	2.52	2.49	2.45	2.42	2.39	2.35	2.32	2.27	2.22	2.18	2.14	2.09
7	2.75	2.61	2.56	2.51	2.48	2.44	2.40	2.38	2.35	2.31	2.28	2.23	2.17	2.14	2.09	2.05
11	2.66	2.52	2.47	2.42	2.39	2.35	2.31	2.29	2.26	2.22	2.19	2.14	2.08	2.05	2.00	1.96

（续表）

$\gamma/(°)$	Z_v															
	20	24	26	28	30	32	35	37	40	45	56	60	80	100	150	300
16	2.49	2.35	2.30	2.26	2.22	2.19	2.15	2.13	2.10	2.06	2.02	1.98	1.92	1.88	1.84	1.79
20	2.33	2.19	2.14	2.09	2.06	2.02	1.98	1.96	1.93	1.89	1.86	1.81	1.75	1.72	1.67	1.63
23	2.18	2.05	1.99	1.95	1.91	1.88	1.84	1.82	1.79	1.75	1.72	1.67	1.61	1.58	1.53	1.49
26	2.03	1.89	1.84	1.80	1.76	1.73	1.69	1.67	1.64	1.60	1.57	1.52	1.46	1.43	1.38	1.34
27	1.98	1.84	1.79	1.75	1.71	1.68	1.64	1.62	1.59	1.55	1.52	1.47	1.41	1.38	1.33	1.29

表 6-10　蜗轮材料的基本许用弯曲应力 $[\sigma_{0F}]$　　　　　　单位：MPa

材　　料	铸造方法	力学性能		蜗杆硬度<45HRC		蜗杆硬度≥45HRC	
		σ_b	σ_S	单向受载	双向受载	单向受载	双向受载
ZCuSn10Pb1	砂模	200	140	51	32	64	40
	金属模	250	150	58	40	73	50
ZCuSn5Pb5Zn5	砂模	180	90	37	29	46	36
	金属模	200	90	39	32	49	40
ZCuAl9Fe4NiMn2	砂模	400	200	82	64	103	80
	金属模	500	200	90	80	113	100
CuAl10Fe3	金属模	500	200	90	80	113	100
HT150	砂模	150	—	38	24	48	30
HT200	砂模	200	—	48	30	60	38

6.4.4　蜗杆的刚度校核*

为了防止软齿上的载荷集中，保证传动的正确啮合，对受力后会产生较大变形的蜗杆，还必须进行蜗杆弯曲刚度校核。校核时，通常把蜗杆螺旋部分看成以蜗杆齿根圆直径为直径的轴段，采用条件性计算，其刚度条件为

$$y = \frac{\sqrt{F_{t1}^2 + F_{r1}^2}}{48EI}L'^3 \leqslant [y] \tag{6-11}$$

式中　y——蜗杆弯曲变形的最大挠度（mm）；

　　　E——蜗杆材料的弹性模量（MPa）；

　　　I——蜗杆危险截面的惯性矩，$I = \pi d_{f1}^4/64(\text{mm}^4)$，其中 d_{f1} 为蜗杆齿根圆直径（mm）；

　　　L'——蜗杆两端支承间的跨距（mm），视具体结构而定，初算时可取 $L' \approx 0.92d_2$，d_2 为蜗轮分度圆直径（mm）；

　　$[y]$——蜗杆许用最大挠度，$[y] = d_1/1\,000$，d_1 为蜗杆分度圆直径（mm）。

6.5 蜗杆传动的热平衡计算及润滑

6.5.1 蜗杆传动的热平衡计算

闭式蜗杆传动工作时产生大量的摩擦热,如果不及时散热,将导致润滑油温度过高,黏度下降,破坏传动的润滑条件,引起剧烈磨损,严重时发生胶合失效。故应进行热平衡计算,将润滑油的工作温度控制在许可范围内。

热平衡状态下,单位时间内的发热量 $H_1 = 1\,000P_1(1-\eta)$ 和散热量 $H_2 = K_sA(t_i-t_0)$ 相等,即

$$\left.\begin{aligned}1\,000P_1(1-\eta) &= K_sA(t_i-t_0)\\ t_i &= \frac{1\,000P_1(1-\eta)}{K_sA}+t_0\end{aligned}\right\} \tag{6-12}$$

式中 P_1——蜗杆轴传递的功率(kW);

K_s——箱体表面散热系数[W/(m² · ℃)],$K_s = 8.7 \sim 17.5$ W/(m² · ℃),环境通风良好时取大值;

t_0——周围空气的温度,通常取 $t_0 = 20$℃;

t_i——热平衡时的油温,$t_i \leqslant 70 \sim 80$℃,一般限制在 65℃左右为宜;

A——箱体有效散热面积(m²)。

有效散热面积是指箱体内表面被油浸到或飞溅到,而外表直接与空气接触的箱体表面积。如果箱体有散热片,则有效散热面积按原面积的 1.5 倍估算,或者用近似公式 $A = 0.33(a/100)^{1.75}$ 估算,a 为传动的中心距(mm)。

若 t_i 超过允许值,说明散热能力不足,可采用以下方法提高散热能力:① 采用带散热片的箱体;② 蜗杆轴端装风扇通风(图 6-9a),可使 K_s 达 25~35 W/(m² · ℃)(转速高时取大值);③ 箱体内装冷却水管,如图 6-9b 所示;④ 压力喷油循环润滑,冷却器安装在箱体外,如图 6-9c 所示。

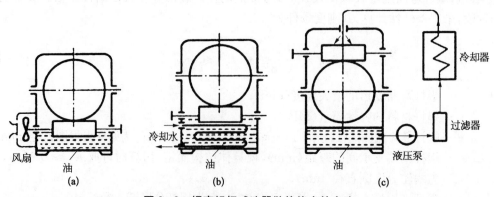

图 6-9 提高蜗杆减速器散热能力的方法

6.5.2 蜗杆传动的润滑

对蜗杆传动进行良好的润滑是十分重要的。充分润滑可以降低齿面的工作温度,减少磨损和避免胶合失效。蜗杆传动常采用黏度大的矿物油进行润滑,为了提高其抗胶合能力,必要时可加入油性添加剂,以提高油膜的刚度。但青铜蜗轮不允许采用活性大的油性添加剂,以免被腐蚀。

一般根据载荷类型和相对滑动速度的大小,选用润滑油的黏度和润滑方法,见表 6-11。

表 6-11　蜗杆传动的润滑油黏度及润滑方法(荐用)

滑动速度 $v_s/(\text{m}\cdot\text{s}^{-1})$	载荷类型	运动黏度 $v_{40℃}/\text{cSt}$	润 滑 方 法		
0~1	重载	900	油池润滑		
0~2.5	重载	500			
0~5	中载	350			
>5~10	—	220	油池或喷油润滑		
>10~15	—	150	喷油润滑时的喷油压力 P/MPa		
>15~25	—	100	0.7	2	3
>25	—	80			

采用油池浸油润滑,当 $v_s \leqslant 5$ m/s 时,蜗杆下置(图 6-9a、b),浸油深度约为一个齿高,但油面不得超过蜗杆轴承的最低滚动体中心;当 $v_s > 5$ m/s 时,蜗杆下置时搅油阻力太大,一般将蜗杆上置,油面允许达到蜗轮半径的 1/3 处,如图 6-9c 所示。

例 6-1　设计某运输机用的 ZA 型蜗杆减速器。蜗杆轴输入功率 7 kW,蜗杆转速 1 440 r/min(单向转动),蜗轮转速 72 r/min,载荷平稳,寿命 12 000 h。

解:蜗杆材料选用 45 钢,整体调质,表面淬火,齿面硬度 45~50HRC。蜗轮齿圈材料选用 ZCuSn10Pb1,金属模铸造,滚铣后加载跑合,8 级精度,标准保证侧隙 c。计算步骤列于表 6-12。

表 6-12　ZA 型蜗杆减速器设计

设 计 项 目	设 计 依 据 及 内 容	设 计 结 果
(1) 接触疲劳强度设计 ① 确定 z_1、z_2 ② 蜗轮转矩 T_2 ③ 载荷系数 K	设计公式:$m^2 d_1 \geqslant KT_2\left(\dfrac{3.25Z_E}{[\sigma_H]z_2}\right)^2$ 根据附表 2-2,选取蜗杆 $z_1 = 2$ 　　$z_2 = z_1 n_1/n_2 = 2 \times 1\,440/72 = 40$ 查表 6-2,初估 $\eta = 0.82$ $T_2 = i\eta T_1 = i\eta 9.55 \times 10^6 P_1/n_1$ 　　$= 20 \times 0.82 \times 9.55 \times 10^6 \times 7/1\,440\,(\text{N}\cdot\text{mm})$ 查表 6-5,取使用系数 $K_A = 1.15$,速度不高,动载荷系数 $K_v = 1$,载荷平稳,载荷分布系数 $K_\beta = 1$ 　　$K = K_A K_v K_\beta = 1.15 \times 1 \times 1 = 1.15$	$z_1 = 2$ $z_2 = 40$ $T_2 = 761\,347\,\text{N}\cdot\text{mm}$ $K = 1.15$

（续表）

设 计 项 目	设 计 依 据 及 内 容	设 计 结 果
④ 材料系数 Z_E	查表 6-6，$Z_E = 155\sqrt{\text{MPa}}$	$Z_E = 155\sqrt{\text{MPa}}$
⑤ 许用接触应力 $[\sigma_H]$	查表 6-7，$[\sigma_{0H}] = 220\ \text{MPa}$	
	$N = 60n_2t = 60 \times 72 \times 12\,000 = 5.184 \times 10^7$	
	查图 6-8，得 $Z_N = 0.82$	
	$[\sigma_H] = Z_N[\sigma_{0H}] = 0.82 \times 220 = 180.4(\text{MPa})$	$[\sigma_H] = 180.4\ \text{MPa}$
⑥ 计算 m^2d_1	$m^2d_1 \geqslant KT_2\left(\dfrac{3.25Z_E}{[\sigma_H]z_2}\right)^2$	
	$= 1.15 \times 761\,347 \times \left(\dfrac{3.25 \times 155}{180.4 \times 40}\right)^2$	
	$= 4\,267(\text{mm}^3)$	
⑦ 初选 m、d_1	查附表 2-1，取 $m = 8\ \text{mm}$，$d_1 = 80\ \text{mm}$，则	$m = 8\ \text{mm}$
	$m^2d_1 = 8^2 \times 80 = 5\,120\,(\text{mm}^3) > 4\,267\ \text{mm}^3$	$d_1 = 80\ \text{mm}$
⑧ 导程角 γ	$\tan\gamma = mz/d_1 = 8 \times 2/80 = 0.2$	
	$\gamma = \arctan 0.2 = 11.309\,93° = 11°18'36''$	$\gamma = 11°18'36''$
⑨ 滑动速度 v_s	$v_s = \dfrac{\pi d_1 n_1}{60 \times 1\,000\cos\gamma}$	
	$= \dfrac{80 \times 1\,440\pi}{60 \times 1\,000 \times \cos 11.309\,93°} = 6.15(\text{m/s})$	$v_s = 6.15\ \text{m/s}$
⑩ 啮合效率 η_1	由 $v_s = 6.15\ \text{m/s}$，查表 6-1，$\varphi_v = 1°16'$（取最大值）	
	$\eta_1 = \dfrac{\tan\gamma}{\tan(\gamma + \varphi_v)} = \dfrac{\tan 11°18'36''}{\tan(11°18'36'' + 1°16')}$	
	$= 0.90$	$\eta_1 = 0.90$
⑪ 传动效率 η	取轴承效率 $\eta_2 = 0.99$，搅油效率 $\eta_3 = 0.98$	
	$\eta = \eta_1\eta_2\eta_3 = 0.90 \times 0.99 \times 0.98 = 0.87$	$\eta = 0.87$
⑫ 检验 m^2d_1 值	$T_2 = i\eta T_1 = 20 \times 0.87 \times 9.55 \times 10^6 \times 7/1\,440$	
	$= 807\,800(\text{N} \cdot \text{mm})$	
	$m^2d_1 \geqslant KT_2\left(\dfrac{3.25Z_E}{[\sigma_H]z_2}\right)^2$	
	$= 1.1 \times 807\,800 \times \left(\dfrac{3.25 \times 155}{180.4 \times 40}\right)^2$	
	$\approx 4\,527(\text{mm}^3) < 5\,120\ \text{mm}^3$	m^2d_1 合格

（续表）

设 计 项 目	设 计 依 据 及 内 容	设 计 结 果
（2）弯曲强度验算（一般不需要进行） ① 齿形系数 Y_F ② 螺旋角系数 Y_β ③ 许用弯曲应力 $[\sigma_{0F}]$ ④ 弯曲应力 σ_F	校核公式：$\sigma_F = \dfrac{1.7KT_2}{m^2 d_1 z_2} Y_F Y_\beta \leqslant [\sigma_F]$ $Z_{v2} = z_2/\cos^3\gamma = 40/\cos^3 11.309\,93 \approx 42.4$ 查表 6-9，并经插值计算，得 $Y_F = 2.212$ $Y_\beta = 1 - \gamma/140° = 1 - 11.309\,93°/40° = 0.919$ 查表 6-10，得 $[\sigma_{0F}] = 70\,\text{MPa}$ 查图 6-8，得 $Y_N = 0.65$，则 $[\sigma_F] = Y_N[\sigma_{0F}] = 0.65 \times 70 = 45.5(\text{MPa})$ $\sigma_F = \dfrac{1.7KT_2}{m^2 d_1 z_2} Y_F Y_\beta$ $= \dfrac{1.7 \times 1.1 \times 807\,800}{8^2 \times 80 \times 40} \times 2.212 \times 0.919$ $= 15(\text{MPa}) < [\sigma_F] = 45.5\,\text{MPa}$	$Y_F = 2.212$ $Y_\beta = 0.919$ $[\sigma_{0F}] = 70\,\text{MPa}$ $Y_N = 0.65$ $\sigma_F = 45.5\,\text{MPa}$ $\sigma_F < [\sigma_F]$ 弯曲强度验算合格
（3）确定传动的主要尺寸 ① 中心距 a ② 蜗杆尺寸 分度圆直径 d_1 齿顶圆直径 d_{a1} 齿根圆直径 d_{f1} 导程角 γ 轴向齿距 p_{x1} 齿轮部分长度 b_1 ③ 蜗轮尺寸（略）	$m = 8\,\text{mm}, z_1 = 2, z_2 = 40$ $a = (d_1 + mz_2)/2 = (80 + 8 \times 40)/2 = 200(\text{mm})$ $d_1 = 80\,\text{mm}$ $d_{a1} = d_1 + 2h_a = 80 + 2 \times 8 = 96\,(\text{mm})$ $d_{f1} = d_1 - 2h_f = 80 - 2 \times 1.2 \times 8 = 60.8(\text{mm})$ $\gamma = 11°18'36''$，右旋 $p_{x1} = \pi m = \pi \times 8 = 25.133(\text{mm})$ $b_1 \geqslant m(12 + 0.1z_2)$ $= 8 \times (12 + 0.1 \times 40) = 128(\text{mm})$ 取 $b_1 = 128\,\text{mm}$	$a = 200\,\text{mm}$ $d_1 = 80\,\text{mm}$ $d_{a1} = 96\,\text{mm}$ $d_{f1} = 60.8\,\text{mm}$ $\gamma = 11°18'36''$ $p_{x1} = 25.133\,\text{mm}$ $b_1 = 128\,\text{mm}$
（4）热平衡计算 ① 估算散热面积 A ② 验算油的工作温度 t_i	$A = 0.33(a/100)^{1.75}$ $= 0.33 \times (200/100)^{1.75} = 1.11(\text{m}^2)$ $t_i = \dfrac{1\,000 P_1(1-\eta)}{K_s A} + t_0$ $= \dfrac{1\,000 \times 7 \times (1-0.87)}{14 \times 1.11} + 20$ $= 78.6(\text{℃}) < 80\text{℃}$ 取 $t_0 = 20\text{℃}$，取 $K_s = 14\,\text{W}/(\text{m}^2 \cdot \text{℃})$	$A = 1.11\,\text{m}^2$ $t_i = 78.6\text{℃} < 80\text{℃}$ 油温合格
（5）润滑方式	根据 $v_s = 6.15\,\text{m/s}$，查表 6-11，采用油池浸油润滑 运动黏度 $v_{40℃} = 220\text{cSt}$	油池浸油润滑 $v_{40℃} = 220\text{cSt}$
（6）蜗杆、蜗轮的结构设计	蜗杆：车制，其工作零件如图 6-10 所示 蜗轮：采用齿圈压配式结构，零件工作图略	

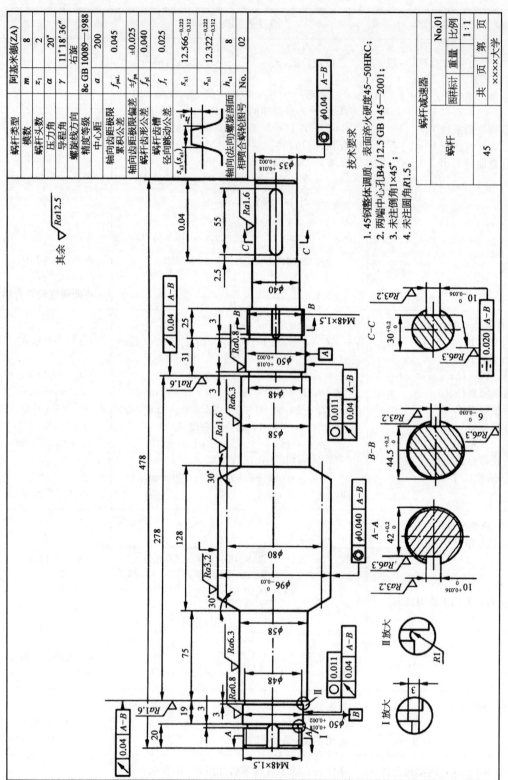

图 6-10 蜗杆的工作图

本章学习要点

(1) 了解圆柱蜗杆传动的类型、特点与应用。

(2) 掌握蜗杆传动的受力分析、主要失效形式和设计准则。

(3) 了解蜗杆、蜗轮的常用材料及其选择。

(4) 掌握蜗杆传动的强度计算、效率计算和热平衡计算。

(5) 了解蜗杆、蜗轮的结构形式和结构设计。

思考与练习题

1. 问答题

6-1 与齿轮传动相比,蜗杆传动的失效形式有何特点? 为什么? 蜗杆传动的设计准则是什么?

6-2 闭式蜗杆传动与开式蜗杆传动的失效形式有何不同? 其设计计算准则又有何不同?

6-3 如何进行蜗杆传动的受力分析? 各力的方向如何确定?

6-4 蜗杆传动的受力分析中,考虑蜗轮的受力时为何要考虑传动效率?

6-5 蜗杆传动的强度计算中,为什么只需计算蜗轮轮齿的强度?

6-6 锡青铜和铝铁青铜的许用接触应力确定方法和取值上有何不同? 为什么?

6-7 蜗杆传动在什么工况条件下应进行热平衡计算? 热平衡不满足要求时应采取什么措施?

2. 填空题

6-8 蜗杆传动,蜗杆导程角 $\gamma=11.31°$,分度圆圆周速度为 $v_1=5 \text{ m/s}$,则其滑动速度 $v_s=$ _____ m/s。

6-9 闭式蜗杆传动的功率损耗一般包括三个部分: _____ ; _____ ; _____ 。

6-10 蜗杆传动在单位时间内的发热量是通过蜗杆传递功率 P 与 _____ 进行计算的。

6-11 在润滑良好的情况下,减摩性较好的蜗轮材料是 _____ 。

3. 选择题

6-12 尺寸较大的青铜蜗轮常采用铸铁轮芯和青铜齿圈结构,这主要是为了(　　)。

    A. 使蜗轮导热性好　　　　　　　　B. 切齿方便

    C. 节约青铜　　　　　　　　　　　D. 使其热膨胀小

6-13 对闭式蜗杆传动进行热平衡计算,其主要目的是(　　)。

    A. 防止润滑油温度过高后使润滑条件恶化

    B. 防止蜗轮材料在高温下力学性能下降

    C. 防止蜗杆受热变形后正确啮合被破坏

　　　　D. 防止蜗轮受热变形后正确啮合被破坏

6-14 与齿轮传动相比,( )不能作为蜗杆传动的优点。

　　A. 传动平稳、噪声小　　　　　　　　B. 传动效率较高

　　C. 传动比可以很大　　　　　　　　D. 在一定条件下能实现自锁

6-15 在蜗杆传动中,轮齿承载能力计算主要是针对( )进行的。

　　A. 蜗杆齿面接触强度和蜗轮齿根弯曲强度

　　B. 蜗杆齿根弯曲强度和蜗轮齿面接触强度

　　C. 蜗杆齿面接触强度和蜗杆齿根弯曲强度

　　D. 蜗轮齿面接触强度和蜗轮齿根弯曲强度

6-16 蜗杆传动中,较为理想的材料组合是( )。

　　A. 钢和铸铁　　　　B. 钢和锡青铜　　　　C. 钢和铝合金　　　　D. 钢和钢

6-17 起吊重物用的手动蜗杆传动,宜采用( )蜗杆。

　　A. 单头、小导程角　　B. 单头、大导程角　　C. 多头、小导程角　　D. 多头、大导程角

4. 计算题

6-18 绞车采用蜗杆传动(图6-11),$m=8$ mm,$q=8$,$z_1=1$,$z_2=40$,卷筒直径 $D=200$ mm,问:(1)使重物 Q 上升 1 m,手柄应转多少圈? 并在图上标出重物上升时手柄的转向。(2)若当量摩擦系数 $f_v=0.2$,该机构是否自锁? (3)设 $Q=1\,000$ kg,人手最大推力为 150 N 时,求手柄长度 L 的最小值(注:忽略轴承效率)。

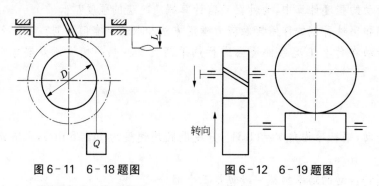

图6-11　6-18题图　　　　　图6-12　6-19题图

6-19 图6-12为斜齿圆柱齿轮-蜗杆传动,主动齿轮转动方向和齿的旋向如图所示,要求蜗杆轴的轴向力为最小时,试画出蜗杆的转向和作用在轮齿上的力(以三个分力表示),并说明蜗轮轮齿螺旋方向。

第 7 章

螺纹连接设计

7.1 概　　述

螺纹连接和螺旋传动都利用螺纹副零件进行工作,但两者的工作性质并不相同,技术要求上也存在差别。起连接作用的螺纹称为连接螺纹,连接螺纹零件属于紧固件,要求保证连接强度(有时还要求紧密性);起传动作用的螺纹称为传动螺纹,传动螺纹零件是传动件,要求保证螺旋副的传动精度、效率和使用寿命。

常用的螺纹类型主要有普通螺纹、管螺纹、米制锥螺纹、矩形螺纹、梯形螺纹和锯齿形螺纹。前三种主要用于连接,后三种主要用于传动。各类螺纹的基本尺寸、特点及应用可查机械设计手册。

由图 7-1 所示的圆柱普通外螺纹可知,螺纹的主要参数有大径 d、小径 d_1、中径 $d_2[d_2=(d_1+d_2)/2]$、线数 n(一般 $n \leqslant 4$)、螺距 P、导程 $s(s=np)$、牙形角 α、牙型斜角 β、接触高度 h 及螺纹升角 λ:

$$\lambda = \arctan \frac{s}{\pi d_2} = \arctan \frac{np}{\pi d_2} \tag{7-1}$$

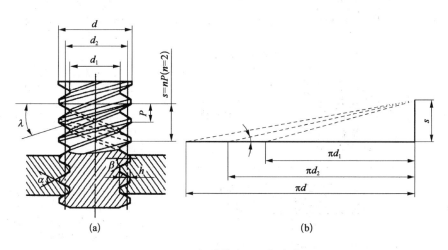

图 7-1 螺纹的主要几何参数

7.2 螺纹连接的主要类型、特点及应用

螺纹连接的主要类型有螺栓连接、双头螺柱连接、螺钉连接和紧定螺钉连接。它们的结构、主要尺寸关系、特点及应用见表 7-1。

表 7-1 螺纹连接的主要类型、结构、主要尺寸关系及特点和应用

类　　型	结　　构	主 要 尺 寸 关 系	特 点 和 应 用
螺栓连接 — 普通螺栓 / 铰制孔用螺栓		螺纹余留长度： 对于普通螺栓连接： 静载荷：$l_1 \geqslant (0.3 \sim 0.5)d$ 变载荷：$l_1 \geqslant 0.75d$ 冲击、弯曲载荷：$l_1 \geqslant d$ 铰制孔用螺栓连接：l_1 尽可能小 螺纹伸出长度： 　$a \approx (0.2 \sim 0.3)d$ 螺栓轴线到边缘的距离： $e = d + (3 \sim 6)\text{mm}$	主要用于连接厚度较薄的零件，并可从两边进行装配的场合。在被连接件上开有通孔，无须切制螺纹，故不受被连接件材料的限制。普通螺栓的杆部与孔之间有间隙，通孔的加工要求较低。结构简单，装拆方便，应用广泛。 铰制孔螺栓的杆部与孔常采用过渡配合，如 H7/m6、H7/n6，因而能精确固定被连接件的相对位置，适于承受横向载荷，但对孔的加工精度要求较高
双头螺柱连接		座端拧入深度 H： 当螺孔零件材料为钢或青铜时，$H \approx d$ 　铸铁时，$H \approx (1.25 \sim 1.5)d$ 　铝合金时，$H \approx (1.5 \sim 2.5)d$ 螺纹孔深度： $H_1 \approx H + (2 \sim 2.5)P$ 钻孔深度： $H_2 \approx H_1 + (0.5 \sim 1)a$ l_1、a、e 值同螺栓连接	主要用于被连接件之一较厚、不宜采用螺栓连接、较厚的被连接件强度较差又需要经常拆卸的场合。 厚零件上加工出螺纹孔，薄零件上开有光孔，双头螺柱旋紧在螺纹孔中，用螺母压紧薄的零件。在拆卸时只需拧下螺母而不必拆下双头螺柱，可避免因螺纹孔的损坏而导致被连接件报废
螺钉连接			螺钉（螺栓）直接拧入被连接件的螺纹连接孔中，不用螺母，结构比双头螺柱简单。其应用与双头螺柱连接相似，但经常拆卸，易使螺纹孔损坏，故不宜用于经常拆卸处
紧定螺钉连接			紧定螺钉旋入一个零件的螺纹孔中，并用其末端顶住另一个零件的表面或顶入相应的凹坑中，并可传递不大的力和转矩

7.3　螺纹连接的预紧与防松

7.3.1　螺纹连接的预紧

工程实际中,绝大多数螺纹连接装配时都必须拧紧(称为预紧),使连接在承受工作载荷之前,预先受到力即预紧力的作用。预紧的目的在于增强连接的可靠性、紧密性和防松能力,防止受载后被连接件间出现缝隙或发生相对滑移。适当选用较大的预紧力,有利于提高螺纹连接的可靠性及连接件的疲劳强度。但过大的预紧力也会导致整个连接件的结构尺寸增大,甚至在装配时拧断螺栓。因此,为了保证连接所需的预紧力,又不使连接件过载,对重要的螺纹连接,如气缸盖、压力容器盖、管道凸缘等的连接,装配时要控制预紧力。

通常规定,拧紧后预紧力 F_0 在螺纹连接件中产生的应力不得超过其材料屈服极限的 80%。对于一般情况,推荐按以下关系式确定 F_0:

$$\text{碳素钢螺栓:} \quad F_0 \leqslant (0.6 \sim 0.7)\sigma_s A_1$$

$$\text{合金钢螺栓:} \quad F_0 \leqslant (0.5 \sim 0.6)\sigma_s A_1$$

式中　A_1——螺栓危险截面的面积(mm^2),$A_1 \approx \pi d_1^2/4$;

　　　σ_s——螺栓材料的屈服极限(MPa)。

设计中,预紧力的大小应根据连接的工作要求和螺栓的受力情况确定。

预紧拧紧螺母时,施加在扳手上的拧紧力矩 T 应能克服螺纹副的摩擦阻力矩 T_1 和螺母与被连接件间的摩擦力矩 T_2,即 $T = T_1 + T_2$,如图 7-2 所示。由机械原理,可得

$$T = T_1 + T_2 = F_0 \frac{d_2}{2}\tan(\lambda + \varphi_v) + \frac{1}{3}fF_0 \frac{D_0^3 - d_0^3}{D_0^2 - d_0^2} \tag{7-2}$$

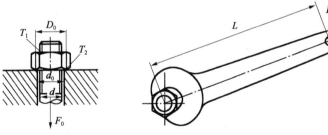

图 7-2　螺纹副的拧紧

对常用的 M10~M68 钢制普通粗牙螺纹,无润滑时,取螺纹升角 $\lambda = 1°42' \sim 3°2'$,螺纹副的当量摩擦系数 $f_v = \tan\varphi_v \approx 0.15$,螺纹中径 $d_2 = 0.9d$,螺栓孔直径 $d_0 \approx 1.1d$,螺母环形支承面的外径 $D_0 \approx 1.5d$,螺母与被连接件支承面间的摩擦系数 $f = 0.15$。将以上关系代入式(7-2)后可得拧紧力矩 T 与预紧力 F_0 的关系:

$$T \approx 0.2F_0 d \tag{7-3}$$

　　当螺栓直径 d 和所需的预紧力 F_0 已知时,即可按式(7-3)确定扳手的拧紧力矩 T。

　　工程实际中,常采用规定拧紧力矩 T 的方法来控制预紧力 F_0,并常使用测力矩扳手(图7-3)或定力矩扳手(图7-4)来控制拧紧力矩。测力矩扳手通过扳手上弹性元件(扳手杆)在拧紧力矩作用下所产生的弹性变形量来指示(指针)拧紧力矩的大小。定力矩扳手具有拧紧力矩超过预定值时自动打滑的特性。当所需拧紧力矩超过预定值时,弹簧被压缩,扳手卡盘与圆柱销之间出现打滑,即使继续增大扳手力矩转动手柄,卡盘也不再转动。预定拧紧力矩的大小可通过调节调整螺钉来设定。需要指出的是,直径小的螺栓在拧紧时很容易被拧断,因此对于重要的螺栓连接,不宜选用小于 M12 的螺栓。

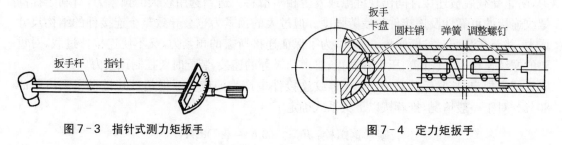

图7-3　指针式测力矩扳手　　　　　　　　图7-4　定力矩扳手

　　采用测力矩扳手或定力矩扳手控制预紧力的方法,操作简便,但准确性较差,也不适用于大型的螺栓连接。对于大型的螺栓连接,可采用测定螺栓伸长量的方法来控制预紧力。

7.3.2　螺纹连接的防松

　　螺纹连接一般都能满足自锁条件 $(\lambda < \varphi_v)$,在拧紧螺母后,螺母和螺栓头部与支承面间的摩擦力也有防松作用,因此在静载荷作用下和工作温度变化不大时,螺纹连接不会自行松动。但在冲击、振动和变载荷作用下,或在高温和温度变化较大的情况下,螺纹副间及螺母、螺栓头与支承面间的摩擦阻力可能瞬间消失或逐渐减弱,经多次重复后,连接就可能松动甚至脱落,引起连接失效,从而影响机器的正常运转,甚至造成严重的事故。所以,为了保证螺纹连接的安全可靠,防止松脱,设计时必须采取有效的防松措施。

　　螺纹连接的防松就是防止螺纹副工作时产生相对转动。按防松原理的不同,常见的防松方法分为增大摩擦防松、机械防松和永久止动防松等。增大摩擦防松简单方便,但有时防松效果不十分可靠;机械防松可靠性高,重要的连接应采用机械防松;永久止动防松有冲点、铆接、粘接及钎焊防松等,防松可靠,但拆卸后螺纹副零件一般不可再使用,故多用于装配后不再拆卸的连接。几种常用的防松方法和结构见表7-2。

表7-2　螺纹连接常用防松方法和结构

防松方法	结构形式和特点应用			
增大摩擦防松	对顶螺母	弹簧垫圈	金属锁紧螺母 自锁螺母	尼龙圈锁紧螺母

（续表）

防松方法	结构形式和特点应用			
增大 摩擦 防松	利用两个螺母的对顶作用使旋合螺纹间始终受到附加的压紧力和摩擦力的作用，结构简单，可用于低速重载场合	弹簧垫圈材料为弹簧钢，装配后垫圈被压平，其反弹力使螺纹副间保持压紧力，加之垫圈斜面刃口也有防松作用，应用广泛	螺母一端制成非圆形收口或开缝后径向收口，螺母拧紧后收口胀开，利用收口的弹力使旋合螺纹间压紧。结构简单，防松可靠，多次装拆而不降低防松效果	螺母中嵌有尼龙圈，拧紧后尼龙圈内孔被胀大，箍紧螺栓达到防松的目的
机械防松	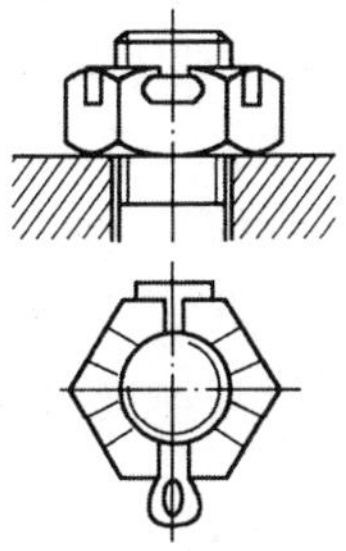 槽形螺母和开口销	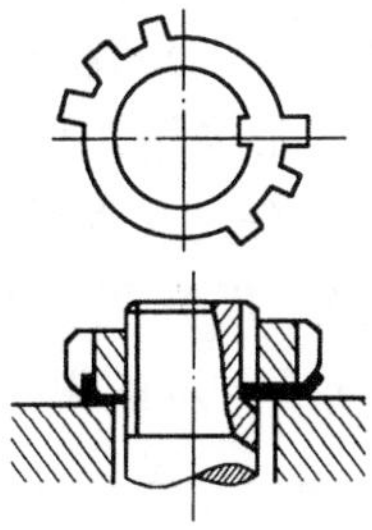 圆螺母和止动垫片	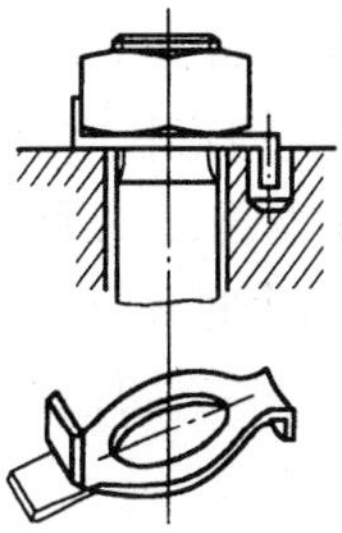 止动垫片	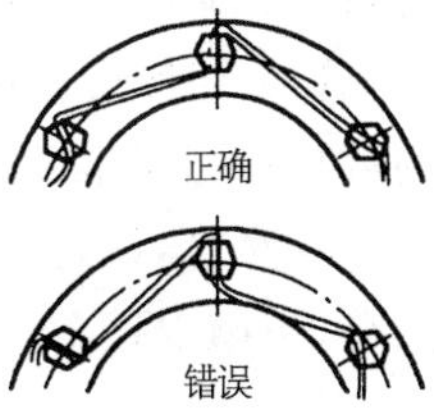 正确 错误 串联钢丝
	槽形螺母拧紧后，用开口销穿过螺栓尾部小孔和螺母的槽，也可以用普通螺母拧紧后再配开口销孔。适用于较大冲击、振动的高速机械中运动部件的连接，但不适用于双头螺柱	使垫片内翅嵌入螺栓（轴）的槽内，拧紧螺母后将垫片外翅之一折嵌于螺母的一个槽内，应用较广	用垫片折边固定螺母与被连接件的相对位置，受结构限制，应用较少	用低碳钢丝穿入各螺钉头部的孔内，将各螺钉串联起来，使其相互制动。使用时必须注意钢丝的穿入方向（图中为右旋螺纹的穿入方向，上图正确，下图不正确）适用于螺钉组连接，防松可靠，但装拆不便
永久止动防松	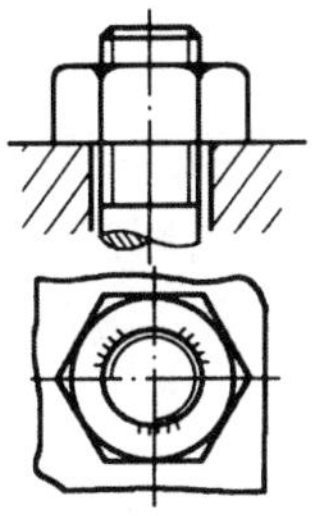 焊接	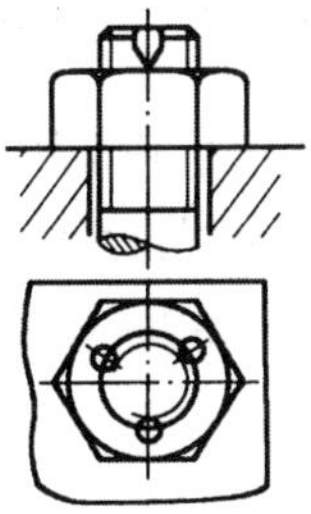 冲点	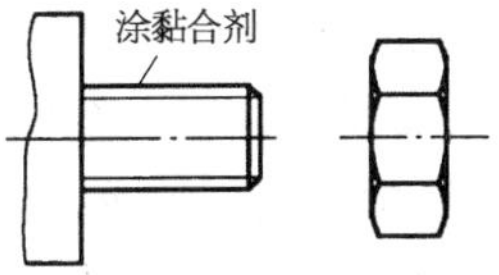 涂黏合剂 粘接法	
	拧紧螺母后，用焊接、冲点的方法破坏螺纹副关系，防止发生相对转动。防松效果可靠，拆卸后螺栓、螺母不可再使用	在螺纹旋合部分涂黏合剂，拧紧螺母后，黏合剂硬化、固着，把螺纹副变为非运动副，防止发生相对转动。其方法简单、经济并有效。选择适当的黏合剂，也可拆卸		

7.4 螺栓组连接的设计

螺栓连接多数成组使用,称为螺栓组连接。螺栓组连接的设计包括连接结构的设计、连接的受力分析和螺栓强度计算三部分内容,本节介绍前面两部分内容。

7.4.1 螺栓组连接的结构设计

螺栓组连接的结构设计就是合理确定连接接合面的几何形状和螺栓的布置形式,包括确定螺栓组中的螺栓数目及给出每个螺栓的位置。应力求使各螺栓的受力均匀并且较小,避免螺栓受附加载荷作用,连接接合面间受力均匀,便于加工和装配。设计时主要考虑以下几点:

(1)连接接合面的几何形状应尽量简单,常采用矩形或圆形(图7-5),同一圆周上螺栓的数目应尽量取4、6、8等偶数,以便于加工时分度和划线。应使螺栓组的形心和连接接合面的形心重合,最好具有两个相互垂直的对称轴,以方便加工和简化计算。常将接合面的中间挖空,可减少接合面加工量,并可减小接合面不平度的影响,还可提高连接的刚度。

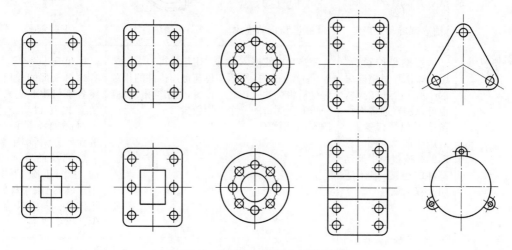

图7-5 螺栓组连接接合面的形状

(2)螺栓的布置应使各螺栓的受力合理。对于铰制孔用螺栓连接,不要在平行于工作载荷的方向上成排地布置8个以上的螺栓,以免载荷分布过于不均。当螺栓组连接承受弯矩或转矩时,应使螺栓的位置远离对称轴,以减小螺栓的受力。受较大横向载荷的螺栓组连接应采用铰制孔用螺栓连接或采用减载装置(图7-6)。

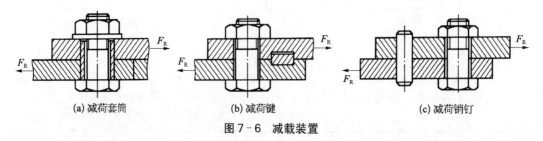

(a)减荷套筒　　　　　　(b)减荷键　　　　　　(c)减荷销钉

图7-6 减载装置

（3）螺栓排列应有合理的边距和间距。布置螺栓时，螺栓轴线与机体壁面间的最小距离应根据扳手所需活动空间的大小来决定，如图7-7所示。有紧密性要求的重要螺栓组连接，螺栓的间距不得大于表7-3中的推荐值，也不得小于扳手所需的活动空间尺寸。

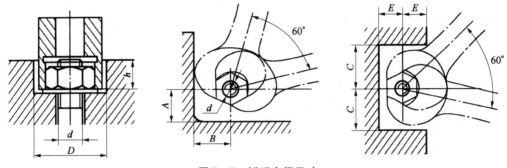

图7-7　扳手空间尺寸

表7-3　螺栓间距 t_0

	工作压力/MPa					
	$\leqslant 1.6$	$1.6\sim4$	$4\sim10$	$10\sim16$	$16\sim20$	$20\sim30$
	t_0/mm					
	$7d$	$5.5d$	$4.5d$	$4d$	$3.5d$	$3d$

注：表中 d 为螺纹公称直径。

（4）同一螺栓组中螺栓的直径、长度及材料均应相同。

（5）避免螺栓承受附加弯曲载荷，连接件上螺母和螺栓头部的支承面应平整并与螺栓轴线垂直。在铸件、锻件等粗糙表面上安装螺栓的部位应做出凸台或沉头座，如图7-8所示。支承面为倾斜面时，应采用斜面垫圈，如图7-9所示。

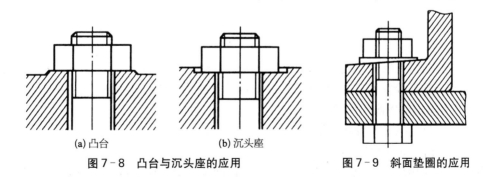

(a) 凸台　　　　(b) 沉头座

图7-8　凸台与沉头座的应用　　　　图7-9　斜面垫圈的应用

7.4.2　螺栓组连接的受力分析

很多情况下，螺纹连接常成组使用，组成螺栓组连接。对螺栓组连接进行受力分析，就是根据螺栓组连接的结构和受载情况，求出受力最大的螺栓及其所受力的大小，以便进行螺栓连接的强度计算。

为了简化计算,分析螺栓组连接的受力时,一般假设:① 螺栓组中所有螺栓的材料、直径、长度和预紧力都相同;② 螺栓组的对称中心与连接接合面的形心重合;③ 受载后连接接合面仍保持为平面;④ 螺栓的应变没有超出弹性范围。根据连接的结构形式及受力特征,可将螺栓组连接的受力情况分为以下四种典型形式。

1) 受横向载荷的螺栓组连接

螺栓组连接受横向载荷 F_R 时(图 7-10),载荷的作用线通过螺栓组的对称中心并与螺栓轴线垂直,连接应预紧,工作时要求被连接件之间不得产生相对滑动。此时可采用普通螺栓连接(图 7-10a),或采用铰制孔用螺栓连接(图 7-10b)。两者工作时螺栓的受力情况不同,下面分别进行介绍。

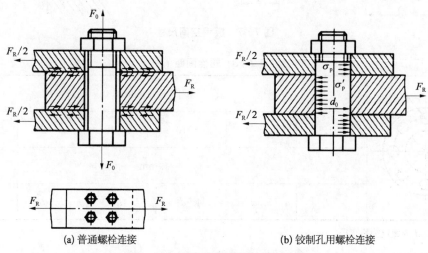

(a) 普通螺栓连接   (b) 铰制孔用螺栓连接

图 7-10 受横向载荷的螺栓组连接

(1) 普通螺栓连接。普通螺栓连接工作时靠连接预紧后在接合面间产生的摩擦力来抵抗横向载荷 F_R,工作时各螺栓只受预紧力作用。设各螺栓的预紧力相同,由被连接件间不产生相对滑动的条件,可得每个螺栓所需的预紧力 F_0 为

$$F_0 \geqslant \frac{k_f F_R}{fmz} \tag{7-4}$$

式中 k_f——防滑可靠性系数,一般取 $k_f = 1.1 \sim 1.3$;

     f——被连接件接合面间的摩擦系数,对于钢或铸铁材料,接合面干燥时,$f = 0.1 \sim 0.16$,否则 $f = 0.06 \sim 0.1$;

     m——被连接件接合面的数目(图 7-10a 中,$m = 2$);

     z——螺栓组中螺栓的个数(图 7-10a 中,$z = 4$)。

(2) 铰制孔用螺栓连接。由图 7-10b 可知,铰制孔用螺栓连接工作时靠螺栓杆受剪切和螺栓杆与孔壁接触表面间的挤压来抵抗横向载荷 F_R,此时螺栓所需的预紧力不大,计算时可不考虑。设各螺栓受力相同,则每个螺栓所受的横向工作剪力为

$$F_\tau = \frac{F_R}{z} \tag{7-5}$$

2) 受旋转力矩作用的螺栓组连接

如图 7-11 所示,转矩 T 作用在连接的接合面内,底板将绕通过螺栓组对称中心 O 并与接合面垂直的轴线转动。为了防止底板转动,可用普通螺栓连接,也可用铰制孔用螺栓连接。它们的传力方式与受横向载荷的螺栓组连接类似。

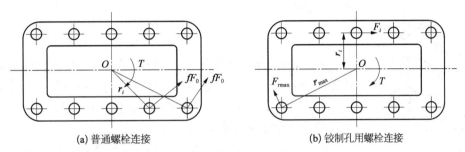

(a) 普通螺栓连接　　　　　　(b) 铰制孔用螺栓连接

图 7-11　受旋转力矩的螺栓组连接

(1) 普通螺栓连接。旋转力矩 T 靠连接预紧后作用在接合面上的摩擦力矩来抵抗。假设各螺栓的预紧力相同,则各螺栓连接处的摩擦力 fF_0 均相等,各自集中作用在各螺栓杆的中心并垂直于各自的旋转半径 r_i。由底板的平衡条件,有

$$fF_0r_1 + fF_0r_2 + \cdots + fF_0r_z \geqslant k_fT$$

由上式可得各螺栓所需的预紧力 F_0 为

$$F_0 \geqslant \frac{k_fT}{fF_0r_1 + fF_0r_2 + \cdots + fF_0r_z} = \frac{k_fT}{f\sum\limits_{i=1}^{z}r_i} \tag{7-6}$$

式中　k_f ——防滑可靠性系数,选取方式同前;

　　　f ——被连接件间接合面间的摩擦系数,选取方式同前;

　　　r_i ——第 i 个螺栓轴线到螺栓组对称中心 O 的距离 ($i=1, 2, \cdots, z$)。

(2) 铰制孔用螺栓连接。如图 7-11b 所示,在旋转力矩 T 作用下,各螺栓受到剪切和挤压,设各螺栓所受工作剪力分别为 $F_{\tau1}$、$F_{\tau2}$、$\cdots$、$F_{\tau z}$,且各螺栓工作剪力的方向与该螺栓轴线到螺栓组对称中心 O 的连线垂直。由底板的静力学关系,有

$$F_{\tau1} + F_{\tau2} + \cdots + F_{\tau z} = T \tag{7-7}$$

设底板为刚体,受载后仍保持为平面,则各螺栓的剪切变形量与该螺栓轴线到螺栓组对称中心 O 的距离 r_i 均成正比,即 r_i 越大,螺栓的剪切变形量越大。若各螺栓的刚度相同,则螺栓的剪切变形量越大,其所受的工作剪力也越大,即各螺栓所受的工作剪力与其到点 O 的距离成正比,因而离点 O 最远的螺栓所受的剪力最大,所以有

$$\frac{F_{\tau1}}{r_1} = \frac{F_{\tau2}}{r_2} = \cdots = \frac{F_{\tau z}}{r_z} = \frac{F_{\tau max}}{r_{max}} \tag{7-8}$$

将式(7-8)代入式(7-7),即可求得受力最大螺栓所受的最大剪力 $F_{\tau max}$ 为

$$F_{\tau max} = \frac{Tr_{max}}{r_1^2 + r_2^2 + \cdots + r_z^2} = \frac{Tr_{max}}{\sum\limits_{i=1}^{z}r_i^2} \tag{7-9}$$

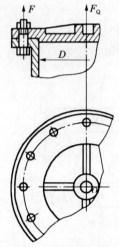

图 7 - 12　受轴向载荷的螺栓组连接

3) 受轴向载荷的螺栓组连接

图 7 - 12 所示的是受轴向载荷 F_Q 的气缸盖螺栓组连接。F_Q 的作用线通过螺栓组的几何中心并与各螺栓的轴线平行,计算时假定各螺栓平均受载。设螺栓组的螺栓数目为 z,则每个螺栓上所受到的轴向载荷为

$$F = F_Q/z \qquad (7-10)$$

此外,螺栓还受到预紧力 F_0 的作用。由于受到螺栓及被连接件弹性变形的影响,每个连接螺栓实际所受的轴向总拉力并不等于轴向工作载荷 F 与预紧力 F_0 之和。总拉力的求法见后文。

4) 受翻转力矩的螺栓组连接

图 7 - 13a 所示的是受翻转力矩支架底板的螺栓组连接。翻转力矩 M 作用在通过 x - x 轴并垂直于连接接合面的对称平面内。在各螺栓预紧力 F_0 的作用下,地基受到均匀压缩,地基对底板的均匀约束反力如图 7 - 13b 所示。分析时假设底板为刚体,工作时始终保持为平面,与底板接合的地基为弹性体。在翻转力矩 M 的作用下,底板有绕对称轴线 O-O 发生向右翻转的趋势,即在 O-O 左侧底板与地基趋于分离,左侧的螺栓将会进一步拉伸,螺栓的拉力会增大;在 O-O 右侧底板与地基间进一步压紧,地基对底板的压力会增大,而右侧的螺栓则会被放松,螺栓的拉力会减小。设轴线左边的螺栓在翻转力矩 M 作用下的轴向工作拉力为 F_i,由底板的平衡条件有

$$F_1 L_1 + F_2 L_2 + \cdots + F_z L_z = M \qquad (7-11)$$

根据螺栓的变形协调条件可知,各螺栓的拉伸变形量与其中心至底板轴线 O-O 的距离成正比,因各螺栓的拉伸刚度相同,各螺栓的工作拉力也与此距离成正比,并且在底板与地基有分离趋势的一侧(O-O 左侧),离 O-O 最远的螺栓有最大的工作拉力 F_{max},即

$$\frac{F_1}{L_1} = \frac{F_2}{L_2} = \cdots = \frac{F_z}{L_z} = \frac{F_{max}}{L_{max}} \qquad (7-12)$$

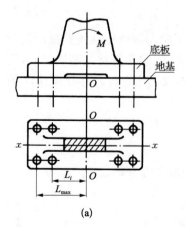

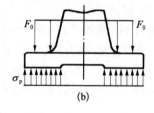

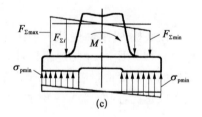

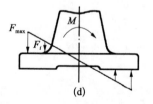

图 7 - 13　受翻转力矩的螺栓组连接

将式(7-12)代入式(7-11),即可求得受力最大螺栓所受的最大工作拉力 F_{max} 为

$$F_{max} = \frac{ML_{max}}{L_1^2 + L_2^2 + \cdots + L_z^2} = \frac{ML_{max}}{\sum\limits_{i=1}^{z} L_i^2} \qquad (7-13)$$

同时,螺栓还受到预紧力 F_0 的作用。应注意,此时螺栓实际所受的轴向总拉力 F_{Σ} 并不等于工作拉力 F_i 与预紧力 F_0 之和。总拉力的求法见后文。

此外,为了防止对称轴 $O-O$ 左侧接合面分离出现缝隙,应保证 $O-O$ 左侧接合面边缘最小挤压应力处必须满足

$$\sigma_{pmin} \approx \frac{zF_0}{A} - \frac{M}{W} > 0 \qquad (7-14)$$

为了防止对称轴 $O-O$ 右侧接合面被压溃破坏,应保证 $O-O$ 右侧接合面边缘在最大挤压应力处必须满足

$$\sigma_{pmax} \approx \frac{zF_0}{A} + \frac{M}{W} \leqslant [\sigma_p] \qquad (7-15)$$

式中　A——接合面的有效面积(mm^2);

　　　W——接合面的有效抗弯截面系数(mm^3);

　　　$[\sigma_p]$——接合材料的许用挤压应力(MPa)。

对于钢、铸铁,$[\sigma_p]$值见表 7-8;对于混凝土,$[\sigma_p]=2.0 \sim 3.0$ MPa;对于砖(水泥浆缝),$[\sigma_p]=1.5 \sim 2.0$ MPa;对于木材,$[\sigma_p]=2 \sim 4$ MPa。

当接合面材料不同时,应按强度较弱的一种进行计算。

当螺栓组连接受到比较复杂的工作载荷作用时,可先将各载荷向螺栓组的几何中心简化,即将复杂的受力状态简化为以上四种典型的受载情况,再将各典型受载情况下的计算结果进行矢量叠加,即可得到各螺栓的总工作载荷。

7.5　螺纹连接的强度计算

在对螺栓组连接进行受力分析,找出受力最大的螺栓并确定其所受载荷后,还必须对其进行必要的强度计算。

螺栓连接的强度计算主要是根据连接的类型和工作情况,按相应的强度条件确定或验算螺栓危险剖面的直径(螺纹小径)。螺栓的其他部分(螺纹牙、螺栓头部等)和螺母、垫圈等的尺寸是根据等强度原则确定的,一般从标准中直接选用即可。

对于普通螺栓连接,螺栓工作时主要受轴向拉力作用,或是轴向拉力与扭矩联合作用,螺栓产生拉伸变形或拉扭组合变形,主要的失效形式是螺栓杆螺纹部分发生断裂或疲劳断裂,其设计计算准则是保证螺栓的抗拉强度或疲劳强度。对于铰制孔用螺栓连接,螺栓工作时主要受横向剪切力及挤压力作用,主要的失效形式是螺栓杆与孔壁接合面之间的挤压破

坏,也可能发生螺栓杆的剪切破坏,因而其设计计算准则是保证螺栓的剪切强度和连接的挤压强度。

7.5.1 螺纹连接的常用材料和许用应力

1) 螺纹连接件常用材料及其力学性能

螺纹连接件常用材料为低碳钢和中碳钢,重要的螺纹连接可采用合金钢。螺纹连接件常用材料及其力学性能见表 7-4。

表 7-4 螺纹连接件常用材料及其力学性能

钢 号	抗拉强度 σ_b/MPa	屈服点 σ_s/MPa	疲劳极限/MPa	
			弯曲 σ_{-1}	拉压 σ_{-1T}
10	340~420	210	160~220	120~150
Q235	410~470	240	170~220	120~160
35	540	320	220~300	170~220
45	610	360	250~340	190~250
40Cr	750~1 000	650~900	320~440	240~340

按材料力学性能的不同,国家标准将螺栓、螺钉和螺柱分成 10 个性能等级,见表 7-5;螺母的性能等级分为 7 级,见表 7-6。选用时,应使螺母的性能等级不低于其相配螺栓的性能等级。

表 7-5 螺栓、螺钉和螺柱的性能等级

性能等级(标记)	抗拉强度极限 σ_{bmin}	屈服极限 σ_{smin}	硬度 HBS_{min}	推荐材料
3.6	330	190	90	低碳钢
4.6	400	240	109	
4.8	420	340	113	
5.6	500	300	134	低碳钢或中碳钢
5.8	520	420	140	
6.8	600	480	181	
8.8	800	640	232	中碳钢,淬火并回火
9.8	900	720	269	
10.9	1 040	940	312	中碳钢、低、中碳合金钢,淬火并回火,合金钢
12.9	1 220	1 100	365	合金钢

注:规定性能等级的螺栓、螺母在图纸中只标出性能等级,不应标出材料牌号。

表 7-6　螺母的性能等级

性能等级（标记）	抗拉强度极限 σ_{bmin}	推　荐　材　料	相配螺栓的性能等级
4	510 $d \geqslant 16 \sim 39$	易切削钢	3.6，4.6，4.8（$d > 16$）
5	520 $d \geqslant 3 \sim 4$		3.6，4.6，4.8（$d \leqslant 16$），5.6，5.8
6	600 $d \geqslant 3 \sim 4$	低碳钢或中碳钢	6.8
8	800 $d \geqslant 3 \sim 4$		8.8
9	900 $d \geqslant 3 \sim 4$	中碳钢，低、中碳合金钢，淬火并回火	8.8（$d \geqslant 16 \sim 39$），9.8（$d \leqslant 16$）
10	1 040 $d \geqslant 3 \sim 4$		10.9
12	1 150 $d \geqslant 3 \sim 4$		12.9

注：硬度 $HRC_{max} = 30$。

普通垫圈的材料常采用 Q235、15、35 钢，弹簧垫圈用 65 钢制造，并经热处理和表面处理。

2) 螺纹连接的许用应力

螺纹连接的许用应力与载荷性质（静载荷或动载荷）、装配情况（松连接或紧连接），以及连接件的材料、结构尺寸等因素有关。受拉螺栓连接的许用应力可按表 7-7 进行计算；受剪螺栓连接的许用应力可按表 7-8 进行计算。

表 7-7　受拉紧连接普通螺栓的许用应力和安全系数 S

载荷情况	许用应力	不控制预紧时 S				控制预紧时 S
		材料	直　径			不同直径
			M6～M16	M16～M30	M30～M60	
静载荷	$[\sigma] = \sigma_s/S$	碳钢	4～3	3～2	2～1.3	1.2～1.5
		合金钢	5～4	4～2.5	2.5	
变载荷	$[\sigma] = \sigma_s/S$	碳钢	10～6.5	6.5	10～6.5	
		合金钢	7.5～5	5	7.5～6	
	$[\sigma] = \dfrac{\varepsilon\sigma_{-1T}}{S_a k_\sigma}$	应力幅安全系数 $S_a = 2.5 \sim 5$				1.5～2.5

尺寸系数	d/mm										
	<12	16	20	24	32	40	48	56	64	72	80
ε	1	0.87	0.80	0.75	0.67	0.65	0.56	0.54	0.53	0.51	0.49

（续表）

载荷情况	许用应力	不控制预紧力时 S				控制预紧力时 S
		材　料	直　　径			不同直径
			M6～M16	M16～M30	M30～M60	
变载荷	$[\sigma]=\dfrac{\varepsilon\sigma_{-1\mathrm{T}}}{S_a k_\sigma}$	车制螺纹有效应力集中系数	抗拉强度 $\sigma_{\mathrm b}/\mathrm{MPa}$			碾压螺纹的 k_σ 应降低 20%～30%
			400	600	800	1 000	
		k_σ	3	3.9	4.8	5.2	

表7-8　受剪螺栓的许用应力

载 荷 情 况	许用切应力 $[\tau]$	许用挤压应力 $[\sigma_{\mathrm p}]$	
静载荷	$[\tau]=\sigma_{\mathrm s}/S_\tau,\ S_\tau=2.5$	钢 $[\sigma_{\mathrm p}]=\sigma_{\mathrm s}/S_{\mathrm p},\ S_{\mathrm p}=1\sim1.25$	
		铸铁 $[\sigma_{\mathrm p}]=\sigma_{\mathrm b}/S_{\mathrm p},\ S_{\mathrm p}=2\sim2.5$	
变载荷	$[\tau]=\sigma_{\mathrm s}/S_\tau,\ S_\tau=3.5\sim5$	钢 $[\sigma_{\mathrm p}]=\sigma_{\mathrm s}/S_{\mathrm p},\ S_{\mathrm p}=1.6\sim2$	
		铸铁 $[\sigma_{\mathrm p}]=\sigma_{\mathrm b}/S_{\mathrm p},\ S_{\mathrm p}=2.5\sim3.5$	

7.5.2　普通螺栓连接的强度计算

1) 受拉松连接螺栓的强度计算

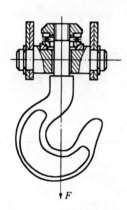

图7-14　起重机吊钩螺栓连接

装配时不需要拧紧的螺栓连接称为松连接螺栓。图 7-14 所示的起重机吊钩螺栓连接即为松连接,工作时螺栓只受轴向拉力作用。设吊钩受力为 F,则吊钩螺栓的强度条件为

$$\sigma=\frac{4F}{\pi d_1^2}\leqslant[\sigma] \tag{7-16}$$

式中　d_1——螺栓的螺纹小径(mm);
　　　$[\sigma]$——松连接时螺栓材料的许用拉应力(MPa),$[\sigma]=\sigma_{\mathrm s}/S$,$S=1.2\sim1.7$。

由式(7-16),可得设计公式为

$$d_1\geqslant\sqrt{\frac{4F}{\pi[\sigma]}} \tag{7-17}$$

2) 受拉紧连接螺栓的强度计算

根据连接承受工作载荷情况的不同,紧连接螺栓可分为只受预紧力作用和同时受预紧力与工作载荷作用两种不同情况。

(1) 只受预紧力作用的紧连接螺栓在螺栓组连接受横向载荷(图 7-10)或旋转力矩(图 7-11)作用时,工作中各螺栓只受预紧力 F_0 作用。但在拧紧螺母时,在螺纹副间还会产生摩擦力矩 T_1 使螺栓发生扭转变形。所以,螺栓内除了有预紧力 F_0 产生的拉应力 σ 外,还存在 T_1 产生的扭转切应力 τ,因此应按拉扭合成强度条件进行计算。对于 M10～M68 普通

螺纹的钢制螺栓,由分析可得 $\sigma \approx 0.5\tau$。

因螺栓材料为塑性材料,故采用第四强度理论建立其强度条件:

$$\sigma_{ca} = \sqrt{\sigma^2 + 3\tau^2} = \sqrt{\sigma^2 + 3(0.5\sigma)^2} \approx 1.3\sigma \leqslant [\sigma]$$

即

$$\sigma_{ca} = \frac{4 \times 1.3F_0}{\pi d_1^2} \leqslant [\sigma] \qquad (7-18)$$

或

$$d_1 \geqslant \sqrt{\frac{5.2F_0}{\pi[\sigma]}} \qquad (7-19)$$

式中　σ_{ca} ——拉扭组合变形下螺栓的相当应力(MPa);

　　　$[\sigma]$ ——紧连接时螺栓材料的许用拉应力(MPa),$[\sigma]$ 值见表 7-7。

由式(7-18)可知,紧连接时螺栓受轴向拉伸和扭转的联合作用,但在计算时,可只按拉伸强度计算,而用将螺栓拉力增大 30% 的方法来考虑扭转的影响。

(2)受预紧力和轴向工作载荷共同作用的紧连接螺栓。在螺栓组连接受轴向工作载荷(图 7-12)或翻转力矩(图 7-13)作用时,工作中各螺栓将受预紧力 F_0 和工作拉力 F 共同作用。由于螺栓和被连接件产生的弹性变形的影响,螺栓受到的总拉力 F_Σ 并不等于预紧力 F_0 与工作拉力 F 之和。此时,应由螺栓和被连接件的变形协调条件确定螺栓所受总拉力及被连接件的受力。

图 7-15a 所示的是螺母刚好拧到与被连接件相接触但尚未拧紧的情形,此时螺栓和被连接件均不受力,也不产生变形。

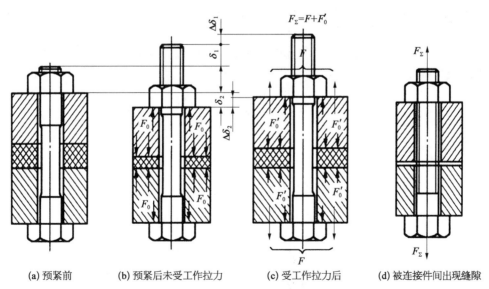

| (a) 预紧前 | (b) 预紧后未受工作拉力 | (c) 受工作拉力后 | (d) 被连接件间出现缝隙 |

图 7-15　受预紧力和工作拉力同时作用时螺栓连接的受力情况

预紧后未受工作拉力时(图 7-15b),螺栓仅受预紧力 F_0 的作用,其伸长量为 δ_1 且 $\delta_1 = F_0/C_1$,C_1 为螺栓的刚度;而被连接件在预紧力 F_0 的作用下产生压缩变形,压缩量为 δ_2 且 $\delta_2 = F_0/C_2$,C_2 为被连接件的刚度。将螺栓和被连接件的受力与变形的关系分别用图线表示(图 7-16a、b),称为力-变形图。将图 7-16a、b 合并在一起即为图 7-16c。

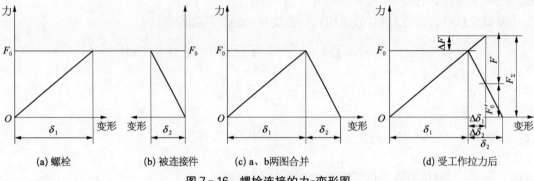

图 7-16 螺栓连接的力-变形图

图 7-15c 所示的是承受工作拉力时的情形,此时螺栓所受的拉力由 F_0 增至 F_Σ,伸长量增加了 $\Delta\delta_1$;与此同时,原来被压缩的被连接件因螺栓的伸长而被放松,所受的压力由 F_0 减小至 F_0',F_0' 称为剩余预紧力,并且被连接件的压缩量随着减小了 $\Delta\delta_2$。 此时螺栓连接的力-变形图如图 7-16d 所示。由图(7-20)可知,螺栓所受总拉力等于工作拉力 F 与剩余预紧力 F_0' 之和,即

$$F_\Sigma = F + F_0' = F_0 + \Delta F \tag{7-20}$$

为了防止连接接合面间出现缝隙(图 7-15d),保证连接的紧固性和紧密性,必须使剩余预紧力 $F_0' > 0$。 对于不同工作要求的连接,一般推荐如下:对紧密性要求的连接(如压力容器),$F_0' = (1.5 \sim 1.8)F$;对紧固性要求的连接,工作载荷稳定时,$F_0' = (0.2 \sim 0.6)F$,工作载荷不稳定时,$F_0' = (0.6 \sim 1.0)F$;对地脚螺栓连接,$F_0' \geqslant F$。 设计时选定了剩余预紧力 F_0' 后,即可由式(7-20)求出螺栓所受的总拉力 F_Σ。

此外,根据螺栓和被连接件的变形协调条件,有螺栓拉伸变形的增加量等于被连接件压缩变形的减少量,即 $\Delta\delta_1 = \Delta\delta_2$。 由图 7-16d,可得

$$\Delta\delta_1 = \frac{\Delta F}{C_1}, \quad \Delta\delta_2 = \frac{F - \Delta F}{C_2}$$

代入 $\Delta\delta_1 = \Delta\delta_2$,得

$$\Delta F = \frac{C_1}{C_1 + C_2} F \tag{7-21}$$

将式(7-21)代入式(7-20)中,可得螺栓所受总拉力的另一表达式:

$$F_\Sigma = F_0 + \Delta F = F_0 + \frac{C_1}{C_1 + C_2} F \tag{7-22}$$

其中,$\dfrac{C_1}{C_1 + C_2}$ 称为螺栓的相对刚度,其大小与螺栓及被连接件的材料、尺寸和结构形状有关。在同样载荷条件下,为了减小螺栓受力,提高连接的承载能力,应使 $\dfrac{C_1}{C_1 + C_2}$ 值尽量小些。设计时一般可按表 7-9 选取 $\dfrac{C_1}{C_1 + C_2}$ 值。

表 7－9　螺栓的相对刚度

连 接 情 况	$\dfrac{C_1}{C_1+C_2}$	连 接 情 况	$\dfrac{C_1}{C_1+C_2}$
连杆螺栓	0.2	钢板连接＋铜皮石棉垫片	0.8
钢板连接＋金属垫片或无垫片	0.2～0.3	钢板连接＋橡胶垫片	0.9
钢板连接＋皮革垫片	0.7		

此外,为了保证剩余预紧力所需的预紧力,可由下式确定:

$$F_0 = F_0' + (F - \Delta F) = F_0' + \left(1 - \frac{C_1}{C_1 + C_2}\right)F \tag{7-23}$$

受预紧力和轴向工作拉力共同作用的紧连接螺栓,应按螺栓的总拉力进行强度计算,考虑到螺栓在总拉力 F_Σ 的作用下可能需要补充拧紧,因此螺栓工作时受总拉力和相应的螺纹摩擦力矩的组合作用,同时产生拉伸变形和扭转变形。与前面相同,可用增大总拉力 30% 的方法来考虑扭转的影响,所以得螺栓的强度条件为

$$\sigma_{ca} = \frac{4 \times 1.3 F_\Sigma}{\pi d_1^2} \leqslant [\sigma] \tag{7-24}$$

$$d_1 \geqslant \sqrt{\frac{5.2 F_\Sigma}{\pi [\sigma]}} \tag{7-25}$$

对于工作载荷 F 为变载荷的重要连接,如内燃机气缸盖的连接螺栓,除了按式(7－24)进行静强度计算外,还应对螺栓的疲劳强度进行精确校核。如图 7－17 所示,工作拉力 F 在 $0 \sim F$ 变化时,螺栓所受总拉力将在 $F_0 \sim F_\Sigma$ 变化。若不考虑螺纹副摩擦力矩的影响,螺栓危险截面上的最大拉应力和最小拉应力分别为

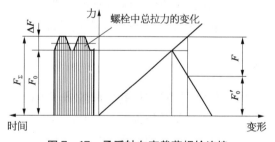

图 7－17　承受轴向变载荷螺栓连接

$$\sigma_{max} = \frac{4 F_\Sigma}{\pi d_1^2} \text{ 和 } \sigma_{min} = \frac{4 F_0}{\pi d_1^2}$$

应力幅为

$$\sigma_a = \frac{\sigma_{max} - \sigma_{min}}{2} = \frac{C_1}{C_1 + C_2} \cdot \frac{2F}{\pi d_1^2} \tag{7-26}$$

由于应力幅是影响零件疲劳强度的主要因素,故应力幅应满足的疲劳强度条件为

$$\sigma_a = \frac{C_1}{C_1 + C_2} \cdot \frac{2F}{\pi d_1^2} \leqslant [\sigma_a] \tag{7-27}$$

式中　$[\sigma_a]$——变载荷时螺栓的许用应力幅(MPa),可按表 7－7 确定。

7.5.3　铰制孔用螺栓连接的强度计算

当铰制孔用螺栓连接受横向力(图 7－18a)作用时,螺栓杆部受到剪切作用(图 7－18a、b),

螺栓杆与被连接件的孔壁表面受到挤压作用（图 7-18b、c）。忽略预紧力和摩擦力的影响，铰制孔用连接螺栓的剪切强度条件为

$$\tau = \frac{4F_\tau}{\pi d_0^2 m} \leqslant [\tau] \tag{7-28}$$

式中　F_τ——连接螺栓受到的剪力（N）；

　　　　d_0——螺栓抗剪面的直径（mm）；

　　　　m——螺栓抗剪面的数目（图 7-18a 中，$m=1$）；

　　　　$[\tau]$——螺栓材料的许用切应力（MPa），见表 7-8。

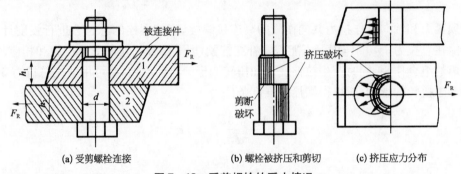

(a) 受剪螺栓连接　　　　(b) 螺栓被挤压和剪切　　　　(c) 挤压应力分布

图 7-18　受剪螺栓的受力情况

螺栓孔表面的挤压应力分布如图 7-18c 所示，它与表面加工、杆孔配合及零件的变形有关，难以精确计算。工程实际中，假设挤压应力均匀分布，其挤压强度条件为

$$\sigma_p = \frac{F_p}{d_0 h} \leqslant [\sigma_p] \tag{7-29}$$

式中　F_p——螺杆与杆孔之间的挤压力（N）；

　　　　h——被挤压面的计算高度（mm），设计时可取 $h \geqslant 1.25d$；

　　　　$[\sigma_p]$——螺栓或被连接件材料的许用挤压应力（MPa），见表 7-8。

7.6　提高螺纹连接强度的措施

螺纹连接的强度主要决定于连接螺栓的强度。影响螺栓强度的因素很多，主要涉及螺纹牙间的载荷分布、应力变化幅度、附加弯曲应力、应力集中及制造与装配工艺等方面。下面介绍提高螺栓强度的一些常用措施。

1) 改善螺纹牙上载荷分布不均的现象

无论螺栓连接的具体结构如何，螺栓所受总拉力都是通过螺栓与螺母螺纹牙间的接触传递的。由于螺栓和螺母的刚度及变形不同，即使制造和装配都很精确，各圈螺纹牙上的受力也是不同的。如图 7-19 所示，连接受载时，螺栓受拉伸，外螺纹的螺距增大；螺母受压，内螺纹的螺距减小。内外螺纹螺距的变化差在从螺母支承面起第一圈螺纹牙处最大，以后各圈递减。旋合螺纹各圈中的载荷分布如图 7-20 所示。

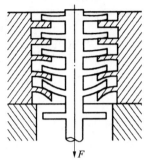

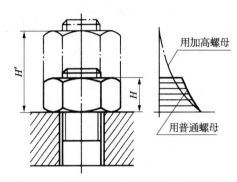

图 7‑19　旋合螺纹的变形示意图　　　图 7‑20　旋合螺纹间载荷分布不均的现象

研究结果证明,靠近螺母支承面的第一圈旋合螺纹牙的受力最大,约为总拉力的 1/3,以后各圈的受力依次减小,第 8 圈以后的螺纹牙几乎不承受载荷;并且随着螺母高度的增加,旋合的螺纹圈数越多,载荷分布不均的程度越严重。所以,采用螺纹牙圈数过多的厚螺母并不能提高连接的强度。

为了改善螺纹牙上载荷分布不均现象,可采用以下几种方法:

(1) 采用悬置螺母。如图 7‑21a 所示,悬置螺母的旋合部分全部受拉,变形与螺栓相同,从而减小了两者间的螺距变化差,使各圈螺纹牙上的载荷分配趋于均匀。

(2) 采用环槽螺母。如图 7‑21b 所示,螺母开割凹槽后,螺母内缘下端(与螺栓旋合部分)局部受拉,其作用与悬置螺母相似,但效果不如悬置螺母好。

(3) 采用内斜螺母。如图 7‑21c 所示,螺母上螺栓旋入端内斜 10°～15°,使受力较大的下面几圈螺纹牙上的受力点外移,螺栓上螺纹牙刚性减小,受载后易于变形,导致载荷向上转移使载荷分配趋于均匀。

(4) 采用特殊结构螺母。如图 7‑21d 所示,这种螺母兼有环槽螺母和内斜螺母的作用,均载效果更明显。但螺母的加工比较困难,所以只用于重要的或大型的连接。

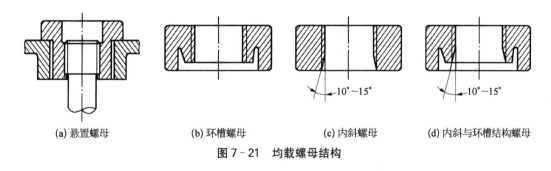

(a) 悬置螺母　　　　　(b) 环槽螺母　　　　　(c) 内斜螺母　　　　　(d) 内斜与环槽结构螺母

图 7‑21　均载螺母结构

(5) 采用钢丝螺套。如图 7‑22 所示,钢丝螺套装于螺纹的内外牙间,有减轻各圈螺纹牙受力分配不均和减小冲击振动的作用,可使螺栓的疲劳强度提高达 30%。若螺套材料为不锈钢并具有较高的硬度和较小的表面粗糙度值,还能提高连接的抗微动磨损和抗腐蚀的能力。

2) 减小应力幅

螺栓的最大应力一定时,应力幅越小,螺栓越不容易发生疲劳破坏,连接的可靠性越高。

由式(7-26)可知,在最大应力不变时,减少螺栓刚度 C_1 或增大被连接件的刚度 C_2,都可减小应力幅,同时采用这两种措施时,效果更明显。但在给定预紧力 F_0 的条件下,减小螺栓刚度或增大被连接件刚度都将引起剩余预紧力的减小,从而降低了连接的紧密性。因此,在减小螺栓刚度或增大被连接件刚度的同时,适当增加预紧力,可使剩余预紧力不至于减小得太多或者保持不变。但预紧力也不宜增加太多,以免因螺栓总拉力过大而降低螺栓强度。

工程实际中,增加螺栓长度、采用腰状杆螺栓(图7-23a)或空心螺栓(图7-23b),均可减小螺栓的刚度。在螺母下面安装弹性元件(图7-24),也有同样的效果。被连接件之间不采用垫片或采用刚度较大的垫片,均可增大被连接件刚度。对于有紧密性要求的连接,不用垫片时,可采用密封环密封(图7-25)。

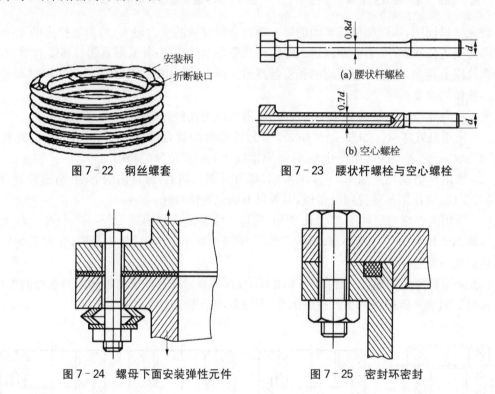

图7-22 钢丝螺套　　图7-23 腰状杆螺栓与空心螺栓

图7-24 螺母下面安装弹性元件　　图7-25 密封环密封

3) 避免附加弯曲应力

由于设计、制造和装配不良等原因,会导致螺栓承受偏心载荷,如图7-26所示。偏心载

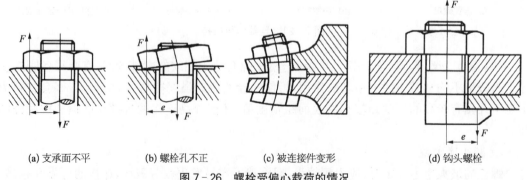

(a) 支承面不平　　(b) 螺栓孔不正　　(c) 被连接件变形　　(d) 钩头螺栓

图7-26 螺栓受偏心载荷的情况

荷会在螺栓中引起附加弯曲应力,大大降低螺栓的强度。所以,应从结构上和工艺上采取措施,避免产生或减小附加弯曲应力。若保证螺栓和被连接件的各支承面平整并与螺栓轴线垂直,可在粗糙表面上制出凸台(图7-8a)或沉孔(图7-8b),采用斜面垫圈(图7-9)。采用球面垫圈(图7-27a)、环腰结构螺栓(图7-27b),也可避免附加弯曲应力。

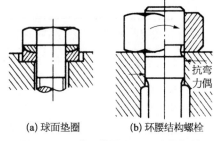

(a) 球面垫圈   (b) 环腰结构螺栓

图7-27 球面垫圈和环腰结构螺栓

4) 减小应力集中

在螺栓的螺纹牙部分、螺纹收尾处、圆角过渡处及螺杆横截面变化处,都会产生应力集中,对螺栓的疲劳强度影响较大。为了减小应力集中的程度,可采用较大的过渡圆角(图7-28a),螺栓头部切制卸载槽(图7-28b),在螺栓杆部的截面变化处设置卸载过渡结构(图7-28c)。此外,在螺纹收尾处加工出退刀槽也可减小应力集中。

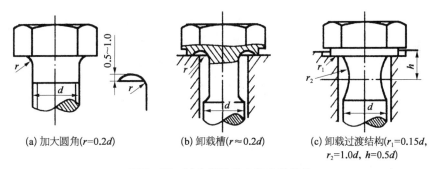

(a) 加大圆角($r = 0.2d$)   (b) 卸载槽($r \approx 0.2d$)   (c) 卸载过渡结构($r_1 = 0.15d$, $r_2 = 1.0d$, $h = 0.5d$)

图7-28 减小螺栓应力集中的结构

5) 采用合理的制造工艺

制造工艺对螺栓的疲劳强度具有较大影响,尤其是对于高强度的钢制螺栓,影响更为明显。加工时在螺纹表面层中产生的残余应力是影响螺栓疲劳强度的重要因素,采用合理的制造方法和加工方式,可显著提高螺栓的疲劳强度。

碾制螺纹的材料纤维连续、金属流线合理,且表面因加工硬化而存留有残余应力,其疲劳强度较车制螺纹可提高 $30\% \sim 40\%$。热处理后再滚压,效果会更好。碳氮共渗、氮化、喷丸等表面处理对提高螺栓疲劳强度也十分有效。

例7-1 已知气缸(图7-12)工作压力在 $0 \sim 0.5$ MPa 变化,工作温度低于 $135 ℃$,气缸内径 $D = 1\,000$ mm,螺栓数目 $z = 24$,螺栓分布在 $D_1 = 1\,200$ mm 的圆周上,采用铜皮石棉垫片。试计算气缸盖连接螺栓直径。

解:计算过程见表7-10。

表7-10 气缸盖连接螺栓直径设计

设 计 项 目	设 计 依 据 及 内 容	设 计 结 果
(1) 计算螺栓受力 ① 气缸盖所受合力 F_Q ② 单个螺栓所受最大工作载荷 F_{max}	$F_Q = \pi D^2 p / 4 = \pi \times 1\,100^2 \times 0.5 / 4 \text{(N)}$ $F_{max} = F_Q / z = 475\,200 / 24 \text{(N)}$	$F_Q = 475\,200$ N $F_{max} = 19\,800$ N

（续表）

设 计 项 目	设计依据及内容	设 计 结 果
③ 剩余预紧力 F_0'	有紧密性要求,取 $F_0' = 1.8F$,则 $F_0' = 1.8 \times$ 19 800(N)	$F_0' = 35\ 640$ N
④ 螺栓所受最大拉力 F_Σ	$F_\Sigma = F_{max} + F_0' = 19\ 800 + 35\ 640$(N)	$F_\Sigma = 55\ 440$ N
⑤ 相对刚度系数	查表 7-9,得 $C_1/(C_1+C_2) = 0.8$	$C_1/(C_1+C_2) = 0.8$
⑥ 预紧力 F_0	由式(7-23), $F_0 = F_0' + \left(1 - \dfrac{C_1}{C_1+C_2}\right)F_{max} =$ 35 640 + 0.2 × 19 800(N)	$F_0 = 39\ 600$ N
(2) 设计螺栓尺寸	因螺栓受变载荷作用,故按静强度条件进行设计,按变载荷情况校核螺栓疲劳强度	
① 选择螺栓材料及等级	45 钢,强度等级为 5.6 级, $\sigma_s = 300$ MPa	45 钢,5.6 级 $\sigma_s = 300$ MPa
② 计算许用应力$[\sigma]$	查表 7-7,控制预紧力,取 $S = 1.5[\sigma] =$ $\sigma_s/s = 300/1.5$(MPa)	$[\sigma] = 200$ MPa
③ 计算螺栓直径 d_1	由式(7-25), $$d_1 \geqslant \sqrt{\frac{5.2F_\Sigma}{\pi[\sigma]}} = \sqrt{\frac{5.2 \times 554\ 400}{\pi \times 200}}\ (\text{mm})$$	$d_1 \geqslant 21.42$ mm
④ 确定螺栓几何尺寸	由 $d_1 \geqslant 21.42$ mm,查机械设计手册,得 $d = 27$ mm, $d_1 = 23.752$ mm $d_2 = 25.051$ mm, $P = 3$ mm	$d = 27$ mm $d_1 = 23.752$ mm $d_2 = 25.051$ mm $P = 3$ mm
(3) 校核螺栓的疲劳强度 ① 计算螺栓的应力幅 σ_a	由式(7-26), $$\sigma_a = \frac{C_1}{C_1+C_2} \cdot \frac{2F}{\pi d_1^2} = 0.8 \times \frac{2 \times 19\ 800}{\pi \times 23.752^2}\ (\text{MPa})$$	$\sigma_a = 17.875$ MPa
② 计算许用应力幅$[\sigma_a]$	查表 7-4,得 $\sigma_{-1T} = 220$ MPa 查表 7-7,得 $\varepsilon = 0.72$,碾制螺纹 $k_\sigma = 3.45 \times 0.8 = 2.76$, $S_a = 2.5$ 则 $[\sigma_a] = \dfrac{\varepsilon\sigma_{-1T}}{S_a k_\sigma} = \dfrac{0.72 \times 220}{2.5 \times 2.76}$(MPa)	$[\sigma_a] = 22.96$ MPa
③ 疲劳强度校核	$\sigma_a = 17.875$ MPa $< [\sigma_a] = 22.96$ MPa	疲劳强度满足要求
(4) 验算螺栓间距 t_0	工作压力 <1.6 MPa, $7d = 7 \times 27 = 189$(mm) $t_0 = \pi D_2/z = \pi \times 1\ 200/24 = 157.1$(mm) $< 7d$	螺栓间距满足要求

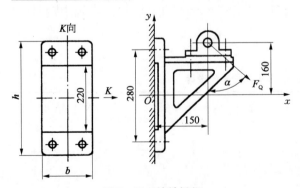

图 7-29　铸铁托架

例 7-2　一个固定于钢制立柱上的铸铁(HT200)托架如图 7-29 所示,已知工作载荷 $F_Q = 4\ 800$ N,力的作用线与垂直方向成 50°角,底板高 $h = 340$ mm,宽 $b = 150$ mm,其余尺寸见图。试设计此螺栓组连接。

解:建立图 7-29 所示 xOy 坐标系。

螺栓组结构设计:采用普通螺栓连接,布置形式如图 7-29 所示,螺栓数目 $z = 4$。

其他设计内容及设计结果见表 7 - 11。

表 7 - 11　铸铁托架螺栓组连接设计

设 计 项 目	设 计 依 据 及 内 容	设 计 结 果
（1）螺栓组受力分析 ① 水平方向分力 F_x ② 垂直方向分力 F_y ③ 翻转力矩 M	将工件载荷分解后，可得 $F_x = F_Q \sin\alpha = 4\,800 \times \sin 50°(\mathrm{N})$ $F_y = F_Q \cos\alpha = 4\,800 \times \cos 50°(\mathrm{N})$ $M = F_y \times 0.15 + F_x \times 0.16(\mathrm{N \cdot m})$	$F_x = 3\,677\,\mathrm{N}$ $F_y = 3\,085\,\mathrm{N}$ $M = 1\,051.07\,\mathrm{N \cdot m}$
（2）失效形式分析	该连接可能出现以下几种失效形式：① 在 F_x 和 M 作用下，结合面上部可能分离；② 在 F_y 作用下，托架可能向下滑移；③ 在 F_x 和 M 作用下，结合面下部可能被压溃；④ 最上边的受拉螺栓可能被拉断或产生塑性变形。 　为了防止分离和滑移，应保证有足够的预紧力；为了避免压溃，要求将预紧力控制在一定范围内	
（3）计算 F_x 作用下单个螺栓所受工作拉力 F_1	由式（7 - 10），$F_1 = F_x/z = 3\,677/4(\mathrm{N})$	$F_1 = 919\,\mathrm{N}$
（4）计算 M 作用下受力最大螺栓所受的最大工作拉力 $F_{\max}$	由式（7 - 13），得 $$F_{\max} = ML_{\max} / \sum_{i=1}^{z} L_i^2$$ $= 1\,051.07 \times 0.14/(4 \times 0.14^2)(\mathrm{N})$	$F_{\max} = 1\,877\,\mathrm{N}$
（5）计算最大工作拉力 F	$F = F_1 + F_{\max} = 919 + 1\,877(\mathrm{N})$	$F = 2\,796\,\mathrm{N}$
（6）计算螺栓所受总拉力 F_Σ 　计算预紧力 F_0	由底板不滑移条件，得 $f\left(zF_0 - \dfrac{C_2}{C_1+C_2}F_x\right) \geqslant k_f F_y$ 可得 $F_0 \geqslant \dfrac{1}{z}\left(\dfrac{k_f F_y}{f} + \dfrac{C_2}{C_1+C_2}F_x\right)$ 查表 7 - 9，得 $\dfrac{C_1}{C_1+C_2} = 0.2$，则 $\dfrac{C_2}{C_1+C_2} = 0.8$ 取 $k_f = 1.2$，$f = 0.16$，则 $F_0 \geqslant \dfrac{1}{4} \times \left(\dfrac{1.2 \times 3\,085}{0.16} + 0.8 \times 3\,677\right) = 6\,520(\mathrm{N})$ 设计时取 $F_0 = 7\,000\,\mathrm{N}$ $F_\Sigma = F_0 + \dfrac{C_1}{C_1+C_2}F = 7\,000 + 0.2 \times 2\,796(\mathrm{N})$	$k_f = 1.2$ $f = 0.16$ $F_0 = 7\,000\,\mathrm{N}$ $F_\Sigma = 7\,559.2\,\mathrm{N}$
（7）确定螺栓直径 d	选螺栓材料 35 钢，性能等级 4.6 级，查表 7 - 5，得 $\sigma_s = 240\,\mathrm{MPa}$ 查表 7 - 7，不控制预紧力 假设螺栓为 M16，取安全系数 $S = 3$ 螺栓材料的许用应力 $[\sigma] = \sigma_s/S = 240/3(\mathrm{MPa})$ 由式（7 - 19），得	35 钢，4.6 级 $\sigma_s = 240\,\mathrm{MPa}$ $S = 3$ $[\sigma] = 80\,\mathrm{MPa}$

（续表）

设 计 项 目	设计依据及内容	设 计 结 果
	$d_1 \geqslant \sqrt{\dfrac{5.2F_\Sigma}{\pi[\sigma]}} = \sqrt{\dfrac{5.2 \times 7\,559.2}{\pi \times 80}}$ (mm) 查机械设计手册，取 　　$d = 16$ mm，$d_1 = 13.835$ mm 　　$d_2 = 14.701$ mm，$P = 2$ mm 所得螺栓直径与假设相符	$d_1 \geqslant 12.51$ mm $d = 16$ mm $d_1 = 13.835$ mm $d_2 = 14.701$ mm $P = 2$ mm
（8）校核接合面工作能力 　① 接合面上部不出现缝隙 　② 接合面不被压溃	$A = 150 \times (340 - 220)$ (mm^2) $W = \dfrac{b}{6h}(h^3 - 220^3)$ 　　$= \dfrac{150}{6 \times 340} \times (340^3 - 220^3)$ (mm^3) 由式(7-14)，得 $\sigma_{p\min} \approx \dfrac{1}{A}\left(zF_0 - \dfrac{C_2}{C_1 + C_2}F_x\right) - \dfrac{M}{W}$ $= \dfrac{4 \times 7\,559.2 - 0.8 \times 3\,677}{18\,000} - \dfrac{1\,051\,070}{2\,107\,058.8}$ (MPa) 由式(7-15)，得 $\sigma_{p\max} \approx \dfrac{1}{A}\left(zF_0 - \dfrac{C_2}{C_1 + C_2}F_x\right) + \dfrac{M}{W}$ $= \dfrac{4 \times 7\,559.2 - 0.8 \times 3\,677}{18\,000} + \dfrac{1\,051\,070}{2\,107\,058.8}$ (MPa) 查表7-8，得钢制立柱 $S_p = 1.25$，并取 $\sigma_s = 200$ MPa $[\sigma_p] = \sigma_p/S_p = 200/1.25 = 192$ (MPa) 　　　　$> \sigma_{p\max} = 2.02$ MPa 铸铁 $S_p = 2.5$，$\sigma_b = 200$ MPa $[\sigma_p] = \sigma_b/S_p = 200/2.5 = 80$ (MPa) 　　　　$> \sigma_{p\max} = 2.02$ MPa	$A = 18\,000$ mm^2 $W = 2\,107\,058.8$ mm^3 $\sigma_{p\min} = 1.02$ MPa > 0 MPa 故不会出现缝隙 $\sigma_{p\max} = 2.02$ MPa 故底板不会被压溃
（9）验算预紧力 F_0	对碳素钢，要求 $F_0 < (0.6 \sim 0.8)\sigma_s A$ $A = \pi d_1^2/4 = \pi \times 13.835^2/4 = 150.33$ (mm^2) $0.6\sigma_s A = 0.6 \times 240 \times 150.33$ 　　　　$= 21\,647$ (N) $> F_0 = 7\,000$ N	预紧力 F_0 符合要求
（10）其他部分设计	略	

本章学习要点

（1）了解螺纹连接的主要类型、特点及应用。

（2）掌握螺纹连接的预紧与防松方法。

（3）掌握在不同外载荷条件下螺栓组中各螺栓的受力分析方法。

（4）掌握螺栓连接的强度计算（特别是承受轴向拉伸载荷的紧螺栓连接）。

（5）了解螺纹传动的主要类型、特点及应用。

（6）难点：受轴向工作载荷与预紧力同时作用的螺栓连接、受翻转力矩作用的螺栓组连接的设计计算。

通过本章学习，学习者在掌握上述主要知识点后，应能在不同的工况条件下正确选用螺纹连接并具有相应的设计能力。

 思考与练习题

1. 问答题

7-1 常用螺栓材料有哪些？选用螺栓材料时主要应考虑哪些问题？

7-2 松螺栓连接和紧螺栓连接的区别是什么？计算中应如何考虑这些区别？

7-3 实际应用中绝大多数螺纹连接都要预紧，试问预紧的目的是什么？

7-4 拧紧螺母时，拧紧力矩 T 要克服哪些摩擦阻力矩？这时螺栓和被连接件各受什么载荷作用？

7-5 为什么对于重要的螺栓连接要控制螺栓的预紧力？F_0 大小由哪些条件决定？控制预紧力的方法有哪些？

7-6 螺纹连接松脱的原因是什么？试按三类防松原理举例说明螺纹连接的各种防松措施。

7-7 设计螺栓组连接的结构时一般应考虑哪些方面的问题？

7-8 螺栓组连接承受的载荷与螺栓组内螺栓的受力有什么关系？若螺栓组受横向载荷，螺栓是否一定受到剪切？

7-9 对于常用的普通螺栓，预紧后螺栓承受拉伸和扭转的复合应力，但是为什么只要将轴向拉力增大 30% 就可以按纯拉伸计算螺栓的强度？

7-10 对于受轴向载荷的紧螺栓连接，若考虑螺栓和被连接件刚度的影响，螺栓受到的总拉力是否等于预紧力 F_0 与工作拉力 F 之和？为什么？

7-11 提高螺纹连接强度的常用措施有哪些？

7-12 对于受变载荷作用的螺栓，可以采取哪些措施来减小螺栓的应力幅？

2. 填空题

7-13 普通螺栓连接受横向工作载荷作用，则螺栓中受_____应力和_____应力作用。

7-14 受轴向工作载荷的紧螺栓连接，螺栓所受的总拉力等于_____和_____之和。

7-15 螺纹连接防松，按其防松原理可分为_____、_____和_____。

7-16 被连接件受横向工作载荷作用，若采用普通螺栓连接，则螺栓受到载荷作用，可能发生的失效形式为_____。

7-17 螺纹连接防松的实质是_____，当承受冲击或振动载荷并需正常拆卸时，应采用_____防松装置。

7-18 采用螺纹连接时，若被连接件总厚度不大，且两边留有足够的扳手空间，一般宜采用_____连接；若被连接件总厚度较大，但不需要经常装拆的情况下，一般宜采用_____。

7-19 在一个受轴向载荷的紧螺栓连接中,已知螺栓预紧力 $F_0 = 5\,000$ N,轴向工作载荷 $F = 3\,000$ N,螺栓刚度为 C_1,被连接件刚度为 C_2,且有 $C_1 = 4C_2$,则工作时螺栓的总拉力 $F_\Sigma =$ _____ N。

7-20 被连接件受横向工作载荷作用时,若采用一组普通螺栓连接,则是依靠 _____ 来传递载荷的。

3. 计算题

7-21 图 7-30 所示的是两根钢梁由两块钢板和 8 个 M20 的普通螺栓连接,钢梁受横向载荷 F_R 作用,螺栓小径 $d_1 = 17.294$ mm,许用拉应力 $[\sigma] = 160$ MPa,被连接件接合面间的摩擦系数 $f = 0.2$,防滑可靠性系数 $k_f = 1.2$。试确定该连接允许传递的横向载荷 F_R。

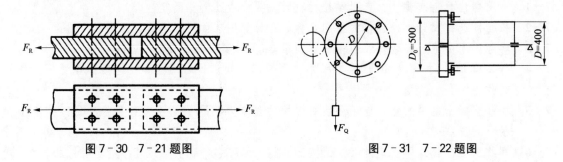

图 7-30　7-21 题图　　　　　　　　图 7-31　7-22 题图

7-22 图 7-31 中起重卷筒与大齿轮间用双头螺柱连接,起重钢索拉力 $F_Q = 50$ kN,卷筒直径 $D = 400$ mm,8 个螺柱均匀分布在直径 $D_0 = 500$ mm 的圆周上,螺栓性能等级为 4.6 级,接合面摩擦系数 $f = 0.2$,可靠性系数 $k_f = 1.2$。试确定双头螺柱的直径。

7-23 螺栓组连接的三种方案如图 7-32 所示,外载荷 F_R 及尺寸 L 相同,试分析确定各方案中受力最大螺栓所受力的大小,并指出哪一个方案比较好。

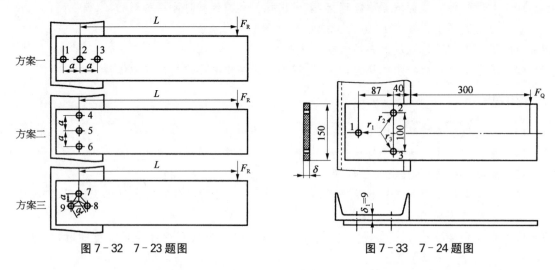

图 7-32　7-23 题图　　　　　　　　图 7-33　7-24 题图

7-24 如图 7-33 所示,厚度 δ 的钢板用三个铰制孔用螺栓紧固于 18 号槽钢上,已知 $F_Q = 9$ kN,钢板及螺栓材料均为 Q235,许用弯曲应力 $[\sigma_b] = 158$ MPa,许用切应力 $[\tau] = 98$ MPa,许用挤压应力 $[\sigma_p] = 240$ MPa。试求钢板的厚度 δ 和螺栓的尺寸。

第 8 章

键销连接设计

轴与轴上传动零件(如齿轮、带轮等)之间的连接称为轴毂连接,其功能主要是实现轴上零件的周向固定并传递转矩,其中有些还可实现轴向固定和传递轴向力,有些还能实现轴向动连接。轴毂连接的形式有键连接、花键连接、销连接、过盈连接、型面连接和胀紧连接等。本章主要介绍其中键销连接的类型、特点、选择,以及设计方法。

8.1 键 连 接

键连接由键、轴上键槽和零件轮毂上键槽组成,其结构简单、装拆方便、工作可靠,是应用最多的轴毂连接方式。键连接设计的主要内容是:选择键连接类型、确定键的尺寸、校核键连接的工作能力。

8.1.1 键连接的类型、功用、结构及应用

键连接分为平键连接、半圆键连接、楔键连接和切向键连接四种类型。

1) 平键连接

平键可分为普通平键、薄型平键、导向平键和滑键四种类型,其中普通平键和薄型平键用于静连接,导向平键和滑键用于动连接。

普通平键连接的结构如图 8-1a 所示。平键的左右两个侧面为工作面,工作时靠键与键槽侧面间的挤压来传递转矩。键的上表面与轮毂键槽底部之间留有间隙,为非工作面。因此,平键连接的定心性较好,结构简单,装拆方便,应用最为广泛。但平键连接不能承受轴向

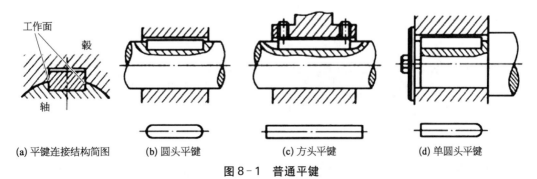

(a) 平键连接结构简图   (b) 圆头平键   (c) 方头平键   (d) 单圆头平键

图 8-1 普通平键

力,对轴上零件不能起到轴向固定的作用。

按端部形状的不同,普通平键分为圆头(A型,图8-1b)、方头(B型,图8-1c)、单圆头(C型,图8-1d)三种形式。圆头平键的键槽用指状键槽铣刀(图8-2a)加工,键在键槽中的固定性好,但轴上键槽端部的应力集中较大,对轴的强度影响较大,且键的头部侧面与轮毂上的键槽并不接触,圆头部分不能充分利用。方头平键的键槽用盘形铣刀(图8-2b)加工,轴切向键连接的应力定螺钉将其固定在轴上键槽中,以指状键槽铣刀加工键槽,盘形铣刀加工槽防松动。单圆头平键常用于轴端与毂类零件的连接。

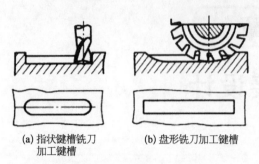

(a) 指状键槽铣刀　　(b) 盘形铣刀加工键槽
加工键槽

图8-2　轴上键槽加工示意图

薄型平键和普通平键类似,也分为圆头、方头、单圆头三种形式。在宽度相同时,薄型平键高度约为普通平键的60%~70%。因而传递转矩的能力较低,常用于薄壁结构、空心轴及一些径向尺寸受限制的场合。

当被连接的轴上零件在工作过程中需要在轴上做轴向滑移而构成移动副时(如变速箱中的滑移齿轮),可采用导向平键连接(图8-3)或滑键连接(图8-4)。导向平键分为圆头(A型)、方头(B型)两种。导向平键的长度较大,为避免键在键槽中松动,常用两个紧定螺钉将其与轴固定在一起。为了拆卸方便,键上制有起键螺孔,以便拧入螺钉使键退出键槽。导向平键连接主要用于轴上零件沿轴向滑移距离不大的场合。当轴上零件沿轴向滑移的距离较大时,采用导向平键会使其长度过大,制造困难,此时应采用滑键。滑键固定在轴上零件的轮毂上,随轮毂一起在轴上长键槽中做轴向滑移。

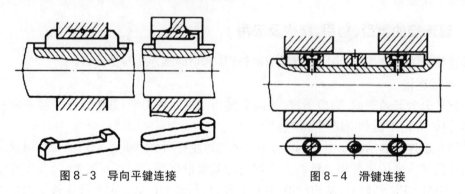

图8-3　导向平键连接　　　　图8-4　滑键连接

2) 半圆键连接

半圆键连接的结构如图8-5a所示,键的两个侧面为工作面,工作时靠键与键槽侧面间的挤压来传递转矩。半圆键是一种半圆的板状零件,轴上键槽用相应形状的盘形铣刀加工,因而半圆键可在轴上键槽中绕其几何中心自由摆动,以适应轮毂上键槽的斜度。半圆键连接的优点是连接的定心性好、工艺性好、装配方便,尤其适用于锥形轴端与轮毂的连接(图8-5b),缺点是轴上键槽较深,对轴的强度削弱较大,故一般只用于轻载的静连接中。当需要采用两个半圆键时,应沿轴的同一母线布置。

3) 楔键连接

楔键连接如图8-6a所示。楔键的上下面是工作面,键的上表面和与它配合的轮毂键

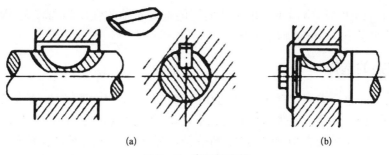

图 8-5　半圆键连接

槽底面均有 1∶100 的斜度(图 8-6b)。安装后,键就楔紧在轴和毂的键槽内,工作面上产生很大的楔紧力 F_n。工作时主要靠接触面上的摩擦力 fF_n 传递转矩 T,此外同时还能承受单方向的轴向力,对轮毂起到单向的轴向固定作用。楔键的侧面与键槽侧面间有很小的间隙,当转矩过载而导致轴与轮毂发生相对转动时,键的侧面与键槽侧面接触,能像平键一样工作。因此,楔键连接在传递冲击和振动较大的转矩时,仍能保证连接的可靠性。由于楔键连接在楔紧后,轴与轮毂间会产生偏斜和偏心(偏心距为 e,图 8-6a),所以楔键连接主要用于定心精度要求不高和低转速的场合。当采用两个楔键时,应间隔 $90° \sim 120°$。

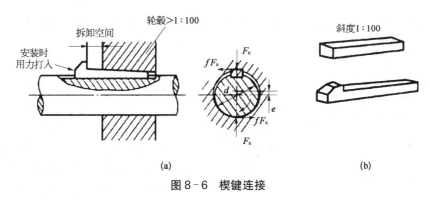

图 8-6　楔键连接

　　楔键分普通楔键和钩头楔键两种(图 8-6b)。普通楔键有圆头、方头和单圆头三种形式。装配时,圆头楔键要先放入轴上键槽中,然后打紧轮毂;方头、单圆头和钩头楔键则在轴上零件安装好后才将键放入键槽中并打紧(图 8-6a)。钩头楔键的钩头是为了便于键的拆卸,当其安装在轴端时,应加装防护罩。

　　4) 切向键连接

　　切向键连接如图 8-7 所示。切向键由一对斜度为 1∶100 的楔键组成,装配时,两个楔键分别从轮毂两端打入并楔紧。切向键的工作面为窄面,工作压力沿轴段外圆的切线方向作用,工作时靠工作面上的挤压力和轴与毂间的摩擦力来传递动力,因此能传递很大的转矩。一个切向键只能传递单向转矩(图 8-7a);当需要双向传递转矩时,可用两个切向键并间隔

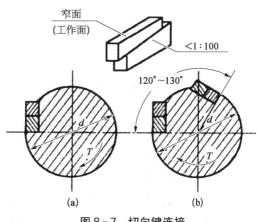

图 8-7　切向键连接

$120°\sim130°$布置,如图 8 - 7b 所示。由于切向键的键槽对轴的强度削弱较大,因此常用于重型机械中直径大于 100 mm 的轴毂连接。

8.1.2 键连接的选择

键连接的选择包括类型选择和尺寸选择两个方面。设计键连接时,通常被连接件的材料、构造和尺寸已初步确定,连接的载荷也已求得,因此可根据连接的结构特点、使用要求和工作条件来选择键连接的类型,键的尺寸则按符合标准规格和强度要求来取定。键的主要尺寸为截面尺寸宽度 b、高度 h 和长度 L。 键的截面尺寸 b、h 可根据轴的直径 d 从标准中选定;键的长度 L 可参照轮毂长度 B[一般轮毂宽度 $B \approx (1.5 \sim 2)d$, d 为轴的直径]确定,一般取 $L = B - (5 \sim 10)$mm,并圆整为标准规定的长度系列。导向平键的长度则按轮毂宽度及其滑动距离确定。键的材料一般采用强度极限不低于 600 MPa 的碳素钢,通常为 45 钢。当轮毂用非铁金属或非金属材料时,键可用 20 钢或 Q235 钢。对于重要的键连接,在选定键的类型和尺寸后,还应该进行强度校核。键和键槽的结构和尺寸及配合公差可查标准或手册确定。

8.1.3 键连接的强度计算

以下仅介绍平键连接的强度计算,对于其他类型键连接的强度计算,在需要时可查相关设计手册。

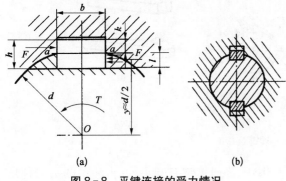

图 8 - 8 平键连接的受力情况

平键连接传递转矩时,各零件的受力如图 8 - 8a 所示。普通平键连接的主要失效形式是工作面的压溃,按工作面上的挤压应力进行强度校核计算;导向平键和滑键的主要失效形式是工作面的过度磨损,按工作表面上的压强进行条件性的强度校核计算。只有在严重过载情况下,平键连接才有可能出现沿图 8 - 8a 所示的面被剪断的情况。

假设键的工作表面上载荷均匀分布,参照图 8 - 8a,可得普通平键连接的挤压强度条件为

$$\sigma_p = \frac{2T}{dkl} = [\sigma_p] \qquad (8-1)$$

导向平键连接和滑键连接的强度条件为

$$p = \frac{2T}{dkl} = [p] \qquad (8-2)$$

式中 T——传递的转矩, $T = Fy \approx Fd/2$(N·mm), F 为周向力(N);

d——轴的直径(mm);

k——键与轮毂的接触高度, $k \approx h/2$, h 为键的高度(mm);

l——键的工作长度(mm),A 型键 $l = L - b$,B 型键 $l = L$,C 型键 $l = L - b/2$, L 为

键的公称长度，b 为键的宽度（mm）；

$[\sigma_p]$——键、轴、轮毂三者中最弱材料的许用挤压应力（MPa），可查表 8-1；

$[p]$——键、轴、轮毂三者中最弱材料的许用压强（MPa），见表 8-1。

表 8-1　键连接的许用挤压应力和许用压强　　　　　单位：MPa

许用值	连接性质	轮毂材料	载 荷 性 质		
			静载荷	轻微冲击	冲 击
$[\sigma_p]$	静连接	钢	120～150	100～120	60～90
		铸铁	70～80	50～60	30～45
$[p]$	动连接	钢	50	40	30

注：若与键有相对滑动的被连接件的表面经过淬火处理，动连接的许用压强$[p]$可提高 2～3 倍。

若单键连接的强度不满足，可采用双键连接，此时应考虑双键的合理布置。当采用两个平键时，应将其间隔 180°布置（图 8-8b），考虑到两个键上载荷分布的不均匀性，在强度校核中只按 1.5 个键计算。

8.2　花　键　连　接

花键连接由沿轴的周向均布多个键齿的外花键（图 8-9a）和沿轮毂孔周向均布多个键齿的内花键（图 8-9b）组成，工作时靠键齿侧面之间的挤压来传递转矩。花键连接既可用于静连接，也可用于动连接。

8.2.1　花键连接的类型、结构和特点

按齿形不同，花键可以分为矩形花键和渐开线花键。

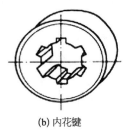

(a) 外花键　　　　　(b) 内花键

图 8-9　花键连接

1）矩形花键连接

图 8-10 所示的是矩形花键连接，键齿的两个侧面为平面，形状较为简单，加工方便。花键通常要进行热处理，表面硬度应高于 40HRC。矩形花键连接的定心方式为小径定心，外花键和内花键的小径为配合面。由于制造时轴和毂上的接合面都要经过磨削，因此能消除热处理引起的变形，具有定心精度高、定心稳定性好、应力集中较小、承载能力较大的特点，故应用广泛。

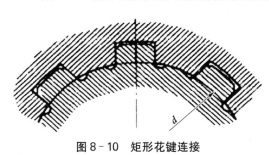

图 8-10　矩形花键连接

根据花键的齿数和齿高的不同，矩形花键的齿形尺寸分为轻、中两个系列。轻系列承载能力较小，一般用于轻载连接或静连接；中系列用于中等载荷的连接。

2) 渐开线花键连接

图 8-11 所示的是渐开线花键连接。渐开线花键的齿廓为渐开线,与渐开线齿轮相比,主要有三点不同:

(1) 压力角不同,渐开线花键的分度圆压力角有 30°(图 8-11a)、37.5°和 45°(图 8-11b)三种,压力角为 30°和 37.5°的模数范围为 0.5~10 mm,压力角为 45°的模数范围为 0.25~2.5 mm。

(2) 键齿较短,齿根较宽,三种压力角对应的齿顶高系数分别为 0.5、0.45 和 0.4。

(3) 不产生根切的最少齿数较少,渐开线花键不产生根切的最少齿数 $z_{\min}=4$。

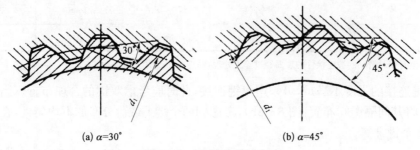

(a) $\alpha=30°$ (b) $\alpha=45°$

图 8-11 渐开线花键连接

渐开线花键的制造工艺与齿轮制造工艺相同,齿根有平齿根和圆齿根两种。为了便于加工,一般选用平齿根,但圆齿根有利于减小应力集中和减少淬火裂纹的产生。渐开线花键的主要特点是:① 工艺性较好,制造精度较高;② 花键齿的齿根强度高、应力集中小,故承载能力大、使用寿命长;③ 定心精度高,渐开线花键的定心方式为齿形定心,当键齿受载时,在齿面压力的作用下能自动平衡定心,有利于各齿均匀承载。因此,渐开线花键常用于载荷较大、尺寸也较大的连接。

压力角为 30°的渐开线花键适用于传递运动和动力,可用于动连接和静连接,应用广泛。压力角为 45°的渐开线花键,由于齿形钝而短,齿的工作面高度较小,故承载能力较低,但对连接件的强度削弱较小,多用于较轻载荷、较小直径的静连接,特别适用于薄壁零件的轴毂连接。

8.2.2 花键连接的强度计算

花键连接的失效形式和强度计算方法,与前述平键连接基本相同。花键连接的受力如图 8-12 所示。假设载荷在键齿的工作面上均匀分布,每个键齿工作面上的压力的合力 F 作用在平均直径处,则花键传递的转矩 $T=zFd_{\mathrm{m}}/2$。通过引入载荷不均匀系数 K 来考虑实际载荷在各花键齿上分配不均的影响,由此可得花键连接的强度条件:

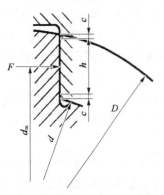

图 8-12 花键连接的受力情况

静连接:$\sigma_{\mathrm{p}}=\dfrac{2T}{Kzhld_{\mathrm{m}}}\leqslant[\sigma_{\mathrm{p}}]$ (8-3)

动连接:$p=\dfrac{2T}{Kzhld_{\mathrm{m}}}\leqslant[p]$ (8-4)

式中　T——花键传递的转矩($N \cdot mm$)；

$\quad\quad l$——花键的工作长度(mm)；

$\quad\quad z$——花键的齿数；

$\quad\quad K$——载荷不均匀系数,取决于齿数,一般取 $K = 0.7 \sim 0.8$,多时取较小值；

$\quad\quad h$——花键齿侧面的工作高度(mm),对于矩形花键,$h = (D-d)/2 - 2c$,c 为倒角尺寸,对于渐开花键,当 $\alpha = 30°$, $h = m$(m 为模数),当 $\alpha = 45°$ 时,$h = 0.8m$；

$\quad\quad d_m$——花键的平均直径(mm),矩形花键 $d_m = (D+d)/2$,渐开线花键 $d_m = d_i$, d_i 为分度圆直径；

$\quad [\sigma_p]$——花键连接的许用挤压应力(MPa),见表 8-2；

$\quad [p]$——花键的许用压强(MPa),见表 8-2。

花键连接的零件多用强度极限不低于 600 MPa 的钢制造,一般需要热处理,特别是在载荷作用下需要频繁移动的花键齿,应通过热处理获得足够的硬度以抵抗磨损。花键的许用挤压应力、许用压强可由表 8-2 查取。

表 8-2　花键连接的许用挤压应力和许用压强　　　　　　　单位：MPa

连接工作方式	使用和制造情况	齿面未经热处理	齿面经过热处理
静连接 $[\sigma_p]$	不良	35~50	40~70
	中等	60~100	100~140
	良好	80~120	120~200
动连接 $[p]$ (空载下移动)	不良	15~20	20~35
	中等	20~30	30~60
	良好	25~40	40~70
动连接 $[p]$ (载荷下移动)	不良	—	3~10
	中等	—	5~15
	良好	—	10~20

注：1. 同一情况下,$[\sigma_p]$ 或 $[p]$ 的较小值用于工作时间长和较重要的场合。
　　2. 使用和制造情况不良是指受变载荷、有双向冲击、振动频率高和振幅大、润滑不良(对动连接)、材料硬度较低或精度不高等。

8.2.3　滚珠花键连接

相对于滚珠花键连接,上述矩形花键连接和渐开线花键连接可统称为普通花键连接。

如图 8-13a 所示,滚珠花键连接主要由花键轴、轮毂(外筒)、滚珠、保持架、轮毂端盖及橡胶密封垫等构成。花键轴通常有 12 条滚道,轧制而成；轮毂孔壁上一般有 6 条滚道,拉削加工而成。多数轮毂有 3 个回路孔(图 8-13a),分别与轮毂上互相间隔的 3 条滚道构成滚珠运动的循环通道。当轮毂沿花键轴做轴向移动时,滚珠在通道内循环运动。若在轮毂上再钻出 3 个回路孔,则可构成 6 条循环通道,承载能力将大为提高。轮毂端盖的主要作用是引导滚珠进入回路孔。滚道有半圆形和拱形(图 8-13b)两种,前者允许滚珠与滚道壁间有微小间隙,后者滚珠与滚道过盈配合,刚性更大、精度更高。滚道表面硬度不得低于 60HRC。

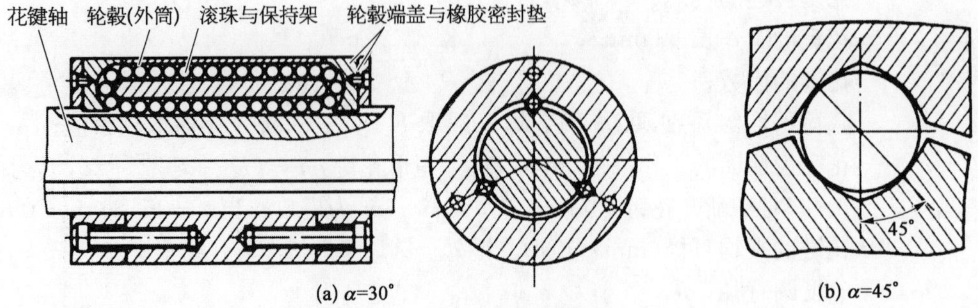

花键轴 轮毂(外筒) 滚珠与保持架 轮毂端盖与橡胶密封垫

(a) $\alpha=30°$ (b) $\alpha=45°$

图 8-13 滚珠花键连接

　　轴上零件(如齿轮等)与轮毂固连,一面随轮毂及花键轴做旋转运动,另一面随轮毂做轴向移动。故滚珠花键主要用于动连接,特别适用于承载[指承受转矩(圆周力)、径向力]条件下的动连接,其承载能力比同样轮廓尺寸的普通花键连接提高几倍。

　　滚珠花键连接具有安装简便、刚度大、定位精确且精度稳定性好、摩擦阻力小、磨损小、使用寿命长、轴毂强度削弱小、受力均匀、齿根应力集中较小、承载能力大等优点。在机器人、组合机床、自动搬运装置、各种变速装置及点焊机、铆接机、装订机、自动纺纱机等多种机器与装备中均有应用。但滚珠花键作为一个精密部件,通常必须由专业工厂生产,且键齿需要用专用设备和工具制造,成本较高,使它的应用受到一定限制。

　　目前,滚珠花键主要有凸型滚珠花键和凹型滚珠花键两种,详见有关手册。

8.3　销　连　接

　　销连接的主要用途是定位,即固定两个零件间的相对位置(图 8-14a),这是组合加工和装配时的重要辅助零件。销也可用于连接(图 8-14b),销还可用作安全装置中的过载剪断元件(图 8-14c),可在过载时保护机器中的重要零件不被损坏。

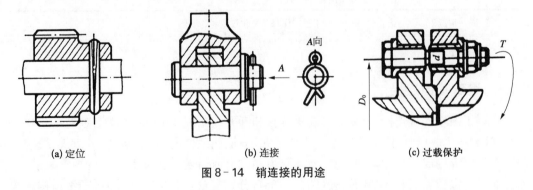

(a) 定位   (b) 连接   (c) 过载保护

图 8-14　销连接的用途

　　销的类型很多,图 8-15 给出了 10 种主要类型销的简图,这些销均已标准化,其中以圆柱销和圆锥销应用最多。

　　圆柱销(图 8-15a)靠过盈配合固定在销孔中,经多次拆装后定位精度和可靠性会降低。

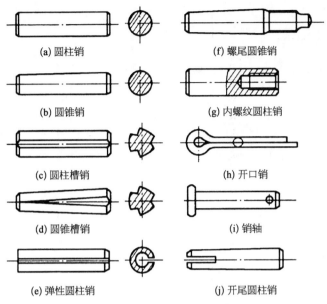

图 8-15　销的主要类型

(a) 圆柱销　　(f) 螺尾圆锥销

(b) 圆锥销　　(g) 内螺纹圆柱销

(c) 圆柱槽销　　(h) 开口销

(d) 圆锥槽销　　(i) 销轴

(e) 弹性圆柱销　　(j) 开尾圆柱销

　　圆锥销(图 8-15b)具有 1∶50 的锥度,安装较方便,定位精度比圆柱销高,多次装拆对定位精度的影响也较小,受横向力作用时也能可靠地自锁,因此比圆柱销的应用更为广泛。

　　大端具有螺纹的圆锥销如螺尾圆锥销、内螺纹圆锥销及内螺纹圆柱销,常用于盲孔或拆卸困难的场合。开尾圆锥销和小端带外螺纹的圆锥销(图 8-16,一般与锁紧螺母联用),常用于有冲击、振动和高速运行的场合,以防止锥销松动。

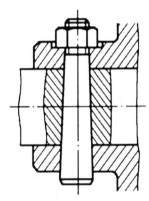

图 8-16　小端带外螺纹的圆锥连接

　　槽销沿圆柱或圆锥(图 8-15d)的母线方向开有沟槽,一般为三条,可用碾压或模锻的方法制出。槽销打入销孔后,由于材料的弹性变形使销挤紧在销孔中,不易松脱,且安装槽销的孔不需要精确加工,加工方便,因而槽销常用于承受振动、变载荷和经常装拆的场合,在很多情况下可代替键连接和螺栓连接。销轴用于两个零件的铰接处,构成铰链连接。销轴常用开口销锁定,工作可靠、拆卸方便。弹性圆柱销是用弹簧钢带卷制而成的、纵向开缝并经淬火处理的钢管。这种连接依靠销的高弹性使其均匀地挤紧在销孔中,即使在冲击载荷下,仍能保持较大的紧固力。

　　销的常用材料为 35 钢和 45 钢(开口销一般为低碳钢)。对于 45 钢,可取许用应力 $[\tau]=$ 80 MPa,许用挤压应力 $[\sigma_p]$ 可按表 8-1 选取。

　　定位销通常不受载荷或只受很小的载荷作用,故不需要进行强度计算,其类型可视工作情况而定,直径可根据结构选取,数目一般不少于两个,销装入每一个被连接件的长度约为销直径的 1～2 倍。

　　连接销承受一定载荷,其类型可根据工作要求选定,尺寸根据连接的结构特点按经验或规范确定,必要时可按剪切和挤压强度条件进行校核计算。对于用于机器过载保护的安全销,其直径应按过载时被剪断的条件确定。一般剪切强度极限可取 $\tau_b \approx (0.6 \sim 0.7)\sigma_b$。

本章学习要点

(1) 了解键连接的主要类型、结构、特点和应用场合。

(2) 掌握键连接的失效形式和强度计算,掌握平键连接的尺寸选择方法和设计步骤。

(3) 了解花键连接的类型、结构、特点、应用场合,掌握花键连接的强度校核计算方法。

(4) 对销连接、过盈连接、胀紧连接、型面连接的类型、结构、特点和应用有所了解。

通过本章学习,学习者在掌握上述主要知识点后,应能在不同的工况条件下正确选用键连接、花键连接,并具有相应的设计能力。

思考与练习题

1. 问答题

8-1 圆头、方头及单圆头普通平键各有何特点? 分别用在什么场合? 轴上键槽是如何加工的?

8-2 平键连接可能有哪些失效形式?

8-3 平键的尺寸是如何确定的?

8-4 试总结平键连接的设计方法和步骤。

8-5 为什么采用两个平键时一般布置在沿周向相隔 180° 的位置,采用两个楔键时相隔 90°~120°,而采用两个半圆键时却布置在轴的同一母线上?

8-6 指出并改正图 8-17 中各种键连接或销连接的结构错误。

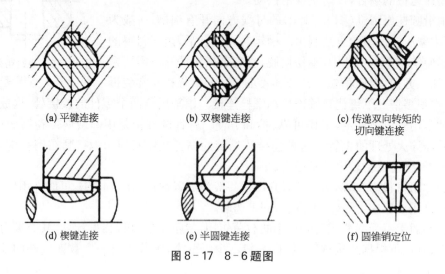

(a) 平键连接　　　(b) 双楔键连接　　　(c) 传递双向转矩的切向键连接

(d) 楔键连接　　　(e) 半圆键连接　　　(f) 圆锥销定位

图 8-17 8-6题图

2. 填空题

8-7 平键连接主要失效形式为_____;通常只按工作面上的_____进行强度校核

计算。

8-8 当一个平键的强度不满足,而采用双平键时,其承载能力就是一个平键的_____倍。

3. 选择题

8-9 平键的工作面是( ),楔键的工作面是( )。

    A. 上下两个面   B. 两个侧面

    C. 两侧面和上下面   D. 顶面

8-10 键的剖面尺寸通常是根据( )按标准来选择的。

    A. 传递扭矩大小   B. 传递功率大小

    C. 轮毂长度   D. 轴的直径

8-11 某平键连接的最大转矩为 T,现要传递的转矩为 $1.5T$,则应( )。

    A. 键长增加到 1.5 倍   B. 键宽增大到 1.5 倍

    C. 安装一对平键   D. 键高增大到 1.5 倍

8-12 设计键连接的几项主要内容是:① 按轮毂长度选键的长度;② 按使用要求选键的主要类型;③ 按轴的直径选键的剖面尺寸;④ 对连接进行必要的强度校核。在具体设计时,一般顺序是( )。

    A. ②①③④   B. ②③①④

    C. ①③②④   D. ③④②①

4. 计算题

8-13 图 8-18 所示的是凸缘半联轴器及圆柱齿轮,分别用键与减速器的低速轴相连接。试选择两处键的类型及尺寸,并校核其连接强度。已知轴的材料为 45 钢,传递的转矩 $T=1\,000\,\text{N}\cdot\text{mm}$,齿轮用锻钢制造,半联轴器用灰铸铁制成,工作时有轻微冲击。

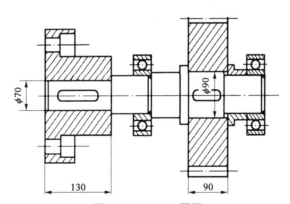

图 8-18 8-13题图

8-14 图 8-19 中凸缘联轴器的材料为铸铁,$[\sigma]=60\,\text{MPa}$,取四个 M12 普通螺栓 $(d_1=10.1\,\text{mm})$,$[\sigma]=120\,\text{MPa}$,联轴器接合面 $f=0.2$,摩擦可靠度系数 $K_f=1.2$,联轴器与轴用普通平键连接,轴和键均为 45 钢,轴的转速 $\omega=100\,\text{r/min}$,试确定连接装置所能传递的功率。图中尺寸单位为 mm(提示:应综合考虑螺栓连接的工作能力和键连接的工作能力)。

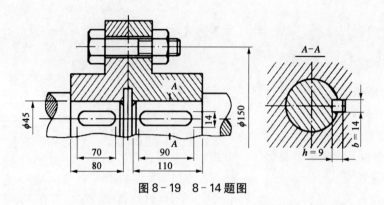

图 8-19 8-14 题图

第9章

滚 动 轴 承

9.1 概 述

滚动轴承是将运转的轴与轴座之间的滑动摩擦变为滚动摩擦,从而减少摩擦损失的一种精密机械元件,其作用是支承轴及轴上的零件并保持其有效运转,轴承的基本结构和外形尺寸已高度标准化和系列化,广泛使用在各种机器和仪器中。滚动轴承由专业工厂按国家标准成批生产,在机械设计中主要是根据工作条件解决两个方面的问题:一是选用合适的滚动轴承类型及尺寸;二是进行滚动轴承的组合配置设计,合理解决其固定、配合、装拆、调整、润滑和密封等问题。

滚动轴承的基本结构如图9-1所示,一般由内圈、外圈、滚动体、保持架四部分组成。内圈装在轴颈上,外圈装在轴承座孔内,通常情况下,内圈随轴颈回转,外圈固定不动,也有外圈旋转、内圈固定的应用,滚动体借助于保持架均匀分布在内圈和外圈之间,它使相对运动表面间的滑动摩擦变为滚动摩擦,滚动体的形状、大小、数量对滚动轴承的承载能力和极限转速有很大影响。滚动体常用的类型有球、圆柱滚子、滚针、圆锥滚子、球面滚子和非对称球面滚子等,如图9-2所示。保持架可将滚动体均匀地隔开,避免其因直接接触而产生摩擦和磨损。

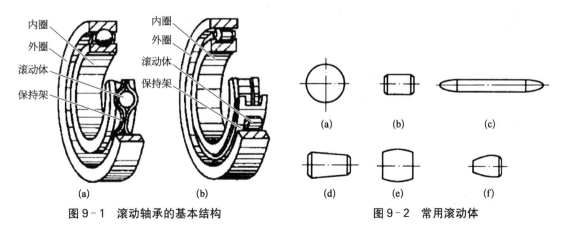

图9-1 滚动轴承的基本结构　　　　图9-2 常用滚动体

为了满足使用中的不同需要,滚动轴承在其基本结构的基础上形成派生结构,会增加或减少一些零件,如无内圈或无外圈轴承,带润滑脂及防尘盖或密封圈的自润滑密封轴承等。

　　滚动轴承的内外圈和滚动体材料一般为高碳铬轴承钢,如 GCr15、GCr15SiMn,其强度高、耐磨性好,经热处理后硬度应不低于 60～65 HRC。保持架一般选用较软材料制造,常用低碳钢板冲压成型或工程塑料注塑成型;实体机加工保持架常选用铜合金、铝合金或工程塑料等材料。

　　与滑动轴承相比,滚动轴承具有摩擦阻力小、效率高、启动灵敏、润滑简便、易于互换等优点,应用十分广泛。其缺点是抗冲击能力较差,高速重载时寿命低及噪声和振动较大。随着科技的发展和机械产品对速度、尺寸、精度等提出更高要求,满足特殊要求的新型轴承不断出现,如精密轴承、直线滚动轴承、交叉滚子轴承等,广泛应用于数控机床、机器人等现代设备中。

　　滚动轴承在基本结构和外形尺寸上是标准件,由专业轴承工厂批量生产,虽然不需要自行设计,但在选择使用时研究轴承的载荷、温度、转速、润滑、安装配合和环境条件,并进行合理配置和优化也非常重要,相同型号轴承的精度、游隙、保持架类型、密封结构、润滑脂种类等,对轴承的运转性能和使用效果有很大差别,因此在机械设计工作中,学习轴承知识、研究轴承应用技术,对发挥轴承最优性能具有重要意义。

9.2　滚动轴承的主要类型、特点和代号

9.2.1　滚动轴承的主要类型

　　滚动轴承按滚动体的形状不同可分为球轴承和滚子轴承。按轴承所能承受的外载荷方向不同,滚动轴承可分为向心轴承、推力轴承两大类(图 9-3)。向心轴承主要用于承受径向载荷,分为径向接触轴承($\alpha=0°$)、向心角接触轴承($0°<\alpha\leqslant45°$);推力轴承主要用于承受轴向载荷,分为轴向接触轴承($\alpha=90°$)、推力角接触轴承($45°<\alpha\leqslant90°$)。滚动轴承的分类如图 9-4 所示。

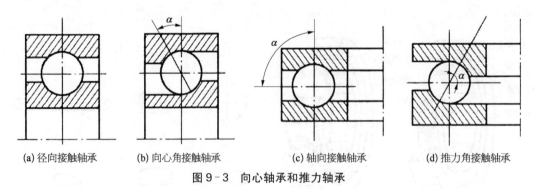

| (a) 径向接触轴承 | (b) 向心角接触轴承 | (c) 轴向接触轴承 | (d) 推力角接触轴承 |

图 9-3　向心轴承和推力轴承

9.2.2　滚动轴承的性能与特点

　　我国常用滚动轴承的类型、性能与特点见表 9-1。

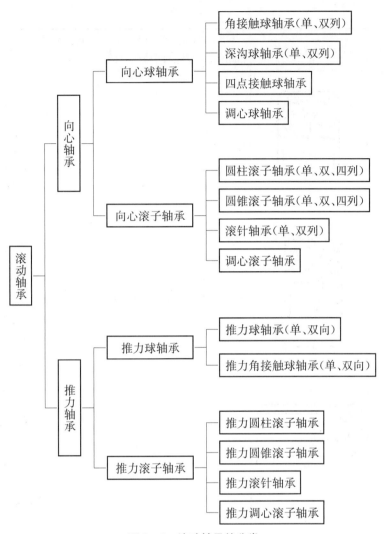

图 9-4 滚动轴承的分类

表 9-1 常用滚动轴承的类型、性能与特点

类型名称及代号	简图及承载方向	允许偏位角	轴向承载能力	基本额定动载荷比[①]	极限转速比[②]	性 能 特 点
双列角接触球轴承 0		2′~10′	较大		高	承载能力大,可同时承受径向和轴向载荷,也可承受纯轴向双向载荷及一定的倾覆力矩。适用于刚性大的轴(固定支承),常用于蜗杆减速器、小汽车的前轮轮毂等

（续表）

类型名称及代号	简图及承载方向	允许偏位角	轴向承载能力	基本额定动载荷比[①]	极限转速比[②]	性 能 特 点
调心球轴承 1		1.5°~3°	少量	0.6~0.9	中	主要承受径向载荷,不能承受纯轴向负荷,能自动调心。适用于多支点传动轴、刚性小的轴及难以对中的轴
调心滚子轴承 2		1.5°~3°	少量	2.3~5.2	低	承载能力大,但不能承受纯轴向载荷,能自动调心。常用于重负荷、跨距大的情况,如轧钢机、大功率减速机
调心球轴承 29000		2°~3°	很大	1.7~2.2	中	承受轴向载荷的能力大,能承受轴向载荷为主的轴向与径向的联合载荷,能自动调心。适用于重负荷和要求调心性能好的场合,如石油钻机主轴等
圆锥滚子轴承 3 ($\alpha=10°~18°$) 31300 ($\alpha=28°48'39''$)		2′	较大 很大	1.5~2.5 1.1~2.1	中 中	内外圈可分离,游隙可调,能承受径向与轴向的联合载荷,一般成对使用。适用于刚性较大的轴,应用广,如减速器、车轮轴、轧钢机
双列深沟球轴承 4		2′~10′	少量	1.5~2	高	径向承载能力高于单列的1.62倍,高转速时可承受不大的纯轴向负荷。适用于刚性较大的轴,常用于中等功率电动机、运输机的托辊、滑轮等

（续表）

类型名称及代号	简图及承载方向	允许偏位角	轴向承载能力	基本额定动载荷比[①]	极限转速比[②]	性 能 特 点
推力球轴承 51000 双向推力球轴承 52000		不允许	大 单向 双向	1	低	不能承受径向载荷，52000 型轴承能承受双向轴向载荷，不适用于高转速。常用于起重机吊钩、钻机等重型工程机械
深沟球轴承 6		2′～10′	少量	1	高	主要承受径向载荷，摩擦系数最小，高转速时可用来承受不大的纯轴向载荷。应用极为广泛，如中小功率电动机、减速器、汽车、拖拉机等
角接触球轴承 7 70000C ($\alpha = 15°$) 70000AC ($\alpha = 25°$) 70000B ($\alpha = 40°$)		2′～10′	一般 较大 更大	1.0～1.4 1.0～1.3 1.0～1.2	高	可同时承受径向、轴向载荷，也可承受纯轴向载荷，承受轴向载荷能力与接触角 α 有关，一般成对使用。适用于刚性较大、跨距不大的轴及必须在工作中调整游隙时，常用于蜗杆减速器、离心机等
外圈双挡边圆柱滚子轴承 NU		不允许	无	1.5～2	高	不能承受轴向载荷，内外圈可分离，内外圈间允许少量的轴向移动，可用作游动支承。用于刚性很大、对中良好的轴，如大功率电动机轴、机床主轴、人字齿轮减速器等

（续表）

类型名称及代号	简图及承载方向	允许偏位角	轴向承载能力	基本额定动载荷比[①]	极限转速比[②]	性 能 特 点
滚针轴承 NA		不允许	无		低	径向尺寸最小，径向负荷能力很大，不能承受轴向载荷，摩擦系数较大，旋转精度低。用于载荷很大而径向尺寸小的场合，如万向联轴器、汽车变速箱、活塞销等

注：① 基本额定动载荷比指同一尺寸系列各种类型和结构形式的轴承的额定动负荷与深沟球轴承（若是推力轴承，则与推力球轴承）的额定动负荷之比。

② 极限转速比指同一尺寸系列/P0级精度的各种类型和结构形式的轴承脂润滑时的极限转速与深沟球轴承脂润滑时的极限转速的约略比较。各种类型轴承极限转速之间采取下列比例关系：高，等于深沟球轴承极限转速的90%～100%；中，等于深沟球轴承极限转速的60%～90%；低，等于深沟球轴承极限转速的60%以下。

9.2.3　滚动轴承的代号

滚动轴承代号是一组由字母和数字组成的产品符号，它由前置代号、基本代号和后置代号三部分构成，见表9-2。

表9-2　滚动轴承代号组成

前置代号	基 本 代 号					后 置 代 号							
	5	4	3	2	1	1	2	3	4	5	6	7	8
轴承分部件代号	类型代号	宽度系列代号	直径系列代号	内径代号		内部结构代号	密封、防尘和外部形状变化代号	保持架及其材料代号	轴承材料代号	公差等级代号	游隙代号	配置代号	其他代号

1）基本代号

滚动轴承的基本代号（滚针轴承除外）由类型代号、尺寸系列代号、内径代号组成，从左向右依次排列。滚针轴承的基本代号由类型代号和配合安装特征代号组成，具体参数可查阅相关手册。

（1）轴承类型代号及其示例见表9-3。

表9-3　轴承类型代号及其示例

类型代号	尺寸系列代号	内径代号	基本代号	对应旧代号	轴承类型
(0)	32	05	3205	3056205	双列角接触球轴承
(0)	33	05	3305	3056305	

（续表）

类型代号	尺寸系列代号	内径代号	基本代号	对应旧代号	轴承类型
1	(0)2	05	1205	1205	调心球轴承
(1)	22	05	2205	2205	
1	(0)2	05	1305	1305	
(1)	23	05	2305	2305	
2	13	10	21310	53310	调心滚子轴承
2	22、23	10	22210	53510	
2	30、31、32	10	23010	3053100	
2	40、41	10	24010	4053110	
3	02、03	10	30210/30310	7210/7310	单列圆锥滚子轴承
3	13	10	31310	27310	
3	20、22、23、29	10	32010	2007110/7510	
3	30、31、32	10	33010	3007110	
35	10、11、13、19	15	351015	97115	双列圆锥滚子轴承
35	20、21、23、29	15	352015	2097115	
4	(2)2	10	4210	810510	双列深沟球轴承
4	(2)3	10	4310	810610	
5	11、12、22、23	10	51110	8110	推力球轴承
16	(1)0	05	16005	7000105	深沟球轴承
6	(0)、2、3、4	05	6005,6405	105、205	
6	17、18、19	05	61705、61805	1000705	
7	19、(0)、1	05	71905、7005	1036905	角接触球轴承
7	(0)、2、3、4	05	7205、7405	36105	
8	11、12、93、94、22、23	10	81110、89310	9110/9210	推力圆柱滚子轴承
9		10	90010	19010	推力圆锥滚子轴承
N	(0)2、(0)3、4	08	N208	2208	外圈无挡边圆柱滚子轴承
	10、22、23	08	N1008	2108	
NU	(0)2、3、4	08	NU308	32208	内圈无挡边圆柱滚子轴承
	22、23、10	08	NU2208	32508	
NJ	(0)2、3、4	09	NJ209	42209	内圈单挡边圆柱滚子轴承
	22、23	09	NJ2209	42509	

（续表）

类型代号	尺寸系列代号	内径代号	基本代号	对应旧代号	轴承类型
NUP	(0)2、3	10	NUP210	92210	内圈单挡边并带 平挡圈圆柱滚子轴承
	22、23	10	NUP2210	92510	
NF	(0)2、3	10	NF210	12210	外圈单挡边 圆柱滚子轴承
	23	10	NF2310	12610	
NN	30	10	NN3010	3282100	双列圆柱滚子轴承
NNU	49	20	NNV4920	4482920	内圈无挡边 圆柱滚子轴承
QJ	(0)2、(0)3	10	QJ210	176210	四点接触球轴承

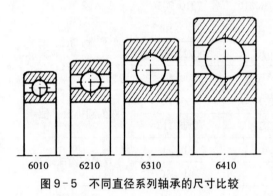

6010　6210　6310　6410

图9-5　不同直径系列轴承的尺寸比较

（2）尺寸系列代号。尺寸系列代号由直径系列代号和宽度系列代号组成，其代号的组合见表9-4。直径系列是指同一公称内径下不同的外径尺寸（外径、宽度）系列。表9-4中从7至5外径尺寸依次递增，其滚动体尺寸及承载能力也相应增大。不同直径系列轴承尺寸的比较如图9-5所示。宽度系列是指同一直径系列下在宽度方面的变化系列。表9-4中从8至6宽度尺寸依次递增。对于推力轴承，以高度系列对应向心轴承的宽度系列，从7至2高度尺寸依次递增。在标注轴承代号时，宽度系列代号为"0"时可省略，但对于调心滚子轴承和圆锥滚子轴承，"0"不可省略。

表9-4　轴承尺寸系列代号

直径系列代号	向心轴承宽度系列代号								推力轴承高度系列代号			
	8	0	1	2	3	4	5	6	7	9	1	2
7	—	—	17	—	37	—	—	—	—	—	—	—
8	—	08	18	28	38	48	58	68	—	—	—	—
9	—	09	19	29	39	49	59	69	—	—	—	—
0	—	00	10	20	30	40	50	60	70	90	10	—
1	—	01	11	21	31	41	51	61	71	91	11	—
2	82	02	12	22	32	42	52	62	72	92	12	22
3	83	03	13	23	33	—	—	—	73	93	13	23
4	—	04	—	24	—	—	—	—	74	94	14	24
5	—	—	—	—	—	—	—	—	—	95	—	—

(3) 内径代号。轴承内径大小由右起第一、二位数字表示。常用内径代号及其对应内径值见表 9-5。轴承内径≥500 mm 及内径为 22 mm、28 mm、32 mm 的轴承,用公称内径毫米数直接表示,但与尺寸系列之间用"/"分开,如调心滚子轴承 230/50 表示内径 $d=500$ mm,深沟球轴承 62/22 表示内径 $d=22$ mm。

表 9-5　轴承内径代号

参　　数	内　径　代　号				
	00	01	02	03	04~96
轴承内径/mm	10	12	15	17	内径代号数×5

2) 前置代号

滚动轴承的前置代号用于表示轴承的分部件,用字母表示,部分代号及其含义见表 9-6,其余可查阅相关设计手册。

表 9-6　前置代号

代　号	含　　义	示　例
L	可分离轴承的可分离内圈或外圈	LNU207、LN207
R	不带可分离内圈或外圈的轴承(滚针轴承仅适用于 NA 型)	RNU207、RNA6904
K	滚子和保持架组件	K81107
WS	推力圆柱滚子轴承轴圈	WS81107
KOW	无轴圈推力轴承	KOW-51108

3) 后置代号

滚动轴承的后置代号表示轴承的结构、公差、材料等特殊要求,用字母和数字表示。后置代号包含的内容很多,这里仅对常用的几个代号进行介绍:

(1) 内部结构代号表示同一类型轴承的不同内部结构,用字母表示。如角接触球轴承的公称接触角 α 为 15°、25°、40°时,分别用 C、AC、B 表示其不同的内部结构。字母 B 用于圆锥滚子轴承时,表示增大接触角;字母 C 用于调心滚子轴承时,表示 C 型调心滚子轴承。

(2) 公差等级代号。轴承的公差等级分为 0、6、6x、5、4、2 共六级,分别用/P0、/P6、/P6x、/P5、/P4、/P2 表示。从 0 至 2 级等级依次增高,2 级为最高级,6x 级仅适用于圆锥滚子轴承。其中 0 级为普通级别,最为常用,/P0 在轴承代号中可省略不标。

(3) 游隙代号。常用的轴承径向游隙基本组游隙分为 1、2、0、3、4、5 共六个组别,从 1 至 5 游隙依次增大。其中 0 组游隙组最为常用,在轴承代号中不标出,其余的组别分别用/C1、/C2、/C3、/C4、/C5 表示。当公差等级代号与游隙代号需要同时表示时,用公差等级代号加上游隙组号(0 组不表示)组合表示,如/P52 表示轴承公差等级 5 级,径向游隙 2 组。

(4) 配置代号成对安装的轴承配置代号及含义见表 9-7,其余可查阅相关设计手册。

表9-7 配置代号

代 号	含 义	示 例
/DB	成对背对背安装	7210C/DB
/DF	成对面对面安装	32208/DF
/DT	成对串联安装	7210C/DT

例9-1 已知轴承代号为6307、7216AC/P6,说明其含义。

解:6307:6表示深沟球轴承;03为尺寸系列代号,宽度系列代号为0,省略,3为直径系列代号;07表示轴承内径为35 mm;公差等级为0级,省略;游隙为0组游隙。

7216AC/P6:7表示角接触球轴承;02为尺寸系列代号,宽度系列代号为0,省略,2为直径系列代号;16表示轴承内径80 mm;AC表示接触角为25°;/P6表示公差等级为6级;0组游隙。

9.3 滚动轴承的类型选择

选用滚动轴承类型时与多种因素有关,通常首先考虑轴承的安装空间尺寸、轴承类型配置、安装与拆卸等基本要素,其次研究轴承在机械装置的使用寿命和耐久性要求,不仅要研究轴承的疲劳寿命,也要考虑润滑方式和润滑寿命,以及轴承的磨损、振动与噪声等其他运转性能要求,研究轴承的精度、游隙、保持架类型、润滑剂等多方面技术条件对轴承使用效率也非常重要。

1) 轴承尺寸与轴承结构

允许用于滚动轴承与其周围的设计空间是有限的,必须在这个限度范围内选择轴承结构和尺寸。设计者应首先决定轴径,在选择轴承时一般以内径为基准。滚动轴承有许多已标准化了的尺寸系列和结构,可以从中选择最适用的轴承结构。如向心轴承常用的尺寸系列和结构如图9-6所示。

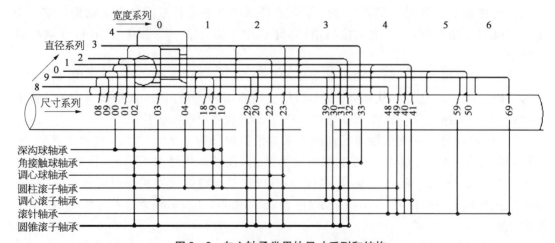

图9-6 向心轴承常用的尺寸系列和结构

2）负荷与轴承结构

将表示轴承负荷能力的基本额定负荷及所能承受的轴向负荷能力按轴承结构分别比较，大致如图 9-7 所示。同一尺寸系列的轴承，滚子轴承比球轴承的负荷能力大，适于有冲击负荷的用途。

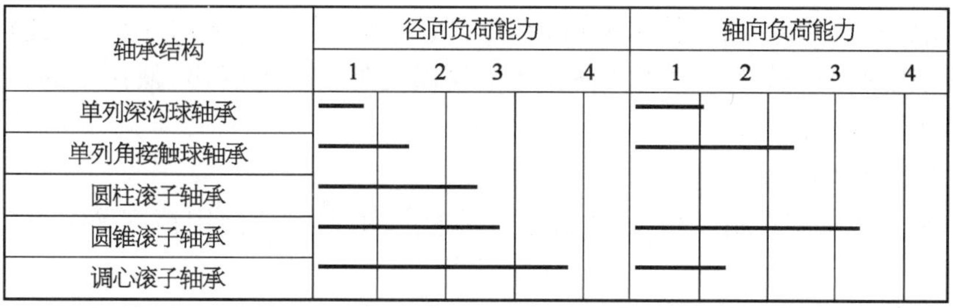

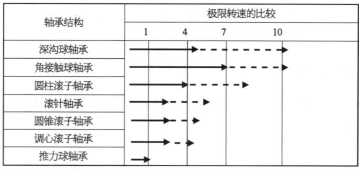

图 9-7 不同轴承结构负荷能力

（带挡边圆柱滚子轴承具有一定程度的轴向负荷能力）

3）极限转速与轴承结构

滚动轴承所允许的极限转速，除轴承结构外，还因保持架结构、材料、轴承负荷、润滑方法、冷却状态而异。在一般的油浴润滑情况下，从极限转速大的顺序排列轴承结构，大致如图 9-8 所示。

轴承结构	极限转速的比较			
	1	4	7	10
深沟球轴承				
角接触球轴承				
圆柱滚子轴承				
滚针轴承				
圆锥滚子轴承				
调心滚子轴承				
推力球轴承				

→ 油浴润滑的情况下

--→ 对轴承及轴承周围采取高速对策的情况下

图 9-8 不同轴承结构极限转速比较

4）内圈、外圈的倾斜与轴承结构

因负荷而出现的轴的挠曲、轴或外壳精度不好、安装误差等，使轴承内圈与外圈之间产生倾斜。轴承所允许的倾斜角因轴承结构、使用条件而异，但通常是 0.001 2 rad（4′）以下的数值。

事先预料内圈、外圈会有大的倾斜时，则选择自动调心球轴承、自动调心滚子轴承、带座外球面轴承等具有调心功能的轴承结构。

5）刚性与轴承结构

滚动轴承承受负荷后，滚动体与滚道的接触部分产生弹性变形。轴承的刚性由轴承负荷、内圈、外圈及滚动体的弹性变形量之比而决定。

机床主轴等要求轴的刚性好,要将轴承的刚性提高,所以多选择比球轴承承受负荷后变形少的滚子轴承。

在轴承装配时采用预紧法,使轴承的游隙处于负的状态使用,可以提高轴承的刚性,适用于角接触球轴承、圆锥滚子轴承。

6) 噪声、扭矩与轴承结构

滚动轴承是采用精密加工技术制造,噪声、扭矩小。常用的深沟球轴承、圆柱滚子轴承等根据用途规定有噪声等级。如电动机、计量仪器之类要求低噪声、低扭矩的仪器,适合使用低噪声精密深沟球轴承。

7) 旋转精度与轴承结构

机床主轴等要求旋转精度高、增压机之类转速高的用途,应选用精度等级为 5 级、4 级、2 级等高精度轴承。

滚动轴承的旋转精度就不同项目均有规定,根据结构不同,所规定的等级也不同。因而要求高旋转精度的用途多适用深沟球轴承、角接触球轴承、圆柱滚子轴承。

8) 安装、拆卸和轴承结构

圆柱滚子轴承、滚针轴承、圆锥滚子轴承等的内圈和外圈可以分离,便于安装和拆卸。如需定期检查,在轴承的拆卸、安装比较频繁的情况下,上述的轴承构造比较适用。锥孔调心球轴承、调心滚子轴承(小型)等轴承若使用紧定套则更容易拆卸和安装。

9.4　滚动轴承的配合和游隙

9.4.1　滚动轴承的安装配合

轴承安装时轴承内径与轴、外径与外壳的配合非常重要,当配合过松时,配合面会产生相对滑动,称作蠕变。蠕变一旦产生会磨损配合面,损伤轴或外壳,而且磨损粉末会侵入轴承内部,造成发热、振动和破坏。

过盈过大时,会导致外圈外径变小或内圈内径变大,会减小轴承内部游隙;另外,轴和外壳加工的几何精度也会影响轴承套圈的原有精度,从而影响轴承的使用性能。

轴及外壳孔的尺寸公差及配合(PO级)如图 9-9 所示。

1) 负荷的性质与配合

选择配合应根据轴承承受负荷的方向和内圈、外圈的旋转状况而定。在负荷方向不确定或负荷不平衡有振动的场所常选用内、外圈均为静配合。

2) 推荐使用的配合

为选择适合用途的配合,要考虑轴承负荷的性质、大小、温度条件,轴承的安装、拆卸各种条件因素。将轴承安装到薄壁外壳、空心轴的场合,过盈量需要比普通的大;分离式外壳易使轴承外圈变形,因此外圈需要静配合的条件下应谨慎使用;在振动大的场合,内圈、外圈应采取静配合。

向心轴承与轴、外壳孔的配合见表 9-8、表 9-9。

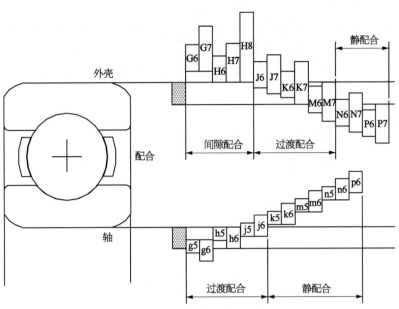

图9-9　轴及外壳孔的尺寸公差及配合（P0 级）

表9-8　向心轴承与轴的配合

条　件		适用参考	轴径 d/mm			调心滚子轴承	备　注
			球轴承	圆柱滚子轴承圆锥滚子轴承	自动调心滚子轴承		
外圈旋转负荷	需要内圈在轴上易于移动	静止轴的车轮	所有尺寸			g6	精度有要求时用 g5、h5,大轴承并要求便于移动的场合也可用 f6
	不需内圈在轴上易于移动	张紧轮架、绳轮				h6	
内圈旋转或方向不定负荷	轻负荷：$0.06C_r$ 以下的负荷变动负荷	家电、泵、鼓风机、搬运车、精密机械、机床	18 以下	—	—	Js5	精度有要求时用 p5 级,内径 18 mm 以下的精度球轴承使用 h5
			18~100	40 以下	—	Js6 (j6)	
			100~200	40~140	—	k6	
			—	140~200	—	m6	
	普通负荷：$(0.06\sim0.13)$ C_r 的负荷	部分中大型电动机、涡轮机、泵、发动机主轴、齿轮传动装置、木工机械	18 以下	—	—	Js5	单列圆锥滚子轴承及单列向心推力球轴承可以用 k6、m6 代替 k5,m5
			18~100	40 以下	40 以下	k5	
			100~140	40~100	40~65	m5	
			140~200	100~140	65~100	m6	
			200~280	140~200	100~140	n6	
			—	200~400	140~280	p6	
			—	—	280~500	r6	
			—	—	超过 500	r7	

(续表)

条件		适用参考	轴径 d/mm			调心滚子轴承	备注
			球轴承	圆柱滚子轴承 圆锥滚子轴承	自动调心滚子轴承		
内圈旋转或方向不定负荷	重负荷：0.13C_r 的负荷或冲击负荷	铁道、产业车辆、电车、主电动机、建筑机械、粉碎机	—	50~140	50~100	n6	需要大于普通游隙的轴承
			—	140~200	100~140	p6	
			—	超过 200	140~200	r6	
			—	—	200~500	r7	
仅承受轴向负荷		各种轴承使用位置	所有尺寸			Js6 (j6)	—

表 9-9 向心轴承与外壳孔的配合

条件			适用参考	外壳孔公差	外圈的移动	备注
整体型外壳孔	外圈旋转负荷	薄壁轴承重负荷	汽车车轮（滚子轴承）起重机走行轮	P7	外圈不能向轴向方向移动	
		普通负荷、重负荷	汽车车轮（球轴承）振动筛	N7		
		轻负荷或变动负荷	传送带轮、滑车张紧轮	M7		
	不定向负荷	大冲击负荷	电车的主机			
整体型外壳孔或分离型外壳孔		普通负荷或轻负荷	泵 曲轴的主轴 中大型电动机	K7	外圈原则上不能向轴向方向移动	外圈不需向轴向方向移动
		普通负荷或轻负荷		JS7 (J7)	外圈可以向轴向方向移动	需要外圈可以向轴向方向移动
	内圈旋转负荷	各类负荷	一般的轴承 铁道车辆的轴承箱	H7	外圈轴向方向移动容易	—
		普通负荷或轻负荷	带座轴承	H8		
		轴和内圈成为高温	造纸干燥机	G7		
整体型外壳	不定向方向负荷	普通负荷、轻负荷，特别需要精密旋转	磨削主轴后部球轴承 高速离心压缩机 固定侧轴承	JS6 (J6)	外圈可以轴向方向移动	
			磨削主轴后部球轴承 高速离心压缩机 固定侧轴承	K6	外圈原则上固定于轴向方向	负荷大时，适用比 K 大的过盈量配合，特别要求高精度的情况下，须更进一步地按用途分别用小的允许差配合
	内圈旋转负荷	变动负荷，特别需要精密旋转和大刚性	机床主轴用圆柱滚子轴承	M6 或 N6	外圈固定于轴向方向	
		要求无噪声运转	家用电器	H6	外圈向轴向方向移动	—

3）轴、外壳的精度和表面粗糙度

轴、外壳精度不好的情况下，轴承受其影响，不能发挥所需性能。比如安装部分挡肩如果精度不好，会产生内、外圈倾斜。在轴承负荷外，加上端部集中负荷，使轴承疲劳寿命下降，更严重的会成为保持架破损、烧结的原因。

再者，外壳由于外部负荷而造成的变形大，需要能够充分支撑轴承的刚性，刚性愈高，对轴承噪声、负荷分布则愈有利。

在一般使用条件下，车削终加工或精密镗床加工就可以。但是对于旋转跳动、噪声要求严格的场合及负荷条件过于苛刻，则需采用磨削终加工。

在整体外壳排列两个以上轴承时，外壳配合面要设计能够加工穿孔。

在一般的使用条件下，轴、外壳的精度与光洁度可根据表 9-10 选定。

表 9-10　轴、外壳的精度与粗糙度

项　目	轴承等级	轴	外　壳
圆度公差	0 级、6 级	$\dfrac{IT3}{2}\sim\dfrac{IT4}{2}$	$\dfrac{IT4}{2}\sim\dfrac{IT5}{2}$
	5 级、4 级	$\dfrac{IT3}{2}\sim\dfrac{IT4}{2}$	$\dfrac{IT3}{2}\sim\dfrac{IT4}{2}$
圆柱度公差	0 级、6 级	$\dfrac{IT3}{2}\sim\dfrac{IT4}{2}$	$\dfrac{IT4}{2}\sim\dfrac{IT5}{2}$
	5 级、4 级	$\dfrac{IT2}{2}\sim\dfrac{IT3}{2}$	$\dfrac{IT2}{2}\sim\dfrac{IT3}{2}$
挡肩的跳动公差	0 级、6 级	IT3	IT3~IT4
	5 级、4 级	IT3	IT3
配合面粗糙度 Ra_{max}	小型轴承	3.2	6.3
	大型轴承	6.3	12.5

9.4.2　滚动轴承的游隙

1）轴承内部游隙

所谓轴承内部游隙，即指轴承在未安装于轴或轴承箱时，将其内圈或外圈的一方固定，然后使未被固定的一方做径向或轴向移动时的移动量。根据移动方向，可以分为径向游隙和轴向游隙（图 9-10）。

2）轴承游隙的选择

轴承的运转游隙由于轴承配合及内外圈温差的原因，一般要比初期游隙小。运转游隙与轴承的寿命、温升、振动及噪声有着密切的关系，所以必须将其设定为最佳状态。

从理论上讲，轴承在运转时，稍带负的运转游隙，轴承的寿命最大，但要保持这一最佳游隙是非常困难的。

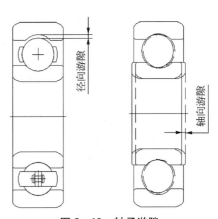

图 9-10　轴承游隙

随着使用条件的变化,轴承的负游隙会相应增大,从而导致轴承寿命显著下降或产生发热。因此,一般将轴承的初期游隙定为略大于零。

对于通常条件下使用的轴承,将采用普通负荷的配合,转速和温度正常时,只需选择相应的普通游隙,即可得到适宜的运转游隙。

非普通游隙适用举例见表 9-11。

表 9-11　非普通游隙适用举例

使 用 条 件	适 用 场 合	选 用 游 隙
承受重负荷、冲击负荷,过盈量大	铁道车辆用车轴	C3
	振动筛	C3、C4
承受不定向负荷,内外圈均采用静配合	铁道车辆牵引电机	C4
	拖拉机、减速机	C4
轴承或内圈受热	造纸机、烘干机	C3、C4
	轧机辊道	C3
降低旋转振动与噪声	微型马达	C2

3) 运转游隙的计算方法

如图 9-11 所示,运转游隙可以从轴承的初期游隙和因为过盈所造成的游隙减少量,以及因外圈温度差而产生的游隙变化量求出:

$$\delta_{\text{eff}} = \delta_0 - (\delta_f + \delta_t) \tag{9-1}$$

式中　δ_{eff}——运转游隙(mm);

　　　δ_0——轴承游隙(mm);

　　　δ_f——过盈造成的游隙减少量(mm);

　　　δ_t——内外圈温度差所引起的游隙减少量(mm)。

(1) 过盈造成的游隙减少量。轴承采用静配合安装于轴或轴承箱上时,内圈膨胀,外圈收缩,导致轴承内部游隙减少。

内圈或外圈的膨胀或收缩量因轴承形式,轴和轴承箱形状、尺寸及材料的不同而不同,大致近似过盈量的 $70\% \sim 90\%$:

$$\delta_f = (0.70 \sim 0.90)\Delta_{\text{deff}} \tag{9-2}$$

式中　δ_f——过盈造成的游隙减少量(mm);

　　　Δ_{deff}——有效过盈量(mm)。

(2) 内外圈温度差造成的游隙减少量。轴承运转时,一般外圈温度比内圈或滚动体温度低 $5 \sim 10$℃。若轴承箱放热量大或轴连着热源,或空心轴内部有热流体流动,则内外圈温度差更大。该温度差造成的内外圈热膨胀量之差便成为游隙减少量:

$$\delta_t = \alpha \Delta_T D_0 \tag{9-3}$$

式中　δ_t——温度差造成的游隙减少量(mm);

α——轴承钢的线膨胀系数 $12.5 \times 10^{-6} \, ℃^{-1}$；

Δ_T——内外圈的温度差$(℃)$；

D_0——外圈的滚道直径(mm)，可用式$(9-4)$、式$(9-5)$求出近似值。

对于球轴承及自动调心滚子轴承：

$$D_0 = 0.20(d + 4.0D) \qquad (9-4)$$

对于滚子轴承（自动调心滚子轴承除外）：

$$D_0 = 0.25(d + 3.0D) \qquad (9-5)$$

式中　d——轴承内径(mm)；

D——轴承外径(mm)。

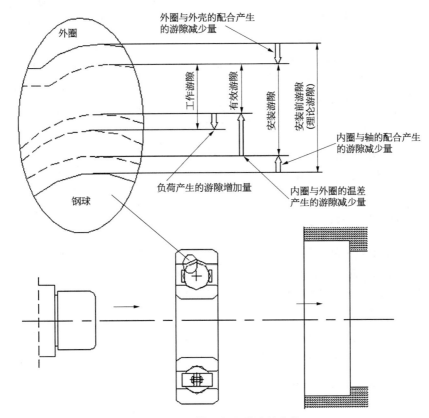

图 9-11　轴承径向游隙的变化

9.5　滚动轴承的寿命计算

9.5.1　滚动轴承的寿命和基本额定寿命

1) 滚动轴承的寿命

滚动轴承是滚动体与滚道面接触滚道，在一定载荷作用下连续运转，形成滚动面接触应力的循环累计造成疲劳点蚀而失效的。滚动轴承运转到轴承中任意一个元件首次出现疲劳剥落扩展前所经历的总转数或在一定转速下的总工作小时数,称为滚动轴承的寿命。

由于轴承材料组织的不均匀性和制造精度存在差异等原因,滚动轴承的疲劳寿命是相当离散的。同一批生产的同一型号的轴承,在完全相同的条件下运转,其寿命会有差异,不能简单地以单个轴承的寿命来代表一批轴承的寿命,轴承寿命一般用威布尔分布来描述。

轴承在实际运行中除了出现典型的疲劳剥落失效形式外,常常出现其他类型的故障类型而导致轴承不能正常使用,例如磨损、噪声增大、断裂、咬粘、擦伤、锈蚀等多种失效形式。

2) 滚动轴承的基本额定寿命

对某个具体轴承,较难预知其确切寿命,但是一批轴承寿命服从一定的概率分布规律。对一批同型号的轴承,在一定条件下进行疲劳试验,可得出轴承的可靠度与寿命间的关系曲线。由图 9-12 可见,随着轴承寿命的增加,轴承的破坏概率也随之增加。

为了兼顾轴承的可靠性与经济性,需要确定在一定概率下的轴承寿命。对于一批同型号的滚动轴承,在相同的条件下运转,当有 10% 的轴承发生疲劳点蚀前,轴承经历的转数或在一定转速下的工作小时数,称为滚动轴承的基本额定寿命,用 L_{10} 表示,单位为 10^6 r。

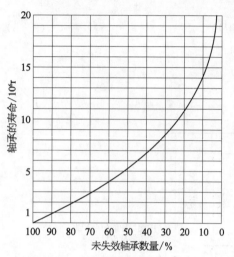

图 9-12 滚动轴承寿命分布曲线

9.5.2 滚动轴承的基本额定负荷

滚动轴承的基本额定动载荷是指使轴承的基本额定寿命为 10^6 r 时,轴承所能承受的载荷值,用字母 C 表示。对于径向接触轴承,是指纯径向载荷,称为径向基本额定动载荷,用 C_r 表示;对于轴向接触轴承,是指纯轴向载荷,称为轴向基本额定动载荷,用 C_a 表示;对于角接触向心、推力轴承,是指使套圈产生纯径向、纯轴向位移的载荷径向、轴向分量。

不同型号的轴承,基本额定动载荷的值是不同的,它反映了轴承承载能力的大小。各种型号轴承的基本额定动载荷可查阅相关轴承手册。

9.5.3 滚动轴承的寿命计算公式

1) 滚动轴承的基本额定寿命计算公式

滚动轴承的寿命与所受载荷大小有关,随载荷的增大而减小。大量试验表明,反映轴承载荷 P 与基本额定寿命 L_{10} 关系的曲线近似于一条高次双曲线。以某深沟球轴承为例,其载荷-寿命曲线如图 9-13 所示。

轴承寿命曲线方程为 $P^\varepsilon L_{10}$ =常数。当 $L_{10} = 1$ 时,有 $P = C$,则

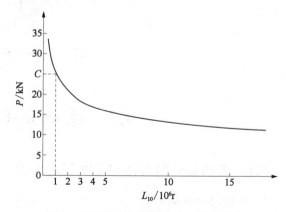

图 9-13 滚动轴承载荷-寿命分布曲线

$$L_{10} = \left(\frac{C}{P}\right)^{\varepsilon} \tag{9-6}$$

式中　P——滚动轴承所受的当量动载荷（N）（见 9.5.4 节）；

　　　ε——寿命指数，对于球轴承，$\varepsilon = 3$，对于滚子轴承，$\varepsilon = 10/3$；

　　　L_{10}——滚动轴承的基本额定寿命（10^6 r）。

式（9-6）可用来确定滚动轴承的工作寿命。工程实际中，轴承寿命常用工作小时数表示。若轴承的工作转速为 n（r/min），则可得到用工作小时数来表示的轴承寿命为

$$L_h = \frac{10^6}{60n}\left(\frac{C}{P}\right)^{\varepsilon} \tag{9-7}$$

2）滚动轴承的修正额定寿命计算公式

在许多具体轴承应用场合，为了更精确、更全面地评估轴承寿命，需要结合可靠性要求和轴承具体运转条件来分析计算轴承的寿命，这样就产生了修正额定寿命 L_{nm}。

轴承修正额定寿命 L_{nm} 即是在满足 $(100-n)\%$ 可靠度条件下的特定运转条件下的计算寿命，计算公式为

$$L_{nm} = a_1 a_{iso} L_{10}$$

式中　a_1——可靠性系数；

　　　a_{iso}——寿命修正系数；

　　　L_{10}——基本额定寿命。

a_{iso} 是考虑了轴承及运转条件对轴承的影响系数，通常与轴承运转条件下的接触应力、润滑条件、润滑污染程度等因素有关，《滚动轴承　额定动载荷和额定寿命》（GB/T 6391—2010）规定的具体计算方法（表 9-12、表 9-13）。

表 9-12　可靠度寿命修正系数

可　靠　度 S	L_{nm}	a_1
90	L_{10nm}	1
95	L_{5nm}	0.62
96	L_{4nm}	0.53
97	L_{3nm}	0.44
98	L_{2nm}	0.33
99	L_{1nm}	0.21

表 9-13　推荐的轴承预期使用

使　用　条　件	使用寿命/h
不经常使用的仪器和设备	300～3 000
短期或间断使用的机械，中断使用不致引起严重后果，如手动机械、农业机械、装配起重机、自动送料装置	3 000～8 000

（续表）

使 用 条 件	使用寿命/h
间断使用的机械，中断使用将引起严重后果，如发电站辅助设备、流水作业的传动装置、带式运输机、车间起重机	8 000～12 000
每天8 h工作的机械，但经常不是满载荷使用，如电动机、一般齿轮装置、压碎机、起重机和一般机械	10 000～25 000
每天8 h工作，满载荷使用，如机床、木材加工机械、工程机械、印刷机械、分离机、离心机	20 000～30 000
24 h连续工作的机械，如压缩机、泵、电机、轧机齿轮装置、纺织机械	40 000～50 000
24 h连续工作的机械，中断使用将引起严重后果，如纤维机械、造纸机械、电站主要设备、给排水设备、矿用泵、矿用通风机	≈100 000

9.5.4 滚动轴承的当量动载荷

当滚动轴承同时承受径向载荷和轴向载荷，在进行轴承寿命计算时，必须将实际载荷转换为与基本额定动载荷的载荷条件相同的当量动载荷。当量动载荷是一个假想载荷，用字母 P 表示。对于承受以径向载荷为主的轴承，当量动载荷是径向载荷，常用 P_r 表示；对于承受以轴向载荷为主的轴承，当量动载荷是轴向载荷，常用 P_a 表示。当量动载荷 P（P_r 或 P_a）计算公式为

$$P = XF_r + YF_a \tag{9-8}$$

式中　X、Y——径向载荷系数和轴向载荷系数，可查表9-14，对于表中未列入的轴承径向、轴向载荷系数 X、Y，可查阅相关设计手册；

F_r、F_a——径向载荷和轴向载荷（N）。

对于只能承受纯径向载荷的径向接触轴承，则

$$P = F_r \tag{9-9}$$

对于只能承受纯轴向载荷的推力轴承，则

$$P = F_a \tag{9-10}$$

表9-14中的 e 是轴向载荷影响的判断系数。当 $F_a/F_r \leqslant e$ 时，表示轴向载荷对轴承寿命的影响较小；当 $F_a/F_r > e$ 时，表示轴向载荷 F_a 对轴承寿命影响较大。

表9-14　径向载荷系数 X 和轴向载荷系数 Y

轴承类型	F_a/C_{0r}[①]	单列轴承				双列轴承				e
		$F_a/F_r \leqslant e$		$F_a/F_r > e$		$F_a/F_r \leqslant e$		$F_a/F_r > e$		
		X	Y	X	Y	X	Y	X	Y	
深沟球轴承	0.014	1	0	0.56	2.30	1	0	0.56	2.3	0.19
	0.028				1.99				1.99	0.22

（续表）

轴承类型		F_a/C_{0r}①	单列轴承				双列轴承				e
			$F_a/F_r \leqslant e$		$F_a/F_r > e$		$F_a/F_r \leqslant e$		$F_a/F_r > e$		
			X	Y	X	Y	X	Y	X	Y	
深沟球轴承		0.056	1	0	0.56	1.71	1	0	0.56	1.71	0.26
		0.084				1.55				1.55	0.28
		0.11				1.45				1.45	0.30
		0.17				1.31				1.31	0.34
		0.28				1.15				1.15	0.38
		0.42				1.04				1.04	0.42
		0.56				1.00				1.00	0.44
角接触球轴承	$\alpha=15°$	0.015	1	0	0.44	1.47	1	1.65	0.72	2.39	0.38
		0.029				1.40		1.57		2.28	0.40
		0.058				1.30		1.46		2.11	0.43
		0.087				1.23		1.38		2.00	0.46
		0.12				1.19		1.34		1.93	0.47
		0.17				1.12		1.26		1.82	0.50
		0.29				1.02		1.14		1.66	0.55
		0.44				1.00		1.12		1.63	0.56
		0.58				1.00		1.12		1.63	0.56
	$\alpha=25°$		1	0	0.41	0.87	1	0.92	0.67	1.41	0.68
	$\alpha=40°$		1	0	0.35	0.57	1	0.55	0.57	0.93	1.14
双列角接触球轴承（$\alpha=30°$）							1	0.78	0.63	1.24	0.8
圆锥滚子轴承			1	0	0.4	$0.4\cot\alpha$②	1	$0.45\cot\alpha$	0.67	$0.67\cot\alpha$	$1.5\cot\alpha$②
调心球轴承							1	$0.42\cot\alpha$	0.65	$0.65\cot\alpha$	$1.5\tan\alpha$
推力调心滚子轴承					1.2	1					$\dfrac{1}{0.55}$

注：① 相对轴向载荷 F_a/C_{0r}中的 C_{0r}为轴承的径向基本额定静载荷，由手册查取。与中间值 F_a/C_{0r}相应的 e、Y 值可用线性内插法求得。
　　② 由接触角 α 定的 e、Y 各项值，也可根据轴承型号从轴承手册中直接查得。

9.5.5　角接触球轴承和圆锥滚子轴承的轴向载荷的计算

角接触球轴承和圆锥滚子轴承受径向载荷 F_r 时，在轴承的内部会产生派生轴向力 F_s

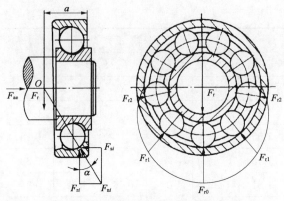

图9-14　角接触球轴承的派生轴向力

（图9-14），径向载荷 F_r 作用后，由于这类轴承存在接触角承载区各滚动体受到外圈作用的法向反力 F_{ni} 可分解为径向分量 F_{ri} 和轴向分量 F_{si}。各径向分量均沿轴承半径指向轴承中心，其矢量和与径向载荷 F_r 相平衡；各轴向分量 F_{si} 与轴承的轴线平行，其合力称为派生轴向力 F_s，方向同 F_{si}，使轴颈（含轴承内圈和滚动体一起）有向左移动的趋势。即使轴承内圈与外圈有分离的趋势，派生轴向力 F_s 应由轴上的轴向力 F_{ae} 来平衡。应注意，派生轴向力 F_s 的方向总是由轴承外圈的宽边指向窄边的一侧。

角接触滚动轴承承受纯径向载荷时，在轴承内部产生的派生轴向力 F_s 的大小可按表9-15中的公式计算。

表9-15　角接触轴承派生轴向力

参　数	轴　承　类　型			
	角接触球轴承			圆锥滚子轴承
	7000C	7000AC	7000B	
派生轴向力 F_s	eF_r [①]	$0.68F_r$	$1.14F_r$	$F_r/(2Y)$ [②]

注：① e 值可查表9-14。
　　② Y 应取表9-14中 $F_a/F_r > e$ 时的数值。

角接触轴承在计算支承反力时，首先要确定支反力作用点 O 的位置，如图9-14所示。对于不同型号的轴承，其支反力作用点的位置参数（a 的数值）可由相关轴承手册查取。为了简化计算，当轴跨距较大时，可近似取轴承宽度的中点作为支反力作用点。

轴上的配对轴承常有两种安装方式。图9-15a 中轴承外圈的宽边相对，称为反安装（背对背安装），这种安装方式使两个支反力作用点相互远离，支承跨距增大；图9-15b 中轴承外圈的窄边相对，称为正安装（面对面安装），它使支反力作用点 O_1、O_2 相互靠近，减小支承跨距，支承刚性好。

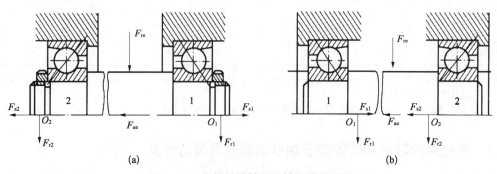

(a)   (b)

图9-15　角接触球轴承的轴向载荷分析

成对安装的角接触轴承在计算轴向载荷时,要同时考虑作用于轴上的轴向工作载荷和由径向力引起的派生轴向力。

图 9-15a、b 中,F_{re}、F_{ae} 分别为作用于轴上的径向载荷和轴向载荷,两个轴承处的径向反力为 F_{r1}、F_{r2} 相应产生的派生轴向力为 F_{s1}、F_{s2},方向如图 9-15 所示。

将轴和内圈视为一体并视为分离体,按轴系力的平衡关系进行计算。此处,取 F_s 与 F_{ae} 方向一致的轴承为 2,另一端为轴承 1,则在图 9-15a、b 中受力分析一并进行。

若 $F_{ae}+F_{s2} \geqslant F_{s1}$,轴有向左移动的趋势,使轴承 1 被"压紧"、轴承 2 被"放松"。轴承 1 上轴承座或轴承端盖等必然产生一个平衡反力,以阻止分离体向左移动,$F_{s1}+F'_{s1}=F_{ae}+F_{s2}$,则作用在轴承 1 上的轴向力为

$$F_{a1}=F_{ae}+F_{s2} \tag{9-11}$$

而作用在轴承 2 上的轴向力仅为其自身的派生轴向力,即

$$F_{a2}=F_{s2} \tag{9-12}$$

若 $F_{ae}+F_{s2}<F_{s1}$,轴有向右移动的趋势,使轴承 2 被"压紧"、轴承 1 被"放松",同理可得

$$F_{a2}=F'_{s2}+F_{s2}=F_{s1}-F_{ae} \tag{9-13}$$

$$F_{a1}=F_{s1} \tag{9-14}$$

综上所述,计算角接触轴承轴向载荷的要点归纳如下:

(1) 判断轴承内部派生轴向力 F_s 的方向。

(2) 通过受力图及各轴向力计算判断轴承的"压紧"和"放松"。

(3) "放松"端轴承的轴向载荷等于其自身内部的派生轴向力,"压紧"端轴承的轴向载荷等于放松端轴承的派生轴向力与轴上外部轴向载荷的代数和。

例 9-2　某轴上安装有一对 6312 型深沟球轴承。轴承所受载荷 $F_{r1}=5\,500$ N、$F_{a1}=2\,800$ N,其转速 $n=1\,200$ r/min,预期寿命 $[L_h] \geqslant 8\,500$ h。 试验算该对轴承是否适用。

解:查设计手册,6312 型轴承的 $C_r=81.8$ kN,$C_{0r}=51.8$ kN。

(1) 计算当量动载荷:

$$\frac{F_{a1}}{C_{0r}}=\frac{2\,800}{51\,800}=0.054$$

查表 9-14,由线性插值法得 $e=0.257$,

$$\frac{F_{a1}}{F_{r1}}=\frac{2\,800}{5\,500}=0.509>e$$

由表 9-14,得 $X_1=0.56$,$Y_1=1.73$(由插值法得),

$$P=X_1 F_{r1}+Y_1 F_{a1}=0.56 \times 5\,500+1.73 \times 2\,800=7\,924(\text{N})$$

(2) 计算轴承寿命:球轴承 $\varepsilon=3$,

$$L_h=\frac{10^6}{60n}\left(\frac{C}{P}\right)^{\varepsilon}=15\,280(\text{h})>[L_h]=8\,500 \text{ h}$$

故该对轴承满足寿命要求。

例9-3 某两级悬挂式圆柱齿轮减速器剖面结构如图9-16a所示。在低速轴上两端选用一对正装角接触球轴承,已知图9-16b轴上齿轮受到圆周力 $F_{te}=2\,500\,\text{N}$,径向力 $F_{re}=1\,100\,\text{N}$,轴向力 $F_{ae}=650\,\text{N}$,齿轮分度圆直径 $d=310\,\text{mm}$,齿轮转速 $n=450\,\text{r/min}$,轴颈为 $40\,\text{mm}$。运转中有中等冲击载荷,三班制工作,工作年限7年,每年工作300 d。试选用两个轴承的型号。

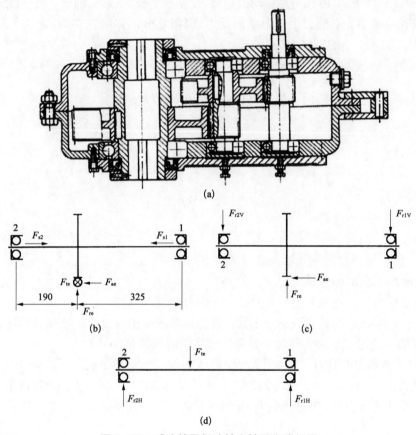

图9-16　减速箱及低速轴上轴承力分析图

解:计算过程见表9-16。

表9-16　角接触球轴承型号设计

设 计 项 目	设 计 依 据 及 内 容	设 计 结 果
(1)初选两个轴承型号	查滚动轴承样本或设计手册,得 $C_0=35.2\,\text{kN}$,$C_{0r}=24.5\,\text{kN}$	7208AC
(2)计算两轴承的径向载荷 F_{r1}、F_{r2}	低速轴的计算简图如图9-16b所示 由理论力学知识可知,通过作用在齿轮上的外载荷求得轴承上的径向载荷取 $\sum M_{BV}=0$,$515F_{r1V}+155F_{ae}-190F_{re}=0$	

（续表）

设 计 项 目	设 计 依 据 及 内 容	设 计 结 果
① 垂直面的径向分量 F_{r1V}、F_{r2V}（图 9-16c）	$F_{r1V} = \dfrac{190F_{re} - 155F_{ae}}{515} = \dfrac{190 \times 1\,100 - 155 \times 650}{515}(\text{N})$ 由 $\sum Y = 0$，$F_{re} - F_{r2V} - F_{r1V} = 0$ $\quad\quad F_{r2V} = F_{re} - F_{r1V} = 1\,100 - 210.9(\text{N})$	$F_{r1V} = 210.9\ \text{N}$ $F_{r2V} = 889.81\ \text{N}$
② 水平面径向分量 F_{r1H}、F_{r2H}（图 9-16d）	同上，有 $515F_{r1H} - 190F_{te} = 0$ $\quad\quad F_{r1H} = \dfrac{190F_{te}}{515} = \dfrac{190 \times 2\,500}{515}(\text{N})$ $\quad F_{r2H} = F_{te} - F_{r1H} = 2\,500 - 922.33(\text{N})$	$F_{r1H} = 922.33\ \text{N}$ $F_{r2H} = 1\,577.67\ \text{N}$
③ 轴承所受径载荷 F_{r1}、F_{r2}	$F_{r1} = \sqrt{F_{r1V}^2 + F_{r1H}^2} = \sqrt{210.19^2 + 922.33^2}(\text{N})$ $F_{r2} = \sqrt{F_{r2V}^2 + F_{r2H}^2} = \sqrt{889.81^2 + 1\,577.67^2}(\text{N})$	$F_{r1} = 945.98\ \text{N}$ $F_{r2} = 1\,811.3\ \text{N}$
（3）计算两轴承受到的轴向载荷 F_{a1}、F_{a2} ① 求派生轴向力 F_{s1}、F_{s2}	由表 9-15，得 $F_s = 0.68F_r$，则 $\quad\quad F_{s1} = 0.68F_{r1} = 0.68 \times 945.98(\text{N})$ $\quad\quad F_{s2} = 0.68F_{r2} = 0.68 \times 1\,811.3(\text{N})$	$F_{s1} = 643.27\ \text{N}$ $F_{s2} = 1\,230.68\ \text{N}$
② 计算轴向力 F_{a1}、F_{a2}	由图 9-16b，得 $\quad F_{s1} + F_{ae} = 650 + 643.27 = 1\,293.27(\text{N}) > F_{s2}$ 轴承 1 放松，轴承 2 压紧，故 $\quad F_{a1} = F_{s1}$，$F_{a2} = F_{s1} + F_{ae} = 643.27 + 650(\text{N})$	$F_{a1} = 643.27\ \text{N}$ $F_{a2} = 1\,293.27\ \text{N}$
（4）确定系数 X、Y	由表 9-14，得 $e = 0.68$，则 $\quad\quad \dfrac{F_{a1}}{F_{r1}} = \dfrac{643.27}{945.98} = 0.68 = e$ $\quad\quad \dfrac{F_{a2}}{F_{r2}} = \dfrac{1\,293.27}{1\,811.3} = 0.714 > e$	$X_1 = 1$ $Y_1 = 0$ $X_2 = 0.41$ $Y_2 = 0.87$
（5）计算轴承当量动载荷 P_1、P_2	由式（9-8），得 $P_1 = X_1 F_{r1} + Y_1 F_{a1} = 1 \times 945.68 + 0 \times 643.27(\text{N})$ $P_2 = X_2 F_{r2} + Y_2 F_{a2}$ $\quad\ = 0.41 \times 1\,811.3 + 0.87 \times 1\,293.27(\text{N})$	$P_1 = 945.68\ \text{N}$ $P_2 = 1\,867.78\ \text{N}$
（6）确定轴承型号	取 $f_t = 1$，$f_p = 1.6$ 轴承预期寿命为对于球轴承 $[L_h] = 7 \times 300 \times 8 \times 3 = 50\,400(\text{h})$，取 $\varepsilon = 3$ 因为 $P_1 < P_2$，故按轴承 2 的受力大小计算： $C' = \left(\dfrac{f_p P_2}{f_t}\right)\sqrt[\varepsilon]{\dfrac{60n[L_h]}{10^6}}$ $\quad = \dfrac{11.6 \times 1\,867.78}{1} \times \sqrt[3]{\dfrac{60 \times 450 \times 50\,400}{10^6}}$ $\quad = 33\,116.45(\text{N})$ 因为 $C' < C_r = 35\,200\ \text{N}$，故轴承 7208AC 合适	选轴承 7208AC

9.6 滚动轴承的静强度计算

1) 滚动轴承的静强度计算准则

对于静止、极慢转速($n \leqslant 10$ r/min)或缓慢摆动的轴承,为了防止由过大静载荷或冲击载荷引起的滚动体与套圈滚道接触表面产生过大的塑性变形,要计算轴承的静强度,即对载荷大小给予一定的控制或要求轴承具有一定的静载荷承载能力。

滚动轴承静强度的计算依据是基本额定静载荷,它体现滚动轴承抵抗塑性变形的最大承载能力。使受载最大的滚动体与滚道接触中心处的接触应力达到一定值(如对向心球轴承为 4 200 MPa)的载荷,称为基本额定静载荷,用 C_0 表示,C_0 可查阅相关设计手册。C_{0r} 称为径向基本额定静载荷,C_{0a} 称为轴向基本额定静载荷。

2) 滚动轴承的静强度计算公式

按轴承静强度选择轴承的基本公式为

$$S_0 P_0 \leqslant C_0 \tag{9-15}$$

式中 S_0——静强度安全系数,见表 9-17;

P_0——当量静载荷(N)。

与当量动载荷概念相似,当量静载荷是一个假想载荷,其计算公式为

$$P_0 = X_0 F_r + Y_0 F_a \tag{9-16}$$

式中 X_0、Y_0——静径向系数和静轴向系数,见表 9-18。

若按式(9-16)计算所得 $P_0 < F_r$,则取 $P_0 = F_r$。

表 9-17 静强度安全系数 S_0

使 用 条 件		S_0	使 用 条 件	S_0
连续旋转	普通载荷	1~2	高精度旋转场合	1.5~2.5
	冲击载荷	2~3	振动冲击场合	1.2~2.5
不常旋转或摆动运动	普通载荷	0.5	普通旋转精度场合	1.0~1.2
	冲击及不均匀载荷	1~1.5	允许有变形量场合	0.3~1.0

表 9-18 静径向系数 X_0 和静轴向系数 Y_0

轴 承 类 型			单列轴承		双列轴承	
			X_0	Y_0	X_0	Y_0
	深沟球轴承		0.6	0.5	0.6	0.5
向心球轴承	角接触球轴承	$\alpha = 15°$	0.5	0.46	1	0.92
		$\alpha = 25°$	0.5	0.38	1	0.76
		$\alpha = 30°$	0.5	0.33	1	0.66
		$\alpha = 40°$	0.5	0.26	1	0.52
	调心球轴承($\alpha \neq 0°$)		0.5	$0.22\cot\alpha$	1	$0.44\cot\alpha$
向心滚子轴承	向心滚子轴承($\alpha \neq 0°$)		0.5	$0.22\cot\alpha$	1	$0.44\cot\alpha$

9.7 滚动轴承的组合结构设计

滚动轴承是轴的支承,支承结构的设计对发挥轴承的承载能力、保证轴的运转精度、保持轴的正常运转起着重要的作用。因此,除正确选择轴承类型、尺寸外,如何将轴、轴承、轴承座等合理组合以满足工作要求,包含轴承的装拆、固定、配合、调整、润滑、密封等,就是轴承组合结构设计所需正确解决的问题。

9.7.1 滚动轴承的轴向固定

滚动轴承轴向固定的方法很多,选用时应考虑轴承上轴向载荷的大小、转速的高低、轴承类型及其在轴上的安装位置等因素。转速越高,载荷越大,滚动轴承的轴向固定应越可靠。滚动轴承的轴向固定就是要确定轴承内圈和外圈沿轴向的紧固。

1) 轴承内圈的轴向固定

滚动轴承内圈的一端一般用轴肩定位。为了保证可靠定位,轴肩圆角半径 r_1 必须小于轴承内圈处的圆角半径 r(图 9-17)。为了便于轴承装拆,轴肩高度通常不大于内圈高度的 3/4。内圈另一端的固定常采用轴用弹性挡圈、轴端挡圈、圆螺母和止动垫圈等。常用的固定方法见表 9-19。

表 9-19 轴承内圈固定的常用方法

项目	简 图				
	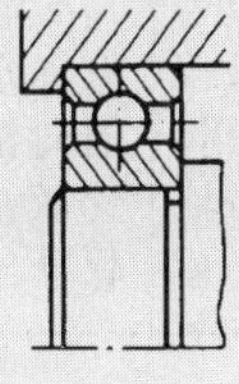	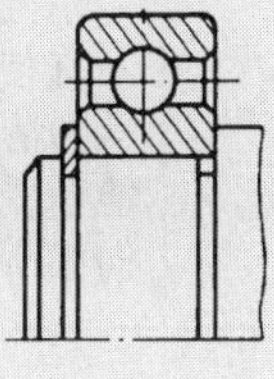	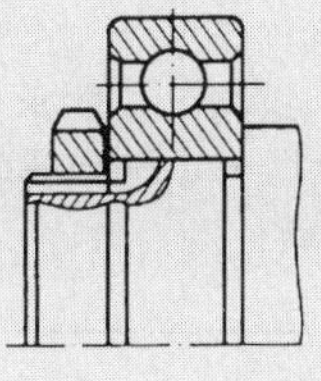	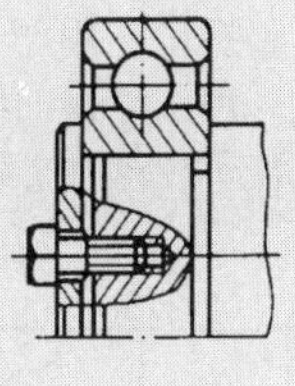	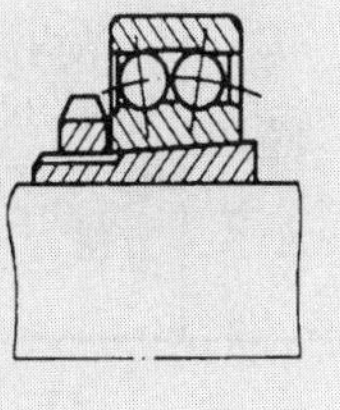
固定方法	外壳有凸肩时,利用轴肩作为内圈的单面支承	用轴用弹性挡圈	用圆螺母和止动垫圈	用轴端挡圈、螺钉	用紧定衬套、圆螺母和止动垫圈
特点	结构简单,轴向尺寸小,可承受单向的轴向载荷	结构简单,轴向尺寸紧凑,可承受不大的轴向载荷	可承受较大的轴向载荷	用于轴端切削螺纹有困难的场合,能承受较大的轴向载荷	用于带锥孔的轴承,安装在光轴上,便于调整轴向尺寸,结构简单,适用于转速不高、轴向载荷不大的条件

2) 轴承外圈的轴向固定

滚动轴承的外圈固定可采用孔用弹性挡圈、轴承盖等,常用的固定方法见表 9-20。

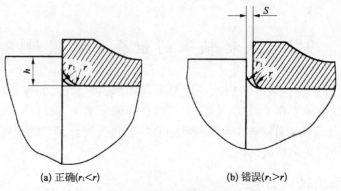

(a) 正确($r_1 < r$)　　　　　　(b) 错误($r_1 > r$)

图 9-17　轴肩圆角与轴承圆角的关系

表 9-20　轴承外圈固定的常用方法

项目	简图				
固定方法	用孔用弹性挡圈	用止动环和轴承盖	用轴承端盖	用外圆柱表面有螺纹和开口的轴承端盖	用轴承端盖、压盖和调节螺钉
特点	结构简单,装拆简便,尺寸小,内孔为通孔,加工方便	用于外圈有止动槽的轴承,结构简单,轴向尺寸小,内孔无凸肩	能承受较大的轴向载荷	在径向尺寸小、不宜使用轴承端盖的情况下采用,能承受较大的轴向载荷	常用于向心推力轴承,可调整轴向游隙,能承受较大的轴向载荷

9.7.2　滚动轴承的支承结构形式

滚动轴承的支承结构应能使轴、轴承、轴上零件在设备中有确定的位置,工作时能承受载荷,传递轴向力且不发生轴向窜动,此外应能补偿轴的热胀冷缩,以避免产生附加温度应力,从而保证轴系的正常工作。通常,一根轴需要由两个支点支承,典型的滚动轴承支承结构有三种基本形式,其中下述的前两种形式应用较多。

1) 两端固定支承

两端固定支承简称全固式,其每个支承端各限制轴在一个方向上的轴向移动,两个支承合起来就限制了轴的双向移动。这种支承形式结构简单,常用于工作温度不高且变化不大的短轴(跨距<350 mm)。为了防止轴承因轴的受热伸长而卡死,应保证足够的轴承游隙或在轴承外圈与轴承端盖间留有一定的间隙(图 9-18a 中的上半部分),预留间隙=0.2～0.4 mm。

轴承游隙和预留间隙常用轴承端盖处的垫片调整(图 9-18b)。选用角接触球轴承或圆

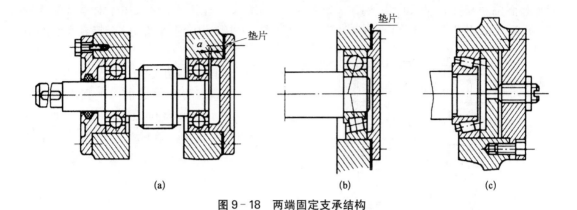

图 9‑18 两端固定支承结构

锥滚子轴承时,还可用调整螺钉来调节轴承的间隙(图 9‑18c)。

2) 一端固定、一端游动支承

这种支承结构是一个支承端的内外圈双向固定(固定端)承受载荷,使轴在该支承处双向轴向固定;另一支承端轴承与外壳孔间可以相对移动(游动端),以补偿轴受热变形和制造安装误差引起的长度变化。一端固定、一端游动支承的组合结构适用于工作温度较高($t >$ 70℃)的长轴(支承跨距>350 mm),如图 9‑19 所示。采用深沟球轴承作为游动支承时,内圈固定在轴上,外圈与轴承端盖间应留有适当的间隙,外圈可在轴承座孔中双向游动;采用可分离型的圆柱滚子轴承作为游动支承时(图 9‑19b),可利用轴承自身内外圈间的轴向游动特性来实现游动的目的,此时内圈应固定在轴上,外圈要双向固定在轴承座孔中,以防外圈同时移动造成内外圈间过大的错位。当轴向载荷较大时,固定支承可采用深沟球轴承或

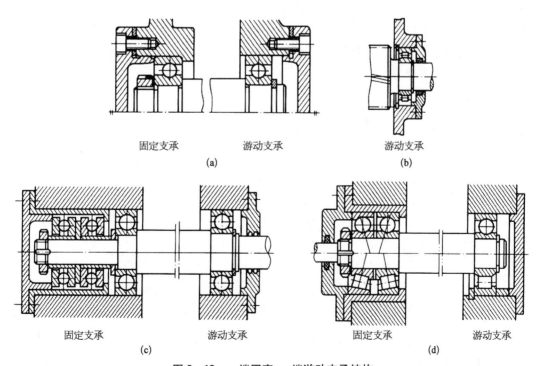

固定支承　　　游动支承　　　　　游动支承
(a)　　　　　　　　　　(b)

固定支承　　　游动支承　　　　固定支承　　　游动支承
(c)　　　　　　　　　　(d)

图 9‑19 一端固定、一端游动支承结构

径向接触轴承与推力轴承的组合结构,如图 9-19c 所示。固定端也可采用一对角接触球轴承(图 9-19d 中的上半部分)或角接触滚子轴承(图 9-19d 中的下半部分)正装或反装的组合结构。

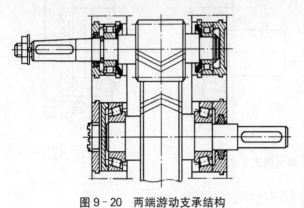

图 9-20　两端游动支承结构

3) 两端游动支承

两端游动支承是指两个支承端对轴均不进行精确的轴向定位,轴系可进行双向的轴向移动。这种支承结构常用于某些特殊需要的场合,此时要求机器中的一些相关零件已对该轴的轴向位置有所限制。如图 9-20 所示,一对人字齿轮传动中,由于人字齿轮自身的啮合特点,在大齿轮轴采用两端固定支承结构后,小齿轮轴两端支承必须采用游动结构,既可使小齿轮轴自动定位,又避免了齿轮发生干涉以致出现卡死现象,并可使两侧轮齿的受力趋于均匀。

9.7.3　滚动轴承的装拆、预紧和刚度

1) 轴承的装拆

滚动轴承元件具有较高的加工精度,轴承内圈与轴的配合较紧,为了保证轴承的工作精度和寿命,应按正确的方法装拆轴承。滚动轴承的安装和拆卸一般以不损坏轴承及其配合体的精度为原则,安装拆卸轴承的作用力应直接作用在紧配合的套圈端面上,不能通过滚动体传递压力。

对于中小型轴承可用手锤敲击装配套筒(一般为铜套)安装轴承,如图 9-21 所示;大型轴承或配合较紧的轴承可用专用压力机装配,如图 9-22 所示;或将轴承或套圈均匀加热 80~100℃后,取出再进行装配。

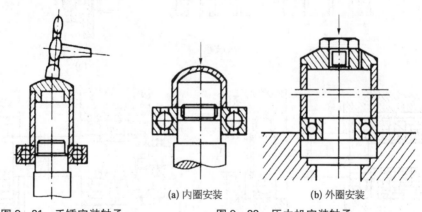

(a) 内圈安装　　(b) 外圈安装

图 9-21　手锤安装轴承　　　　图 9-22　压力机安装轴承

拆卸轴承一般也要用专用工具拆卸器(图 9-23a)或压力机(图 9-23b)拆卸。为了便于安装拆卸工具,应使轴承内圈比轴肩、外圈比座孔凸肩露出足够的高度 h(图 9-23、图 9-24)。

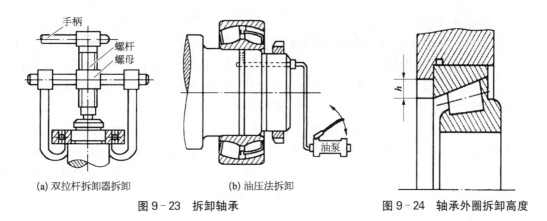

(a) 双拉杆拆卸器拆卸　　　(b) 油压法拆卸

图 9-23　拆卸轴承　　　　图 9-24　轴承外圈拆卸高度

2）轴承的预紧

滚动轴承的预紧是提高轴承旋转精度、改善支承刚度、增加轴承寿命的一种措施。预紧是指在安装轴承时，设法在轴承中产生并保持一定的轴向压紧力，以消除轴承的轴向游隙，并在滚动体与套圈滚道接触处产生弹性预变形，减小工作载荷下轴承的实际变形量。

常用的预紧方法有如下几种：

（1）在一对轴承的套圈间放置长短不等的套筒来实现预紧（图 9-25a）。这种预紧的方法刚性较大，套筒的长度差决定了预紧力的大小。

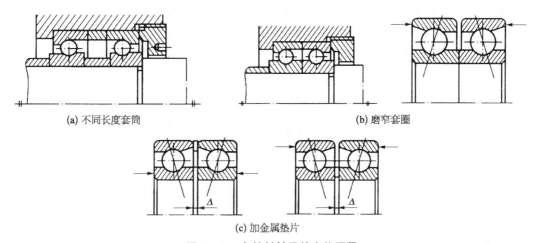

(a) 不同长度套筒　　　　　　　(b) 磨窄套圈

(c) 加金属垫片

图 9-25　角接触轴承的定位预紧

（2）将一对轴承的内圈或外圈磨去一定的厚度（图 9-25b）或在两者间放置垫片（图 9-25c），使轴承在一定的轴向载荷下产生预变形。预紧力的大小可以通过改变轴承套圈的磨削量或垫片的厚度来控制。

（3）使用弹簧对轴承进行预紧（图 9-26）。用这种方法得到的预紧力较为稳定。

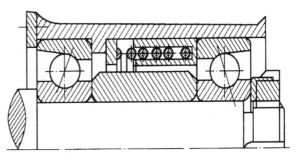

图 9-26　角接触轴承的定压预紧

3) 轴承的刚度

与滚动轴承相匹配的轴、轴承座或箱体等零部件必须有足够的刚度,因为这些零件的过度变形将使轴承的内外圈轴线发生相对偏斜,以至于影响滚动体的运动,从而影响轴承的寿命和旋转精度。因此,轴承座孔壁应有必要的厚度,适当设置加强筋以增强其刚度,壁板上轴承座的悬臂应尽可能缩短。

同一轴上的轴承孔需要保证一定的同轴度,其孔径应尽可能相同,加工时可一次成孔以减小同轴度误差,避免轴承内外圈偏斜过大,影响轴承的工作状态。当同一轴上安装不同外径轴承时,可采用套杯结构保证轴承座孔仍一次镗出(图 9-19c)。当两个轴承孔分别在两个外壳上时,应把两个外壳定位后组合在一起进行镗孔。

9.7.4　滚动轴承的润滑

滚动轴承内各元件在工作过程中由于存在不同程度的相对运动,会导致摩擦发热和元件磨损。滚动轴承润滑的主要目的是减小摩擦阻力、减轻磨损,同时也起吸振、冷却、防锈、散热等作用。

滚动轴承常用油润滑和脂润滑两种润滑方式。特殊环境下也可以采用固体润滑,如用二硫化钼、石墨和聚四氟乙烯等作为润滑剂。选用润滑方式时,应考虑轴承的工作温度,过高将使润滑剂的黏度降低而破坏润滑;应考虑轴承的工作载荷,因为润滑油的黏度是随压力而变化的;应考虑轴承的工作转速,过高的转速会使轴承摩擦发热量增加,一般对轴承的力值[d 为滚动轴承内径(mm),n 为轴承转速(r/min)]加以控制。适用于不同润滑方式下所允许的值见表 9-21,可作为选择时的参考。

表 9-21　油润滑和脂润滑方式下轴承的力 dn 值界限　　　单位:mm·r/min

轴承类型	润滑方式				
	脂润滑	油浴润滑	滴油润滑	循环油润滑	喷雾润滑
深沟球轴承	160 000	250 000	400 000	600 000	>600 000
调心球轴承	160 000	250 000	400 000	—	—
角接触球轴承	160 000	250 000	400 000	600 000	>600 000
圆柱滚子轴承	120 000	250 000	400 000	600 000	>600 000
圆锥滚子轴承	100 000	160 000	230 000	300 000	—
调心滚子轴承	80 000	120 000	—	250 000	—
推力球轴承	40 000	60 000	120 000	150 000	—

润滑脂的油膜强度高,承载能力较强,不易流失,易于密封,使用时间较长,是一般滚动轴承多采用的润滑方式。但是轴承转速较高时,摩擦耗功较大,因此适用于较小力值的轴承。

轴承中润滑脂的填充量一般不超过其内部空间容积的 1/3~1/2,润滑脂的过多和不足都将不利于轴承的正常工作状态。在高速和高温条件下工作的轴承,一般采用油润滑方式。润滑油摩擦系数小,润滑可靠,并且有冷却、散热、清洗的作用,可有不同的润滑方法适应轴承的工作条件。但是对供油设备和密封有较高的要求。

选择润滑油时,可根据工作温度和 dn 值,由图 9-27 先选出润滑油的黏度值,再按黏度值从润滑油产品目录中选出相应的润滑油牌号。滚动轴承常用的油润滑方法有以下几种:

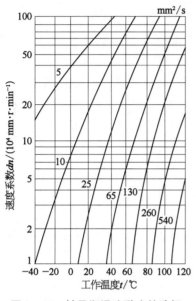

图 9-27 轴承润滑油黏度的选择

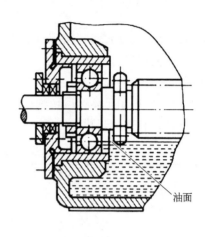

图 9-28 油浴润滑

(1)油浴润滑。将轴承部分浸入润滑油中,随着轴承转动滚动体浸入油中,同时将油带到其他工作表面。油面不高于最低滚动体的中心,如图 9-28 所示。这种方法适用于中低速轴承的润滑。

(2)飞溅润滑。利用旋转部件将润滑油飞溅到轴承上或沿箱壁流入预先设计的油槽内润滑轴承,箱体内润滑油可循环使用。这是闭式齿轮传动中润滑轴承的常用方法,如图 9-29 所示。

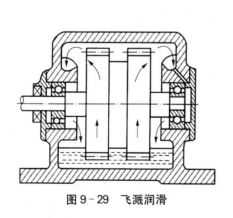

图 9-29 飞溅润滑

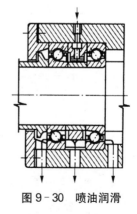

图 9-30 喷油润滑

(3)喷油润滑。它是用油泵增压后的润滑油,经轴承座进油口喷嘴将油喷射到轴承上,达到润滑及冷却轴承的目的,如图 9-30 所示。这种方法适用于高速或超高速、载荷大的轴承的润滑。

除上述方法外,还可采用滴油润滑、油雾润滑等润滑轴承的方法。

9.7.5　滚动轴承的密封

滚动轴承的密封是为了不使润滑剂从轴承中流失,同时也为了阻止外界灰尘、切屑微粒、水分及其他杂物进入轴承,使轴承保持良好的润滑。密封方式的选择与润滑剂的种类、轴承的转速与温度、工作环境等因素有关。轴承的密封装置一般分为接触式和非接触式两类。

接触式密封装置中,通过密封件(毛毡、橡胶圈等)与转动轴表面的直接接触实现密封。一般适用于中低速场合轴承的密封,与密封件接触处,轴需要有一定的硬度和表面粗糙度要求,以保证密封件的寿命。非接触式密封装置中,密封件不与转动轴或配合件直接接触,因而不受速度限制,可用于高速运转轴承的密封。

常用的密封装置及其特点见表 9-22、表 9-23。

表 9-22　接触式密封

密封形式	简　图	说　　明
毡圈密封		结构简单,适用于温度小于 100℃ 的工作环境。毡圈安装前用油浸渍,具有良好的密封效果。由于摩擦严重,只用于圆周速度小于 4 m/s 的场合
橡胶圈密封 (密封唇向内)		密封圈用耐油橡胶制成,主要防止润滑剂溢出,允许的圆周速度由密封材料决定,一般可用于接触面滑动速度小于 10 m/s(轴颈为精车)或小于 15 m/s(轴颈磨光)处
橡胶圈密封 (密封唇向外)		主要防止尘埃侵入,允许的圆周速度由密封材料决定,适用速度同上
密封环密封		密封环像活塞环,放置在带有环槽的套筒(与轴一起转动)和轴承盖(静止件)圆孔之间,各接触表面均需要硬化处理并磨光;密封要求不高时可以只用一个环,要求高时可用 2～4 个环;密封环用含铬的耐磨铸铁制造,可用于滑动速度小于 100 m/s 的场合

表 9-23　非接触式密封

密封形式	简　　图	说　　明
缝隙密封		结构简单,能满足一般条件下的密封要求。间隙的选择：当 $d \leqslant$ 50 mm 时,$e = 0.25 \sim 0.40$ mm；当 $d > 50$ mm 时,$e = 0.25 \sim 0.60$ mm
沟槽密封		沟槽内填充润滑脂后使尘埃难以侵入,有环槽和螺旋槽两种形式。环槽一般为三条。槽宽 $b = 3 \sim 5$ mm,槽深 $t = 4 \sim 5$ mm
迷宫密封		当迷宫曲路填充润滑脂后,其密封效果比沟槽密封好。迷宫密封可分为径向和轴向两种形式(简图为轴向迷宫密封)。径向和轴向间隙的选择：当 $d \leqslant$ 50 mm 时,$a = 0.20 \sim 0.30$ mm,$b = 1.0 \sim 1.5$ mm；当 $d = 50 \sim 200$ mm 时,$a = 0.30 \sim 0.50$ mm,$b = 1.5 \sim 2.0$ mm
甩油环密封	(a)　(b)　(c)	油润滑时,在轴上开出沟槽(简图 a),或装一个环(简图 b),都可以把欲向外流失的油沿径向甩出,通过轴承盖上的集油腔与油孔流回油池。也可以在紧贴轴承处装一个甩油环(简图 c),这种结构常和缝隙密封联合使用

　　在实际使用中,也可按工作环境要求,提高密封可靠性,将几种不同的密封形式组合运用,如图 9-31 所示。

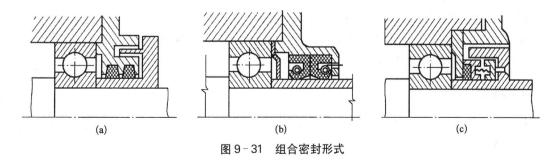

(a)　　　　　　　　　　(b)　　　　　　　　　　(c)

图 9-31　组合密封形式

本章学习要点

(1) 掌握滚动轴承的类型、特点、代号,以及选型基本原则。

(2) 理解滚动轴承的承载及应力状况、失效现象。

(3) 掌握滚动轴承的计算准则,寿命计算中的基本额定动载荷等重要概念和寿命计算(承载能力计算)方法,能正确选择滚动轴承的类型。

(4) 能合理地对滚动轴承进行组合结构设计。

(5) 了解滚动轴承的基本装拆方法、润滑密封方式。

通过本章学习,学习者应能运用所学知识,在轴承计算基础上正确选用轴承和进行组合结构设计,并能识别错误结构。

思考与练习题

1. 问答题

9-1 滚动轴承由哪些元件组成? 其主要特点是什么?

9-2 深沟球轴承、角接触球轴承、圆锥滚子轴承、圆柱滚子轴承和推力球轴承在结构上有何不同? 它们分别能承受何种载荷?

9-3 滚动轴承的主要失效形式有哪几种? 针对这些失效形式所采用的计算准则是什么?

9-4 如何定义滚动轴承的基本额定寿命、基本额定动载荷? 请简述之。

9-5 试说明判断角接触轴承派生轴向力 F_s 方向的方法。

9-6 为什么角接触轴承和调心轴承通常要成对使用?

9-7 如何判断成对角接触轴承的正安装和反安装?

9-8 试说明成对角接触轴承轴向力的计算方法。

9-9 试总结滚动轴承寿命计算的步骤。

9-10 滚动轴承内外圈轴向固定的常用方法有哪些?

9-11 滚动轴承支承结构的三种基本形式是什么? 各适用于什么场合?

9-12 一般采用什么措施来调整轴系组件的轴向位置?

9-13 为什么对滚动轴承预紧能增加支承刚度和提高旋转精度?

9-14 轴承润滑的主要目的是什么?

9-15 轴承常用的密封装置有哪些类型? 各适用于什么场合?

9-16 说明下列轴承的类型、内径、尺寸系列、公差等级和结构特点:6305/P5;7311C;N309/P6;30206/P63。

2. 填空题

9-17 若其他条件不变,当滚子轴承的当量额定动载荷增加 1 倍时,该轴承的工作寿命增至原来_____倍。

9 - 18 某深沟球轴承,当转速为 480 r/min,当量动载荷为 8 000 N 时,使用寿命为 4 000 h。若改变转速为 960 r/min,当量动载荷变成 40 000 N 时,则该轴承的使用寿命为 _____ h。

3. 选择题

9 - 19 以下轴承中,(   )不宜同时承受径向和轴向载荷。

    A. 深沟球轴承   B. 圆柱滚子轴承   C. 圆锥滚子轴承   D. 调心球轴承

9 - 20 以下轴承中,(   )具有良好的调心作用。

    A. 深沟球轴承   B. 角接触球轴承   C. 调心球轴承   D. 圆柱滚子轴承

9 - 21 滚动轴承寿命计算公式 $L = \left(\dfrac{C}{P}\right)^{\varepsilon}$,其中寿命 L 的单位是(   ),寿命指数单位是(   )。

    A. h   B. 10^6 h   C. 10^6 r   D. r

9 - 22 球轴承和滚子轴承的支承刚性相比较,(   )。

    A. 两类轴承基本相同   B. 滚子轴承较高

    C. 球轴承较高   D. 无法比较

4. 计算题

9 - 23 现对一批同型号的滚动轴承进行寿命试验。若同时投入 100 个轴承进行试验,按其基本额定动载荷值加载,试验机主轴转速 $n = 1\ 000$ r/min。若预计该批轴承为正品,则在试验进行 16 h 40 min 时,应约有几个轴承发生疲劳点蚀失效。

9 - 24 在一个小型机械上选用深沟球轴承,轴颈 $d = 35$ mm,转速 $n = 2\ 000$ r/min,已知径向载荷 $F_r = 2\ 100$ N,轴向载荷 $F_a = 850$ N,预期使用寿命 $[L_h] = 7\ 000$ h,载荷有轻微冲击。试选择轴承型号。

9 - 25 齿轮轴由一对 32208 圆锥滚子轴承支承,$F_{r1} = 5\ 600$ N,$F_{r2} = 4\ 000$ N,$F_{ae} = 1\ 500$ N,$f_v = 1.4$,方向如图 9 - 32 所示。试求两轴承的派生轴向力 F_s、轴向力 F_a 及考虑载荷系数时的当量动载荷。

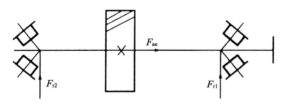

图 9 - 32 9 - 25 题图

9 - 26 如图 9 - 15a 所示,轴两端选用接触角 $\alpha = 25°$ 的两个角接触球轴承。轴颈 $d = 50$ mm,工作中有中等冲击,转速 $n = 1\ 800$ r/min,直径和宽度系列为 02。已知两个轴承的径向载荷分别为 $F_{r1} = 3\ 500$ N,$F_{r2} = 1\ 200$ N,外加轴向载荷 $F_{ae} = 900$ N。试确定轴承的工作寿命。

9 - 27 圆锥圆柱齿轮减速器输入轴由一对反装的圆锥滚子轴承支承,如图 9 - 33 所示。已知该标准直齿圆锥齿轮的平均分度圆直径 $y_m=200\,\text{mm}$，分度圆锥角 $\alpha=30°$，啮合点在齿轮上端，输入功率 $=15\,\text{kW}$，轴的转速 $n=960\,\text{r/min}$（转向如图 9-33 所示），轴承型号为 30206，工作温度低于 100℃，载荷有中等冲击。试确定这两个轴承的寿命。

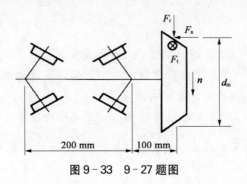

图 9-33 9-27 题图

第 10 章

滑 动 轴 承

10.1 概　　述

10.1.1　滑动轴承的分类、特点和应用

　　滑动轴承按其所能承受的载荷方向的不同,可分为径向滑动轴承(承受径向载荷,如图 10－1a 所示)、止推滑动轴承(承受轴向载荷,如图 10－1b 所示)和径向止推滑动轴承(同时承受径向载荷和轴向载荷)。

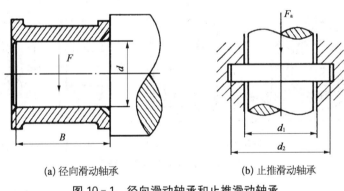

(a) 径向滑动轴承　　　　　　　　(b) 止推滑动轴承

图 10－1　径向滑动轴承和止推滑动轴承

　　滑动轴承按其滑动表面间润滑(摩擦)状态的不同,可分为无润滑(干摩擦)轴承、不完全油膜轴承(处于边界摩擦和混合摩擦状态)和流体膜(液体、气体)轴承(处于流体摩擦状态)。根据流体膜轴承中流体膜形成原理的不同,又可分为流体动压轴承和流体静压轴承。按承受载荷大小的不同,滑动轴承可分为轻载轴承(平均压强 $p < 1\,\text{MPa}$)、中载轴承(平均压强 $p = 1 \sim 10\,\text{MPa}$)、重载轴承(平均压强 $p > 10\,\text{MPa}$)。按轴颈圆周速度高低的不同,滑动轴承可分为低速轴承(轴颈圆周速度 $v < 5\,\text{m/s}$)、中速轴承(轴颈圆周速度 $v = 5 \sim 60\,\text{m/s}$)、高速轴承(轴颈圆周速度 $v > 60\,\text{m/s}$)。

　　与滚动轴承相比,滑动轴承具有承载能力大、工作平稳可靠、噪声小、耐冲击、吸振、可以剖分等优点。特别是流体膜轴承,可以在很高的转速下工作,并且旋转精度高、摩擦因子小、寿命长。因此,在高速、重载、高精度及有巨大冲击、振动的场合,当滚动轴承不能胜任工作

时,应采用滑动轴承;对结构上要求剖分、要求径向尺寸小及在水或腐蚀性介质中工作的场合,也应采用滑动轴承。此外,一些简单支承和不重要的场合,也常采用结构简单的滑动轴承。

目前,滑动轴承在燃气轮机、高速离心机、高速精密机床、内燃机、轧钢机、铁路机车及车辆、水轮机、仪表、化工机械、橡胶机械、天文望远镜等方面,均有着广泛的应用。

10.1.2　滑动轴承的设计内容

滑动轴承的设计主要包括下列内容:① 选择并确定轴承的结构形式;② 选择轴瓦结构和轴承材料;③ 确定轴承结构参数并计算轴承工作能力;④ 选择润滑剂、润滑方法和润滑装置。

10.2　滑动轴承的典型结构

10.2.1　径向滑动轴承的典型结构

径向滑动轴承的典型结构有整体式和对开式两种。

1) 整体式径向滑动轴承

整体式径向滑动轴承(图 10-2)主要由整体式轴承座与整体轴套组成,轴承座材料常为

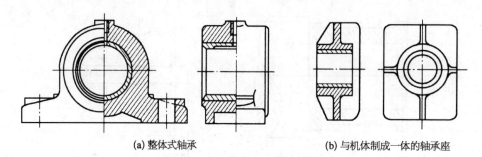

(a) 整体式轴承　　　　　　　(b) 与机体制成一体的轴承座

图 10-2　整体式径向滑动轴承

图 10-3　整体式径向滑动轴承
装拆时轴或轴承

铸铁,轴套用减摩材料制成。轴承座顶部设有安装油杯的螺纹孔及输送润滑油的油孔,轴承座用螺栓与机座连接固定。有时轴承座孔可在机器的箱壁上直接做成,其结构更为简单。

整体式径向滑动轴承结构简单、易于制造、成本低廉,但在装拆时轴或轴承需要沿轴向移动(图 10-3),将轴从轴承端部装入或拆下,因而装拆不便。此外,在轴套工作表面磨损后,轴套与轴颈之间的间隙(轴承间隙)过大时无法调整,所以这种轴承多用于低速、轻载、间歇性工作并具有相应的装拆条件的简单机器中,如手动机械、某些农业机械等。

2) 对开式径向滑动轴承

对开式径向滑动轴承(图 10-4)由轴承座、轴承盖、对开式轴瓦、座盖连接螺柱等组成。

轴承座、轴承盖有时可与机器的机座、箱体或其他零件做成一体。轴承座与轴承盖的剖分面常做成阶梯形,以便定位和防止工作时发生横向错动。由于径向载荷的作用方向不同,轴承的剖分面可制成水平的和 45°斜面的(图 10-5)两种,选用时应注意使径向载荷的方向与轴承剖分面相垂直或近于垂直,一般应保证径向载荷的方向与轴承剖分面中心线的夹角不超过 35°。轴承座、盖的剖分面间放有垫片,轴承磨损后,可用适当调整垫片厚度和修刮轴瓦内表面的方法来调整轴承间隙,从而延长轴瓦的使用寿命。轴承座、盖材料一般为铸铁,重载、冲击、振动时可用铸钢。对开式滑动轴承装拆方便,易于调整轴承间隙,应用很广泛。

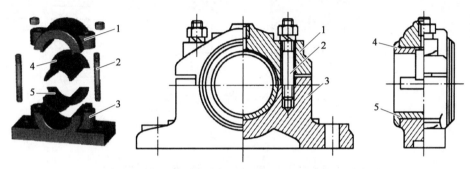

1—轴承盖;2—座、盖连接螺柱;3—轴承座;4—上轴瓦;5—下轴瓦

图 10-4　对开式径向滑动轴承

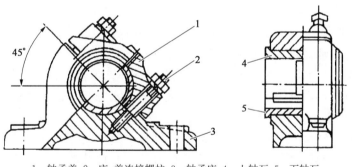

1—轴承盖;2—座、盖连接螺柱;3—轴承座;4—上轴瓦;5—下轴瓦

图 10-5　对开式斜面滑动轴承

10.2.2　普通止推滑动轴承的典型结构

普通止推滑动轴承主要由轴承座和止推轴颈组成,按照轴颈轴线位置的不同,分为立式(图 10-6)和卧式两类。在立式止推滑动轴承中,为便于对中、防止偏载,止推轴瓦底部制成球面形状,并用销钉定位,防止其随轴颈转动。

按照止推轴颈结构的不同,普通止推滑动轴承可分为实心式、空心式、单环式、多环式几种,如图 10-7 所示。由于实心式轴颈(图 10-7a)止推面中心与边缘的磨损不均匀,造成止推面上压力分布不均匀,以致中心部分压强极高,因此应用不多。一般机器中通常采用空心式

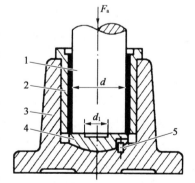

1—轴颈;2—径向轴套;3—轴承座;
4—止推轴瓦;5—销钉

图 10-6　立式止推滑动轴承

（图 10 - 7b）及单环式（图 10 - 7c）结构，此时的止推面为一个圆环形。轴向载荷较大时，可采用多环式轴颈（图 10 - 7d），多环式结构还可承受双向轴向载荷。止推轴承轴颈的基本结构尺寸一般按经验公式确定，具体可查阅有关设计手册或资料。

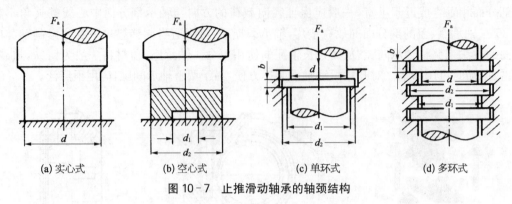

(a) 实心式　　　(b) 空心式　　　(c) 单环式　　　(d) 多环式

图 10 - 7　止推滑动轴承的轴颈结构

10.3　滑动轴承的材料和轴瓦结构

10.3.1　滑动轴承的材料

轴承材料主要指轴套、轴承衬背和轴承减摩层的材料。

10.3.1.1　对轴承材料性能的基本要求

轴承的主要失效形式是磨损、胶合、工作表面刮伤，受变载荷时也会发生疲劳破坏或轴承减摩层脱落，此外润滑剂被氧化而生成的酸性物质和水分会对轴承材料产生腐蚀。因此，对轴承材料性能的基本要求如下：

（1）与轴颈配合后应具有良好的减摩性、耐磨性、磨合性和摩擦相容性。其中磨合性是指轴承材料在短期轻载的磨合过程中形成相互吻合的表面粗糙度、可减小摩擦和磨损的性能，而摩擦相容性是指防止轴承材料与轴颈材料发生黏附或防止轴承和轴颈烧伤的性能。

（2）具有足够的强度，包括抗压、抗冲击和抗疲劳强度。

（3）具有良好的摩擦顺应性和嵌入性。摩擦顺应性是指轴承材料靠表面的弹塑性变形来补偿滑动表面初始配合不良的性能；嵌入性是指轴承材料容许外来硬质颗粒嵌入而避免轴颈表面刮伤或减轻磨粒磨损的性能。一般而言，硬度低、弹性模量低、塑性好的材料具有良好的摩擦顺应性，其嵌入性也较好。

（4）具有良好的其他性能，如工艺性好、导热性好、热膨胀系数小、耐腐蚀性好等。

（5）价格低廉，便于供应。

实际中，全面具备上述所有性能的单一材料是不存在的。例如，要求良好的摩擦顺应性和嵌入性与高的抗疲劳强度往往是矛盾的。由两种或多种材料以宏观或微观形式组合而成的复合材料能较好地满足上述性能要求，如常在青铜、低碳钢等强度较高的轴瓦衬背表面贴附或烧结具有良好摩擦顺应性和嵌入性的薄层轴承衬材料，制成双层轴瓦（双金属轴瓦）。若还需要改善轴承衬表面性能，可在其表面镀以摩擦性能更好的材料，制成三层轴瓦（三金属轴瓦)使用。因此,针对各种具体使用情况逐渐形成了多种轴承材料的组合,设计时应仔细分析,合理选择。

10.3.1.2　常用轴承材料

常用轴承材料分金属材料、多孔质金属材料和非金属材料三大类。

1) 金属材料

(1) 轴承合金(又称为巴氏合金或白合金)。轴承合金是锡、铅、锑、铜的合金,又分为锡基轴承合金和铅基轴承合金两类,分别是在锡或铅的软基体上悬浮锑锡及铜锡的硬晶粒而形成的。软基体具有较大的塑性,硬晶粒可起抗磨作用。轴承合金具有优异的减摩性、摩擦顺应性、嵌入性和磨合性,耐腐蚀,摩擦相容性也很好,不易与轴颈发生胶合。但其强度、硬度较低,价格昂贵,通常只用作轴承减摩层材料,与具有足够强度的轴承衬背一起,可得到良好的综合性能。锡基轴承合金主要用于高中速和重载下工作的重要场合,如汽轮机、内燃机中的滑动轴承减摩层。铅基轴承合金较脆,不宜用于承受显著的冲击载荷,常在中速、中载下作为锡基轴承合金的代用品。采用轴承合金时,与之配合的轴颈可不淬火处理。由于轴承合金的熔点较低,应注意使其工作温度不超过 150℃。

(2) 铜合金。铜合金是铜与锡、铅、锌或铝的合金,是传统使用的轴承材料,获得了广泛应用。铜合金可分为青铜和黄铜两类,其中青铜最为常用。

青铜大致可分为以下几类:

① 锡青铜。其减摩性、耐磨性较好,具有较高的抗疲劳强度,广泛用于重载及受变载的场合,常用来制作单层轴瓦、轴套或用作三金属轴瓦的中间层。其中锡磷青铜的减摩性最好。

② 铅青铜。其减摩性稍差于锡青铜,但具有较高的冲击韧性和较好的摩擦相容性,并且能在高温时从表层析出铅,形成一层表面薄膜,从而起到润滑作用,宜用于较高温度条件下,如高速内燃机中。

③ 铝青铜。其强度、硬度高,但摩擦顺应性、嵌入性、摩擦相容性较差,因而与其相配的轴颈应具有较高的硬度和较低的表面粗糙度,并要求具有良好的润滑条件。铝青铜可用作锡青铜的代用品,在低速、重载下工作。

黄铜的减摩性能低于青铜,但具有良好的铸造及加工工艺性,并且价格较低,可用作低速、中载下青铜的代用品。

(3) 铝基轴承合金。铝基轴承合金是较新的轴承材料。与轴承合金、铜合金相比,铝基轴承合金强度高、导热性好、耐腐蚀、寿命长、工艺性好,可采用铸造、冲压或轧制等方法制造,适于批量生产,可制成单金属轴套、轴瓦,也广泛用作汽车、拖拉机发动机中的轴承减摩层材料。应用时要求轴颈表面有较高的硬度、低的表面粗糙度和较大的配合间隙。

(4) 铸铁。灰铸铁、耐磨铸铁和球墨铸铁价格低廉,可用作低速、轻载、无冲击的轴瓦材料,铸铁中的石墨可在轴瓦表面形成起润滑作用的石墨层,从而具有较好的减摩性。

常用金属轴承材料及性能见表 10-1。

2) 多孔质金属材料

多孔质金属材料用铜、铁、石墨、锡等制成粉末并经压制、烧结、整形而成,又称为粉末冶金材料。其具有多孔结构,内部空隙约占总体积的 15%～35%。使用前先将多孔质金属材料制成的轴套在热油中浸渍数小时,使孔隙中充满润滑油,工作时由于轴颈转动的抽吸作用及轴承发热时油的膨胀作用,将孔隙中的润滑油挤出,进入摩擦表面起润滑作用。停止工作

表 10-1 常用金属轴承材料及性能

材料名称	材料牌号	许用值 [p]/MPa	许用值 [v]/(m·s⁻¹)	许用值 [pv]/(MPa·m·s⁻¹)	最高工作温度/°C	硬度/HBS	抗胶合性	摩擦顺应性、嵌入性	耐蚀性	抗疲劳性	特性及用途
锡基轴承合金	ZSnSb12Pb10Cu4 ZSnSb11Cu6	25 （稳定载荷）	80	20	150	13~28.3 (100°C时)	1	1	1	5	用于高速、重载下工作的重要轴承，变载下易疲劳，价贵
	ZSnSb8Cu4 ZSnSb4Cu4	20 （变载荷）	60	16							
铝基轴承合金	ZPbSb16Sn16Cu2	10	12	15	150	13~14 (100°C时)	1	1	3	5	用于中速、中载轴承，不宜受显著冲击，可作为锡基轴承合金的代用品
	ZPbSb15Sn5Cu3Cd2	5	6	5							
	ZPbSb15Sn10	20	15	15							
	ZCuSn10Pb	15	10	15	280	50~100	5	3	1	1	用于中速、重载及变载的轴承，用于中速、中载轴承
	ZCuSn5Pb5Zn5	8	3	15							
铸造铜合金	ZCuPb10Sn10	25 （稳定载荷）	12	30	250~280	25	3	4	4	2	用于高速、重载轴承，能承受变载和冲击载荷
	ZCuPb30	15 （冲击载荷）	8	60							
黄铜	ZCuAl10Fe3	30	8	12	280	110~140	5	5	5	2	最宜用于润滑充分的低速、重载轴承
	ZCuAl10Fe3Mn2	20	5	15							
	ZCuZn38Mn2Pb2	10	1	10	200	90~100	3	5	5	1	用于低速、中载轴承，耐蚀、耐热
	ZCuZn16Si4	12	2	10							
铝基轴承合金	20高锡铝合金 铝硅合金	28~35	14		140	45~50	4	3	1	2	用于高速、中载的变载荷轴承
铸铁	HT150	4	0.5		150	143~255	4	5	1	1	用于低速、轻载的不重要轴承，价廉
	HT200	2	1								
	HT250	1	2								

注：1. 对液体动压轴承，限制 $[pv]$ 值没有意义（因其与散热条件等关系很大）。

2. 性能比较：1—最佳；2—良好；3—较好；4——般；5—最差。

轴承冷却后,因毛细管作用,润滑油又被吸回到轴承的孔隙内,所以在相当长的时间内不用添加润滑油,轴承也能正常工作。多孔质金属材料可用作自润滑含油轴承的材料,特别适用于加油不易或密封的结构内。由于其强度低、冲击韧性小,只宜用于无冲击的平稳载荷和中低速条件下。常用的多孔质金属材料有铁基和铜基粉末冶金材料,近来又发展了铝基粉末冶金材料。若在材料中加入适量的石墨、二硫化铝、聚四氟乙烯等固体润滑剂,缺油时仍有自润滑效果,可提高轴承工作的安全性。这类材料可用大量生产的加工方法制成尺寸比较准确的轴套,部分替代滚动轴承和青铜轴套。

常用多孔质金属轴承材料及性能见表 10 - 2。

表 10 - 2　常用多孔质金属材料和非金属轴承材料及性能

材料名称	许 用 值			最高工作温度/℃	特 性 及 用 途
	$[p]/$ MPa	$[v]/$ $(m \cdot s^{-1})$	$[pv]/$ $(MPa \cdot m \cdot s^{-1})$		
铁基	69/21	2	1.0	80	具有成本低、含油量较多、耐磨性好、强度高等特点,适用于低速场合,应用很广
铜基	55/14	6	1.8	80	孔隙度大的多用于高速轻载轴承,孔隙度小的多用于摆动或往复运动的轴承,长期运转而不补充润滑剂的应降低 $[pv]$ 值,高温或连续工作的应不断补充润滑剂
铝基	28/14	6	1.8	80	具有重量轻、耐磨、温升小、寿命长的特点,是近期发展的粉末冶金材料
酚醛树脂	39～41	12～13	0.18～0.5	110～120	以织物、石棉等为填料,与酚醛树脂压制而成。抗胶合性好,强度高,抗振性好,能耐水、酸、碱,导热性差,重载时需要用水或油充分润滑。易膨胀,轴承间隙宜取大些
尼龙	7～14	3～8	0.11(0.05 m/s) 0.09(0.5 m/s) <0.09(5 m/s)	105～110	最常用的非金属轴承材料,摩擦系数小,耐磨性好,无噪声。金属轴瓦上覆以尼龙薄层,能承受中等载荷。加入石墨、二硫化铝等填料可提高刚性和耐磨性。加入耐热成分可提高工作温度
聚四氟乙烯 (PTFE)	3～3.4	0.25 ～1.3	0.04(0.05 m/s) 0.06(0.5 m/s) <0.09(5 m/s)	250	摩擦因子很小,自润滑性能好,能耐任何化学药品的侵蚀,适用温度范围宽(大于 250℃时,放出少量有害气体),但成本高、承载能力低。用玻璃纤维、石墨及其他惰性材料为填料,$[pv]$ 值可大大提高。用玻璃纤维填充时,要避免端头外露,否则易于磨损

（续表）

材料名称	许 用 值			最高工作温度/℃	特 性 及 用 途
	$[p]/$ MPa	$[v]/$ (m·s^{-1})	$[pv]/$ (MPa·m·s^{-1})		
碳-石墨	4	13	0.5(干) 5.25(润滑)	440	有自润滑性,高温稳定性好,耐化学药品的侵蚀,常用于要求清洁工作的机器中。长期工作时$[pv]$值应适当降低
橡胶	0.34	5	0.53	65	橡胶能隔振、降低噪声、减小动载荷、补偿误差,但导热性差,需要加强冷却。丁二烯-丙烯腈共聚物等合成橡胶能耐油、耐水,一般用水作为润滑剂与冷却剂。常用于有水、泥浆的设备中

注：1. $[p]$值中分子为静载荷下数值,分母为动载荷下数值。
　　2. $[pv]$值后括号内为滑动速度的数值。

3）非金属材料

用作轴承材料的非金属材料有塑料、硬木、橡胶、碳-石墨等,其中塑料用得最多,主要有酚醛树脂、尼龙、聚四氟乙烯等。轴承塑料具有自润滑性能,也可用油或水润滑。轴承塑料可制成塑料轴承,也可镶嵌在金属轴瓦的滑动表面制成自润滑轴承使用。

塑料轴承材料的优点是重量轻、摩擦系数小、耐磨性和磨合性好、嵌入性好,有足够的耐疲劳强度,耐腐蚀性好,能减振降噪,低速轻载时可在无润滑条件下工作。因此,塑料轴承材料除了在许多场合下可以代替金属轴承材料外,还能胜任金属轴承难以胜任的任务。例如,在采用油润滑有困难、要求避免油污染,以及油的蒸发有引发爆炸危险的场合,均可考虑采用塑料轴承。此外,在水及其他腐蚀性介质中工作时,塑料轴承比金属轴承的性能更为优越。但塑料轴承材料的导热性和耐热性较差,热膨胀系数较大,吸水后体积会膨胀,因而塑料轴承的尺寸稳定性差,尺寸配合精度不如金属材料轴承,使用时应考虑留有足够的配合间隙。塑料轴承材料不宜在高温下工作或在高速下连续运行。

橡胶材料柔软,具有弹性,内阻尼较大,能有效减小振动、噪声和冲击,橡胶的变形可减小轴的应力集中,并具有自调位作用。其缺点是导热性差、温度过高时易老化、抗腐蚀性、耐磨性变差。橡胶常镶在金属衬套内使用,工作时用水润滑,应注意避免与油类或有机溶剂接触。为了防止与之配合的钢制轴颈被水润滑剂锈蚀,轴颈上应有铜套或表面镀铝。

碳-石墨具有良好的自润滑性能,高温稳定性好,常用于要求清洁工作的场合。

常用非金属轴承材料及性能见表10-2。

10.3.2　轴瓦结构

1）轴瓦的形式与构造

径向滑动轴承中常用的轴瓦分整体式轴套和对开式轴瓦两种。

整体轴套(图10-8)和卷制轴套(图10-9)用于整体式轴承。除轴承合金外,其他金属材料、多孔质金属材料及轴承塑料、碳-石墨等非金属材料都可制成整体轴套。卷制轴套常用

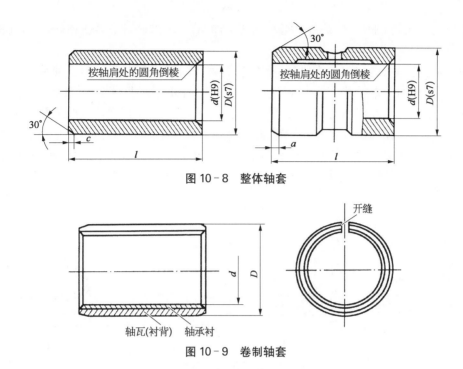

图 10‑8 整体轴套

图 10‑9 卷制轴套

于双层或多层轴承材料的场合。

　　对开式轴瓦用于对开式轴承,分厚壁轴瓦(图 10‑10)和薄壁轴瓦(图 10‑11)两种。对开式轴瓦由上、下两半轴瓦组成,载荷主要由下轴瓦承受。轴瓦由单层材料或多层材料制成。双层轴瓦的轴承衬背常为钢、青铜或铸铁,具有一定的强度和刚度,轴承衬(减摩层)具有较好的减摩、耐磨等性能。减摩层的厚度应随轴承直径的增大而增大,一般为 0.5～6 mm。在双层轴瓦轴承衬表面上再镀上一层薄薄的铟、银等软金属,可制成三层轴瓦,其磨合性、顺

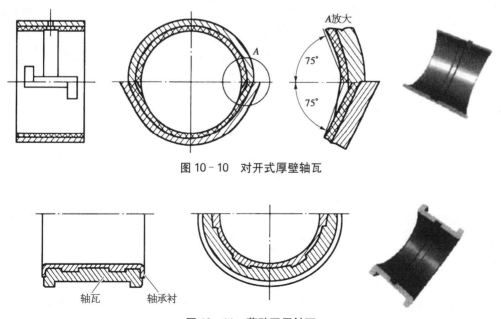

图 10‑10 对开式厚壁轴瓦

图 10‑11 薄壁双层轴瓦

应性、嵌入性等可得到进一步提高。此外,多层结构轴瓦可以显著节省价格较高的轴承合金等减摩材料。

厚壁轴瓦常采用离心铸造法,将轴承合金浇铸在轴瓦的内表面上形成轴承衬。薄壁双层轴瓦(双金属轴瓦)能采用双金属板连续轧制的工艺进行大批量生产,质量稳定,成本较低。但薄壁轴瓦的刚性较小,装配后的形状完全取决于轴承座的形状,因此需要对轴承座进行较精密的加工。在轴瓦对开处,工作表面常要局部削薄(图 10-11),以防止在轴承盖发生错动时出现对轴颈起刮削作用的锋缘。薄壁轴瓦在汽车发动机、柴油机中得到了广泛应用。

为了使轴承减摩层与轴承衬背贴附牢固,可在轴承衬背上制出各种形式的沟槽,如图 10-12 所示。

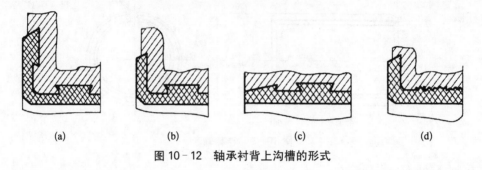

图 10-12 轴承衬背上沟槽的形式

2) 轴瓦的固定与配合

轴承工作时,轴瓦和轴承座之间不允许有相对移动。为了防止轴瓦在轴承座中沿轴向和周向移动,可将轴瓦两端做出凸缘(图 10-13a)或定位唇(图 10-13b)以作为轴向定位,或采用紧定螺钉(图 10-13c)、销钉(图 10-13d),或将轴瓦固定在轴承座上。

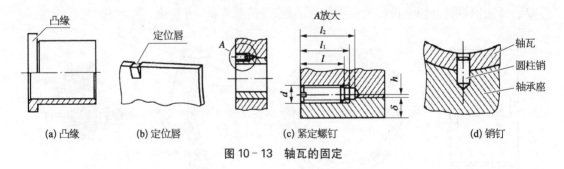

图 10-13 轴瓦的固定

为了增强轴瓦的刚度和散热性能并保证轴瓦与轴承座的同轴度,轴瓦与轴承座应紧密配合,贴合牢靠,一般轴瓦与轴承座孔采用较小过盈量的配合,如 H7/s6、H7/r6 等。

3) 油孔、油槽和油腔的开设

为了向轴承的滑动表面供给润滑油,轴瓦上常开设有油孔、油槽和油腔。油孔用来供油,油槽用来输送和分布润滑油,油腔主要用作沿轴向均匀分布润滑油,并起储油和稳定供油的作用。

对于宽径比较小的轴承,只需要开设一个油孔;对于宽径比大、可靠性要求较高的轴承,还需要开设油槽或油腔。常见的油槽形式如图 10-14 所示。轴向油槽应比轴承宽度稍短,以免油从轴承端部大量流失。油腔一般开设于轴瓦的剖分处,其结构如图 10-15 所示。

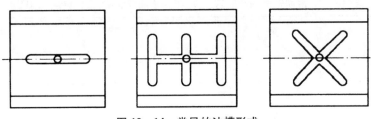

图 10‑14 常见的油槽形式

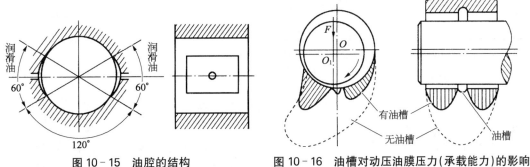

图 10‑15 油腔的结构　　　　　图 10‑16 油槽对动压油膜压力(承载能力)的影响

　　油孔和油槽的位置及形状对轴承的工作能力和寿命影响很大。对于液体动压滑动轴承,应将油孔和油槽开设在轴承的非承载区。若在承载油膜区内开设油孔和油槽,将会显著降低油膜的承载能力(图 10‑16)。对于不完全油膜滑动轴承,应使油槽尽量延伸到轴承的最大压力区附近,以便供油充分。

10.4　滑动轴承的润滑

10.4.1　润滑剂及其选择

　　滑动轴承的润滑对其工作能力和使用寿命有着重大的影响,设计轴承时应认真加以考虑。

　　滑动轴承常用润滑油作为润滑剂,轴颈圆周速度较低时可用润滑脂,速度特别高时可用气体润滑剂(如空气),工作温度特高或特低时可使用固体润滑剂(如石墨、二硫化铝、二硫化钨等)。

　　1) 润滑油的选择

　　选择润滑油主要考虑油的黏度和润滑性(油性),但润滑性尚无定量的理化指标,故通常只按黏度来选择。

　　选择润滑油的一般原则:当低速、重载、工作温度高时,应选较高黏度的润滑油;反之,可选用较低黏度的润滑油。对于不完全油膜滑动轴承,可按轴承压强、滑动速度和工作温度(表 10‑3)选择润滑油。当轴承工作温度较高时,选用润滑油的黏度应比表 10‑3 中的高一些。此外,也可根据现有机器的成功使用经验,采用类比的方法来选择合适的润滑油。

表 10-3 滑动轴承润滑油的选择(不完全油膜润滑,工作温度<60℃)

轴颈圆周速度 v/ (m·s^{-1})	轴承压强 p<3 MPa	轴颈圆周速度 v/ (m·s^{-1})	轴承压强 p=3~7.5 MPa
<0.1	L-AN68、100、150	<0.1	L-AN150
0.1~0.3	L-AN68、100	0.1~0.3	L-AN100、150
0.3~2.5	L-AN46、68	0.3~0.6	L-AN100
2.5~5.0	L-AN32、46	0.6~1.2	L-AN68、100
5.0~9.0	L-AN15、22、32	1.2~2.0	L-AN68
>9.0	L-AN7、10、15		

注:表中润滑油是以 40℃ 时运动黏度为基础的牌号。

2) 润滑脂的选择

润滑脂主要用于工作要求不高、难以经常供油、低速重载或做摆动运动等场合的轴承润滑。

选用润滑脂时主要考虑其稠度(针入度)和滴点。选用的一般原则:① 当低速、重载时,应选用针入度小的润滑脂,反之选用针入度大的润滑脂;② 润滑脂的滴点一般应比轴承的工作温度高 20~30℃ 或更高;③ 在潮湿或淋水环境下,应选用抗水性好的钙基脂或锂基脂;④ 当温度高时,应选用耐热性好的钠基脂或锂基脂。具体选用时可参考表 10-4。当采用润滑脂时,要根据轴承的工作条件和转速定期补充润滑脂。

表 10-4 滑动轴承润滑脂的选择

轴承压强 p/MPa	轴颈圆周速度 v/(m·s^{-1})	最高工作温度/℃	选用润滑脂牌号
≤1	<1	75	3 号钙基脂
1~6.5	0.5~5.0	55	2 号钙基脂
≥6.5	<0.5	75	3 号钙基脂
≤6.5	0.5~5.0	120	2 号钠基脂
>6.5	<0.5	110	1 号钙-钠基脂
1~6.5	<1	50~100	锂基脂
>6.5	0.5	60	2 号压延基脂

注:1. 在潮湿环境,温度在 75~120℃ 的条件下,应考虑用钙-钠基润滑脂。
2. 在潮湿环境,温度在 75℃ 以下,若没有 3 号钙基脂,也可以用铝基脂。
3. 工作温度在 110~120℃ 时可用锂基脂或钡基脂。
4. 集中润滑时,稠度要小些。

10.4.2 润滑方式和润滑装置

为了获得良好的润滑,除了正确选择润滑剂外,同时还要选择合适的润滑方法和润滑装置。

1) 润滑油润滑

根据供油方式的不同,润滑油润滑可分为间歇供油润滑和连续供油润滑。间歇供油润滑只适用于低速、轻载和不重要的轴承。需要可靠润滑的轴承应采用连续供油润滑。

（1）人工加油润滑在轴承上方设置油孔或油杯（图 10-17），用油壶或油枪定期向油孔或油杯供油。其结构最为简单，但不能调节供油量，只能起到间歇供油的作用。若加油不及时，则容易造成磨损。

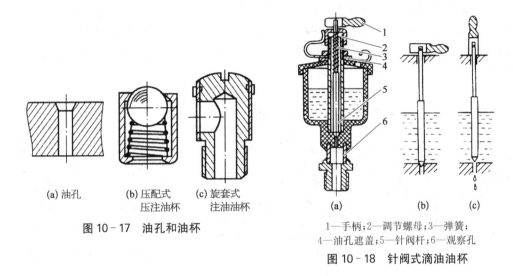

（a）油孔　　（b）压配式　　（c）旋套式
　　　　　　　压注油杯　　　注油杯

图 10-17　油孔和油杯

1—手柄；2—调节螺母；3—弹簧；
4—油孔遮盖；5—针阀杆；6—观察孔

图 10-18　针阀式滴油油杯

（2）滴油润滑依靠油的自重通过滴油油杯进行供油润滑。图 10-18a 所示的是针阀式滴油油杯，当手柄卧倒时（图 10-18b），针阀受弹簧推压向下而堵住底部阀座油孔；当手柄直立时（图 10-18c），便提起针阀打开下端油孔，油杯中润滑油流进轴承，处于供油状态。调节螺母可用来控制油的流量。定期提起针阀也可用作间歇供油润滑。滴油润滑结构简单、使用方便，但供油量不易控制，如油杯中油面的高低及温度的变化、机器的振动等都会影响供油量。

（3）油绳润滑。油绳润滑的润滑装置为油绳式油杯（图 10-19）。油绳的一端浸入油中，利用毛细管作用将润滑油引到轴颈表面，结构简单，油绳能起到过滤作用，比较适用于多尘的场合。由于其供油量少且不易调节，因而主要应用于小型或轻载轴承，不适用于大型或高速轴承。

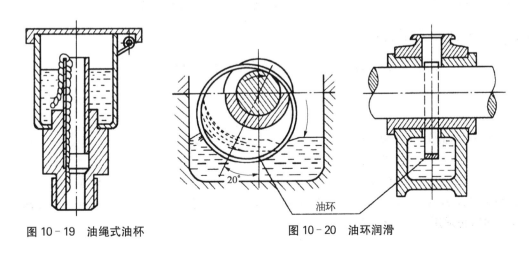

图 10-19　油绳式油杯

图 10-20　油环润滑

（4）油环润滑。如图 10-20 所示，轴颈上套一个油环，油环下部浸入油池内，靠轴颈摩擦力带动油环旋转，从而将润滑油带到轴颈表面。这种装置只适用于连续运转的水平轴承的润滑，并且轴的转速应在 50～3 000 r/min 范围内。

（5）飞溅润滑。飞溅润滑常用于闭式箱体内的轴承润滑（图 10-21）。它利用浸入油池中的齿轮、曲轴等旋转零件或附装在轴上的甩油盘，将润滑油搅动并使之飞溅到箱壁上，再沿油沟进入轴承。为了控制搅油功率损失和避免因油的严重氧化而降低润滑性，浸油零件的圆周速度不宜超过 12～14 m/s（但圆周速度也不宜过低，否则会影响供油及润滑效果），浸油也不宜过深。

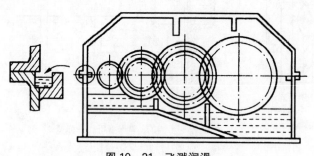

图 10-21　飞溅润滑

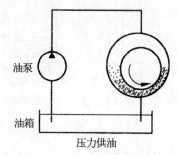

图 10-22　压力循环润滑

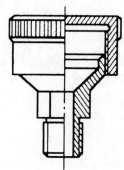

图 10-23　旋转式油杯

（6）压力循环润滑。压力循环润滑利用油泵供给充足的润滑油来润滑轴承，用过的油又流回油池，经过冷却和过滤后可循环使用（图 10-22）。压力循环润滑方式的供油压力和流量都可调节，同时油可带走热量，冷却效果好，工作过程中润滑油的损耗极少，对环境的污染也较小，因而广泛应用于大型、重型、高速、精密和自动化的各种机械设备中。

2）润滑脂润滑

润滑脂润滑一般为间断供应，常用旋盖式油杯（图 10-23）或黄油枪加脂，即定期旋转杯盖将杯内润滑脂压进轴承或用黄油枪通过压注油杯（图 10-17b）向轴承补充润滑脂。润滑脂润滑也可以集中供脂，适用于多点润滑的场合，其供脂可靠，但组成设备比较复杂。

10.4.3　润滑方式的选择

可根据下面的经验公式求得的 k 值来选择滑动轴承的润滑方法：

$$k = v\sqrt{pv} \tag{10-1}$$

式中　p ——轴承压强（MPa）；

　　　v ——轴颈圆周速度（m/s）。

当 $k \leqslant 2$ 时，用润滑脂润滑（可用旋盖式油杯）；当 $2 < k \leqslant 15$ 时，用润滑油润滑（可用针阀式滴油油杯等）；当 $15 < k \leqslant 30$ 时，用油环润滑或飞溅润滑，需要用水或循环油冷却；当 $k > 30$ 时，必须用压力循环润滑。

10.5　不完全油膜滑动轴承的设计计算

10.5.1　不完全油膜滑动轴承的失效形式和计算准则

工程实际中,对于工作要求不高、速度较低、载荷不大、难以维护等条件下工作的轴承,往往设计成不完全油膜滑动轴承。

不完全油膜滑动轴承工作时,轴颈与轴瓦表面间处于混合摩擦状态,其中有部分摩擦表面产生直接接触,因而主要的失效形式是磨粒磨损和胶合。因此,防止失效的关键是保证轴颈与轴瓦表面之间形成一层边界油膜,以避免轴瓦的过度磨粒磨损和轴承因温度升高而引起胶合。目前,对不完全油膜滑动轴承的设计计算主要是进行轴承压强 p、轴承压强与滑动速度的乘积 pv 值和轴承滑动速度 v 的验算,使其不超过轴承材料的许用值。此外,在设计液体动压滑动轴承时,由于其启动和停车阶段也处于混合摩擦状态,因而也需要对 p、pv、v 进行验算。

10.5.2　径向滑动轴承的设计计算

设计不完全油膜径向滑动轴承时,一般已知轴颈直径 d、轴的转速 n 及轴承径向载荷 F (图 10 - 24),故其设计计算步骤如下:

(1) 根据轴承使用要求和工作条件,确定轴承的结构形式,选择轴承材料。

(2) 选定轴承宽径比 B/d(轴承宽度与轴颈直径之比),确定轴承宽度。若 B/d 太小,易端泄;若 B/d 太大,会加剧两侧端部磨损。一般取 $B/d \approx 0.7 \sim 1.3$,轴刚度大时取较大值。

(3) 验算轴承的工作能力:

① 验算压强 p。为了防止过度磨损,应限制轴承压强为

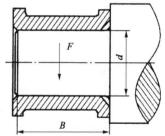

图 10 - 24　径向滑动轴承
结构尺寸

$$p = \frac{F}{dB} \leqslant [p] \tag{10-2}$$

式中　F ——轴承径向载荷(N);

　　B——轴承宽度(mm);

　　d ——轴颈直径(mm);

$[p]$ ——轴承材料的许用压强(MPa),见表 10 - 1、表 10 - 2。

对于低速 $(v \leqslant 0.1 \text{ m/s})$ 或间歇工作的轴承,当其工作时间不超过停歇时间时,仅需进行轴承压强的验算。

② 轴承 pv 值的验算。轴承工作时,若摩擦发热量大,温升过高,则易发生黏附磨损。轴承单位投影面积单位时间内的发热量与 pv 值成正比,因此要将其限制为

$$pv = \frac{F}{dB} \cdot \frac{\pi dn}{60 \times 1\,000} = \frac{Fn}{19\,100B} \leqslant [pv] \tag{10-3}$$

式中　v——轴承的滑动速度(m/s)；

　　　n——轴承工作转速(r/min)；

　　$[pv]$——轴承材料的许用 pv 值(MPa·m/s)，见表 10-1、表 10-2。

③ 滑动速度 v 的验算。当压强 p 较小、p 与 pv 值都在许用范围内时，也可能由于滑动速度过高而加速轴承磨损，此时应限制滑动速度为

$$v = \frac{\pi dn}{60 \times 1\,000} \leqslant [v] \tag{10-4}$$

式中　$[v]$——轴承材料的许用滑动速度(m/s)，见表 10-1、表 10-2。

若 p、pv 和 v 的验算结果超出许用范围，可加大轴颈直径和轴承宽度，或选用较好的轴承材料，使其满足工作要求。

（4）选择轴承的配合。为了保证一定的旋转精度，必须根据不同的使用要求，合理地选择轴承的配合。具体可参考表 10-5。

表 10-5　滑动轴承的常用配合及应用

配　合　符　号	应　用　举　例
H7/g6	磨床与车床的主轴承
H7/f7	洗床、钻床及车床的轴承，汽车发动机曲轴的主轴承及连杆轴承，齿轮减速器及蜗杆减速器轴承
H9/f9	电机、离心泵、风扇及惰齿轮轴的轴承，蒸汽机与内燃机曲轴的主轴承及连杆轴承
H7/e8	汽轮发电机轴、内燃机凸轮轴、高速转轴、刀架丝杠、机车多支点轴等的轴承
H11/b11 或 H11/d11	农业机械用的轴承

10.5.3　止推滑动轴承的设计计算

止推滑动轴承的设计计算方法与径向滑动轴承的设计计算方法基本相同，但在工作能力验算时只需校核轴承的 p 及 pv_{m} 值。在已知轴承的轴向载荷 F_{a} 和轴的转速 n 后，可按以下步骤进行：

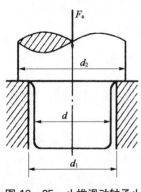

图 10-25　止推滑动轴承止
　　　　　推轴颈的尺寸

（1）根据载荷的大小、性质及空间尺寸等条件确定轴承的结构形式。

（2）选择轴承材料。

（3）由轴的结构并参照设计手册或有关资料，初定止推轴颈的基本尺寸（如图 10-25 中 d、d_1、d_2）。

（4）验算轴承的工作能力：

① 轴承压强 p 的验算，即

$$p = \frac{F_{\mathrm{a}}}{A} = \frac{F_{\mathrm{a}}}{z\,\dfrac{\pi}{4}(d_2^2 - d_1^2)} \leqslant [p] \tag{10-5}$$

式中 F_a——轴承的轴向载荷(N);

  d_2——止推轴环外径(mm);

  d_1——止推轴环内径(mm);

  z——多环式止推轴承的轴环数;

  $[p]$——止推轴承材料的许用压强(MPa),见表 10-6。

② pv_m 值的验算,即

$$pv_m = \frac{4F_a}{z\pi(d_2^2 - d_1^2)} \times \frac{\pi d_m n}{60 \times 1\,000} \leqslant [pv] \tag{10-6}$$

式中 v_m——止推轴环平均直径处的圆周速度(m/s);

  d_m——止推轴环的平均直径(mm),$d_m = (d_2 + d_1)/2$;

  $[pv]$——止推轴承材料的许用 pv 值(MPa·m/s),见表 10-6。

表 10-6 止推轴承材料及许用$[p]$、$[pv]$值

轴 材 料	轴 承 材 料	$[p]$/MPa	$[pv]$/(MPa·m·s^{-1})
未淬火钢	铸铁	2~2.5	1~2.5
	青铜	4~5	
	轴承合金	5~6	
淬火钢	青铜	7.5~8	
	轴承合金	8~9	
	淬火钢	12~15	

注:多环式止推滑动轴承由于载荷在各环间分布不均匀,其$[p]$取表中数值的 50%。

例 10-1 试设计一个起重机卷筒的滑动轴承。已知轴承受径向载荷 $F = 100\,000$ N,轴颈直径 $d = 90$ mm,轴的工作转速 $n = 10$ r/min。

解:(1)选择轴承类型和轴承材料。

由于工作要求不高、速度低,可采用不完全油膜滑动轴承。为了装拆方便,轴承采用对开式结构。由于轴承载荷大、速度低,由表 10-1 选取铝青铜 ZCuAl10Fe3Mn2 作为轴承材料,其$[p] = 20$ MPa,$[pv] = 15$ MPa·m/s,$[v] = 5$ m/s。

(2)选择轴承宽径比。

选取 $B/d = 1.2$,则 $B = 1.2 \times 90 = 108$(mm),取 $B = 110$ mm。

(3)验算轴承工作能力。

① 验算 p,即

$$p = \frac{F}{dB} = \frac{100\,000}{100 \times 90} = 10.1(\text{MPa}) < [p]$$

② 验算 pv 值,即

$$pv = \frac{Fn}{19\,100B} = \frac{100\,000 \times 10}{19\,100 \times 110} = 0.476(\text{MPa·m/s}) < [pv]$$

可知,轴承 p、pv 均不超过许用范围。因为轴颈工作转速极低,故不必验算 v。由验算结果可知,设计的轴承满足工作能力要求。

(4) 选择轴承配合和表面粗糙度。

参考有关资料,选取轴承与轴颈的配合为 H8/f7,轴瓦滑动表面粗糙度为 $Ra = 3.2\ \mu m$,轴颈表面粗糙度为 $Ra = 3.2\ \mu m$。

在此略去润滑剂、润滑方法和润滑装置的选择。

本章学习要点

(1) 了解滑动轴承的特点和应用场合,了解滑动轴承的类型并理解滑动轴承的不同工作状态。

(2) 了解滑动轴承的典型结构、轴瓦的结构、轴瓦的材料及选用原则。

(3) 了解滑动轴承的润滑剂、润滑方法、润滑装置和润滑方式的选择。

(4) 掌握不完全油膜滑动轴承的失效形式、设计准则和设计方法。

(5) 掌握液体动压径向滑动轴承的几何关系和承载量系数,掌握液体动压径向滑动轴承的设计方法。

(6) 对其他形式的滑动轴承有所了解。

通过本章学习,学习者在掌握上述主要知识点后,应能在不同的工况条件下正确选用和设计滑动轴承。

思考与练习题

1. 问答题

10-1 滑动轴承的主要特点是什么?什么场合应采用滑动轴承?

10-2 滑动轴承的摩擦状态有哪几种?各有什么特点?

10-3 简述滑动轴承的分类。什么是不完全油膜滑动轴承?什么是液体摩擦滑动轴承?

10-4 试述滑动轴承的典型结构及特点。

10-5 为了减小磨损、延长寿命,以径向滑动轴承为例,说明滑动轴承结构设计时应考虑的问题。

10-6 对滑动轴承材料性能的基本要求是什么?常用的轴承材料有哪几类?

10-7 轴瓦的主要失效形式是什么?

10-8 在滑动轴承上开设油孔和油槽时应注意哪些问题?

10-9 不完全油膜滑动轴承的失效形式和设计准则是什么?

10-10 不完全油膜滑动轴承计算中的 p、pv、v 各代表什么意义?

10-11 实现流体润滑的方法有哪些?它们的工作原理有何不同?各有何优缺点?

10-12 推导流体动压润滑一维雷诺方程时,提出了哪些假设条件?

10-13 试根据一维雷诺方程说明油楔承载机理及建立液体动压润滑的必要条件。

10‑14　试述液体动压径向滑动轴承的工作过程。

10‑15　滑动轴承建立完全液体润滑的判据是什么？许用油膜厚度$[h]$与哪些因素有关？

2. 填空题

10‑16　不完全油膜滑动轴承的失效形式是_____。

10‑17　不完全油膜滑动轴承的设计准则是_____。

10‑18　在不完全油膜滑动轴承中，限制 p 值的主要目的是_____，限制 pv 值的主要目的是_____。

10‑19　在径向滑动轴承中，保持载荷与宽径比不变，而将直径增大 1 倍，则轴承压强 p 变为原来的_____倍。

10‑20　在滑动轴承中，轴承座的材料主要为_____。

10‑21　在常用轴承材料中，轴承合金主要用作_____材料。

10‑22　建立液体动压润滑的必要条件是_____。

10‑23　确定液体动压径向滑动轴承中轴颈位置的两个参数是_____。

10‑24　对于液体动压径向滑动轴承，若宽径比增大，则轴承的端泄会_____，承载能力会_____。

10‑25　在液体动压径向滑动轴承中进行热平衡计算的目的是_____。

3. 计算题

10‑26　一个不完全油膜径向滑动轴承，受径向载荷 $F = 100\,000\,\text{N}$，轴颈直径 $d = 200\,\text{mm}$，轴承宽度 $B = 200\,\text{mm}$，轴转速 $n = 500\,\text{r/min}$，轴瓦材料为黄铜 ZCuZn38Mn2Pb2。试验算该轴承的工作能力。若不满足，请重选合适的轴瓦材料。

10‑27　设计一个蜗轮轴的不完全油膜径向滑动轴承。已知蜗轮轴转速 $n = 60\,\text{r/min}$，轴颈直径 $d = 80\,\text{mm}$，径向载荷 $F = 7\,000\,\text{N}$，轴瓦材料为锡青铜，轴的材料为 45 钢。

10‑28　有一个不完全油膜径向滑动轴承，轴颈直径 $d = 60\,\text{mm}$，轴承宽度 $B = 60\,\text{mm}$，轴瓦材料为铝青铜 ZCuAl10Fe3Mn2。(1) 验算轴承的工作能力，已知载荷 $F = 36\,000\,\text{N}$，转速 $n = 150\,\text{r/min}$；(2) 计算轴的允许转速 n，已知载荷 $F = 36\,000\,\text{N}$；(3) 计算轴承能承受的最大载荷 $F_{\max}$，已知转速 $n = 900\,\text{r/min}$。

10‑29　已知某止推滑动轴承的止推面为空心式，外径 $d = 120\,\text{mm}$，内径 $d = 60\,\text{mm}$，工作转速 $n = 120\,\text{r/min}$，轴承材料为青铜，轴颈经淬火处理。试确定该轴承所能承受的最大轴向载荷 F_a。

10‑30　一个液体动压径向滑动轴承承受径向载荷 $F = 70\,000\,\text{N}$，转速 $n = 1\,500\,\text{r/min}$，轴颈直径 $d = 200\,\text{mm}$，轴承宽径比 $B/d = 0.8$，相对间隙 $y = 0.001\,5$，包角 $\alpha = 180°$，采用 L‑AN32 全损耗系统用油，非压力供油。假设轴承中平均油温 $t_m = 50\,℃$，油的黏度 $\eta = 0.018\,\text{Pa·s}$，求最小油膜厚度 $h_{\min}$。

10‑31　设计一个机床用的液体动压径向滑动轴承。对开式结构，载荷垂直向下，工作情况稳定，工作载荷 $F = 100\,000\,\text{N}$，轴颈直径 $d = 200\,\text{mm}$，转速 $n = 500\,\text{r/min}$。

第 11 章

联轴器与离合器

联轴器、离合器和制动器是机械中的常用部件。联轴器、离合器的功用是连接两轴使其一同回转并传递运动和转矩。联轴器连接的两轴在机器工作中不能脱开,必须在机器停车时将连接拆卸后才能使两轴分离。离合器连接的两轴在工作中可根据需要随时接合或分离。制动器是利用摩擦力来降低物体运动速度或使其停止运动的装置。

联轴器、离合器和制动器都是通用部件,常用的类型已经标准化、系列化,需要时可以参考有关手册选用。本章仅介绍其常用类型的结构、特点、应用场合和联轴器的选用方法。

11.1 联 轴 器

11.1.1 联轴器的类型

联轴器连接两轴时,由于受制造和安装误差、受载后的变形及温度变化等因素的影响,往往不能保证两轴严格对中,两轴间会产生一定程度的相对位移,如图 11-1 所示。因此,联轴器除了能传递所需的转矩外,还应在一定程度上具有补偿两轴间相对位移的能力。

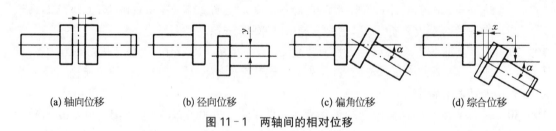

(a) 轴向位移　　　　(b) 径向位移　　　　(c) 偏角位移　　　　(d) 综合位移

图 11-1　两轴间的相对位移

根据对各种相对位移有无补偿能力及有无过载保护能力等,联轴器分为刚性联轴器、挠性联轴器和安全联轴器三大类。

11.1.1.1 刚性联轴器

刚性联轴器由刚性连接元件组成,元件之间不能相对运动,没有缓冲减振的能力,因而要求被连接两轴在安装时能严格对中及工作中不会发生相对位移。刚性联轴器具有较高的承载能力。刚性联轴器主要有凸缘联轴器、套筒联轴器等。

1) 凸缘联轴器

凸缘联轴器是应用最广泛的一种刚性联轴器。它由两个半联轴器通过凸缘用螺栓相互连接组成,两半联轴器分别用键与两轴连接,如图 11‑2 所示。凸缘联轴器有以下两种对中方式:

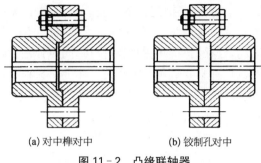

(a) 对中榫对中　　(b) 铰制孔对中

图 11‑2　凸缘联轴器

(1) 利用两个半联轴器接合端面上凸出的对中榫和凹入的榫槽相配合对中,其对中精度高,工作中靠预紧普通螺栓在两个半联轴器的接触面间产生的摩擦力来传递转矩,装拆时轴必须做轴向移动,不太方便,多用于不常装拆的场合,如图 11‑2a 所示。

(2) 利用配合的铰制孔螺栓保证两个半联轴器轴孔对中,工作中靠螺栓杆的剪切和螺栓杆与孔壁间的挤压来传递转矩,传递转矩的能力大。这种结构装拆时轴不需要做轴向移动,只需拆卸螺栓即可,可用于经常装拆的场合,如图 11‑2b 所示。

凸缘联轴器的材料一般采用 35 钢或 ZG310‑570,当外缘圆周速度 $v \leqslant 30$ m/s 时可采用 HT200。

凸缘联轴器的优点是结构简单、工作可靠、装拆方便、刚度好、传递转矩大;其缺点是要求两轴严格对中,不能缓冲减振,故常用于载荷平稳、两轴间对中性良好的场合。

2) 套筒联轴器

套筒联轴器是通过套筒、键或销等连接零件,把两轴相连接的一种联轴器,如图 11‑3 所示。当采用键或花键连接时,可传递较大的转矩,但应考虑轴向固定。当采用销连接时,传递转矩较小。为了保证连接具有一定的对中精度和便于套筒的装拆,套筒与轴通常采用 H7/k6 的配合。

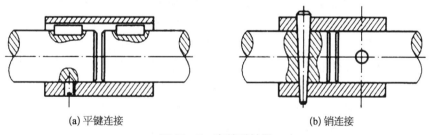

(a) 平键连接　　　　　　　　　　(b) 销连接

图 11‑3　套筒联轴器

套筒材料一般采用 35 钢或 45 钢,低速传动或不重要的场合也可采用铸铁。

套筒联轴器的优点是结构简单、制造方便、径向尺寸小、成本较低。其缺点是传递转矩的能力较小,装拆时轴需要做轴向移动,不太方便。套筒联轴器通常适用于两轴间对中性良好、工作平稳、传递转矩不大、径向尺寸受限制、转速低($n \leqslant 250$ r/min)的场合,如机床传动系统中。

11.1.1.2　挠性联轴器

挠性联轴器可分为无弹性元件挠性联轴器、非金属元件挠性联轴器、金属弹性元件挠性联轴器和组合挠性联轴器。前者是依靠连接元件间的相对可移性使两个半联轴器发生相对运动,从而补偿被连接两轴安装时的对中误差,以及工作时的相对位移;后三者是在联轴器中安置弹性元件,弹性元件在受载时能产生显著的弹性变形,从而使两个半联轴器发生相对运动,以补偿两轴间的相对位移,同时弹性元件还具有一定的缓冲减振能力。制造弹性元件的材料有非金属和金属两类。非金属材料有橡胶、塑料等,其特点是质量轻、价格低、减振能力强,特别适用于工作载荷有较大变化的场合。金属材料制成的弹性元件(主要为各种弹簧)则强度高、尺寸小、寿命较长。

1) 无弹性元件挠性联轴器

(1) 滑块联轴器。滑块联轴器以滑块构成动连接实现刚性可移的要求,根据滑块结构的不同,有几种不同的类型。

十字滑块联轴器由两个端面上开有径向凹槽的半联轴器和一个两面带有相互垂直凸牙的中间圆盘所组成,如图 11-4 所示。安装时,中间圆盘两面的凸牙分别嵌入两个半联轴器的凹槽中,靠凹槽与凸牙的相互嵌合传递转矩。工作中,中间圆盘的凸牙可以在两个半联轴器的凹槽中滑动,故可补偿安装及运转中两轴间的相对径向位移和一定的轴向位移。

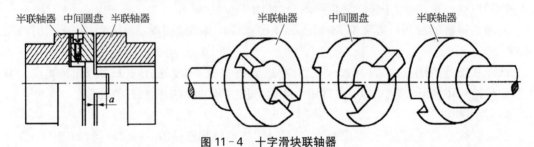

图 11-4　十字滑块联轴器

由于中间圆盘与两个半联轴器间组成移动副,工作时主动轴和从动轴角速度相等。当联轴器在两轴间有相对径向位移的情况下工作时,中间圆盘因相对滑动会产生较大的离心力,从而增大了凸牙和凹槽接触面上的正压力,使磨损加剧。为了减小离心力,应限制轴的转速,一般 $n \leqslant 300$ r/min;为了尽量减小其质量,常将中间圆盘制成中空的结构。为了减小滑动副的摩擦和磨损,使用时应从中间盘的油孔中注油,以维持工作面的良好润滑。

十字滑块联轴器的材料常用 45 钢或 ZG45 铸钢,工作表面必须经高频淬火达 $46\sim50\text{HRC}$,以提高硬度。要求较低时,也可用 Q275 钢制造,不进行热处理。

十字滑块联轴器结构简单,径向尺寸较小,但工作面易磨损,一般用于两轴间径向位移较大、转速较低、轴的刚度较大、无冲击的场合。

酚醛层压布材滑块联轴器结构和十字滑块联轴器结构相似,只是两个半联轴器上的凹槽较宽,中间盘为两面不带凸牙的方形滑块,通常用夹布胶木或尼龙制成,如图 11-5 所示。

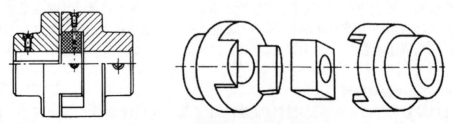

图 11-5　酚醛层压布材滑块联轴器

滑块的质量小并具有弹性,故允许较高的极限转速。酚醛层压布材滑块联轴器结构简单紧凑,适用于传递转矩不大、转速较高而无剧烈冲击的场合。

在选定滑块联轴器的尺寸后,应验算滑块工作面上的压强,以防止急剧磨损。其验算方法可参考有关手册。

(2) 齿式联轴器。齿式联轴器利用内外齿的相互啮合而实现两个半联轴器的连接,这类联轴器具有良好的补偿两轴间综合相对位移的能力,其中鼓形齿联轴器应用最广。

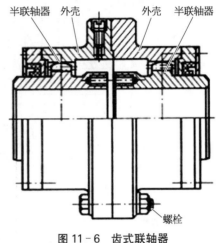

图 11-6　齿式联轴器

鼓形齿联轴器由两个带有外齿的半联轴器和两个带有内齿及凸缘的外壳所组成。两个外壳的凸缘用螺栓连接,两个半联轴器分别用键与两轴相连接,如图 11-6 所示。为了减小齿面磨损,外壳内储有润滑油用于润滑,并且为了防止润滑油泄漏,联轴器左右两侧装有密封圈。半联轴器、外壳上的齿数相等,工作时依靠内外齿相啮合传递转矩。外齿的齿顶制成球面(球心位于联轴器轴线上),沿齿厚方向制成鼓形,内外齿啮合后具有较大的侧隙和顶隙,传动时可补偿两轴间的径向位移、偏角位移及综合位移,如图 11-7 所示。

(a) 径向位移补偿　　　　(b) 偏角位移补偿　　　　(c) 综合位移补偿

图 11-7　鼓形齿联轴器各种位移补偿

鼓形齿联轴器主要采用钢制造,当其节圆圆周速度 $v \leqslant 15$ m/s 时,一般采用 45 钢或 ZG310-570 等材料制造;当 $v > 15$ m/s 时,采用高强度合金,如 42CrMo 等,齿轮齿面需要经表面淬火处理或者渗氮处理。

鼓形齿联轴器承载能力大,适用的转速范围广,工作可靠,工作时能补偿较大的综合位移,但结构复杂、制造困难、成本高,且不适用于垂直轴间的连接。齿式联轴器主要用于重型机械及长轴的连接。

尼龙内齿圈鼓形齿联轴器的尼龙材料具有弹性,因而具有一定的缓冲、减振能力,多用于中小转矩的传动。

齿式联轴器的承载能力和使用寿命往往受齿面磨损的限制。为了避免齿面的过度磨损,在选定齿式联轴器的型号和尺寸后,必须验算齿面的压强,验算方法可查阅有关手册。

(3) 链条联轴器。链条联轴器主要由一条公用的链条和两个链轮式半联轴器组成,公用的链条同时与两个齿数相等的并列链轮相啮合,从而实现两个半联轴器的连接。其中双排滚子链联轴器如图 11-8 所示,只需将链条接头拆开便可将两轴分离。链与链轮间的啮合间隙可补偿两轴间的相对位移。

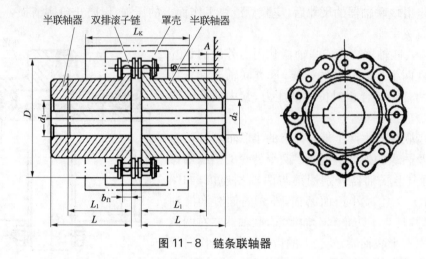

图 11-8 链条联轴器

通常半联轴器(链轮)的材料为 45、ZG45 或 20Cr 合金钢。当载荷平稳、速度不高时,采用调质处理,齿面硬度≥220HBW;当有冲击载荷、速度较高时,需要进行渗碳、表面淬火处理,齿面硬度应在 45HRC 以上。为了减小磨损,应进行润滑。当转速较低时,应定期涂润滑脂润滑;当转速高时,更应充分润滑,应设置密封罩壳,防止外界灰尘等污染。

链条联轴器结构简单,径向尺寸较小、质量轻、工作可靠、寿命长、装拆方便,适用于潮湿、多尘、高温场合,但不宜用于启动频繁、经常正反转及剧烈冲击的场合或垂直传动场合。当采用齿形链的链条时,可允许较高的工作转速。

(4) 万向联轴器。万向联轴器通过万向铰链机构传递转矩和补偿轴线偏斜。常见的万向联轴器是十字轴万向联轴器,如图 11-9 所示。它由两个叉形半联轴器、一个十字轴及销轴等组成。两个半联轴器通过销分别与两轴连接,销轴互相垂直,分别将两个半联轴器与十字轴连接起来,形成可动的连接。当主动轴做等速转动时,从动轴做周期性变速转动。这种联轴器允许两轴间有较大的偏角位移,最大夹角可达 35°~45°,并允许工作中两轴间夹角发生变化。但随着两轴间夹角的增大,从动轴转动的不均匀性将增大,传动效率也显著降低。

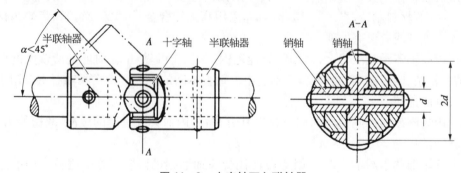

图 11-9 十字轴万向联轴器

为了消除从动轴的速度波动,通常将万向联轴器成对使用,组成双十字轴万向联轴器,如图 11-10a 所示。设计和使用时,若保证中间轴两端的叉形接头位于同一平面内(主动轴、中间轴和从动轴位于同一平面内),且使中间轴与主动轴、从动轴的夹角相等图 11 - 10b,则保证从动轴与主动轴的角速度相等。

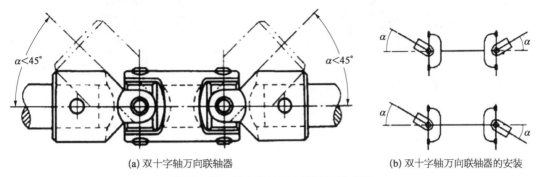

(a) 双十字轴万向联轴器　　　　　　　　(b) 双十字轴万向联轴器的安装

图 11 - 10　双十字轴万向联轴器及安装

十字轴万向联轴器中的主要零件常用 40Cr 或 40CrNi 钢制造,并进行热处理,以使结构紧凑和耐磨性高。

十字轴万向联轴器可适用于两轴有较大偏斜角或工作中有较大角位移的场合,结构紧凑且维护方便,因而在汽车、多头钻床中得到广泛应用。

2) 非金属弹性元件挠性联轴器

弹性元件一般由橡胶、塑料等非金属材料制成,其特点为弹性模量比金属小,容易得到变刚度特性,缓冲性能好;质量比金属低,单位体积储存的变形能大,阻尼性能好,减振性能好,不需要润滑。

(1) 弹性套柱销联轴器。弹性套柱销联轴器的结构与凸缘联轴器的结构相似,只是用套有弹性套的柱销代替了连接螺栓,如图 11 - 11 所示。柱销的一端以圆锥面与一个半联轴器上的圆锥孔相配合,并用螺母固定;另一端套装有整体式弹性套,与另一个半联轴器凸缘上的圆柱形孔间隙配合。

弹性套常做成蛹状结构来提高其弹性。因为弹性套具有弹性变形和间隙配合,从而使联轴器具有补偿两轴相对位移的能力和缓冲吸振的功能。

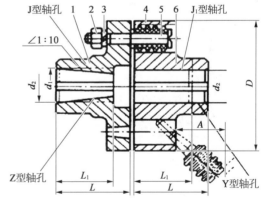

1、6—半联轴器;2—螺母;3—垫片;4—弹性套;5—柱销

图 11 - 11　弹性套柱销联轴器

半联轴器的材料常用 HT200,有时也采用 ZG310 - 570,柱销材料多用 45 钢,弹性套采用耐油橡胶制成。

弹性套柱销联轴器制造容易、装拆方便、成本较低,其弹性套易磨损、寿命较短,但更换方便,适用于启动频繁、需要正反转的中小功率传动,工作环境温度应在 -20~70℃,且要避免油质及其他有害橡胶的介质与联轴器接触。

(2) 轮胎式联轴器。轮胎式联轴器是利用环形轮胎状橡胶元件,用螺栓与两个半联轴器连接,实现两轴连接的。如图 11 - 12 所示,两个半联轴器分别用键与轴相连,用螺钉和压板将橡胶或橡胶织物制成的轮胎状弹性元件分别压在两个半联轴器上。为了便于安装,一般

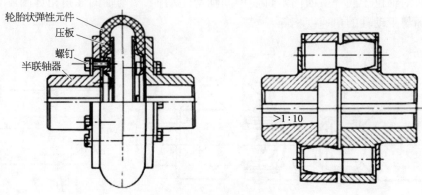

轮胎状弹性元件
压板
螺钉
半联轴器

>1:10

图 11-12 轮胎式联轴器

在轮胎上开切口。工作中靠轮胎环与凸缘端面间产生的摩擦力来传递转矩。

由于轮胎状弹性元件具有高的弹性,因而对两轴相对位移的补偿能力较大,缓冲减振性能好,结构简单,不需要润滑,装拆和维护都比较方便,但其径向尺寸较大。轮胎式联轴器主要用于有较大冲击、需要频繁启动或换向、潮湿、多尘的场合,工作温度在 $-20\sim80℃$ 的范围内。

3) 金属弹性元件挠性联轴器

金属弹性元件挠性联轴器中弹性元件为各种圆柱状、片状、卷板状的金属弹簧,通过金属弹性元件在受载时所产生的弹性变形达到补偿两轴相对位移和减振、缓冲的目的。金属弹性元件挠性联轴器具有体积小、强度高、传递转矩大、缓冲减振性能好、寿命长、耐腐蚀、耐热、耐寒等优点。

(1) 蛇形弹簧联轴器。蛇形弹簧联轴器由两个半联轴器和蛇形片弹簧组成,在两个半联轴器上制有 50~100 个齿,齿间嵌装有 6~8 段蛇形片弹簧,如图 11-13 所示。为了防止弹簧在离心惯性力的作用下被甩出,并避免弹簧与齿接触处发生干摩擦,需要用封闭的壳体罩住,壳体内注入润滑油。工作时,通过齿与弹簧的互压来传递转矩。

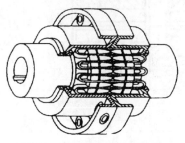

图 11-13 蛇形弹簧联轴器

蛇形弹簧联轴器按其齿形分为直线形和曲线形两种,如图 11-14 所示。直线形齿(图 11-14a)蛇形弹簧联轴器为等刚度联轴器,弹簧的变形与联轴器所传递的转矩呈线性关系,适用于传递转矩变化较小的工况;曲线形齿(图 11-14b)蛇形弹簧联轴器为变刚度联轴器,弹簧的变形与联轴器所传递的转矩呈非线性关系,适用于传递转矩变化较大和正反转的工况,并有较好的减振和缓冲作用。蛇形弹簧联轴器工作可靠,外形尺寸较小。

(2) 簧片联轴器。簧片联轴器主要由花键轴、外套圈和若干组径向呈辐射状布置的金属簧片组等零件组成,如图 11-15 所示。每组簧片由若干长短不一的簧片在一端用圆柱销连接在一起,装配时借助外套圈的轴向移动,使弹性锥环的内孔收缩,将簧片组和支承块箍紧,与支承块构成固定连接。簧片组另一端为自由端,最长的簧片插在花键轴的齿槽内,构成可动连接。

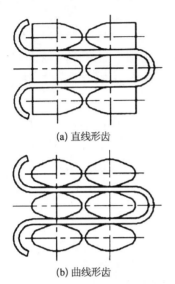

(a) 直线形齿

(b) 曲线形齿

图 11－14　蛇形弹簧联轴器齿形种类

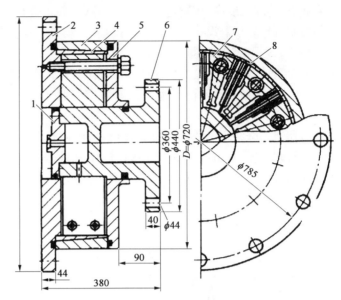

1—单向阀座；2—连接盘；3—外套卷；4—弹性锥环；
5—侧板；6—花键轴；7—支承块；8—弹簧组

图 11－15　簧片联轴器

　　为了增大联轴器的缓冲和吸振效果，在簧片组支承块之间的空腔中充满润滑油，以产生较大的黏性摩擦阻尼，同时还可减小簧片间的摩擦和磨损。过载时，支承块的端部与变形后的簧片相接触，使簧片不再弯曲，从而保护簧片不致因变形过大而断裂。

　　簧片联轴器具有相当高的阻尼特性，弹性好、结构紧凑、安全可靠，不受温度和灰尘的影响，不需要经常维修，减振避振性能强，适用于载荷变动较大、有可能发生扭转振动的轴系，多用于各种中高速、大功率柴油机拖动的机组中。

　　（3）弹性管联轴器和波纹管联轴器。弹性管联轴器是用扭转螺旋弹簧直接与两个半联轴器相连接而成的，借助于扭转弹簧的挠性可以补偿轴线间的偏移，如图 11－16 所示。管子的材料主要为各类铜合金或不锈钢，其中青铜有较高的弹性和疲劳强度；不锈钢的力学性能好且耐腐蚀。这种联轴器结构简单，加工、安装方便，整体性能好，适用于要求结构紧凑、外形小、传动精度较高的场合，如脉冲或伺服电动机与编码器的连接。

　　波纹管联轴器用波纹管直接与两个半联轴器通过焊接或黏结而制成，如图 11－17 所示。波纹管联轴器具有较高的轴向弹性，结构整体性好，紧凑，惯性小，无反向冲击，没有滑动，不

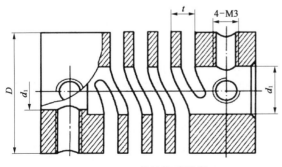

图 11－16　弹性管联轴器

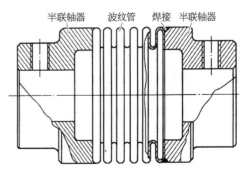

图 11－17　波纹管联轴器

需要润滑,传动精度高,运转速度稳定,耐热、耐腐蚀性好,寿命长,适用于小功率精密机械传动的控制机构和仪器设备,如电子计算机和自动控制设备中。

11.1.1.3 安全联轴器

安全联轴器的作用是当传递的转矩超过规定值时,其中某一连接元件便会折断、分离或打滑,使传动中断从而保护其他重要零件不致损坏。安全联轴器种类很多,在此仅介绍其中的剪切销安全联轴器。

剪切销安全联轴器结构如图 11-18 所示,有单剪和双剪两种。单剪结构(图 11-18a)类似于凸缘联轴器,是用钢制销钉连接两个半联轴器,销钉装入经过淬火的两段硬质钢套中,当传递的转矩超过极限转矩时,销钉即被剪断,连接中断,起到过载保护的作用。销钉直径按抗剪强度计算,销钉材料可采用 45 钢或高碳工具钢。准备剪断处应预先切槽,这样可使剪断处的塑性变小,以免毛刺过大,给更换销钉带来不便。

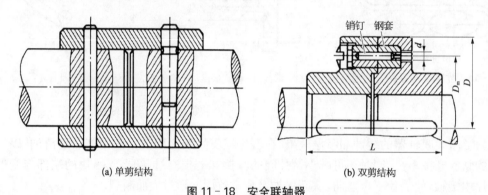

(a) 单剪结构　　　　　　　　　　　(b) 双剪结构

图 11-18　安全联轴器

双剪结构(图 11-18b)类似于套筒联轴器,销钉沿径向布置。

由于销钉材料力学性能的不稳定性和制造误差等原因的影响,致使剪切销安全联轴器的工作准确性不高。同时,销钉剪断后必须停车更换。但因其结构简单,所以常用于过载可能性不大的机器中。

11.1.2　联轴器的选择

联轴器大多已标准化和系列化,使用时通常根据工况首先选择合适的类型,再根据轴的直径、传递转矩和工作转速等参数,查有关标准确定其型号和结构尺寸。

1) 联轴器类型的选择

联轴器的类型应根据使用要求和工作条件来确定,具体选择时可考虑以下几个方面:

(1) 传递转矩的大小和性质及对缓冲减振的要求。一般载荷平稳、传递转矩大、转速稳定、同轴度好、无相对位移的,选用刚性联轴器;载荷变化大、有缓冲减振要求的、同轴度难以保证的,选用挠性联轴器。

(2) 工作转速的高低。工作转速直接影响联轴器各零件的受力和变形,因此平衡精度是联轴器高速运转的重要指标。各类联轴器适应的转速和功率如图 11-19 所示。

(3) 被连接两轴间的相对位移程度。当难以保证两轴严格对中时,应选挠性联轴器。

(4) 工作环境。在高温、酸、碱等腐蚀介质环境中,不宜使用有橡胶弹性元件的联轴器;当对污染有严格要求时,不宜使用油作为润滑剂的联轴器。

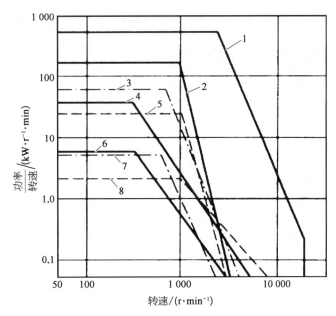

1—齿式联轴器；2—簧片联轴器；3—弹性柱销联轴器；4—蛇形弹簧联轴器；
5—橡胶金属环联轴器；6—链条联轴器；7—轮胎式联轴器；8—弹性套柱销联轴器

图 11－19　联轴器适应的转速和功率

（5）安装、维护及使用寿命的要求。对于不易调整对中的大型设备，宜选用寿命长、更换方便的联轴器；对于长期连续运转的重要设备，宜选用可靠性高、维护方便的联轴器。

2）联轴器型号的选择

选定合适的类型后，再根据轴径、转速和所需传递的计算转矩 T_{ca}，从标准中确定联轴器的型号和结构尺寸。

（1）轴的直径在所选联轴器型号孔径的范围之内：$d_{min} \leqslant d \leqslant d_{max}$。

（2）转速应小于或等于所选联轴器型号的许用转速 $[n]$：$n \leqslant [n]$。

（3）计算转矩 T_{ca} 小于或等于所选联轴器型号的公称转矩 T_n，即 $T_{ca} \leqslant T_n$，必要时应对联轴器中的易损零件进行强度验算。考虑到机器启动、停车和工作中不稳定运转的动载荷影响，计算转矩 T_{ca} 可按下式计算：

$$T_{ca} = K_A T \tag{11-1}$$

式中　T——联轴器传递的名义转矩（N·m）；

　　　K_A——联轴器的工作情况系数，见表 11－1。

表 11－1　联轴器的工作情况系数 K_A

分类	工作情况及举例	原动机			
		电动机、汽轮机	四缸和四缸以上内燃机	双缸内燃机	单缸内燃机
1	转矩变化很小，如发电机、小型通风机、小型离心机	1.3	1.5	1.8	2.2

分类	工作情况及举例	原 动 机			
		电动机、汽轮机	四缸和四缸以上内燃机	双缸内燃机	单缸内燃机
2	转矩变化小，如透平压缩机、木工机床、运输机	1.5	1.7	2.0	2.4
3	转矩变化中等，如搅拌机、增压泵、有飞轮的压缩机、冲床	1.7	1.9	2.2	2.6
4	转矩变化和冲击载荷中等，如织布机、水泥搅拌机、拖拉机	1.9	2.1	2.4	2.8
5	转矩变化和冲击载荷大，如造纸机、挖掘机、起重机、碎石机	2.3	2.5	2.8	3.2
6	转矩变化大并有极强烈的冲击载荷，如压延机、无飞轮的活塞泵、重型初轧机	3.1	3.3	3.6	4.0

11.2 离 合 器

11.2.1 离合器的功用、分类及其基本要求

离合器是在传递运动和动力过程中通过各种操作方式随时可以接合或分离连接的两轴的一种常用机械装置。离合器不仅可以用于机械的启动、停止、换向和变速，还可以用于机械零件的过载保护。

离合器按其离合的方式不同，可分为操纵离合器和自动离合器。操纵离合器附加有操纵机构，必须通过人为操纵才能使其中接合元件具有接合或分离的功能。根据不同的操纵方法，操纵离合器又分为机械离合器、电磁离合器、液压离合器、气压离合器四种。自动离合器工作过程中，当其主动部分或从动部分的某些性能参数（如转速、转矩、转向等）变化时，接合元件能自行接合或分离。自动离合器又分超越离合器、离心离合器和安全离合器三类。

根据离合器接合元件工作原理的不同，离合器又可分为嵌合式离合器和摩擦式离合器。嵌合式离合器主要有牙嵌式、转键式、滑销式、齿轮式和拉键式，这类离合器利用机械嵌合副的嵌合力来传递转矩，传递转矩能力较大、外形尺寸小，主、从动轴可以同步转动，但柔性差，在有转速差下接合时会产生刚性冲击，引起振动和噪声，只能用于静止或转速差不大的两轴结合的场合。摩擦式离合器主要有圆盘式、圆锥式、块式、带式和环式等，这类离合器利用摩擦副的摩擦力来传递转矩，接合过程中主、从动接合元件存在一定的滑差，因而具有柔性，可大大减小接合时的冲击和噪声，过载时可自行打滑，适用于在受载下接合或高速接合的场合，但主、从动轴不能严格同步转动，尺寸较大，接合时产生摩擦热，摩擦元件易磨损。

离合器的基本要求：① 接合平稳，分离彻底，动作准确可靠；② 结构简单，质量小，外形尺寸小，从动部分转动惯量小；③ 操纵省力、方便，容易调节和维护，散热性好；④ 接合元件耐磨损，使用寿命长。

11.2.2 操纵离合器

1) 牙嵌离合器

牙嵌离合器由两个端面带牙的半离合器组成,如图 11‐20 所示。一个半离合器用普通平键固定在主动轴上,另一个半离合器用导向平键或花键与从动轴连接,通过滑环使其做轴向移动,实现离合器的接合或分离。为了使两个半离合器准确对中,主动轴的半离合器上固定一个对中环,从动轴可在对中环内自由转动。牙嵌离合器靠牙的相互嵌合来传递转矩。

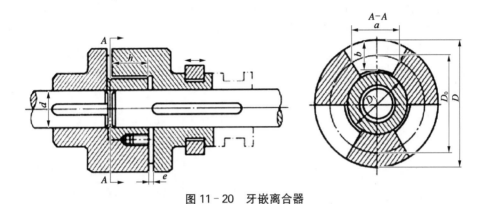

图 11‐20 牙嵌离合器

牙嵌离合器常用的牙形有三角形、梯形、锯齿形和矩形等。三角形牙强度较弱,主要用于小转矩的低速离合器,如图 11‐21a 所示。梯形牙强度高,能传递较大的转矩,并能自动补偿牙的磨损与牙侧间隙,从而减小冲击,故应用较广,如图 11‐21b 所示。锯齿形牙的强度最高,但只能传递单向转矩,主要用于特定场合,如图 11‐21c 所示。矩形牙制造容易,但接合与分离较困难,磨损后无法补偿,一般只用于不常离合的场合中,且需要在静止或极低速的场合下接合,如图 11‐21d 所示。三角形牙的牙数一般取 15～60,梯形牙和锯齿形牙的牙数一般取 3～15。

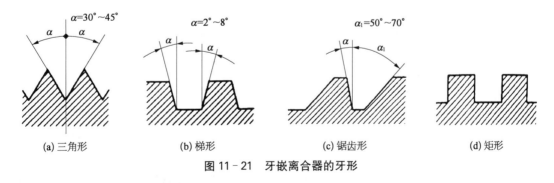

图 11‐21 牙嵌离合器的牙形

牙嵌离合器的牙面应具有较高的硬度,材料常用低碳钢表面渗碳淬火,硬度为 56～62HRC,或用中碳钢表面淬火,硬度为 48～54HRC。对于不重要的传动,也可用 HT200 制造。

牙嵌离合器结构简单,外形尺寸小,承载能力较大,两轴不会相对转动,适用范围广。但接合时有冲击,故应在静止或低速下接合。

牙嵌离合器的尺寸可从有关手册中选取,其承载能力主要受牙的磨损强度和抗弯强度的限制,必要时可验算牙面上的压力和牙根部的抗弯强度。

2)摩擦式离合器

摩擦式离合器种类较多,下面介绍应用最广泛的片式离合器。

片式离合器利用圆环片的端平面组成摩擦副,有单片式和多片式。为了散热和减小磨损,可将摩擦片浸入油中工作,称为湿式离合器。

(1)单盘式摩擦离合器如图 11-22 所示,主、从动摩擦盘通过键分别和主、从轴连接,操纵环使从动摩擦盘沿导向键在从动轴上移动,从而实现接合与分离。接合时力 F_Q 将主、从动摩擦盘相互压紧,在接合面产生摩擦力矩来传递转矩。为了增大两个接合面间的摩擦力并使两个接合面具有更好的耐压、耐磨、耐油和耐高温性能,常在摩擦盘的表面加装摩擦片。单盘式摩擦离合器结构简单,但其直径会随传递转矩的增大而很快地增加,故主要用于转矩不大的场合或直径不受限制的地方。

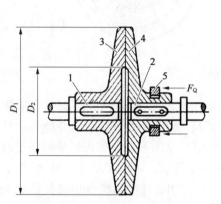

1—主动轴;2—从动轴;3—主动摩擦盘;
4—从动摩擦盘;5—操纵杆

图 11-22　单盘式摩擦离合器

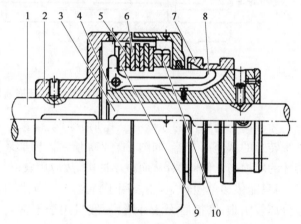

1—主动轴;2—鼓轮;3—从动轴;4—套筒;5—外摩擦片组;
6—内摩擦片组;7—滑环;8—曲臂压杆;9—压板;10—调节螺母

图 11-23　多盘式摩擦离合器

(2)多盘式摩擦离合器由内外两组摩擦片组成,如图 11-23 所示。其主动轴通过平键和鼓轮连接,从动轴通过平键和套筒连接,外摩擦片组和鼓轮采用类似花键的连接,外摩擦片的外齿与主动轴上鼓轮内缘的纵向槽相嵌合,可以与主动轴一起转动,并可在轴向力的推动下沿轴向移动。内摩擦片组以其内孔的凹槽与从动轴上套筒外缘的凸齿相嵌合,实现内摩擦片组随从动轴一起转动和沿轴向移动。

套筒上的三个纵向槽中安置可绕销轴转动的曲臂压杆。工作时,滑环受操纵机构控制,当滑环左移时,压下曲臂压杆,通过压板将所有内摩擦片与外摩擦片压紧,离合器即处于接合状态。当滑环右移时,曲臂压杆被弹簧抬起,使内摩擦片与外摩擦片分离,离合器即处于分离状态。内摩擦片可做成碟形(图 11-24c),可在松脱时依靠内摩擦片的弹力作用迅速与外摩擦片分离。当内摩擦片与外摩擦片磨损后,调节螺母可用来调节它们之间的压力。内摩擦片与外摩擦片的形状如图 11-24 所示,其结构设计可查机械设计手册。

多盘式摩擦离合器的承载能力随内、外摩擦片间的接合面数的增加而增大,但接合面数过多会影响离合器分离动作的灵活性,故对接合面数有一定限制。一般湿式的接合面数 $z =$

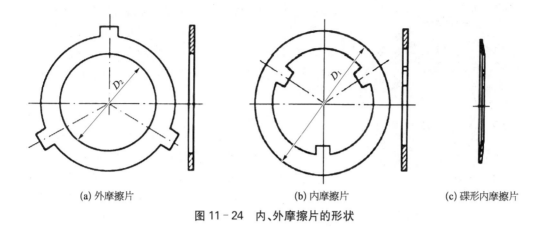

(a) 外摩擦片　　　　　　　(b) 内摩擦片　　　　　　(c) 碟形内摩擦片

图 11-24　内、外摩擦片的形状

$5 \sim 15$，干式的接合面数 $z \leqslant 6$。通常，限制内、外摩擦片的总数不大于 $25 \sim 30$。

　　多盘式摩擦离合器结构紧凑，与单盘式相比，径向尺寸小，便于调整，在机床和一些变速箱中得到广泛应用。

　　摩擦式离合器的工作性能受接合面摩擦副材料的影响较大。干式离合器摩擦面材料通常为铸铁和混有塑料的石棉材料，有较高的摩擦系数和允许工作温度。在润滑油中工作的摩擦副材料常用淬火钢与淬火钢或用淬火钢与青铜；润滑不完善的摩擦副材料可采用铸铁与铸铁，或铸铁与钢。

　　3）电磁操纵摩擦离合器

　　电磁操纵摩擦离合器利用电磁原理实现接合与分离功能，如图 11-25 所示，其工作原理和多盘式摩擦离合器相似。工作时，电流经过接线头进入线圈时产生电磁力，吸引衔铁向左移动，将内、外摩擦片组压紧，离合器处于接合状态；断电时，依靠弹簧将衔铁推开，使内、外摩擦片组松开，离合器处于分离状态。这种离合器可以实现远距离操纵，动作灵敏迅速，使用、维护比较方便，因而在起重机、包装机、数控机床中获得广泛应用。

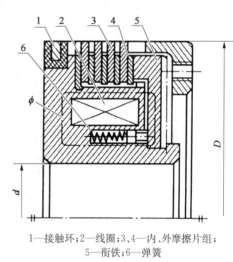

1—接触环；2—线圈；3、4—内、外摩擦片组；
5—衔铁；6—弹簧

图 11-25　电磁操纵摩擦离合器

11.2.3　自控离合器

　　自控离合器是一种能根据机器运转的转矩、转速或转向的变化而自动完成接合和分离动作的离合器。这里仅简要介绍其中的超越离合器和安全离合器。

　　1）超越离合器

　　大部分超越离合器只能按某一转向传递转矩，反向时即自行分离。图 11-26 所示的是一种常见的内星轮滚柱离合器，其主要由星轮、外环、滚柱、弹簧顶杆组成。当星轮主动并顺时针转动时，滚柱受摩擦力作用而滚向星轮和外环空隙的收缩部分，被楔紧在星轮与外环间，带动外环与星轮一起转动，离合器处于接合状态。当星轮反向转动时，滚柱被滚到空隙的宽敞部分，离合器处于分离状态。此外，如果外环与星轮同时做顺时针转动，若外环转速

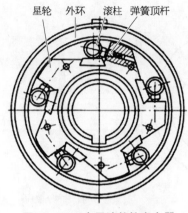

星轮　外环　滚柱　弹簧顶杆

图 11-26　内星滚轮柱离合器

小于星轮转速,离合器处于结合状态;反之,若外环转速大于星轮转速,外环并不能带动星轮转动,离合器处于分离状态,即外环(从动件)可以超越星轮(主动件)而转动,因而称为超越离合器。超越离合器常用于内燃机的启动装置中。

2) 安全离合器

当传递的转矩超过某一限定值时,安全离合器的主、从动部分便会自动分离,可防止破坏其他重要零件,起到安全保护的作用,故称为安全离合器。安全离合器种类很多,下面介绍常用的牙嵌式安全离合器和多片摩擦式安全离合器。

图 11-27 所示的是牙嵌式安全离合器。其结构和牙嵌式离合器类似,但牙的倾斜角较大,牙较短,如图 11-27b 所示,用弹簧压紧装置代替滑环操纵机构。端面有牙的两个半离合器装在同一根轴上,在弹簧的作用下,两个半离合器结合,保持正常工作。当工作转矩超过规定值、牙间轴向力大于弹簧弹力和牙间摩擦力时,离合器分开;在载荷恢复正常后,离合器又接合,恢复工作。安全转矩的大小由圆螺母调节。这种离合器结构简单、工作可靠,但接合时有冲击,一般用于转速较低、过载不频繁的场合。

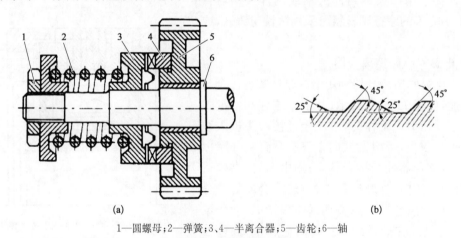

(a)　　　　　　　　　　　(b)

1—圆螺母;2—弹簧;3、4—半离合器;5—齿轮;6—轴

图 11-27　牙嵌式安全离合器

图 11-28 所示的是多片摩擦式安全离合器。用弹簧将摩擦盘压紧,弹簧压紧力由右侧的调节螺母控制,当工作转矩超过规定值时,摩擦盘之间发生打滑,起到保证安全的作用。

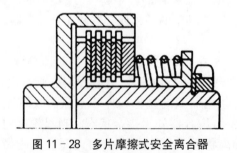

图 11-28　多片摩擦式安全离合器

这种离合器工作平稳,可用于有冲击载荷的传动系统中,但动作灵敏度较低。

本章学习要点

通过本章学习,学习者在掌握上述主要知识点后,应能在不同的工况条件下正确选用联轴器。

思考与练习题

1. 问答题

11-1 联轴器和离合器的功用是什么? 两者的区别是什么?

11-2 联轴器所连接两轴的偏移形式有哪些? 如果联轴器不能补偿偏移,会发生什么情况?

11-3 选择联轴器类型和尺寸的依据是什么?

11-4 万向联轴器有何特点? 安装双万向联轴器应注意些什么问题?

11-5 无弹性元件挠性联轴器和有弹性元件挠性联轴器补偿相对位移的方式有何不同?

11-6 离合器应满足哪些基本要求?

11-7 阐述嵌合式离合器与摩擦式离合器的工作原理和优缺点。

2. 填空题

11-8 刚性凸缘联轴器实现两轴对中的两种方法是_____对中和_____对中。

11-9 联轴器的类型确定后,其型号(尺寸)根据_____、_____和_____查有关标准选择。

11-10 选用联轴器时,在计算转矩 $T_{ca}=K_A T$ 中,K_A 为_____,T 为_____。

11-11 按工作原理不同,操纵式离合器主要分为_____、_____、_____和_____四类。

11-12 根据联轴器的分类,万向联轴器属于_____联轴器,套筒联轴器属于_____联轴器。

11-13 在凸缘联轴器、套筒联轴器、齿轮联轴器中,_____具有较好的补偿综合位移的性能。

11-14 在传递载荷较大、两轴间对中性良好、工作较平稳的场合,一般宜选用_____。

11-15 在载荷不平稳、具有较大冲击与振动的场合,一般宜选用_____。

3. 计算题

11-16 一台电动机与齿轮减速器间用联轴器相连接。已知电动机功率 $P=5.0 \text{ kW}$,转速 $n=960 \text{ r/min}$,电动机外伸轴直径 $d=34 \text{ mm}$,减速器输入轴直径 $d=32 \text{ mm}$。试选择联轴器的类型和型号。

11-17 某离心式水泵采用弹性柱销联轴器连接,原动机为电动机,传递功率 38 kW,转速 300 r/min,联轴器两端连接轴径均为 50 mm,试选择此联轴器的型号。若原动机改为活塞式内燃机,试选择联轴器的类型。

第 12 章

轴 的 设 计

12.1 概 述

　　轴是机器中的重要零件,许多传动零件(如齿轮、带轮等)都需要由轴来支承,同时轴又被轴承所支承。通常,工作中传动零件与轴一起绕轴线回转传递转矩,共同组成一个轴系,所以在轴的设计中,除了考虑轴的本身要求外,还必须考虑装在轴上的零部件的要求及影响。

12.1.1　轴的功用

　　轴在机器中的功用主要为两个方面:① 支承轴上零件并使其具有确定的位置;② 传递运动和转矩。如图 12-1b 所示,减速器的输入轴上支承着齿轮、套筒、联轴器等零件,轴本身又由一对轴承支承,轴上各零件间具有确定的相对位置。运动和动力由联轴器输入,经轴和轴上齿轮传递给减速器的输出轴。

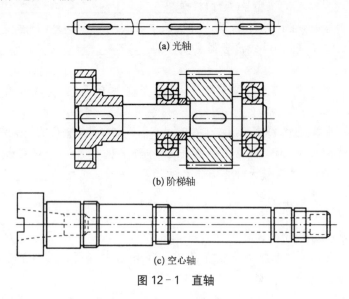

(a) 光轴

(b) 阶梯轴

(c) 空心轴

图 12-1　直轴

12.1.2　轴的分类

　　根据轴线几何形状的不同,轴可分为直轴(图 12-1)、曲轴(图 12-2)和挠性钢丝软轴

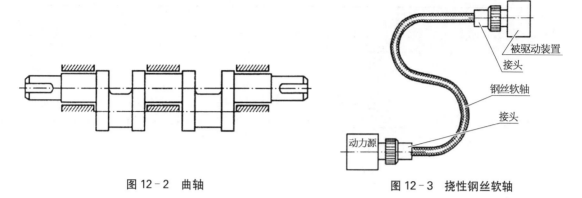

图 12‑2 曲轴 　　　　　图 12‑3 挠性钢丝软轴

（简称挠性轴，图 12‑3）。

直轴应用最为广泛，根据结构外形又可分为直径无变化的光轴（图 12‑1a）和直径分段变化的阶梯轴（图 12‑1b）。光轴形状简单、加工方便、应力集中源少，但轴上零件不易定位和装拆，使用不多；阶梯轴的形状便于轴上零件的定位和装拆，加工不过于复杂，应用较多。直轴通常都制成实心的，但有时由于结构上的需要或为了提高轴的刚度和减小轴的质量，将其制成空心的（图 12‑1c）。

曲轴主要用于做往复运动的机械中，如内燃机、空压机等使用的曲轴。

挠性钢丝软轴由几层紧贴在一起的钢丝层构成，可以把转矩和旋转运动灵活地传到空间任意位置。其结构紧凑、安装方便、工作适应性强，常用于混凝土振动器、砂轮机、管道疏通机、里程表等设备中。软轴传递功率范围一般不超过 5.5 kW，转速可达 20 000 r/min。

根据轴的功用和承载情况的不同，轴可分为转轴、传动轴和心轴三类，见表 12‑1。转轴用来支承轴上的零件并传递运动和转矩，工作中既传递转矩又承受弯矩，在各类机器中最为常见；传动轴用来传递转矩，工作中不承受弯矩或承受很小弯矩，如汽车的传动轴；心轴用来支承轴上的零件，工作中只承受弯矩。心轴又可分为固定心轴（如自行车的前轴）和转动心轴（如火车车厢轮轴）。

三类轴的承载情况及特点见表 12‑1。

表 12‑1 转轴、传动轴和心轴的承载情况及特点

分 类	举 例	特 点
转轴		既承受弯矩又承受转矩，是机器中最常用的一种轴。剖面上受弯曲应力和扭转切应力的复合作用
传动轴		主要承受转矩，不承受弯矩或承受很小弯矩，仅起传递动力的作用

（续表）

分 类	举 例	特 点
转动心轴		工作时轴与轴上零件一同转动,轴只承受弯矩,不承受转矩,起支承作用。转动心轴的剖面上受对称循环变应力作用
固定心轴		工作时轴固定不动,轴上零件相对轴转动,轴只承受弯矩,不承受转矩,起支承作用。固定心轴的剖面上受脉动循环变应力或静应力作用

12.1.3　轴的组成

轴主要由轴颈、轴头、轴身三部分组成(见表 12-1 中转轴图)。轴上被支承的部位称为轴颈;与齿轮、联轴器等配合的部位称为轴头;连接轴颈和轴头的部分称为轴身。轴上截面尺寸变化的部位称为轴身。

12.2　轴的材料选择和设计步骤

12.2.1　轴毛坯的选择

对于光轴或轴段直径变化不大的轴、不太重要的轴,可选用轧制圆钢做轴的毛坯,有条件的可直接采用冷拔圆钢;对于重要的轴、受载较大的轴、直径变化较大的阶梯轴,一般采用锻造毛坯;对于形状复杂的轴,可采用铸造毛坯。

12.2.2　轴的常用材料及选择

大多数轴工作中既承受转矩,又承受弯矩,并且常为变应力状态,因此轴的材料应具有较好的强度和韧性,当用于滑动轴承时,还要具有较好的耐磨性。

轴的常用材料是碳素钢、合金钢及球墨铸铁。

碳钢比合金钢价廉,对应力集中的敏感性低,经热处理或化学处理可得到较高的综合力学性能(尤其在耐磨性和抗疲劳强度方面),应用最多。常用的碳钢有 35、40、45 和 50 等优质中碳钢,其中 45 钢应用最广,通常进行正火或调质处理,一般用于比较重要或承载较大的轴。对于不重要或承载较小的轴,也可采用 Q235、Q275 等普通碳素钢。

合金钢比碳素钢具有更高的力学性能和更好的热处理性能,常用于承载很大而重量、尺寸受限或有较高耐磨性、防腐性要求的重要的轴,以及处于高温或低温条件下工作的轴。例如,采用滑动轴承支承的高速轴,常用 20Cr、20CrMnTi 等低碳合金钢,经渗碳淬火后可提高轴的耐磨性;汽轮发电机转子轴在高温、高速和重载条件下工作,必须具有良好的高温力学性能,常采用 38CrMoAlA、27Cr2MoV 等合金结构钢。

球墨铸铁适用于制造成形轴(如曲轴、凸轮轴等),具有价格低廉,强度较高,耐磨性、吸振性和易切性良好,以及对应力集中的敏感性较低等优点。但铸铁件品质不易控制,可靠性差。表 12 - 2 列出了轴的常用材料及其主要力学性能。

表 12 - 2　轴的常用材料及其主要力学性能

材料及热处理	毛坯直径/mm	硬度/HB	抗拉强度极限 σ_b/MPa	屈服极限 σ_s/MPa	弯曲疲劳极限 σ_{-1}/MPa	剪切疲劳极限 τ_{-1}/MPa	许用弯曲应力 $[\sigma_{-1}]$/MPa	备　注
Q235A 热轧或锻后空冷	≤100		400～420	225	170	105	40	用于不重要及受力不大的轴
	>100～250		375～390	215				
35 正火	≤100	149～187	520	270	250	125	45	有好的塑性和适当的强度,用于一般轴
45 正火、回火	≤100	170～217	590	295	255	140	55	用于较重要的轴,应用最为广泛
	>100～300	162～217	570	285	245	135		
45 调质	≤200	217～255	640	355	275	155	60	
40Cr 调质	≤100	241～286	735	540	355	200	70	用于载荷较大且无很大冲击的重要轴
	>100～300		685	490	335	185		
40CrNi 调质	≤100	270～300	900	735	430	260	75	用于重要的轴,且低温性能好
	>100～300	240～270	785	570	370	210		
40MnB 调质	25	207	785	540	365	210	70	性能近于 40Cr,用于重要的轴
	≤200	241～286	735	490	330	190		
35CrMo 调质	≤100	207～269	735	540	345	195	70	性能近于 40CrNi,用于重载荷或齿轮轴
	>100～300		685	490	315	180		
20Cr 渗碳、淬火、回火	15	渗碳表面 56～62HRC	850	550	375	220	75	用于强度、韧性及耐磨性均较高的轴
	≤60		640	390	305	160	60	
20CrMnTi 渗碳、淬火、回火	15		1 100	850	525	300	90	

（续表）

材料及热处理	毛坯直径/mm	硬度/HB	抗拉强度极限 σ_b/MPa	屈服极限 σ_s/MPa	弯曲疲劳极限 σ_{-1}/MPa	剪切疲劳极限 τ_{-1}/MPa	许用弯曲应力 $[\sigma_{-1}]$/MPa	备 注
38CrMoAlA 调质	≤60	293～321	930	785	440	280	75	用于高耐磨性、高强度且热处理（氮化）变形很小的轴
	>60～100	277～302	835	685	410	270		
	>100～160	241～277	785	590	375	220		
QT600-3		190～270	600	370	215	185	40	用于制造外形复杂的轴
QT800-2		245～335	800	480	290	250	50	

注：1. 表中所列疲劳强度极限 σ_{-1} 值按下列经验公式计算：对于碳钢，$\sigma_{-1} \approx 0.43\sigma_b$；对于合金钢，$\sigma_{-1} \approx 0.2(\sigma_b + \sigma_s) + 100$ MPa；对于不锈钢，$\sigma_{-1} \approx 0.27(\sigma_b + \sigma_s)$，$\tau_{-1} \approx 0.156(\sigma_b + \sigma_s)$；对于球墨铸铁，$\sigma_{-1} \approx 0.36\sigma_b$，$\tau_{-1} \approx 0.31\sigma_b$。

2. 抗拉强度符号 σ_b 在《金属材料 室温拉伸试验方法》（GB/T 228—2002）中规定为 R_m。

选择轴的材料和热处理方法，主要根据轴的受力、转速、重要性等对轴的强度和耐磨性提出的要求。研究表明，钢材的种类和热处理措施对其弹性模量影响甚小，如欲采用合金钢代替碳素钢或通过热处理来提高轴的刚度，收效甚微。轴的刚度主要取决于轴的剖面尺寸，可用适当增加轴的截面面积来提高轴的刚度。此外，合金钢对应力集中敏感性较强，价格也较高。这些因素在选材时也应予以考虑。

12.2.3 轴的设计要求和步骤

轴的设计包括结构设计和工作能力计算两个方面的内容。合理的结构和足够的强度是轴的设计必须满足的基本要求。

轴的结构设计是指根据轴上零件的安装、定位及轴的制造工艺等方面的要求，合理地确定轴的结构形式和尺寸。如果轴的结构设计不合理，则会影响轴的加工和装配工艺，增加制造成本，甚至影响轴的强度和刚度。因此，轴的结构设计是轴的设计中的重要内容。

轴的工作能力计算包括轴的强度、刚度和振动稳定性等方面的计算。足够的强度是轴的承载能力的基本保证，轴的强度不足则会发生塑性变形或断裂失效，使其不能正常工作。对某些旋转精度要求较高的轴或受力较大的细长轴，如机床主轴、电机轴等，还需要保证足够的刚度，以防止工作时产生过大的弹性变形；对于一些高速旋转的轴，如高速磨床主轴、汽轮机主轴等，则要考虑振动稳定性问题，以防止共振的发生。

通常，轴的设计步骤如下：

（1）根据机械传动方案的整体布局，确定轴上零部件的布置形式和装拆方案。

（2）按工作要求，合理选择轴的材料和热处理方法。

（3）初步估算轴径。

（4）轴的结构设计。

（5）轴的强度校核计算。

（6）必要时，进行轴强度的精确校核计算。

（7）必要时，进行轴的刚度或振动稳定性的校核计算。

（8）绘制轴的零件工作图。

轴的设计过程中,还应注意轴的设计与轴上有关零件设计间的联系和影响,往往必须结合进行。

12.3　轴的结构设计

轴的结构设计主要是确定轴的合理外形和各轴段长度、直径及其他细小尺寸在内的全部结构尺寸。

轴的结构主要取决于以下因素:轴在机器中的安装位置及形式;轴的毛坯形式;轴上零件的布置及固定方式;轴上作用力的大小和分布情况;轴承类型及位置;轴的加工工艺与装配工艺;安装运输条件和制造经济性等要求。由于影响因素很多,且其结构形式又因具体情况的不同而异,所以轴没有标准的结构形式,设计时具有较大的灵活性和多样性。但是无论具体情况如何,轴的结构一般应满足以下几个方面的要求:① 轴和轴上零件要有准确的工作位置;② 轴上零件应便于装拆和调整;③ 轴应具有良好的制造工艺性;④ 轴的受力合理,有利于提高强度和刚度;⑤ 节省材料,减小质量;⑥ 形状及尺寸有利于减小应力集中;⑦ 要符合标准零部件及标准尺寸的规定。

在轴的结构设计时,一般已知装配简图、轴的转速、传递的功率及传动零件的类型和尺寸等。下面以单级减速器的主动轴为例,说明轴的结构设计中要解决的几个主要问题。

12.3.1　轴上零件的布置和装配

1) 轴上零件的布置

轴上零件布置得合理与否,直接关系到轴的外形、结构、尺寸及受力状况,并影响其强度甚至材料的选择,必须足够重视,详见 12.3.7 节。

2) 轴上零件的装配

拟定轴上零件的装配方案是进行轴结构设计的前提。装配方案是指轴上零件的装配方向、顺序和相互关系。轴上零件可从轴的左端、右端或从轴的两端依次装配。由于受轴上零件的布置、定位和固定方式及装配工艺等多种因素的影响,装配方案不止一种,应通过对比分析,择优选取。

图 12-4 所示的是单级减速器高速轴的结构,由于减速器为剖分式箱体,为了便于轴上零件的装拆,将轴制成阶梯轴形式,其直径自中间轴环向两端逐渐减小。具体装配顺序:从轴的左端依次装入平键 1→齿轮→套筒→左轴承→左端盖垫片→左端盖;从轴的右端依次装入右轴承→右端盖垫片→右端盖;最后从轴的左端装入平键 2→半联轴器→轴端挡圈。

12.3.2　轴的最小直径估算

转轴在工作中承受弯扭组合载荷的作用,在轴的结构设计前,其长度、跨距、支反力及其作用点的位置等因素都无法确定,也无法确定轴上弯矩的大小和分布情况,因此无法按弯扭组合强度来确定转轴上各轴段的直径。

为此,应先按扭转强度条件估算转轴上仅受转矩作用的轴段的直径——轴的最小直径 $d_{0\min}$,然后通过具体结构设计(如轴上装配的零件结构、轴的安装空间等)来确定各轴段的直径。由材料力学可知,轴的扭转强度条件为

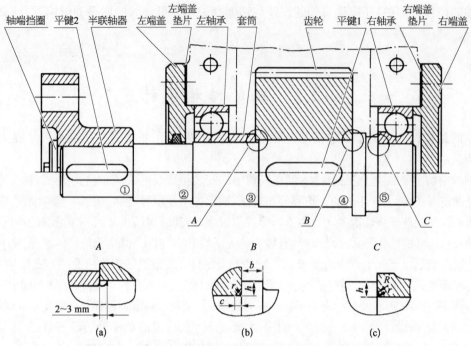

图 12-4　单级减速器高速轴轴上零件装配方案与轴的结构

$$\tau_{\mathrm{T}} = \frac{T}{W_{\mathrm{T}}} \approx \frac{9.55 \times 10^6 \dfrac{P}{n}}{0.2d^3} \leqslant [\tau_{\mathrm{T}}] \tag{12-1}$$

式中　τ_{T}——轴的扭转切应力(MPa)；

　　　　T——轴传递的转矩(N·mm)；

　　　　P——轴传递的功率(kW)；

　　　　n——轴的转速(r/min)；

　　　　W_{T}——轴的抗扭截面系数(mm³)；

　　　　$[\tau_{\mathrm{T}}]$——许用扭转切应力(MPa)。

实心圆轴 $W_{\mathrm{T}} = \pi d^3/16 \approx 0.2d^3$，由此可推算得到实心圆轴的最小直径 $d_{0\min}$(mm)为

$$d_{0\min} \geqslant \sqrt[3]{\frac{9.55 \times 10^6 P}{0.2[\tau_{\mathrm{T}}]n}} = C\sqrt[3]{\frac{P}{n}} \tag{12-2}$$

其中，$C = \sqrt[3]{9.55 \times 10^6/0.2[\tau_{\mathrm{T}}]}$，其为一个计算常数，取决于轴的材料和受载情况，可查表 12-3 选取。

表 12-3　轴常用材料的 $[\tau_{\mathrm{T}}]$ 及 C 值

参　　数	轴 的 材 料				
	Q235A、20	Q275、35	45	1Cr18Ni9Ti	40Cr、35SiMn、38SiMnMo
$[\tau_{\mathrm{T}}]$/MPa	15~25	20~35	25~45	15~25	35~55
C	149~126	135~112	126~103	148~125	112~97

当轴段上开有键槽时,应适当增大直径以考虑键槽对轴的强度的削弱。当 $d > 100$ mm 时,对于单键槽,增大 3%,对于双键槽,增大 7%;当 30 mm $\leqslant d \leqslant 100$ mm 时,对于单键槽,增大 5%,对于双键槽,增大 10%;当 $d < 30$ mm 时,对于单键槽,增大 7%,对于双键槽,增大 15%。最后,应对 d 进行圆整。

12.3.3　轴上零件的轴向定位与固定

为了保证轴和轴上零件具有准确而可靠的工作位置,防止轴上零件受力时发生沿轴向或周向的相对运动,轴上零件和轴本身都必须做到定位准确、固定可靠。

轴上零件的定位和固定是两个概念。定位是针对安装而言的,以保证零件准确的安装位置;固定是针对工作而言的,目的是使零件在运转过程中保持定位不变。但两者又有联系,作为结构措施,往往既起固定作用又起定位作用。

常用的轴向定位与固定方法有两类:一是利用轴本身的组成部分,如轴肩、轴环、圆锥面等;另一类是采用附件,如套筒、锁紧挡圈、圆螺母和止动垫圈、轴端挡圈及挡板、弹性挡圈、紧定螺钉等。其结构、特点、应用及设计注意要点见表 12 - 4。

表 12 - 4　轴上零件的轴向定位与固定

轴向定位和固定方法		特 点 与 应 用	设 计 要 点
轴肩		结构简单,定位可靠,能承受较大轴向力。广泛应用于各种轴上零件的定位。该方法会使轴径增大,阶梯处形成应力集中,且阶梯过多不利于加工	为保证零件与定位面靠紧,轴上过渡圆角半径 r 应小于零件圆角半径 R(图 12 - 4b)或倒角 c(图 12 - 4c),即 $r < c < h$,一般取定位高度 $h = (0.07 \sim 0.1)d$ 或 $h = (2 \sim 3)c$
轴环		结构简单,定位可靠,能承受较大轴向力。广泛应用于各种轴上零件的定位。该方法会使轴径增大,阶梯处形成应力集中,且阶梯过多不利于加工	轴环的特点和尺寸参数与轴肩相同,定位高度同轴肩,一般取轴环宽度 $b = 1.4h$
套筒		结构简单,定位可靠,简化了轴的结构且不削弱轴的强度。常用于轴上两个近距离零件间的相对固定,但不宜用于高速轴	套筒内径与轴的配合较松,套筒结构、尺寸可视需要灵活设计

（续表）

轴向定位和固定方法	特点与应用	设计要点
圆锥面	装拆方便，能消除轴与轮毂间的径向间隙，可兼为周向固定。适用于冲击载荷和对中性要求较高的场合，常用于轴端零件的固定	常与轴端挡圈联合使用，实现零件的双向固定
轴端挡面	工作可靠，结构简单，能承受较大轴力，应用广泛，一般只用于固定轴端零件	应采用止动垫片、防转螺钉等防松措施
圆螺母	固定可靠，装拆方便，可承受较大轴向力，能实现轴上零件间隙调整。常用于轴上两个零件间距较大处及轴端零件	为了减小对轴的强度的削弱及提高锁紧效果，采用细牙螺纹为了防松，必须加止动垫圈或使用双螺母
锁紧挡圈	结构简单，装拆方便，但不能承受大的轴向力。不适合于高速场合	锁紧挡圈的结构尺寸见《螺钉锁紧挡圈》（GB/T 884—1986）
弹性挡圈	结构紧凑、简单，装拆方便，但承载能力较小，而且轴上切槽将引起应力集中。常用于轴承的固定	轴上切槽尺寸见《轴用弹性挡圈》（GB/T 894—2017）
紧定螺钉	结构简单，可兼为周向固定，并可用钢丝圈防松，用于受力小的零件，不适合于高速场合	紧定螺钉用孔的结构尺寸见《开槽锥端紧定螺钉》（GB/T 71—2018）

12.3.4 轴上零件的周向固定

为了传递运动和转矩,轴上零件与轴必须有可靠的周向固定。在图 12 - 4 中,轴上齿轮用平键 1 作为周向固定;联轴器用平键 2 作为周向固定;滚动轴承内圈靠它与轴之间的过盈配合来实现周向固定。如图 12 - 5 所示,轴上零件常用的周向固定方法有键连接、花键连接、过盈连接、销连接、型面连接、胀紧连接、紧定螺钉连接等。但应注意紧定螺钉用于周向固定时,只能用在传力不大的结构上。

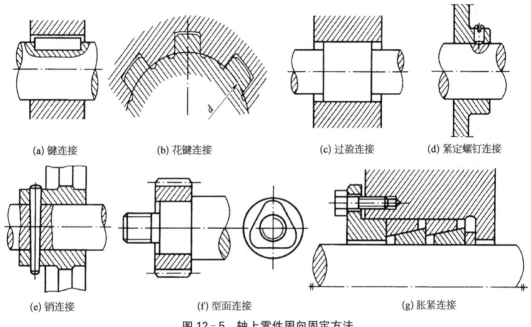

| (a) 键连接 | (b) 花键连接 | (c) 过盈连接 | (d) 紧定螺钉连接 |

| (e) 销连接 | (f) 型面连接 | (g) 胀紧连接 |

图 12 - 5　轴上零件周向固定方法

12.3.5 各轴段直径和长度的确定

1) 各轴段直径的确定

阶梯轴各轴段直径的变化应遵循下列原则:

(1) 配合性质不同的表面(包括配合表面与非配合表面),直径应有所不同。

(2) 对于加工精度、粗糙度不同的表面,一般直径也应有所不同。

(3) 应便于轴上零件的装拆。通常,从初步估算的轴端最小直径 d_{0min} 开始,考虑轴上配合零部件的标准尺寸、结构特点及定位、固定、装拆、受力情况等对轴结构的要求,依次确定各轴段(包括轴肩、轴环等)的直径。

具体设计时还应注意以下几个方面的问题:

(1) 与轴承配合的轴颈,其直径必须符合滚动轴承内径的标准系列。

(2) 轴上螺纹部分必须符合螺纹标准。

(3) 轴肩(或轴环)定位是轴上零部件最方便可靠的定位方法。轴肩分定位轴肩(图 12 - 4 中的轴肩①、④、⑤)和非定位轴肩(图 12 - 4 中的轴肩②、③)两类。定位轴肩通常用于轴向力较大的场合,其高度(图 12 - 4b)见表 12 - 4,并应满足 $h \geqslant h_{min}$,h_{min} 见表 12 - 5。

滚动轴定位轴肩(图 12-4 中轴肩⑤)的高度必须低于轴承内圈端面的高度(图 12-4c),以便拆卸轴承,具体尺寸可查轴承标准或手册。非定位轴肩是为加工和装配方便而设置的,其高度没有严格的规定,一般取 1～2 mm。为了确保定位可靠,定位轴肩处的过渡圆角半径 r 应小于零件圆角半径 R(图 12-4c)或倒角 c(图 12-4b),满足 $r < c < h$、$r < R < h$ 的要求。

表 12-5　定位轴肩或轴环的最小高度 h_{min}、圆角半径 r、
零件孔端圆角半径 R 和倒角 c　　　　　　　单位:mm

直径 d	h_{min}	r	R 或 c
>10～18	2	0.8	1.6
>18～30	2.5	1.0	2.0
>30～50	3.5	1.6	3.0
>50～80	4.5	2.0	4.0
>80～100	5.5	2.5	5.0

(4) 与轴上传动零件配合的轴头直径应尽可能圆整成标准直径尺寸系列(表 12-6)或以 0、2、5、8 结尾的尺寸。

表 12-6　标准直径尺寸系列　　　　　　　单位:mm

10	12	14	16	18	20	22	24	25	26	28
30	32	34	36	38	40	42	45	48	50	53
56	60	63	67	71	75	80	85	90	95	100

(5) 非配合的轴身直径可不取标准值,但一般应取成整数。

2) 各轴段的长度

各轴段的长度决定于轴上零件的宽度和零件固定的可靠性,设计时应注意以下几点:

(1) 轴颈的长度通常与轴承的宽度相同,滚动轴承的宽度可查相关手册。

(2) 轴头的长度取决于与其相配合的传动零件轮毂的宽度,若该零件需要轴向固定,则应使轴头长度较零件轮毂宽度小 2～3 mm(图 12-4a),以便将零件沿轴向夹紧,保证其固定的可靠性。

(3) 各轴段轴向长度的确定还应考虑轴上各零件之间的相互位置关系和装拆工艺要求,各零件间的间距可参考机械设计手册。

(4) 轴环宽度一般取 $b = (0.1 \sim 0.15)d$ 或 $b = 1.4h$(图 12-4b),并圆整为整数。

12.3.6　轴的结构工艺性

轴的结构工艺性是指轴的结构应便于加工、装配、拆卸、测量和维修等,并且生产率高、成本低。一般来说,轴的结构越简单,工艺性越好,所以在满足使用要求的前提下,轴的结构应尽可能简化。设计时应注意以下几方面问题:

(1) 轴的直径变化应尽可能少,应尽量限制轴的最大直径及各轴段间的直径差,这样既

能简化结构、节省材料、又可减小切削量。

（2）各轴段的轴端应制成 45°的倒角(尺寸尽可能相同)。需要切制螺纹的轴段应留有螺纹退刀槽(图 12‐6a);需要磨削加工的轴段应留有砂轮越程槽(图 12‐6b),结构中的倒角 c、螺纹退刀槽和砂轮越程槽的具体尺寸可参看标准和手册。

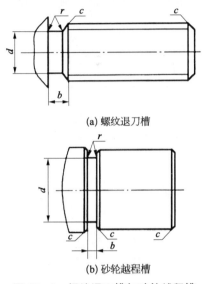

(a) 螺纹退刀槽

(b) 砂轮越程槽

图 12‐6　螺纹退刀槽与砂轮越程槽

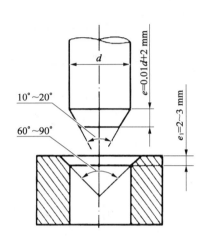

图 12‐7　过盈配合导锥结构

（3）与传动零件过盈配合的轴段可设置 10°～20°的导锥,如图 12‐7 所示。

（4）为了便于拆卸轴承,其定位轴肩应低于轴承内圈高度(图 12‐4c)。如果轴肩高度无法降低,则应在轴上开槽,以便于放入顶拔器的钩头,能够钩住轴承内圈,使轴承可拆卸。

（5）不同轴段上的键槽应布置在轴的同一条母线上(图 12‐8),以避免键槽加工时多次装夹带来定位误差和加工误差。

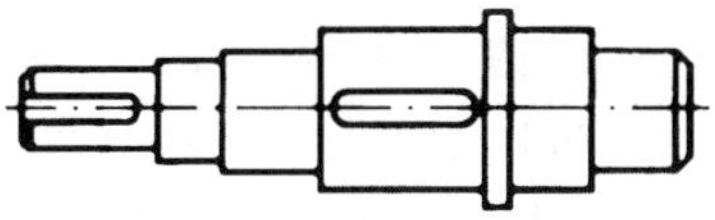

（6）轴的两端常设有中心孔,以保证成品轴各轴段的同轴度和尺寸精度。中心孔分不带护锥的 A 型中心孔、带护

图 12‐8　键槽布置图

锥的 B 型中心孔及带螺纹的 C 型中心孔三类,具体结构尺寸可参看相关标准和手册。

（7）为了减小应力集中,常在轴的截面尺寸变化处采用过渡圆角(半径 r),但要注意与轴上零件孔端圆角(半径 R)或倒角(c)间的协调(见表 12‐4 中轴肩与轴环),r、R、c 的具体尺寸可查表 12‐5。此外,为了减少加工刀具的种类和提高生产率,轴上直径相近之处的圆角、倒角、键槽宽度、砂轮越程槽和螺纹退刀槽宽度等,应尽可能采用相同的尺寸。

12.3.7　提高轴的强度和刚度的措施

提高轴的强度和刚度,其目的主要是提高轴抵抗塑性变形、弹性变形及破坏断裂的能力。工程上可用的办法是：① 改用高强度钢,提高轴的强度;② 增大轴的直径,提高轴的强度和刚度。但增大轴的直径使零件尺寸增大及质量增加,导致整个设备质量增加。而轴和轴上零件的结构设计、工艺措施及轴上零件的安装布置等对轴的强度有很大的影响,因此应在这些方面综合加以考虑,采取相应的技术措施,以提高轴的整体承载能力,减小轴的尺寸和质量,降低制造成本。为此,一般的做法有如下几种。

1) 合理设计和布置轴上零件,减小最大载荷

合理设计和布置轴上零件,能减小轴上最大载荷。例如,图 12-9a 中卷筒的轮毂很长,轴上最大弯矩较大。若将卷筒的轮毂设计成两段(图 12-9b),不仅可以减小轴的最大弯矩,而且还能得到良好的轴孔配合。又如图 12-10 中的输入轮 1 设置在轴的一端,轴上最大扭矩为 T_1。

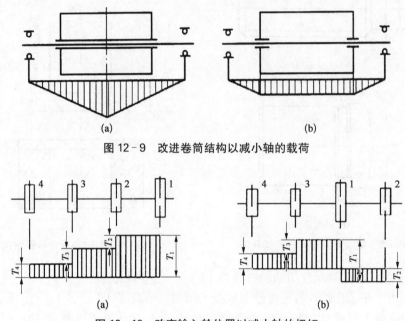

图 12-9 改进卷筒结构以减小轴的载荷

图 12-10 改变输入轮位置以减小轴的扭矩

2) 改进轴的结构,减小应力集中

轴上截面尺寸、形状的突变处会产生应力集中。当轴受变应力作用时,该截面处易发生疲劳破坏。为了提高轴的疲劳强度,应尽量减少应力集中源和减小应力集中的程度。为此,可采取如下措施:

(1) 采用较大的过渡圆角,尽量避免截面尺寸和形状的突变。对于定位轴肩,必须保证轴上零件定位的可靠性,这使得过渡圆角半径受到限制。为了增大过渡圆角半径,可采用内凹圆角(图 12-11a)或加装隔离环(图 12-11b)。

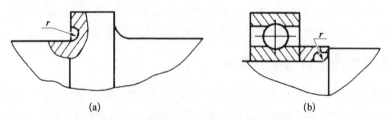

图 12-11 过渡圆角半径 r 受限制时的结构处理

(2) 过盈配合的轴段在两侧会产生较大的应力集中(图 12-12a),采用以下措施可减小应力集中的程度。在配合零件的轮毂上开减载槽(图 12-12b),可使应力集中系数减小

15%～25%;在轴上开减载槽(图 12 - 12c),可使 $k_σ$ 大约减小 40%;增大配合处轴段直径(图 12 - 12d),可使 $k_σ$ 减小 30%～40%。应该注意的是,配合的过盈量越大,引起的应力集中就越严重,因此设计中应合理选择轮毂与轴的配合。

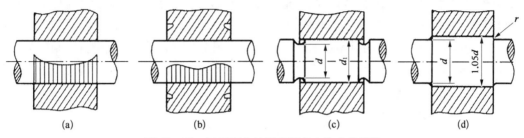

图 12 - 12　过盈配合轴端降低应力集中的措施

(3) 轴上尽量少开小孔、切口或凹槽,应尽可能避免在轴上受力较大的区段切制螺纹。

3) 采用力平衡或局部相互抵消的办法,减小轴的载荷

例如,同一根轴上的两个斜齿轮或蜗杆、蜗轮,只要正确设计轮齿的螺旋方向,就能使轴向力相互抵消一部分(参见斜齿轮传动和蜗杆蜗轮传动的受力分析部分)。

对于单独一对斜齿轮传动,必要时可采用人字齿轮传动代替,使轴向力内部抵消。又如行星齿轮减速器,可对称布置行星轮,使太阳轮轴只受转矩不受弯矩。

4) 改变支点位置,提高轴的强度和刚度

锥齿轮传动中,通常采用小齿轮悬臂布置(图 12 - 13a)。若改为简支结构(图 12 - 13b),则不仅可提高轴的强度和刚度,还可以改善锥齿轮的啮合状况。此外,对于一对角接触向心轴承支承的轴,当零件简支布置时采用轴承"正装"结构(图 12 - 13b),可缩短支承跨度;当零件悬臂布置时采用轴承"反装"结构,可减小悬臂长度(图 12 - 13a)。这些都有利于提高轴的强度和刚度。

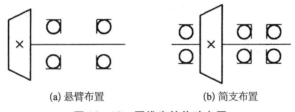

(a)悬臂布置　　　　　　(b)简支布置

图 12 - 13　圆锥齿轮传动布置

5) 改善表面质量,提高轴的疲劳强度

轴的表面越粗糙,其疲劳强度越低,因此应合理减小轴的表面及圆角处的加工粗糙度值。当轴为高强度材料时,更应引起重视。

对配合轴段进行表面强化处理,可有效提高轴的抗疲劳能力。表面强化处理的方法有表面高频淬火、表面渗碳、氮化、氰化及碾压、喷丸处理等。如通过碾压、喷丸处理,可使轴的表层产生预压应力,从而提高轴的抗疲劳能力。

6) 采用空心轴,提高轴的刚度

采用空心轴对提高轴的刚度、减小轴的质量具有显著作用。由计算可知,内外径之比为 0.6 的空心轴与质量相同的实心轴相比,抗弯截面系数可增大 70%,截面抗弯刚度可增

大 112%。

以上讨论说明,轴上零件的装配方法对轴的结构形式起着决定性的作用。因此,在一般情况下,在轴的结构设计上应当初步拟订多种结构方案后再进行相应的对比,以确定合理的装配方案,这是轴的设计中必须进行的一步。现以图 12-14 圆锥-圆柱齿轮减速器中输出轴的两种装配方案(图 12-15)为例进行比较。图 12-15b 中的轴向定位套筒长度较长,因而质量较大,这在轴的结构上是明显不足的;而相比之下,图 12-15a 所示的装配方案则较为合理可行。

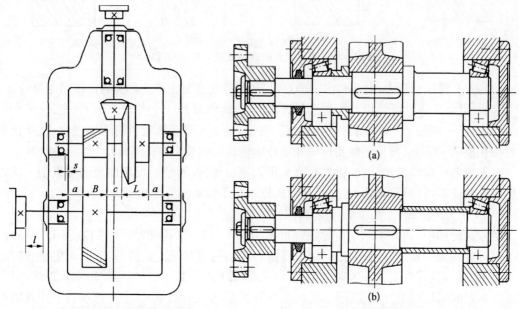

图 12-14　圆锥-圆柱齿轮减速器简图　　图 12-15　输出轴的两种结构方案比较

例 12-1　某化工设备中的输送装置运转平稳,工作转矩变化很小,以圆锥-圆柱齿轮减速器作为减速装置,其简图如图 12-14 所示。试对该减速器的输出轴进行结构设计。已知输入轴与电动机、输出轴与工作机均通过弹性柱销联轴器连接;输出轴旋转方向从左向右看为顺时针,单向旋转;电动机型号为 Y160M-6;两级齿轮传动均为 8 级精度,其参数见表 12-7。

表 12-7　两级齿轮的参数

级　别	Z_1	Z_2	m_n/mm	m_t/mm	β	α	h_a^*	齿　宽
高速级	22	77		3.5		20°	1	大锥齿轮轮毂长 $L=40$ mm
低速级	23	95	4		$8°6'34''$			$B_1=85$ mm $B_2=80$ mm

解:综合该轴的工作负荷、运转状况和工作环境条件,其材料选用 45 钢,进行调质处理。为了便于清晰地表示出整个轴的设计步骤和计算引用的数据、资料,在此将整个设计过程用列表方式来表示(表 12-8)。

表 12-8　圆锥-圆柱齿轮减速器输出轴的结构设计

设 计 项 目	设 计 依 据 及 内 容	设 计 结 果
(1) 确定输出轴运动和动力参数 ① 确定电动机额定功率 P 和满载转速 n	由 Y160M-6,查标准《Y 系列(IP44)三相异步电动机技术条件(机座号 90~355)》(JB/T 10391—2008)	$P = 7.5\ \text{kW}$ $n = 970\ \text{r/min}$
② 确定相关零件传动效率 弹性柱销联轴器效率 η_1 锥齿轮啮合效率 η_2 圆柱齿轮啮合效率 η_3 一对滚动轴承副的效率 η_4	 8 级精度 8 级精度 3 根轴均同时承受径向力和轴向力,转速不高,可以全部采用圆锥滚子轴承	$\eta_1 = 0.995$ $\eta_2 = 0.96$ $\eta_3 = 0.97$ $\eta_4 = 0.98$
③ 输出轴的输入功率 P_3 ④ 输出轴的转速 n_3 ⑤ 输出轴 Ⅰ~Ⅲ 轴段上转矩 T_3	$P_3 = P\eta = 7.5 \times 0.89\,(\text{kW})$ $n_3 = n/i = 970 \times 22 \times 23/(77 \times 95)\,(\text{r/min})$ $T_3 = 9.55 \times 10^6 P_3 \eta_4 / \eta_3$ $\quad = 9.55 \times 10^6 \times 6.68 \times 0.98/67.10\,(\text{N·mm})$	$P_3 = 6.68\ \text{kW}$ $n_3 = 67.10\ \text{r/min}$ $T_3 = 932\,000\ \text{N·mm}$
(2) 轴的结构设计 ① 确定轴上零件的装配方案	根据前述输出轴结构分析,选择图 12-15a 为装配结构图。为了方便表述,记轴的左端面为 Ⅰ (图 12-16),并从左向右每个截面变化处依次标记为 Ⅱ、Ⅲ、…,对应每轴段的直径和长度则分别记为 d_{12}、d_{23}、…和 L_{12}、L_{23}、…	选择图 12-15a 所示的方案
② 确定轴的最小直径 $d_{0\min}$ a. 估算轴的最小直径	Ⅰ~Ⅱ 轴段仅受转矩作用,故直径最小 45 钢调质处理,查表 12-3 确定轴的 C 值, $d_{0\min} = C\sqrt[3]{\dfrac{P}{n}} = 112 \times \sqrt[3]{\dfrac{6.68 \times 0.98}{67.10}} = 51.56,$ 单键槽轴径应增大 5%~7%,即增大至 54.14~55.17 mm	取 $C = 112$ 圆整后取 $d_{0\min} = 55\ \text{mm}$
b. 选择输出轴联轴器型号 联轴器的计算转矩 T_{ca}	查表 9-1,确定工作情况系数 K_A $T_{ca} = K_A T_3 = 1.3 \times 932\,000\,(\text{N·mm})$	取 $K_A = 1.3$ $T_{ca} = 1\,212\,000\ \text{N·mm}$
输出轴所用联轴器型号选择	$T_{ca} < [T] = 2\,500\,000\ \text{N·mm},\ n_{ca} < [n] = 3\,870\ \text{r/min}$,查标准《弹性柱销联轴器》(GB/T 5014—2017)	选用 LX4 型弹性柱销联轴器
半联轴器长度 L 与轴配合的毂孔长度 L_1 半联轴器的孔径 d_2 c. 确定轴的最小直径 $d_{\min}$ (Ⅰ~Ⅱ 段轴直径)	 应满足 $d_{\min} = d_{12} = d_2 \geqslant d_{0\min}$	取 $L = 112\ \text{mm}$ 取 $L_1 = 84\ \text{mm}$ 取 $d_2 = 55\ \text{mm}$ 取 $d_{\min} = 55\ \text{mm}$
③ 确定各轴段的尺寸 Ⅰ~Ⅱ 段轴头的长度 L_{12}	为了保证半联轴器轴向定位的可靠性,L_{12} 应略小于 L_1	取 $L_{12} = 82\ \text{mm}$
Ⅱ~Ⅲ 段轴身的直径 d_{23}	Ⅱ 处轴肩高 $h = (0.07 \sim 0.1)d = 3.85 \sim 5.5\ \text{mm}$,但由于该轴肩几乎不承受轴向力,故取 $h = 3.5\ \text{mm}$,则 $d_{23} = d_{12} + 2h = 55 + 2 \times 3.5\,(\text{mm})$	取 $d_{23} = 62\ \text{mm}$
确定 d_{34}、d_{78},选择滚动轴承型号	取 $d_{34} = d_{78} = 65\ \text{mm} > d_{23}$,查轴承样本,选用型号为 30313 的单列圆锥滚子轴承,其内径 $d = 65\ \text{mm}$,外径 $D = 140\ \text{mm}$,宽度 $B = 36\ \text{mm}$	取 $d_{34} = d_{78} = 65\ \text{mm}$ 选 30313 单列圆锥滚子轴承

（续表）

设 计 项 目	设 计 依 据 及 内 容	设 计 结 果
Ⅳ～Ⅴ段轴头的直径 d_{45}	为了方便安装，d_{45} 应略大于 d_{34}	取 $d_{45} = 70$ mm
Ⅳ～Ⅴ段轴头的长度 L_{45}	为了使套筒端面可靠地压紧齿轮，L_{45} 应略小于齿轮轮毂的宽度 $B_2 = 80$ mm	取 $L_{45} = 76$ mm
Ⅴ～Ⅵ段轴环的直径 d_{56}	齿轮的定位轴肩高度 $h = (0.07 \sim 0.1)d = 4.9 \sim 7$ mm，$h = 6$ mm	$d_{56} = 82$ mm
Ⅴ～Ⅵ段轴环的宽度 L_{56}	参见表 12-4，轴环宽度 $b = 1.4h = 8.4$ mm	取 $L_{56} = 12$ mm
Ⅵ～Ⅶ段轴身的直径 d_{67}	查轴承样本，轴承定位轴肩的高度 $d_{67} = 6$ mm	取 $d_{67} = 77$ mm
Ⅶ～Ⅷ段轴颈长度 L_{78}	$L_{78} = B = 36$ mm	取 $L_{78} = 36$ mm
Ⅱ～Ⅲ段轴身的长度 L_{23}	参见图 12-14 及图 12-15a，轴承端盖的总厚度（由结构设计确定）为 20 mm。为了便于轴承端盖的拆卸及对轴承添加润滑剂，取端盖外端面与半联轴器右端面间的距离 $Z = 30$ mm，$L_{23} = l + 20$ mm	取 $L_{23} = 50$ mm
Ⅲ～Ⅳ轴段的长度 L_{34}	参见图 12-14，$a = 16$ mm，$s = 8$ mm，则有 $L_{34} = B + s + a + (B_2 - l_{45}) = 36 + 8 + 16 + (80 - 76)$ (mm)	取 $L_{34} = 64$ mm
Ⅵ～Ⅶ轴段的长度 L_{67}	参见图 12-14，$c = 20$ mm，则 $L_{67} = L + c + a + s - L_{56} = 50 + 20 + 16 + 8 - 12$ (mm)	取 $L_{67} = 82$ mm
④ 轴上零件的周向固定	齿轮、半联轴器与轴的周向固定均采用平键连接；轴承与轴的周向固定均采用过渡配合	
齿轮处的平键选择	选 A 型普通平键，查设计手册，平键截面尺寸 $b \times h = 20$ mm $\times 12$ mm，键长 63 mm	键 20×63（GB/T 1095—2003）
齿轮轮毂与轴的配合	为了保证对中良好，采用较紧的过渡配合	配合为 H7/n6
半联轴器处的平键选择	选 A 型普通平键	键 16×70（GB/T 1095—2003）
半联轴器与轴的配合	采用过渡配合	配合为 H7/k6
滚动轴承与轴颈的配合	采用较紧的过盈配合	轴颈尺寸公差取 m6
⑤ 确定倒角和圆角的尺寸		
轴两端的倒角	根据轴径查手册	取倒角为 2×45°
各轴肩处圆角半径	考虑应力集中的影响，由轴段直径查手册	如图 12-16 所示
⑥ 绘制轴的结构装配草图		如图 12-16 所示

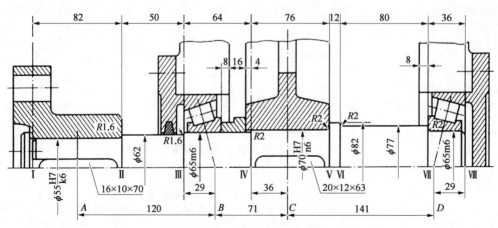

图 12-16　轴的结构与装配图

12.4　轴的强度计算

　　轴的强度计算主要有三种方法：许用切应力计算、许用弯曲应力计算和安全系数校核计算。许用切应力计算即扭转强度计算，主要用于传动轴的强度计算和初步估算轴的最小直径，计算公式见式(12-1)和式(12-2)。

　　当轴上同时承受很小弯矩时，可通过减小许用扭转切应力的方法来考虑弯矩的影响。许用弯曲应力计算包括弯曲强度计算和弯扭合成强度计算，前者适用于只受弯矩的心轴的强度计算，后者适用于既受弯矩又受扭矩的转轴的强度计算。心轴也可看成是转轴在扭转切应力为零时的一种特例。安全系数校核计算包括轴的疲劳强度安全系数校核计算和静强度安全系数校核计算。

　　下面分别介绍转轴的弯扭合成强度计算方法和安全系数校核计算方法。

12.4.1　轴的受力分析及计算简图

　　由材料力学知，为了便于计算，通常把轴简化为简支梁、外伸梁或悬臂梁三种力学模型中的一种，且不计轴和轴上零件的质量。

　　轴所受的载荷一般是分布载荷，计算时则常将其简化为集中载荷，并取载荷分布段的中点作为力的作用点。根据轴上受载零件具体的类型和特点，按照相应的方法求出作用在轴上的载荷的大小和方向(若为空间力系，则应分解为圆周力、径向力和轴向力)。作用在轴上的扭矩，一般从传动零件轮毂宽度的中点算起。

　　轴由轴承支承，其支点可简化为铰链约束。对于不同类型的轴承及其不同的布置方式，其支反力作用点的位置可参考图 12-17 确定。图 12-17 中，a 值可查滚动轴承样本或设计手册。e 值可根据滑动轴承的宽径比确定：当 $B/b \leqslant 1$ 时，$e=0.53$；当 $B/b > 1$ 时，$e=0.5d$，但不小于$(0.25 \sim 0.35)B$；对于调心轴承，$e=0.5B$。

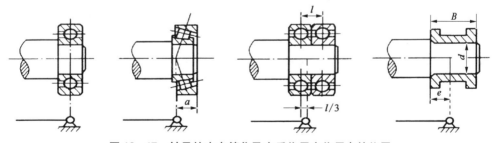

图 12-17　轴承的支点简化及支反作用力作用点的位置

　　当轴上载荷为空间力系时，常将各支承处的支反力用水平支反力 F_{NH} 和垂直支反力 F_{NV} 表示，如图 12-18a 所示。由轴的平衡条件，可确定各支反力的大小。轴向反力可以表示在适当的面上，图 12-18b 中将轴向反力表示在垂直面上，用 F_{NV1}' 表示。

12.4.2　轴的内力分析

　　下面以图 12-18 为例，进一步说明轴的强度计算方法和步骤。

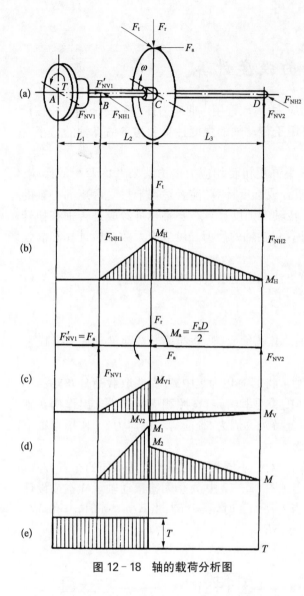

图 12-18　轴的载荷分析图

1）作弯矩图

分别按水平面和垂直面计算轴的弯矩，并绘制水平面弯矩 M_H 图（图 12-18b）和垂直面弯矩 M_V 图（图 12-18c）。由水平面弯矩和垂直面弯矩得合成弯矩为

$$M = \sqrt{M_H^2 + M_V^2} \qquad (12-3)$$

合成弯矩 M 图如图 12-18d 所示。

2）作扭矩图

扭矩图如图 12-18e 所示。

3）求计算弯矩

$$M_{ca} = \sqrt{M^2 + (\alpha T)^2} \qquad (12-4)$$

式中　α ——折算系数，用以考虑扭转切应力 τ 与弯曲正应力 σ 循环特性不同的影响。

根据轴的工作特点，一般弯曲正应力 σ 是对称循环变应力，当扭转切应力 τ 也是对称循环变应力时（如频繁正反转的轴），取 $\alpha = 1$；当 τ 为脉动循环变应力时，取 $\alpha = 0.6$；当 τ 为静应力时，本应取 $\alpha = 0.3$，但考虑启动、停机等的影响，τ 仍可被视为脉动循环变应力，故取 $\alpha \approx 0.6$。

12.4.3　轴的弯扭合成强度计算

根据轴的弯矩图、扭矩图和轴的结构尺寸，确定 1～2 个危险截面（弯矩和扭矩均较大的截面或截面尺寸相对较小的截面）进行弯扭合成强度的校核计算，应满足强度条件为

$$\sigma_{ca} = \frac{M_{ca}}{W} = \frac{\sqrt{M^2 + (\alpha T)^2}}{W} \leqslant [\sigma_{-1}] \qquad (12-5)$$

式中　σ_{ca} ——轴的弯扭合成计算应力（MPa）；

W ——危险截面的抗弯截面系数（mm^3），计算公式见表 12-9；

$[\sigma_{-1}]$ ——对称循环时轴的许用弯曲应力，其值按轴的材料查表 12-10。

令 $T = 0$，式（12-4）即可应用于心轴的强度校核。对于固定心轴，应用脉动循环时轴的许用弯曲应力 $[\sigma_0]$ 代入，$[\sigma_0]$ 按轴的材料查表 12-10 确定。对于实心圆轴，将 $W \approx 0.1d^3$ 代入式（12-5），可求得其设计公式为

$$d \geqslant \sqrt[3]{\frac{M_{ca}}{0.1[\sigma_{-1}]}} \qquad (12-6)$$

表 12 - 9 抗弯、抗扭截面系数计算公式

截 面 形 状	W	W_T
	$\dfrac{\pi d^3}{32} \approx 0.1d^3$	$\dfrac{\pi d^3}{16} \approx 0.2d^3$
	$\dfrac{\pi d^3}{32}(1-\beta^4) = 0.1d^3(1-\beta^4)$ $\beta = \dfrac{d_1}{d}$	$\dfrac{\pi d^3}{16}(1-\beta^4) = 0.2d^3(1-\beta^4)$ $\beta = \dfrac{d_1}{d}$
	$\dfrac{\pi d^3}{32} - \dfrac{bt(d-t)^2}{2d}$	$\dfrac{\pi d^3}{16} - \dfrac{bt(d-t)^2}{2d}$
	$\dfrac{\pi d^3}{32} - \dfrac{bt(d-t)^2}{d}$	$\dfrac{\pi d^3}{32} - \dfrac{bt(d-t)^2}{d}$
	$\dfrac{\pi d^3}{32}\left(1-1.54\dfrac{d_0}{d}\right)$	$\dfrac{\pi d^3}{16}\left(1-1.54\dfrac{d_0}{d}\right)$
	$\dfrac{\pi D^4 + (D-d)(D-d)^2 zb}{32D}$ z 为花键齿数	$\dfrac{\pi D^4 + (D-d)(D-d)^2 zb}{16D}$ z 为花键齿数

注：进行近似计算时，单、双键槽一般可以忽略差别，花键轴截面可以视为直径等于平均直径的圆截面。

表 12 - 10 轴的许用弯曲应力 单位：MPa

材 质	σ_b	$[\sigma_{+1}]$	$[\sigma_0]$	$[\sigma_{-1}]$
碳素钢	400	130	70	40
	500	170	75	45
	600	200	95	55
	700	230	110	65
合金钢	800	270	130	75
	1 000	330	150	90
铸钢	400	100	50	30
	500	120	70	40

12.4.4 轴的安全系数校核计算

1) 轴的疲劳强度安全系数校核计算

疲劳强度安全系数校核计算就是确定变应力作用下轴的安全程度。通常在轴的弯扭合成强度校核满足要求后,对于重要的轴,需要确定一个或几个危险截面,进行疲劳强度安全系数校核计算。计算的一般步骤:首先,根据轴的结构、尺寸及载荷特征,分别求得各危险截面处的最大、最小弯曲正应力和扭转切应力,以及这两种循环应力的平均应力 σ_m 及 τ_m 和应力幅 σ_a 及 τ_a;然后,综合考虑轴的表面状态、应力集中、绝对尺寸等的影响,分别计算仅有弯曲正应力时的安全系数 S_σ 和仅有扭转切应力时的安全系数 S_τ;最后,校核弯扭联合作用下轴的疲劳强度安全系数 S_{ca}。有公式为

$$\left.\begin{aligned} S_\sigma &= \frac{\sigma_{-1}}{K_\sigma \sigma_a + \Psi_\sigma \sigma_m} \\ S_\tau &= \frac{\tau_{-1}}{K_\tau \tau_a + \Psi_\tau \tau_m} \end{aligned}\right\} \tag{12-7}$$

$$S_{ca} = \frac{S_\sigma S_\tau}{\sqrt{S_\sigma^2 + S_\tau^2}} \geqslant [S] \tag{12-8}$$

式中　S_{ca}——计算安全系数;

　　$[S]$——设计许用安全系数;

σ_{-1}、τ_{-1}——材料在对称循环弯变应力下的弯曲和扭转疲劳强度(MPa);

Ψ_σ、Ψ_τ——试件受循环弯曲应力和切应力时的材料系数,取值见第 2 章式(2-11)或表 2-3;

K_σ、K_τ——弯曲和扭转疲劳极限的综合影响系数,$K_\sigma = k_\sigma/(\varepsilon_\sigma \beta)$,$K_\tau = k_\tau/(\varepsilon_\tau \beta)$,零件的有效应力集中系数 K_σ 和 K_τ、绝对尺寸系数 ε_σ 和 ε_τ、表面质量系数 β 的确定方法见第 2 章有关图表。

$[S]$可按下述情况选取:① 材料均匀,载荷与应力计算精确时,$[S]=1.3\sim1.5$;② 材料不够均匀,计算精度较低时,$[S]=1.5\sim1.8$;③ 材料均匀性及计算精度都很低,或轴的直径 $d > 200\ \text{mm}$ 时,$[S]=1.8\sim2.5$。对于破坏后会引起重大事故乃至人身伤亡的重要的轴,应适当增大$[S]$值。

2) 轴的静强度安全系数校核计算

静强度校核计算是为了保证轴具有足够的抵抗塑性变形的能力。当轴上瞬时过载严重或应力循环的不对称性较为严重时,轴在瞬时峰尖载荷作用下易产生过度塑性变形,影响轴的正常工作。这种情况下,应根据轴上作用的最大瞬时峰尖载荷进行轴的静强度校核,公式为

$$S_{S_{ca}} = \frac{S_{S_\sigma} S_{S_\tau}}{\sqrt{S_{S_\sigma}^2 + S_{S_\tau}^2}} \geqslant [S_S] \tag{12-9}$$

式中　$S_{S_{ca}}$——危险截面静强度的计算安全系数;

　　$[S_S]$——以屈服极限作为极限应力时的许用安全系数,见表 12-11;

$S_{S\sigma}$——仅考虑弯矩和轴向力时的计算安全系数,由式(12-10)确定;$S_{S\tau}$ 为仅考虑扭矩时的计算安全系数,由式(12-11)确定。

$$S_{S\sigma} = \frac{\sigma_s}{(M_{max}/W) + (F_{max}/A)} \tag{12-10}$$

$$S_{S\tau} = \frac{\tau_s}{T_{max}/W_T} \tag{12-11}$$

式中　σ_s、τ_s——该轴材料的抗弯和抗扭屈服极限(MPa),$\tau_s = (0.55 \sim 0.62)\sigma_s$;

M_{max}、T_{max}——轴的危险截面上所受的最大弯矩和最大扭矩(N·mm);

F_{amax}——轴的危险截面上所受的最大轴向力(N);

A——轴的危险截面的面积(mm²)。

表 12-11　屈服强度的许用安全系数

系　　数	σ_s/σ_b			铸造轴
	0.45~0.55	0.55~0.70	0.70~0.90	
$[S_S]$	1.2~1.5	1.4~1.8	1.7~2.2	1.6~2.5

例 12-2　根据例 12-1 中设计出的轴的结构与装配草图(图 12-16),试对该轴进行强度校核,并绘制其零件工作图。

解:前面已得到轴的计算简图(图 12-16)。为了明晰起见,仍然以表格形式表示出该轴的强度校核过程(表 12-12)。

表 12-12　圆锥-圆柱齿轮减速器输出轴的强度校核

设 计 项 目	设 计 依 据 及 内 容	设 计 结 果
(1) 求轴上载荷 ① 计算齿轮受力 齿轮的分度圆直径	参见例 12-1 中齿轮参数表及图 12-16 $d_2 = mz_2/\cos\beta = 4 \times 95/\cos 8°6'34''$(mm)	 $d_2 = 383.84$ mm
圆周力	$F_t = 2T_3/d_2 = 2 \times 950\,730/383.84$(N)	$F_t = 4\,954$ N
径向力	$F_r = F_t \tan\alpha_n/\cos\beta = 4\,954 \times \tan 20°/\cos 8°6'34''$(N)	$F_r = 1\,821$ N
轴向力	$F_a = F_t \tan\beta = 4\,954 \times \tan 8°6'34''$(N)	$F_a = 706$ N
对轴心产生的弯矩 ② 求支反力	$M_a = F_a d_2/2 = 706 \times 383.84/2$(N·mm) 参见图 12-16	$M_a = 135\,496$ N·mm
轴承的支点位置	参见图 12-16,由 30313 圆锥滚子轴承查手册	$a = 29$ mm
齿宽中点距左支点距离	$L_2 = (76/2 + 64) - 29$(mm)	$L_2 = 71$ mm
齿宽中点距右支点距离	$L_3 = (76/2 + 12 + 82 + 36) - 29$(mm)	$L_3 = 141$ mm
左支点水平面的支反力	$\sum M_D = 0,\ F_{NH1} = L_3 F_t/(L_2 + L_3)$ $= (141 \times 4\,954)/(71 + 141)$(N)	$F_{NH1} = 3\,294$ N
右支点水平面的支反力	$\sum M_B = 0,\ F_{NH2} = L_2 F_t/(L_2 + L_3)$ $= (71 \times 4\,954)/(71 + 141)$(N)	$F_{NH2} = 1\,658$ N
左支点垂直面的支反力	$F_{NV1} = (L_3 F_r + M_a)/(L_2 + L_3)$ $= (141 \times 1\,821 + 135\,496)/212$(N)	$F_{NV1} = 1\,850$ N
右支点垂直面的支反力	$F_{NV2} = (L_2 F_r - M_a)/(L_2 + L_3)$ $= (71 \times 1\,821 - 135\,496)/212$(N)	$F_{NV2} = 29$ N
左支点的轴向支反力	$F'_{NV1} = F_a$	$F'_{NV1} = 706$ N

（续表）

设 计 项 目	设 计 依 据 及 内 容	设 计 结 果
（2）绘制弯矩图和扭矩图 ① 截面 C 处水平面弯矩 ② 截面 C 处垂直面弯矩 ③ 截面 C 处合成弯矩	参见图 12-18 $M_H = F_{NH1}L_2 = 3\,294 \times 71(\text{N} \cdot \text{mm})$ $M_{V1} = F_{NV1}L_2 = 1\,869 \times 71(\text{N} \cdot \text{mm})$ $M_{V2} = F_{NV2}L_3 = 29 \times 141(\text{N} \cdot \text{mm})$ $M_1 = \sqrt{M_H^2 + M_{V1}^2}$ $\quad = \sqrt{233.874^2 + 131\,350^2}\ (\text{N} \cdot \text{mm})$ $M_2 = \sqrt{M_H^2 + M_{V2}^2}$ $\quad = \sqrt{233.874^2 + 4\,089^2}\ (\text{N} \cdot \text{mm})$	$M_H = 233\,874\ \text{N} \cdot \text{mm}$ $M_{V1} = 132\,699\ \text{N} \cdot \text{mm}$ $M_{V2} = 4\,089\ \text{N} \cdot \text{mm}$ $M_1 = 268\,235\ \text{N} \cdot \text{mm}$ $M_2 = 233\,910\ \text{N} \cdot \text{mm}$
（3）弯扭合成强度校核 ① 截面 C 处计算弯矩 ② 截面 C 处计算应力 ③ 强度校核	通常只校核轴上受最大弯矩和扭矩的截面的强度 考虑启动、停机影响，扭矩为脉动循环弯应 力，$\alpha = 0.6$ $M_{ca} = \sqrt{M_1^2 + (\alpha T_3)^2}$ $\quad = \sqrt{268.235^2 + (0.6 \times 950.730)^2}\ (\text{N} \cdot \text{mm})$ $\sigma_{ca} = M_{ca}/W = 630\,357/(0.1 \times 70^3)(\text{MPa})$ 45 钢调质处理，由表 12-10 查得 $[\sigma_{-1}] = $ 59 MPa，$\sigma_{ca} < [\sigma_{-1}]$	危险截面 C $M_{ca} = 630\,357\ \text{N} \cdot \text{mm}$ $\sigma_{ca} = 18.4\ \text{MPa}$ 弯扭合成强度合格
（4）疲劳强度安全系数校核 ① 确定危险截面 ② 截面 Ⅳ 左侧强度校核 抗弯截面系数 抗扭截面系数 截面 Ⅳ 左侧的弯矩 截面上的弯曲应力 截面上的扭转切应力 平均应力 应力幅 材料的力学性能 轴肩过渡圆角应力处有效集中系数 k_σ、k_τ 绝对尺寸系数 ε_σ、ε_τ	不计轴向力 F'_{NV1} 产生的压应力 σ_{Va} 的影响 由于 d_{min} 在估算时放大了 5%，考虑键槽的影响，且截面 A、Ⅱ、Ⅲ、B 只承受转矩，故不必校核 截面 C 上应力最大，但由于过盈配合及键槽引起的应力集中均在该轴段两端，故也不必校核 截面 Ⅳ、Ⅴ 处应力接近最大，应力集中相近，且最严重，但截面 Ⅴ 不受转矩作用，故不必校核 截面 Ⅳ 为危险截面，左右两侧均需校核 $W = 0.1d^3 = 0.1 \times 65^3(\text{mm}^3)$ $W_T = 0.2d^3 = 0.2 \times 65^3(\text{mm}^3)$ $M = 268\,235 \times (71-36)/71(\text{N} \cdot \text{mm})$ $\sigma_w = \dfrac{M}{W} = 132\,229/27\,463(\text{MPa})$ $\tau_T = \dfrac{T_3}{W_T} = 950\,730/54\,925(\text{MPa})$ 弯曲正应力为对称循环变应力，$\sigma_m = (\sigma_{max} + \sigma_{min})/2$，扭转切应力为脉动循环变应力，$\tau_m = (\tau_{max} + \tau_{min})/2 = 17.48/2(\text{MPa})$ $\sigma_a = (\sigma_{max} + \sigma_{min})/2 = 4.82\ \text{MPa}$， $\tau_a = (\tau_{max} + \tau_{min})/2 = 8.66\ \text{MPa}$ 45 钢调质，查表 12-2 $(D-d)/r = (70-65)/2.0 = 2.5$，$r/d = 2.0/65 = 0.031$，查表 2-6 并经插值，得 $k_\sigma = 1.735$，$k_\tau = 1.466$ 由 $d_{34} = 65$ mm，查表 2-8，得 $\varepsilon_\sigma = 0.78$，$\varepsilon_\tau = 0.74$	 截面 Ⅳ 为危险截面 $W = 27\,463\ \text{mm}^3$ $W_T = 54\,925\ \text{mm}^3$ $M = 132\,229\ \text{N} \cdot \text{mm}$ $\sigma_w = 4.82\ \text{MPa}$ $\tau_T = 17.31\ \text{MPa}$ $\sigma_m = 0\ \text{MPa}$ $\tau_m = 8.66\ \text{MPa}$ $\sigma_a = 4.82\ \text{MPa}$ $\tau_a = 8.66\ \text{MPa}$ $\sigma_b = 640\ \text{MPa}$ $\sigma_{-1} = 275\ \text{MPa}$ $\tau_{-1} = 155\ \text{MPa}$ $k_\sigma = 1.735$，$k_\tau = 1.466$ $\varepsilon_\sigma = 0.78$，$\varepsilon_\tau = 0.74$

（续表）

设 计 项 目	设 计 依 据 及 内 容	设 计 结 果
表面质量系数 β	轴按磨削加工，$\sigma_b = 640$ MPa，查表 2 - 9，得 $\beta = 1$	$\beta = 1$
疲劳强度综合影响系数 K_σ、K_τ	$K_\sigma = k_\sigma/(\varepsilon_\sigma \beta) = 1.735/(0.78 \times 1)$ $K_\tau = k_\tau/(\varepsilon_\tau \beta) = 1.466/(0.74 \times 1)$	$K_\sigma = 2.244$ $K_\tau = 1.981$
材料平均应力折算系数 Ψ_σ 及 Ψ_τ	45 钢，表面磨光，查表 2 - 3，得 $\Psi_\sigma = 0.43$，取 $\Psi_\tau = 0.29$	$\Psi_\sigma = 0.43$，取 $\Psi_\tau = 0.29$
仅有弯曲正应力时的计算安全系数	$S_\sigma = \dfrac{\sigma_{-1}}{K_\sigma \sigma_a + \Psi_\sigma \sigma_m} = \dfrac{275}{2.224 \times 4.82 + 0.43 \times 0}$	$S_\sigma = 25.63$
仅有扭转切应力时的计算安全系数	$S_\tau = \dfrac{\tau_{-1}}{K_\tau \tau_a + \Psi_\tau \tau_m} = \dfrac{155}{1.981 \times 8.66 + 0.29 \times 8.66}$	$S_\tau = 7.88$
弯扭联合作用下的计算安全系数	$S_{ca} = \dfrac{S_\sigma S_\tau}{\sqrt{S_\sigma^2 + S_\tau^2}} = \dfrac{25.63 \times 7.88}{\sqrt{25.63^2 + 7.88^2}}$	$S_{ca} = 7.53$
设计许用安全系数 $[S]$	材料均匀，载荷与应力计算精确时，$[S] = 1.3 \sim 1.5$	取 $[S] = 1.5$
疲劳强度安全系数校核	$S_{ca} \gg [S]$	左侧疲劳强度合格
③ 截面 N 右侧强度校核 抗弯截面系数	$W = 0.1d^3 = 0.1 \times 70^3 (\text{mm}^3)$	$W = 34\,300 \text{ mm}^3$
抗扭截面系数	$W_T = 0.2d^3 = 0.2 \times 70^3 (\text{mm}^3)$	$W_T = 68\,600 \text{ mm}^3$
截面 Ⅳ 左侧的弯矩	$M = 268\,235 \times (71 - 36)/71 (\text{N} \cdot \text{mm})$	$M = 132\,229 \text{ N} \cdot \text{mm}$
截面上的弯曲应力	$\sigma_W = M/W = 132\,229/34\,300 (\text{MPa})$	$\sigma_W = 3.86 \text{ MPa}$
截面上的扭转切应力	$\tau_T = T_3/W_T = 950\,730/68\,600 (\text{MPa})$	$\tau_T = 13.86 \text{ MPa}$
平均应力	弯曲正应力为对称循环，$\sigma_m = (\sigma_{max} + \sigma_{min})/2$ 扭转切应力为脉动循环，$\tau_m = (\tau_{max} + \tau_{min})/2$	$\sigma_m = 0 \text{ MPa}$, $\tau_m = 6.93 \text{ MPa}$
应力幅	弯曲正应力为对称循环，$\sigma_a = (\sigma_{max} - \sigma_{min})/2 = 3.86$ MPa 扭转切应力为脉动循环，$\tau_a = (\tau_{max} - \tau_{min})/2 = 6.93$ MPa	$\sigma_a = 3.86 \text{ MPa}$, $\tau_a = 6.93 \text{ MPa}$
配合的边缘处的有效集中系数 k_σ、k_τ	$\sigma_b = 640$ MPa，配合为 H7/r6，查表 2 - 5，得 $k_\sigma = 2.604$，$k_\tau = 1.876$	$k_\sigma = 2.604$，$k_\tau = 1.876$
绝对尺寸系数 ε_σ、ε_τ	由 $d_{45} = 70$ mm，查表 2 - 8，得 $\varepsilon_\sigma = 0.78$，$\varepsilon_\tau = 0.74$	$\varepsilon_\sigma = 0.78$，$\varepsilon_\tau = 0.74$
表面质量系数 β	轴按磨削加工，由 $\sigma_b = 640$ MPa，查表 2 - 9，得 $\beta = 1$	$\beta = 1$
疲劳强度综合影响系数 K_σ、K_τ	$K_\sigma = k_\sigma/(\varepsilon_\sigma \beta) = 2.604/(0.78 \times 1)$ $K_\tau = k_\tau/(\varepsilon_\tau \beta) = 1.876/(0.74 \times 1)$	$K_\sigma = 3.338$ $K_\tau = 2.535$
仅有弯曲正应力时的安全系数	$S_\sigma = \dfrac{\sigma_{-1}}{K_\sigma \sigma_a + \Psi_\sigma \sigma_m} = \dfrac{275}{3.338 \times 3.86 + 0.43 \times 0}$	$S_\sigma = 21.34$
仅有扭转切应力时的安全系数	$S_\tau = \dfrac{\tau_{-1}}{K_\tau \tau_a + \Psi_\tau \tau_m} = \dfrac{155}{2.535 \times 6.93 + 0.29 \times 6.93}$	$S_\tau = 7.917$
弯扭联合作用时的计算安全系数	$S_{ca} = \dfrac{S_\sigma S_\tau}{\sqrt{S_\sigma^2 + S_\tau^2}} = \dfrac{21.34 \times 7.917}{\sqrt{21.34^2 + 7.917^2}}$	$S_{ca} = 7.42$
强度校核	$S_{ca} \gg [S] = 1.5$	右侧疲劳强度合格
（5）静强度校核	该设备无大的瞬时过载和严重的应力循环不对称	无须进行静强度校核
（6）绘制轴的零件工作图		如图 12 - 19 所示

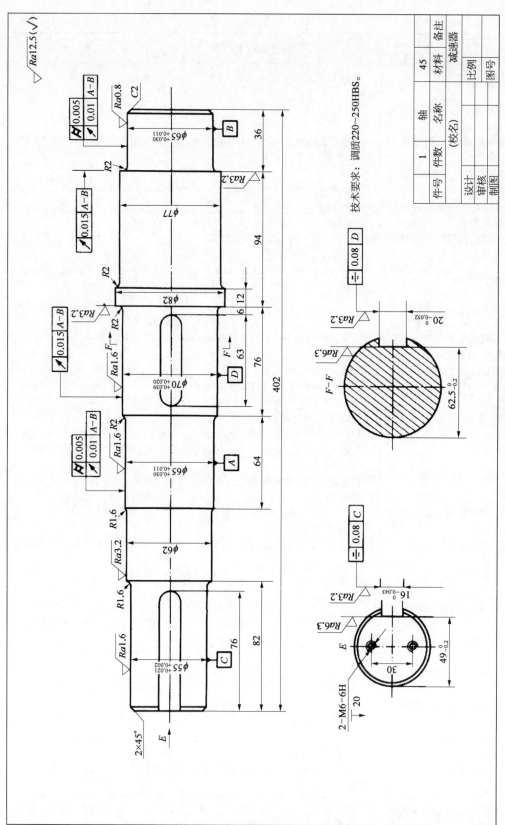

图 12 – 19　轴的零件工作图

12.5　轴的刚度计算和振动稳定性概念*

对于工程实际中旋转精度要求较高的轴、受载荷较大的细长轴及高速旋转的轴,在结构设计上除了满足强度条件外,还应满足轴的刚度要求,同时还应考虑振动稳定性等问题。

12.5.1　轴的刚度计算

轴的刚度是指轴抵抗弹性变形的能力。轴在其工作载荷的作用下会产生弹性变形,若轴的刚度不足、变形过大,将影响轴或轴上零件(乃至整个机器)的正常工作,产生运转噪声、振动、运动精度失准,甚至完全失效的后果。例如,对于装有齿轮的轴,若轴的刚度不足,将导致齿面上载荷分布严重不均,影响齿轮的正确啮合;若机床主轴的刚度不足,将导致机床的加工精度降低等。因此,对于有刚度要求的轴,必须对其进行刚度校核。

轴的刚度有弯曲刚度和扭转刚度两种指标。其中,弯曲刚度用轴的挠度 y 或偏转角 θ 度量;扭转刚度用轴的扭转角 φ 来度量。y、θ、φ 的计算方法见材料力学或相关设计手册。不同的机器设备因其工况的差异对轴的刚度要求也有所不同,因而其许用变形量 $[y]$、$[\theta]$、$[\varphi]$ 也就不同,在设计时可查阅有关设计手册。

轴的弯曲刚度校核计算公式为

$$y \leqslant [y] \tag{12-12}$$

$$\theta \leqslant [\theta] \tag{12-13}$$

轴的扭转刚度校核计算公式为

$$\varphi \leqslant [\varphi] \tag{12-14}$$

12.5.2　轴的振动稳定性概念

振动是机械运转中普遍存在的现象。对于处于高速旋转和有高运转精度要求的轴,振动稳定性显得更加重要。

轴的振动可分为弯曲振动、扭转振动和纵向振动三种基本形式。轴是一个弹性体,在其旋转时,由于轴和轴上零件的材料不均匀性、制造误差或对中不良、载荷分配不均等,造成质心偏移,产生以离心惯性力为特征的周期性的干扰力,从而引起轴的横向振动(弯曲振动);当轴由于传递的功率或运转的周期性变化而产生周期性的扭转变形时,将引起扭转振动;当轴受到周期性的轴向干扰力时,将产生纵向振动。

一般机器中,轴的弯曲振动现象较为常见,故本节仅对此进行简要介绍。

周期性的干扰力将使轴产生强迫振动。理论上,当强迫振动频率与轴的固有频率重合时,轴将会产生共振,严重时会导致轴和机器的损坏。

实际上,在强迫振动频率逐渐接近轴的固有频率的过程中,振动将逐步加剧。共振时轴的转速称为轴的临界转速,可以有很多个,其中最低的一个称为一阶临界转速 n_{c1},其余的依次称为二阶临界转速 n_{c2}、三阶临界转速 n_{c3}……工程上有实际意义的也就是前几阶临界转速,其中以一阶临界转速 n_{c1} 引起的振动最为剧烈,也最危险。一般的机器设备只要轴的工作转速避开一阶临界转速 n_{c1} 即可消除共振现象。

因此,轴的振动计算也就是检查轴的临界转速与轴的工作转速之间的差值。若差值较大,不仅能避免共振,且振动较小;若差值太小,虽然不一定发生共振,但振动将较为剧烈地表现出来。为了避免剧烈的振动影响轴的工作,此时应通过改变轴的结构、尺寸、支撑跨度等参数来改变轴的刚度,从而达到改变轴的临界转速,增大临界转速与工作转速之间的差值,以避免剧烈振动的出现。

工作转速 n 低于一阶临界转速 n_{c1} 的轴,称为刚性轴。增加其刚性以提高 n_{c1},对减小轴的振动有利;工作转速高于动机的轴一阶临界转速 n_{c1} 的轴,称为挠性轴,如高速旋转的汽轮机、航空喷气发动机的轴,这样的轴若采用刚性轴结构,则其横截面尺寸将会过大。为了避

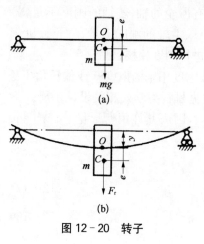

图 12‑20 转子

免共振和减小轴的振动,对于刚性轴,通常应使 $n \leqslant (0.75 \sim 0.8)n_{c1}$;而对于挠性轴,一般使 $1.4n_{c1} \leqslant n \leqslant 0.7n_{c2}$。

图 12‑20 所示的是一个转子(又称为单圆盘双铰支轴),设轴上圆盘部分的质量很大,而轴的质量相对很小,可忽略不计,则该转子可视为无质量的弹性杆与刚性圆盘的结合体。设圆盘质心 C 与其运动中心 O(即轴的几何中心)的偏心距为 e。转子转动前,由于重力的作用,产生的静挠度为 y_0;当转子以等角速度 ω 旋转时,受离心惯性力 F_r 的作用,轴的动挠度为 y,如图 12‑20b 所示。

根据力平衡条件,轴的弯曲弹性反力应等于圆盘的离心惯性力,经推导整理后可得

$$y = \frac{e}{\dfrac{k}{m\omega^2} - 1} = \frac{em\omega^2}{k - m\omega^2} \tag{12-15}$$

式中 k ——轴的弯曲刚度。

由式(12‑15)可知,当轴的角速度由零逐渐增大时,y 值随之增大。在没有阻尼的情况下,当 $\omega^2 = k/m$ 时,挠度 y 趋近于无穷大,轴将产生共振,此时所对应的角速度称为轴的一阶临界角速度,以 ω_{c1} 表示。显然,轴的临界角速度只与轴的刚度 k 和圆盘质量 m 有关。从理论力学的知识可知,轴的弯曲刚度 $k = mg/y_0$,故轴的一阶临界角速度又可写为

$$\omega_{c1} = \sqrt{k/m} = \sqrt{g/y_0} \tag{12-16}$$

其中,y_0 的单位为 mm;g 为重力加速度,取 $g = 9\,810$ mm/s^2。

由此可求得单圆盘双铰支轴在不计轴的质量时,其一阶临界转速为

$$n_{c1} = \frac{60\omega_{c1}}{2\pi} = \frac{30}{\pi}\sqrt{\frac{g}{y_0}} \approx 946\sqrt{\frac{1}{y_0}} \ (\text{r/min}) \tag{12-17}$$

其他支承形式及多圆盘轴的临界转速的计算,请参看其他有关书籍。

本章学习要点

(1) 了解轴的功用、类型、受载特点和应用。
(2) 了解轴的常用材料及其选用。
(3) 掌握轴的结构设计方法。
(4) 掌握轴的扭转强度、弯扭组合强度计算方法,掌握轴的疲劳强度校核的安全系数法。
(5) 了解轴的刚度计算、轴的振动稳定性概念。
(6) 了解提高轴的强度的措施。

通过本章学习,学习者在掌握上述主要知识点后,应能在不同工况条件下正确进行轴的结构设计和对轴进行强度计算。

 思考与练习题

1. 问答题

12-1 轴在机器中的功用是什么? 按功用和承载情况不同,轴可分为哪几类? 试举例说明。

12-2 轴的常用材料有哪些? 若轴的工作条件、结构尺寸不变,仅将轴的材料由碳钢改为合金钢,试问为什么只能提高轴的强度而不能提高轴的刚度?

12-3 在确定轴的各轴段直径和长度前,为什么应先按扭转强度条件估算轴的最小直径?

12-4 轴的结构设计应考虑哪些问题?

12-5 轴上零件的轴向、周向固定各有哪些方法? 各有何特点?

12-6 多级齿轮减速器中,为什么低速轴的直径要比高速轴的直径大?

12-7 轴承受载荷后,如果产生过大的弯曲变形或扭转变形,对轴的正常工作有何影响? 试举例说明。

12-8 当轴的强度不足或刚度不足时,可分别采取哪些措施来提高其强度和刚度?

12-9 计算弯矩计算公式 $M_{ca} = \sqrt{M^2 + (\alpha T)^2}$ 中,系数 α 的含义是什么? 其大小如何确定?

2. 填空题

12-10 按轴的功用不同分类,可将_____的轴称为转轴,_____的轴称为传动轴,_____的轴称为心轴。

12-11 转轴工作时的受载为_____,传动轴工作时的受载为_____,心轴工作时的受载为_____。

12-12 实际的轴多做成阶梯形,这主要是为了_____。

12-13 在轴的设计中,轴的直径是根据_____强度条件初步确定的。

12-14 已知一个传动轴直径 $d = 35$ mm,转速 $n = 1\,150$ r/min,设轴材料的 $[\tau_T] = 50$ MPa,可求得该轴所能传递的功率 $P \leqslant$_____ kW。

12-15 转轴工作中,轴表面上一点弯曲应力的变化性质为_____力。

12-16 为了提高轴的刚度,一般采用的措施是_____。

3. 选择题

12-17 增大轴在剖面过渡处的圆角半径,其优点是(　　)。

　　A. 使零件的轴向定位比较可靠　　　　B. 使轴的加工方便

　　C. 使零件的轴向固定比较可靠　　　　D. 减小应力集中,提高轴的疲劳强度

12-18 对轴进行表面热处理或表面冷作硬化加工可提高轴的(　　)。

　　A. 疲劳强度　　　　B. 刚度　　　　C. 静强度　　　　D. 可靠性

12-19 当轴受(　　)转矩作用时,其折算系数 $\alpha=0.6$。

　　A. 平稳　　　　B. 对称循环　　　　C. 脉动循环　　　　D. 非对称循环

4. 计算题

12-20 已知一个传动轴传递的功率为 37 kW,转速 $n=900$ r/min,轴的扭转切应力不允许超过 40 MPa。(1) 分别按以下两种情况求该轴直径:① 实心轴;② 空心轴,取内外径之比为 0.7。(2) 求两种情况下轴的质量之比。

12-21 图 12-21 所示的是某轴的结构设计图。指出其结构设计上的错误并在图上标注出错误所在,说明错误的理由,并重新画出正确的结构与装配图(蜗轮用油润滑,轴承用脂润滑)。

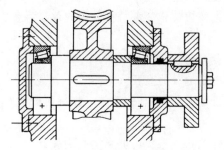

图 12-21　12-21 题图

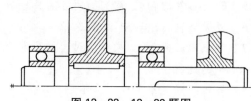

图 12-22　12-22 题图

12-22 简述轴的结构设计应满足的基本要求。指出图 12-22 中结构设计的错误,在错误处标出序号,并按序号一一说明理由。

12-23 已知一个单级直齿圆柱齿轮减速器,电动机直接驱动,电动机功率 $P=22$ kW,转速 $n_1=1\,440$ r/min,齿轮的模数 $m=4$ mm,齿数 $z_1=18$,$z_2=82$,支撑间跨距 $l=180$ mm,齿轮对称布置,轴的材料为 45 钢调质。试按弯扭合成强度条件确定输出轴危险截面处的直径 d。

12-24 图 12-23a 所示的是两级展开式斜齿圆柱齿轮减速器的传动简图,图 12-23b 所示的是该减速器的中间轴。尺寸和结构如图所示,点 A、D 为圆锥滚子轴承的载荷作用中心。已知中间轴转速 $n_2=180$ r/min,传递功率 $P=5.5$ kW,轴的材料为 45 钢正火,轴上齿轮的参数列于表 12-13。要求按弯扭合成强度条件验算轴上截面 Ⅰ 和 Ⅱ 处的强度,并精确校核该轴的危险截面是否安全。

表 12‑13　轴上齿轮的参数

齿　轮	参　　数				
	m_n/mm	α_n	z	P	旋　向
齿轮 2	3	20°	112	10°44′	右
齿轮 3	4	20°	23	9°22′	右

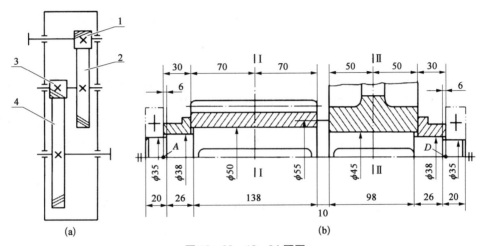

图 12‑23　12‑24 题图

第13章

导　轨　副

导轨副也称移动副,是两构件间仅保留一个相对直线运动自由度的连接形式。通常由提供约束的导轨和在其上运动的滑块联合构成,有时也称为导向或导轨。

导轨副是实现直线相对运动的重要动连接方式,在机械中应用相当广泛。如活塞压缩机中的活塞与气缸;各类型机床中的移动部件间的连接,如机床工作台与滑台间的连接等。

13.1　导轨副的结构要素与设计

13.1.1　导轨副的结构要素

在机械原理课程中定义了两构件间的相对运动有六个自由度,即沿 X、Y、Z 方向的直线移动和绕 X、Y、Z 三个轴的转动 ω_X、ω_Y、ω_Z。若两构件直接接触并产生相对移动构成移动副,则两构件间仅保留一个相对直线运动自由度而约束其他五个运动自由度。导轨副设计时,需在零件结构考虑如何实现五个自由度约束。

导轨副的运动约束:移动副仅保留一个相对直线移动自由度,必须有相应的结构约束另外两个直线移动和绕三个轴的转动。

导轨副元素的几何形状:无论是两构件上移动副元素间的运动与载荷传递,还是一个构件对另一个构件的运动约束,均要有较好的承载能力和润滑性能,以及较好的工艺性,即要求构件上移动副元素一般为形状简单的几何表面,如平面和圆柱面等。

导轨副结构的元素组合:导轨副的结构约束往往由多个简单几何形状元素的组合实现。对于两构件上相同几何形状元素组成移动副,其相互配合可以约束多个自由度,如一个平面可约束另一个平面运动的三个自由度(两个转动和一个单向法向移动)。因此,一般情况下,导轨副的结构约束采用多个几何要素(平面或圆柱面等)组合实现。表 13-1 为几种常见的导轨副结构约束几何要素。

导轨副实际结构中的平面元素如果过小,在约束转动时会承受过大弯矩,造成零件弹性变形过大。但过大或连续的平面元素又增加制造工艺难度和成本,通常采用不连续异向平面元素或多个异向狭长平面元素组合。导轨副结构采用圆柱面元素,单一圆柱面约束四个运动自由度(需要有较长的轴向导向长度,约束两个方向移动和绕两个轴转动)。

移动副平面元素的结构也需要有一定的导向长度,增加导向长度不仅可以提高移动副连接面的法向承载能力,改善结合面间的摩擦性能,而且也减小了移动副连接面端部弯曲载荷。

综上所述,轴承副结构具有如下共同特点:

(1) 有足够的导向长度,以减小法向比压和弯曲载荷,通常导向长度与导向杆横截面宽度的比应不小于 1.5:1。

(2) 采用中间间断或多处支承,一方面可以使导向面受力均匀,另一方面也可减少加工量,降低加工难度。

(3) 良好润滑减小摩擦、磨损。设置注油装置和储油槽,或接触面采用耐磨、减摩材料,如铜合金、石墨、粉末冶金或聚四氟乙烯等。

导轨副的结构要素及常见元素组合形式与特点见表 13-1。

表 13-1 导轨副的结构要素及常见元素组合形式与特点

移动副结构要素	组合形式	图 例	特 点
圆柱面	单圆柱面		圆柱面易于获得较高的加工精度,生产成本低。单个圆柱面(轴和孔间隙配合)不能约束被导向件的转动。导杆较长时,受侧力或弯矩作用变形较大。用于仅受轴向载荷,且对转动没有要求的场合
	键-单圆柱面		在杆上设导向键或导向槽,可以承受一定的转矩。导向面难获得较高精度,多用于滑动速度较低的场合
	双圆柱面		采用两个平行圆柱面共同来实现移动副功能,两圆柱面平行度要求增加了制造工艺难度和成本,常用于滑动速度较高而载荷较小的场合
平面	矩形		多平面元素组合为矩形,可通过刨削、铣削加工后磨削而成;为了实现工作表面的可加工性和装配的便利性,矩形孔一般设计成剖分式结构,并通过螺纹连接等形成一个封闭结构,以承受一定的转矩
	三角形		两平面元素组合为三角形,兼具支承和导向功能
	燕尾槽		燕尾槽可用标准的燕尾槽铣刀加工。通常燕尾角的大小为 55°,所需的高度空间较小,尤其适合空间要求较紧凑的场合

综上所述,导轨副结构通常由两构件上多个元素表面组合而成。同时由于行程的限制,运动方式只能是往复运动,且由于难以形成液体润滑,一般运动速度较低。

13.1.2 导轨副的设计要求与内容

1) 导轨副设计的基本要求

(1) 保证两构件间有一个相对直线运动自由度而约束其他五个运动自由度。

(2) 在工作载荷 F 满足强度、刚度、精度、寿命和成本要求。

(3) 具有良好的结构工艺性。

(4) 使用维护方便。

对简易移动副,设计要求可根据具体情况有所简化。

2) 导轨副的设计内容

导轨副的设计内容包括结构设计和工作能力计算两方面,主要如下所示:

(1) 导轨副结构设计:根据工作条件和使用性能选择类型和截面形状及组合方式等。

(2) 导轨副材料选用:选择合适的材料与热处理要求等。

(3) 导轨副性能设计:移动副零件的受力分析、强度与刚度设计计算。

(4) 导轨副润滑与辅助装置设计,包括润滑方式与系统、防护系统装置、调整间隙装置和补偿方法等。

(5) 导轨副的工艺设计:移动副零件加工,装配工艺与技术要求。

导轨副根据其元素间的摩擦状态分为滑动导轨副和滚动导轨副,简称为滑动导轨和滚动导轨。移动副中的两构件,相对运动的构件称运动导轨、动导轨或滑块,相对固定的构件称支承导轨、固定导轨或导轨。高性能的导轨副要求其导向精度高、精度保持性好、运动轻便平稳、耐磨性好、刚性好、温度变化不敏感及结构工艺性好等。目前,导轨副设计不仅采用统一的规范,而且已有专业化生产的滚动导轨。本章重点介绍典型滑动导轨和典型滚动导轨。

13.2 典型滑动导轨副

滑动导轨按结构及表面材料分为普通整体导轨、贴塑导轨和镶金属导轨;按滑动导轨表面摩擦性质分为静压导轨、动压导轨、边界摩擦导轨和混合摩擦滑动导轨,应用较多的导轨属于混合摩擦滑动导轨。本节主要介绍这类滑动导轨,并简称滑动导轨。

滑动导轨的动导轨与固定导轨宜接触,如果润滑不良,其摩擦系数大,容易磨损,低速易产生爬行等。但它的结构简单,使用维修方便,接触刚度大,工艺性好,便于保证刚度,在加速度要求不高的场合仍得到广泛应用。滑动导轨一般推荐采用下述流程进行技术设计:

(1) 根据机器的工作条件、使用性能选择导轨类型。

(2) 选择滑动导轨的截面形状及组合方式。

(3) 选择导轨材料、热处理方法等。

(4) 导轨受力分析、压强计算,进行导轨的结构设计。

(5) 设计导轨间隙调整装置和补偿方法。

（6）设计润滑、防护装置。

（7）制定导轨加工、装配的技术要求。

13.2.1　滑动导轨常用结构

从结构工艺性考虑,滑动导轨副结构可以分为整体式和镶装式。整体式是构成滑动导轨副的结构要素直接在零件上制造出来;镶装式是将实现滑动导轨副的结构按多个独立的零件加工,然后再与其他零件组装在一起而形成。

1) 整体式滑动导轨

常用整体式滑动导轨副基本截面形状主要有三角形、矩形、燕尾形及圆柱形四种,见表13-1。在不同构件上分别设置凸形或凹形耦合关系构成导轨。整体式滑动导轨的精度主要由加工保证,性能稳定可靠,不需考虑后续的连接和调整。但由于结构尺寸一般较大,加工较困难。

（1）三角形导轨。三角形导轨面兼起导向和支承作用。该种导轨无间隙,磨损后能自动补偿,故导向精度高。它的截面角度由载荷大小及导向要求而定,一般为 $90°$。重型机器的导轨承受很大的垂直载荷时,为增加承载面积、减小比压,在导轨高度不变的条件下,可采用较大的顶角（$110°\sim120°$）,但导向性差。为提高导向性可采用较小的顶角（$60°$）。通常采用较大的顶角（$\alpha=110°\sim120°$）,如果导轨上所受的力在两个方向上的分力相差很大,为使导轨面上压强分布均匀,则应采用不对称三角形,以使力的作用方向尽可能垂直于导轨面。

（2）矩形导轨。导向面保证了在垂直面内的直线移动精度和水平面内直线移动精度,同时又是支承载荷的主要支承面,水平方向和垂直方向上的位移互不影响,压板面可以防止运动部件抬起。优点是结构简单,制造、安装、调整、检验和维修比较方便,导轨面较宽,承载能力较大,刚度高,故应用广泛。但它的导向精度没有三角形导轨高;导轨间隙需要压板或镶条调整,且磨损后需重新调整。

（3）燕尾形导轨。燕尾形导轨夹角一般为 $55°$,用一根镶条可以调节各面的间隙,且高度小、结构紧凑,调整及夹紧较简便,它是闭式导轨中接触面最小的结构。但制造检验不方便,摩擦力较大,刚度较差。燕尾形导轨用于运动速度不高、受力不大、高度尺寸受限制的场合。当承受垂直载荷时,它的刚度与矩形导轨相近;当承受倾覆力矩时,刚度较低,一般用在高度小而层次多的移动部件上,如车床的刀架导轨及仪表机床上的导轨,磨损后不能补偿间隙,用一根镶条可以调整水平和垂直方向的间隙。

（4）圆柱形导轨。圆柱形导轨制造简单,外圆采用磨削,内孔珩磨可达精密的配合,但磨损后不能调整间隙。为防止转动,可在圆柱表面开键槽或加工出平面,但不能承受大的扭矩。圆形导轨主要用于承受轴向载荷的场合,如拉床、机械手等。

一般机器常采用两条导轨组合来承受复杂多变的载荷并实现导向。要求高刚度的重型机器也可用 $3\sim4$ 条甚至更多导轨组合。滑动导轨典型组合形式主要有双三角形组合、双矩形组合和三角形-平面组合。双三角形组合同时起支承和导向作用,能自行补偿垂直方向和水平方向的间隙,具有最好的导向性、贴合性和精度自检性,是精密机器理想的导轨形式。双矩形组合主要用于要求垂直承载能力大的机器,如升降台铣床、龙门铣床等。其特点是制造和调整简便。三角形-平面组合通常用于磨床、精密镗床和龙门刨床。

在实际应用中,可能需要将导轨面设置为水平、竖直或斜向等不同的布置方式。当导轨的防护条件较好、切屑不易堆积其上时,下导轨面常设计成凹形,以便于储油,改善润滑条件,常用在移动速度较大的场合;反之,则宜设计成凸形,此时不易积存切屑和脏物,但也不易存油,多用于移动速度小的场合。

为保证导轨的正常工作,导轨滑动表面之间应保持适当的间隙。间隙过小会增加摩擦阻力;间隙过大会减低导向精度。而且导轨经过长期使用后会因磨损而增大间隙,需要及时调整,来保证其导向精度。

矩形导轨需要在垂直和水平两个方向上调整间隙。在垂直方向上一般采用压板调整它的底面间隙,如通过刮研或配磨下压板的结合面来保持适当的间隙;用螺钉调整镶条位置实现间隙调整;用改变垫片的片数或厚度来调整间隙等。在水平方向上常用平镶条调整它的侧面间隙。燕尾形导轨,常用斜镶条调整它的侧面间隙,如图 13-1 所示。圆形导轨的间隙不能调整,由加工精度保证。三角形导轨的间隙由于动导轨自身重力下沉自动补偿而无须调整。

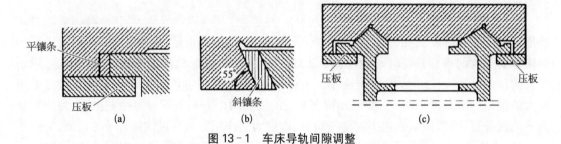

图 13-1　车床导轨间隙调整

2) 镶装式导轨结构

对于结构尺寸庞大的结构支承部件,如床身、立柱等支承件的固定导轨,为了提高导轨的耐磨性或改善其摩擦特性,以及便于更换已磨损的导轨,可以采用镶装式导轨结构。铸造床身镶装淬硬钢块、钢板成钢带。

镶装式导轨结构主要由机械镶装和粘接两种方法来实现。可根据导轨的导向精度、载荷大小和导轨材料、形式的不同,选取不同的镶装方法。

(1) 机械镶装结构。机械镶装结构主要用于载荷较大的淬硬钢导轨。机械镶装的方法主要有用螺钉直接紧固和通过压板固定两种。

(2) 粘接导轨结构。粘接导轨是在铸铁或钢的滑动导轨面上粘贴一层更为耐磨的材料,以提高导轨寿命。常用材料主要有淬硬的钢板、钢带、铝青铜、锌合金和塑料等。粘接导轨可以节省贵重耐磨材料,还可以克服机械镶装使用螺钉固定时压紧力不均匀的现象,目前应用日益广泛。

13.2.2　滑动导轨常用材料

1) 常用材料

滑动导轨的材料应具有耐磨性好,摩擦系数小,动、静摩擦系数差小,良好的耐油、耐湿和耐腐蚀能力,足够的强度、导热性,良好的加工和热处理性质等特点。常用的滑动导轨材料有铸铁、钢、非铁合金和塑料等,其材料及动、静摩擦系数见表 6-2。

(1) 铸铁。一种应用最广泛的导轨材料,易于铸造,切削加工性好、成本低,有良好的耐磨性和减振性。一般重要的铸铁导轨粗加工后进行一次时效处理,高精度机床导轨半精加工后需进行第二次时效处理。

（2）钢。低碳低合金钢 15Cr、20Cr、18CrMnTi、20CrMnTi 等经渗碳淬火、回火至 56～62HRC，常可用于长度大、精度要求高的导轨。中、高碳合金钢 40Cr、T8、T10、9SiCr 经高频淬火等表面强化处理后，导轨的耐磨性比普通铸铁导轨高 5～10 倍，常用于镶装结构。

（3）非铁合金。非铁合金常用作导轨工作表面涂覆材料或镶装材料。导轨常用的非铁合金材料有锌合金 ZnAl10 - 5，铝青铜 ZQAl9 - 2，锡青铜 ZQSn5 - 5 - 5 和黄铜 H62、H68 等。非铁合金镶装导轨主要用于重型机器的运动导轨，与铸铁或钢的支承导轨匹配使用，以防止咬合磨损，提高耐磨性、运动平稳性及运动精度。

（4）塑料。主要有三种耐磨工程塑料，即以聚四氟乙烯为主要材料的填充聚四氧乙烯导轨软带、塑料导轨板和塑料导轨涂层。主要特点是具有自润滑性，摩擦系数小而稳定，且静、动摩擦系数接近，低速运行时，干摩擦和油润滑状态下均可有效防止爬行现象的发生，制造工艺简便，经济性好。其缺点为刚度低、耐热性差、热导率低、容易蠕变、吸湿性大、容易影响尺寸稳定等。

2）导轨副材料的匹配

导轨副材料应具有不同的硬度，尽量使用不同材料的导轨匹配；如果导轨副是同种材料，应采用不同的热处理或不同的硬度。通常动导轨（常为短导轨）用较软和耐磨性低的材料制造；固定导轨（长导轨）用较硬的、耐磨的材料制造。

13.2.3　滑动导轨副失效及改善措施

1）失效形式

滑动导轨副的失效主要为导轨的磨损。运动导轨面沿固定导轨面长期运行会引起导轨不均匀磨损，破坏导轨的导向精度。导轨磨损分为磨料磨损和黏着磨损两种形式。导轨的磨损速度与导轨材料、接触表面质量、滑动速度、压强、润滑条件及环境状况有关。

2）提高导轨耐磨性的措施

提高滑动导轨副耐磨性除选用合理的材料组合、保证充分润滑、安装必要防护等常规方式外，还需使磨损均匀，并且磨损后可及时补偿。

滑动导轨副磨损是否均匀对导轨的寿命影响很大。磨损不均匀的原因主要有三个：两工作接触面的平行度不足，实际接触面小；摩擦面压强分布不均匀；导轨面各部分使用频率不等。磨损趋于均匀的措施：适当的结构参数减小连接面的载荷，尤其减小力矩载荷；通过刮研工艺确保整个工作面单位面积接触斑点分布均匀；导轨副连接件具有足够的刚度，减少变形的影响。

滑动导轨副磨损后，导轨面间隙的增大将引起导轨运行不平稳，加重磨损。及时补偿可减少磨损的影响，恢复导向精度。补偿的方法分为自动补偿和人工补偿，参考上节滑动导轨副间隙的调整。

13.3　典型滚动导轨副

为减少移动副摩擦，在滑动导轨副间加入滚动体，将滑动摩擦变换为滚动摩擦，即形成滚动导轨副。滚动导轨副已是专业化生产的标准件。

滚动导轨副具有摩擦系数小,动、静摩擦系数之差较小,微量移动灵活、准确,低速时无蠕动爬行,磨损小,寿命长,加速性能好等特点。

滚动导轨副的结构形式种类较多,其中最典型的结构有四类:滚动支承块、滚动直线导套副、滚动花键副、滚动直线导轨副。其中滚动直线导轨副应用最广泛。

13.3.1　滚动直线导轨副的结构

滚动直线导轨副结构由导轨、滑块、滚动体、返向器、保持器、密封端盖及挡板组成,如图13-2所示。在滑块和导轨上分别有安装孔,可通过螺钉与移动部件或机座相连。密封端盖上反向沟槽使滚动体经滑块内循环通道返回工作滚道,从而形成闭合回路。

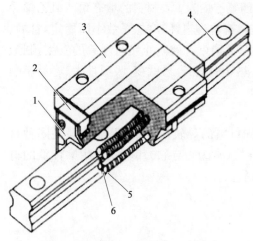

1—末端密封垫片;2—端盖板;3—LM滑块;
4—LM轨道;5—滚动体;6—保持器
图 13-2　滚动直线导轨副

滚动直线导轨副也称直线导轨、线性滑轨、线轨等。导轨和滑块上的滚道均是经过淬硬和精密磨削加工而成的。导轨滚道的结构、布置形式、滚动体形状、承载能力及性能特点各不相同。《滚动直线导轨副　第2部分:参数》(JB/T 7175.2—2006)给出几种滚动直线导轨副主要类型及参数。《滚动直线导轨副　第4部分:验收技术条件》(JB/T 7175.4—2006)定义了四滚道型和两滚道型以滚珠为滚动体的导轨副,有1~6级精度,且精度按1~6级依次递减。

13.3.2　滚动直线导轨副的设计流程

一般滚动直线导轨副设计是根据已知使用条件进行选型并确定规格,基本流程如下:

(1) 设计条件:设备的尺寸、导向部位的空间、安装方式(如水平、垂直、倾斜、悬吊)、作用载荷的大小和方向、行程长度、运行速度、使用频率(工作周期)、使用环境等。

(2) 确定滚动直线导轨副的类型、组合形式及安装方案。

(3) 计算各工况下导轨副每个滑块上的载荷,计算其当量载荷、最大当量载荷。

(4) 根据经验、安装空间或初步估算,初选一种直线导轨的型号规格尺寸。

(5) 进行静态校核、寿命预测、刚度预测,并确定精度要求。确定轨道和相应连接滑块的数目,通过刚度计算确定预压力的大小,确定固定方式,必要时进行刚度验算。

(6) 进行寿命计算,根据静强度计算结果及寿命计算结果判断初选的导轨副型号是否满足要求。

(7) 选择润滑剂,确定润滑方法,进行防尘设计。

13.3.3　滚动直线导轨副的性能参数

滚动体与滚道间的作用关系和滚动轴承类似,两者的主要失效形式和失效机理也是一致的,因而可参照滚动轴承进行分析。滚动直线导轨副的滚动体承受脉动循环应力作用,其主要失效形式是在循环应力作用下的接触疲劳点蚀;在过大静载荷作用下的塑性变形或表面压溃。滚动直线导轨副的疲劳点蚀也采用寿命准则进行设计。

由于滚动直线导轨的工作形式为有限行程的往复直线运动,与滚动轴承的连续回转运动有所不同,因而在一些概念,如寿命、额定寿命、基本额定动载荷等的定义上也略有差异,简要说明如下:

(1) 滚动直线导轨的使用寿命 L 是指发生失效前的总运行距离,通常以 km 为单位。

(2) 滚动直线导轨的基本额定寿命 L_{10} 指的是一批相同的滚动直线导轨在相同条件下分别运行时,其中 90% 不产生点蚀破坏前所能达到的总运行距离。

(3) 基本额定载荷。滚动直线导轨副基本额定载荷的含义与滚动轴承的基本一致。滚动直线导轨也具有两种类型的基本额定载荷:用于计算使用寿命的基本额定动载荷 C 和规定静态允许载荷极限的基本额定静载荷 C_0。

(4) 静态允许力矩 M_0。滚动直线导轨副静态允许力矩(M_0)是针对单个滑块规定的,作为对应方向上静态力矩的极限。主要原因是,当只有一个滑块或将双滑块靠紧使用时,若有力矩作用,导轨副内滚动体受载会极不均匀,以致引起局部接触应力过高。

本章学习要点

通过本章学习,了解导轨副的约束类型、结构特点和主要失效形式,了解滚动直线导轨的基本设计流程。

思考与练习题

13 - 1 导轨副约束哪几个自由度? 分别采用哪几种对应结构实现约束? 画出结构示意图。

13 - 2 导轨副的结构在什么情况下采用滑动导轨? 什么情况下采用滚动导轨? 简述它们的主要特点和具体应用场合。

13 - 3 滑动导轨有哪些常用的结构? 简述它们的主要特点和具体应用场合。

13 - 4 滑动导轨的主要失效形式是什么?

13 - 5 调整滑动导轨副间隙有哪些方法?

13 - 6 滚动直线导轨的基本设计流程是什么?

13 - 7 滚动直线导轨的主要性能参数有哪些? 并进行简要说明。

13 - 8 滑动导轨磨损不均匀是如何产生的? 如何解决?

参考文献

[1] 徐锦康.机械设计[M].北京：高等教育出版社,2004.

[2] 濮良贵,纪名刚.机械设计[M].8 版.北京：高等教育出版社,2006.

[3] 张策.机械原理与机械设计(下)[M].2 版.北京：机械工业出版社,2011.

[4] 徐锦康,周国民,刘极峰.机械设计[M].北京：机械工业出版社,1998.

[5] 朱理.机械原理[M].北京：高等教育出版社,2004.

[6] 孙志礼,马星国,黄秋波,等.机械设计[M].北京：科学出版社,2008.

[7] 邱宣怀.机械设计[M].4 版.北京：高等教育出版社,1997.

[8] 吴宗泽,罗圣国.机械设计课程设计手册[M].3 版.北京：高等教育出版社,2006.

[9] 涂小华,刘显贵.机械设计基础[M].北京：国防工业出版社,2010.

[10] 毛炳秋.机械设计课程设计[M].北京：电子工业出版社,2011.

[11] 王宁侠.机械设计[M].西安：西安电子科技大学出版社,2008.

[12] 闻邦椿.机械设计手册：第 2 卷[M].5 版.北京：机械工业出版社,2010.

[13] 成大先.机械设计手册：机械传动[M].5 版.北京：化学工业出版社,2010.

[14] 成大先.机械设计手册：轴及其连接[M].5 版.北京：化学工业出版社,2010.

[15] 成大先.机械设计手册：轴承[M].5 版.北京：化学工业出版社,2010.

[16] 成大先.机械设计手册：连接与紧固[M].5 版.北京：化学工业出版社,2010.

[17] 成大先.机械设计手册：润滑与密封[M].5 版.北京：化学工业出版社,2010.

[18] 成大先.机械设计手册：弹簧[M].5 版.北京：化学工业出版社,2010.

[19] 龚桂义.机械设计课程设计图册[M].3 版.北京：高等教育出版社,2008.

[20] 陈立德.机械设计基础[M].2 版.北京：高等教育出版社,2008.

[21] 师素娟,林誓,杨晓兰.机械设计基础[M].武汉：华中科技大学出版社,2008.

[22] 李育锡.机械设计课程设计[M].北京：高等教育出版社,2008.

[23] 濮良贵,纪名刚.机械设计学习指南[M].4 版.北京：高等教育出版社,2001.

[24] 于惠力,向敬忠,张春宜.机械设计[M].北京：科学出版社,2007.

[25] 王成泰.现代机械设计：思想与方法[M].上海：上海科技文献出版社,1999.

[26] 谢江.机械设计[M].北京：国防工业出版社,2008.

[27] 郑江,许瑛.机械设计[M].北京：北京大学出版社,2006.

[28] 陆凤仪,钟守炎.机械设计[M].2 版.北京：机械工业出版社,2011.

[29] 刘泽九.滚动轴承应用手册[M].2 版.北京：机械工业出版社,2006.

[30] 卜炎.实用轴承技术手册[M].北京：机械工业出版社,2004.

[31]　郭维林,焦艳芳.机械设计同步辅导及习题全解[M].8 版.北京：中国水利水电出版社,2007.

[32]　张绍甫,徐锦康,魏传儒.机械零件学习指南与课程设计[M].北京：机械工业出版社,1996.

[33]　张鄂.机械设计要点与题解[M].西安：西安交通大学出版社,2006.

[34]　朱龙根.机械系统设计[M].2 版.北京：机械工业出版社,2001.

[35]　朱德库,刘晓杰,马平.空气弹簧及其控制系统[M].济南：山东科学技术出版社,1989.

[36]　黄纯颖.设计方法学[M].北京：机械工业出版社,1987.

[37]　牟致忠.机械零件可靠性设计[M].北京：机械工业出版社,1988.

[38]　曹晓明.机械设计[M].北京：电子工业出版社,2014.

[39]　王德伦,马雅丽.机械设计[M].北京：机械工业出版社,2015.

[40]　张大可,程洪,陈世教.现代设计方法[M].北京：机械工业出版社,2019.

[41]　中国机械工程学会机械设计分会.现代机械设计方法[M].北京：机械工业出版社,2016.

附 录

附录 1　齿轮传动基本参数和几何尺寸

　　渐开线标准直齿圆柱齿轮的基本参数有齿数、分度圆模数 m、分度圆压力角 a、齿顶高系数 h_a^* 和顶隙系数 c^*。除齿数根据实际工作需要选取之外,其余的基本参数均为标准值。渐开线标准直齿圆柱齿轮指 m、a、h_a^*、c^* 均为标准值,且分度圆上齿厚 s 与齿槽宽 e 相等的齿轮。

　　1) 圆柱齿轮的标准模数系列

　　模数 m 是决定轮齿大小和齿轮承载能力的重要参数,其单位为 mm。模数越大,齿距越大,轮齿越厚,齿的抗弯能力越高。标准模数系列可由附表 1-1 查取。

附表 1-1　圆柱齿轮标准模数系列

系　列	标　准　模　数									
第一系列	1	1.25	1.5	2	2.5	3	4	5	6	—
	8	10	12	16	20	25	32	40	50	—
第二系列	1.75	2.25	2.75	(3.5)	3.5	(3.75)	4.5	5.5	(6.5)	—
	7	9	(1)	14	18	22	28	(30)	36	45

　　注:1. 本表摘自《渐开线圆柱齿轮模数》(GB/T 1357—1987)。
　　　　2. 本表适用于渐开线圆柱齿轮,对于斜齿圆柱齿轮是指法向模数。
　　　　3. 优先采用第一系列,括号内的模数尽可能不用。

　　2) 渐开线正常齿制直齿外齿轮的主要参数和几何尺寸计算

　　分度圆压力角 a 是决定齿廓形状和齿轮啮合性能的重要参数,标准值为 $a=20°$,齿顶高系数 h_a^* 是用模数表示齿轮齿顶高尺寸所引入的系数,标准值为 $h_a^*=1$,顶隙系数 c^* 是用模数表示齿轮顶隙尺寸所引入的系数,标准值为 $c^*=1$。基本参数已知后,其余主要参数及其尺寸计算见附表 1-2。

附表 1-2　渐开线正常齿制直齿外齿轮的主要参数和几何尺寸计算

名　称	代　号	计算公式与说明
齿　数	z	依照工作条件选定
模　数	m	根据强度条件或结构需要选取标准值

（续表）

名　称	代　号	计算公式与说明
压力角	α	$\alpha = 20°$
齿顶角	h_a	$h_a = h_a^* m$，其中 $h_a^* = 1$
顶　隙	c	$c = c^* m$，其中 $c^* = 1$
齿根高	h_f	$h_f = h_a + c = 1.25m$
齿　高	h	$h = h_a + h_f = 2.25m$
分度圆直径	d	$d = mz$
基圆直径	d_b	$d_b = d\cos\alpha = mz\cos\alpha$
齿顶圆直径	d_a	$d_a = d + 2h_a = m(z+2)$
齿根圆直径	d_f	$d_f = d - 2h_f = m(z-2.5)$
齿　距	p	$p = \pi m$
齿　厚	s	$s = p/2 = \pi m/2$
齿槽宽	e	$e = p/2 = \pi m/2$

3）渐开线齿轮连续传动条件及重合度计算

渐开线齿轮连续传动条件是重合度 $\varepsilon_a \geqslant 1$。重合度 ε_a 实际上代表了齿轮啮合传动过程中同时参与啮合轮齿对数的平均值，增大齿轮传动的重合度 ε_a，意味着同时参与啮合的轮齿对数增多，有利于提高齿轮传动的平稳性和承载能力。重合度计算如式（1）或式（2）所示，其中"＋"用于齿轮外啮合传动，"－"用于齿轮内啮合传动：

$$\varepsilon_a = \frac{1}{2\pi}\left[z_1(\tan\alpha_{a1} - \tan\alpha') \pm z_2(\tan\alpha_{a2} - \tan\alpha')\right] \tag{1}$$

$$\varepsilon_a = 1.88 - 3.2\left(\frac{1}{z_1} \pm \frac{1}{z_2}\right) \tag{2}$$

4）渐开线正常齿标准斜齿圆柱齿轮的几何尺寸计算

渐开线标准斜齿圆柱齿轮的基本参数在直齿圆柱齿轮基础上，增加了分度圆螺旋角 β，并且区分为端面参数和法面参数，法面参数为标准值。其中法面模数 m_n 按附表 1-1 选取，法面压力角 $\alpha_n = 20°$，法面齿顶高系数 $h_{an}^* = 1$，法面顶隙系数 $c_n^* = 1$。其主要参数及其尺寸计算见附表 1-3。

附表 1-3　渐开线正常齿标准斜齿圆柱齿轮的几何尺寸计算

序号	名　称	符　号	计算公式及参数选择
1	端面模数	m_t	$m_t = \dfrac{m_n}{\cos\beta}$，$m_n$ 为标准值
2	螺旋角	β	一般取 $\beta = 8° \sim 20°$

（续表）

序号	名 称	符 号	计算公式及参数选择
3	端面压力角	α_t	$\alpha_t = \arctan\dfrac{\tan\beta}{\cos\beta}$，$\alpha_n$ 为标准值
4	分度圆直径	d	$d = m_t z = \dfrac{m_n z}{\cos\beta}$
5	齿顶高	h_a	$h_a = m_n$
6	顶 隙	c	$c = 0.25 m_n$
7	齿根高	h_f	$h_f = 1.25 m_n$
8	全齿高	h	$h - h_a + h_f = 2.25 m_n$
9	齿顶圆直径	d_a	$d_a = d + 2h_a = d + 2m_n$
10	齿根圆直径	d_f	$d_f = d - 2h_f = d - 2.5 m_n$
11	当量齿数	z_v	$z_v = z / \cos^3\beta$
12	中心距	a	$a = \dfrac{d_1 + d_2}{2} = \dfrac{m}{2}(z_1 + z_2) = \dfrac{m_n(z_1 + z_2)}{2\cos\beta}$

5）圆锥齿轮的模数系列和基本尺寸计算

圆锥齿轮机构用于两相交轴之间的传动，其中直齿圆锥齿轮传动是基本形式，制造较简单，应用最广。锥齿轮的齿形从大端到小端逐渐减小，为了计算和测量方便，国家标准规定锥齿轮大端分度圆上的模数为标准值，见附表 1-4，大端分度圆上的压力角为标准值，即 $\alpha = 20°$。

附表 1-4 锥 齿 轮 模 数

单位：mm

1.5	1.75	2	2.25	2.5	2.75	3	3.25	3.75	3.5	3.75
4	4.5	5	5.5	6	6.5	7	8	9	10	11
12	14	16	18	20	30	32	36	40	45	50

$\Sigma = 90°$ 标准直齿圆锥齿轮的几何尺寸计算见附表 1-5。

附表 1-5　$\Sigma = 90°$ 标准直齿圆锥齿轮的几何尺寸计算

序号	名 称	符 号	计算公式及参数选择
1	大端模数	m	按《锥齿轮模数》(GB 12368—1990) 取标准值
2	传动比	i	$i = z_2 / z_1 = \tan\delta_2 = \cot\delta_1$，单级，$i < 6 \sim 7$
3	分度圆锥角	δ_1、δ_2	$\delta_1 = \arctan(z_2 / z_1)$，$\delta_1 = 90° - \delta_2$
4	分度圆直径	d	$d = mz$
5	齿顶高	h_a	$h_a = m$
6	齿根高	h_f	$h_f = 1.2 m$

（续表）

序号	名 称	符 号	计算公式及参数选择
7	全齿高	h	$h = 2.2m$
8	顶 隙	c	$c = 0.2m$
9	齿顶圆直径	d_a	$d_a = d + 2m\cos\delta$
10	齿根圆直径	d_f	$d_f = d - 2.4mz\cos\delta$
11	外锥距	R	$R = \sqrt{r_1^2 + r_2^2} = \dfrac{m}{2}\sqrt{z_1^2 + z_2^2} = \dfrac{d_1}{2\sin\delta_1} = \dfrac{d_2}{2\sin\delta_2}$
12	齿 宽	b	$b \leqslant \dfrac{R}{3}$，$b \leqslant 10m$
13	齿顶角	θ_a	$\theta_a = \arctan\dfrac{h_a}{R}$
14	齿根角	θ_f	$\theta_f = \arctan\dfrac{h_f}{R}$
15	根锥角	δ_f'	$\delta_f' = \delta - \theta_f$
16	顶锥角	δ_a	$\delta_a' = \delta - \theta_a$

附录2 蜗杆传动基本参数和几何尺寸

普通圆柱蜗杆传动的基本参数有模数 m、压力角 α、蜗杆头数 z_1、蜗轮齿数 z_2、蜗杆分度圆直径 d_1 和导程角 γ 等。在中间平面内,阿基米德圆柱蜗杆传动相当于渐开线齿轮与齿条的啮合传动,中间平面内的模数和压力角取为标准值。此外,为减少蜗轮滚刀的数目,蜗杆分度圆直径 d_1 也定标准值。动力蜗杆传动($\Sigma = 90°$)蜗杆基本参数及其匹配见附表2-1。

附表2-1 动力蜗杆传动 ($\Sigma = 90°$) 蜗杆基本参数及其匹配(摘自 GB/T 10085—1988)

模数 m/mm	分度圆直径 d_1/mm	蜗杆头数 z_1	$m^2 d_1$/mm²	模数 m/mm	分度圆直径 d_1/mm	蜗杆头数 z_1	$m^2 d_1$/mm²
1	18	1	18	6.3	(80)	1,2,4	3 175
1.25	20	1	31		112	1	4 445
	22.4	1	35		(63)	1,2,4	4 032
1.6	20	1,2,4	51	8	80	1,2,4,6	5 120
	28	1	72		(100)	1,2,4	6 400
2	(18)	1,2,4	72		140	1	8 960
	22.4	1,2,4,6	90	10	(71)	1,2,4	7 100
	(28)	1,2,4	112		90	1,2,4,6	9 000
	35.5	1	142		(112)	1	11 200
2.5	(22.4)	1,2,4	140		160	1	16 000
	28	1,2,4,6	175	12.5	(90)	1,2,4	14 062
	(35.5)	1,2,4	222		112	1,2,4	17 500
	45	1	281		(140)	1,2,4	21 875
3.15	(28)	1,2,4	278		200	1	31 250
	(35.5)	1,2,4,6	352	16	(112)	1,2,4	28 672
	(45)	1,2,4	447		140	1,2,4	35 840
	56	1	556		(180)	1,2,4	46 080
4	(31.5)	1,2,4	504		250	1	64 000
	40	1,2,4,6	640	20	(140)	1,2,4	56 000
	(50)	1,2,4	800		160	1,2,4	64 000
	71	1	1 136		(224)	1,2,4	89 600
5	(40)	1,2,4	1 000		315	1	126 000
	50	1,2,4,6	1 250		(180)	1,2,4	112 500
	(63)	1,2,4	1 575	25	200	1,2,4	125 000
	90	1	2 250		(280)	1,2,4	175 000
6.3	(50)	1,2,4	1 985		400	1	250 000
	63	1,2,4,6	2 500				

注:括号内的分度圆直径值尽量不用,当蜗杆导程角 $\gamma < 3°30'$ 时,为自锁蜗杆。

蜗杆头数主要根据传动比和效率两个因素来选定。单头蜗杆的传动比大,易实现自锁,但效率低,多用于自锁蜗杆传动或分度传动。动力蜗杆传动可取 $z_1 = 2 \sim 6$,最多可至10,以提高效率。z_1 常用2、4、6,以便于分度。

蜗轮齿数 $z_2 = iz_1$。 为了保证传动的平稳性,避免根切和干涉,通常规定 $z_{2\min} \geqslant 28$。z_2 过多会导致蜗杆跨度过长,降低蜗杆轴的刚度。当蜗轮直径一定时,增大 z_2,则使模数减小,削弱了轮齿的弯曲强度。一般取 $z_2 = 28 \sim 80$。 具体可参考附表2-2先选定 z_1,随后可定 z_2。

附表2-2　蜗杆头数 z_1 和蜗轮齿数 z_2 的荐用值

蜗杆头数和蜗轮齿数	i					
	$7 \sim 8$	$9 \sim 13$	$14 \sim 24$	$25 \sim 27$	$28 \sim 40$	$\geqslant 40$
z_1	4	$3 \sim 4$	$2 \sim 3$	$2 \sim 3$	$1 \sim 2$	1
z_2	$28 \sim 32$	$27 \sim 52$	$28 \sim 72$	$50 \sim 81$	$28 \sim 80$	$\geqslant 40$

注: 对于分度传动,z_2 不受此表限制。

普通圆柱蜗杆传动的几何尺寸如附图2-1所示,其计算公式见附表2-3。

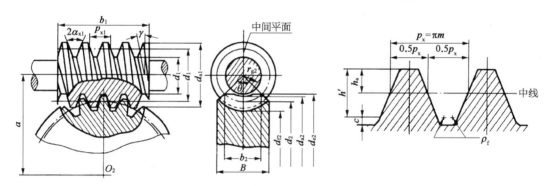

附图2-1　普通圆柱蜗杆传动的几何尺寸

附表2-3　普通圆柱蜗杆传动的主要几何尺寸计算公式

名　　称	代　号	公　　式
蜗杆轴向模数或蜗轮端面模数	m	由强度条件确定,取标准值(附表2-1)
中心距	a	$a = (d_1 + mz_2)/2$($a' = a + 2x_2 m$,变位传动,下同)
传动比	i	$i = n_1/n_2 = z_2/z_1$
蜗杆轴向齿距	p_{x1}	$p_{x1} = \pi m$
蜗杆导程	l	$l = z_1 p_{x1}$
蜗杆分度圆柱导程角	γ	$\tan \gamma = mz_1/d_1$
蜗杆分度圆直径	d_1	d_1 与 m 匹配,由附表2-1取标准值
蜗杆压力角	α	$\alpha = \alpha_{x1} = 20°$
蜗杆齿顶高	h_{a1}	$h_{a1} = h_a^* m$

（续表）

名　　称	代　号	公　　式
蜗杆齿根高	h_{f1}	$h_{f1} = (h_a^* + c^*)m$
蜗杆齿全高	h_1	$h_1 = h_{a1} + h_{f1} = (2h_a^* + c^*)m$
齿顶高系数	h_a^*	一般 $h_a^* = 1$，短齿 $h_a^* = 0.8$
顶隙系数	c^*	一般 $c^* = 0.2$
蜗杆齿顶圆直径	d_{a1}	$d_{a1} = d_1 + 2h_{a1} = d_1 + 2h_a^* m$
蜗杆齿根圆直径	d_{f1}	$d_{f1} = d_1 - 2h_{f1} = d_1 - 2(h_a^* + c^*)m$
蜗杆螺纹部分长度	b_1	$z_1 = 1,2$ 时，$b_1 \geqslant (12 + 0.1z_2)m$ $z_1 = 3,4$ 时，$b_1 \geqslant (13 + 0.1z_2)m$
蜗轮分度圆直径	d_2	$d_2 = mz_2$，$d_2' = d_2$
蜗轮齿顶高	h_{a2}	$h_{a2} = h_2^* m$
蜗轮齿根高	h_{f2}	$h_{f2} = (h_2^* + c^*)m$
蜗轮齿顶圆直径	d_{a2}	$d_{a2} = d_2 + 2h_{a2} = d_2 + 2h_a^* m$
蜗轮齿根圆直径	d_{f2}	$d_{f2} = d_2 - 2h_{f2} = d_2 - 2(h_a^* + c^*)m$
蜗轮最大外圆直径	d_{e2}	$z_1 = 1$，$d_{e2} \leqslant d_{a2} + 2m$ $z_1 = 2 \sim 3$，$d_{e2} \leqslant d_{a2} + 1.5m$ $z_1 = 4 \sim 6$，$d_{e2} \leqslant d_{a2} + m$
蜗轮齿宽	b_2	由设计确定
蜗轮齿宽角	θ	$\sin(\theta/2) = b_2/d_1$
蜗轮咽喉母圆半径	r_{g2}	$r_{g2} = a - d_{a2}/2$
蜗轮轮缘宽度	B	$B = (0.65 \sim 0.75)d_{a1}$，$z_1$ 大时取小值，z_1 小时取大值